AF903571

DAS WISSENSCHAFTS BUCH

BIG IDEAS

DAS ANTHROPOLOGIE-BUCH
DAS ARCHITEKTUR-BUCH
DAS ASTRONOMIE-BUCH
DAS BIOLOGIE-BUCH
DAS BLACK-HISTORY-BUCH
DAS CHEMIE-BUCH
DAS DESIGN-BUCH
DAS DC BUCH
DAS FEMINISMUS-BUCH
DAS FILM-BUCH
DAS GESCHICHTS-BUCH
DAS ISLAM-BUCH
DAS KLASSISCHE-MUSIK-BUCH
DAS KUNST-BUCH
DAS LGBTQIA*-BUCH
DAS LITERATUR-BUCH
DAS MANAGEMENT-BUCH
DAS MARVEL BUCH
DAS MATHEMATIK-BUCH
DAS MEDIZIN-BUCH
DAS MYTHOLOGIE-BUCH
DAS ÖKOLOGIE-BUCH
DAS PHILOSOPHIE-BUCH
DAS PHYSIK-BUCH
DAS POLITIK-BUCH
DAS PSYCHOLOGIE-BUCH
DAS BUCH DER RECHTSGESCHICHTE
DAS RELIGIONEN-BUCH
DAS SOZIOLOGIE-BUCH
DAS *STAR WARS*-BUCH
DAS WIRTSCHAFTS-BUCH
DAS WISSENSCHAFTS-BUCH
DER ERSTE WELTKRIEG
DER ZWEITE WELTKRIEG

EINFACH ERKLÄRT

DAS WISSENSCHAFTS BUCH

DK

Penguin Random House

DK London / Delhi

Zweite Ausgabe

Lektorat
Abhijit Dutta, Stephanie Farrow, Victoria Heyworth-Dunne, Gareth Jones, Soma B. Chowdhury

Gestaltung und Bildredaktion
Lee Griffiths, Luke Griffin, Nicola Rodway, Aanchal Singal, Arshti Narang, Rakesh Kumar, Tarun Sharma, Sumedha Chopra, Arunesh Talapatra

Umschlaggestaltung
Suhita Dharamjit, Sophia MTT, Priyanka Sharma Saddi

Herstellung
Manish Upreti, Nancy-Jane Maun

Erste Ausgabe

Lektorat
Andrew Macintyre, Jonathan Metcalf, Georgina Palffy, Priyaneet Singh, Stephanie Farrow, Kingshuk Ghoshal

Gestaltung und Bildredaktion
Philip Ormerod, Govind Mittal, Katie Cavanagh, Lee Griffiths, Jaypal Chauhan, Vidit Vashisht

Umschlaggestaltung
Laura Brim, Maud Whatley, Sophia MTT

Herstellung
Adam Stoneham, Balwant Singh, Mandy Inness

Illustrationen James Graham, Peter Liddiard

Für DK produziert von
TALLTREE LTD
Redaktion Rob Colson, Camilla Hallinan, David John
Art Director
Ben Ruocco

Originalgestaltung STUDIO8 DESIGN

Für die deutsche Ausgabe:
Projektbetreuung Carola Wiese
Herstellungskoordination Bianca Isack
Herstellung Stefanie Staat

Titel der englischen Originalausgabe:
Big Ideas. The Science Book

© Dorling Kindersley Limited, London, 2014, 2025
Ein Unternehmen der Penguin Random House Group
Alle Rechte vorbehalten

© der deutschsprachigen Ausgabe: 2015, 2026
Dorling Kindersley Verlag GmbH, Arnulfstr. 124, 80636 München
Alle deutschsprachigen Rechte vorbehalten

Jegliche – auch auszugsweise – Verwertung, Wiedergabe, Vervielfältigung oder Speicherung, ob elektronisch, mechanisch, durch Fotokopie oder Aufzeichnung, bedarf der vorherigen schriftlichen Genehmigung durch den Verlag.

Die automatisierte Analyse des Werkes, um daraus Informationen, insbesondere über Muster, Trends und Korrelationen gemäß § 44b UrhG (Text und Data Mining) zu gewinnen, ist untersagt.

Übersetzung
Carsten Heinisch, Dr. Stephan Matthiesen
Lektorat Birgit Reit
Satz Roman Bold & Black, Köln

ISBN 978-3-8310-5229-5
5902-345235-24207-01

Druck und Bindung Foshan Nanhai Xingfa Printing Co. Ltd, China

FSC www.fsc.org MIX Papier | Fördert gute Waldnutzung FSC® C018179

www.dk-verlag.de

Ein Hinweis
zu geschlechtlichen Identitäten

Der DK Verlag erkennt alle geschlechtlichen Identitäten an. Nach Möglichkeit wird im Buch eine gendergerechte Sprache berücksichtigt, sofern dies inhaltlich sinnvoll ist bzw. den historischen Fakten entspricht; stellenweise wird aus Platzgründen oder Gründen der besseren Lesbarkeit jedoch das generische Maskulinum verwendet.

DIE AUTORINNEN UND AUTOREN

ADAM HART-DAVIS (LEITENDER FACHBERATER)

Adam Hart-Davis studierte Chemie an den Universitäten von Oxford, York (Großbritannien) und Alberta (Kanada). Seit 30 Jahren produziert und moderiert er TV- und Radiosendungen zu den Themenbereichen Wissenschaft, Technik, Mathematik und Geschichte. Zudem hat er etwa 35 Bücher verfasst.

HILARY LAMB (FACHBERATERIN)

Hilary Lamb ist eine vielfach ausgezeichnete Wissenschaftsautorin. Sie hat als Autorin und Beraterin an mehr als einem Dutzend DK-Büchern mitgearbeitet, darunter *Big Ideas. Das Physik-Buch* und *Simply. Quantenphysik*. Sie ist Herausgeberin des Literaturmagazins *Tamarind*.

JOHN FARNDON

John Farndon ist Wissenschaftsautor, dessen Bücher bereits viermal auf der Shortlist für den Jugend-Sachbuchpreis der Royal Society standen. Er ist Co-Autor der DK-Bücher *Wissenschaft & Technik* und *Wissenschaft – Eine Jahreschronik in Daten, Fakten und Bildern*.

DAN GREEN

Dan Green ist Autor und Wissenschaftsredakteur. Er hat einen Abschluss in Naturwissenschaften der Universität Cambridge und bereits über 40 Bücher publiziert. Zwei seiner Werke wurden für den Royal Society Young People's Book Prize 2013 nominiert.

DEREK HARVEY

Derek Harvey ist Naturforscher mit Spezialgebiet Evolutionsbiologie. Er studierte Zoologie an der Universität Liverpool, unterrichtete eine ganze Generation von Biologen und führt Expeditionen nach Costa Rica und Madagaskar durch.

PENNY JOHNSON

Penny Johnson arbeitete zehn Jahre als Flugzeugingenieurin an Militärflugzeugen, bevor sie zuerst unterrichtete und dann naturwissenschaftliche Kurse für Schulen publizierte. Seit über 20 Jahren ist sie als Sachbuchautorin tätig.

DOUGLAS PALMER

Douglas Palmer ist Wissenschaftsautor in Cambridge (Großbritannien) mit vielen Veröffentlichungen, u. a. für DK und das Natural History Museum in London. Zudem lehrt er am Institute of Continuing Education der Universität Cambridge.

STEVE PARKER

Steve Parker ist Autor und Redakteur von über 300 Sachbüchern über naturwissenschaftliche Themen, vor allem in der Biologie. Er ist Senior Scientific Fellow der Zoological Society in London und hat zahlreiche Preise erhalten.

GILES SPARROW

Giles Sparrow studierte Astronomie am University College London und Wissenschaftskommunikation am Imperial College in London. Er schrieb viele Bestseller über Naturwissenschaft und Astronomie, darunter *Der Kosmos*, *Physik 100 Konzepte* sowie DK-Titel wie *Abenteuer Raumfahrt* und *Universum*.

INHALT

UNG

Wissenschaft ist die permanente Suche nach Wahrheit – ein ständiger Versuch zu enthüllen, wie das Universum funktioniert, der bis in die ältesten Kulturen zurückreicht. Getrieben durch Neugier, baut sie auf logisches Denken, Beobachtung und Experimente. Der griechische Philosoph Aristoteles schrieb über Naturphilosophie (wie man die Vorläufer der Wissenschaft nannte) und schuf die Basis für spätere Forschungen. Er war ein guter Naturbeobachter, aber da er rein auf Logik und Erörterungen vertraute und keine Experimente durchführte, verstand er vieles falsch. So meinte er, große Körper fielen schneller als kleine und doppelt so schwere Körper auch doppelt so schnell. Das ist falsch, doch dies bewies erst 1590 der italienische Astronom Galileo Galilei. Heute ist es selbstverständlich, dass gute Wissenschaftler sich auf empirische Befunde stützen, doch das galt nicht immer.

Die wissenschaftliche Methode

Ein logisches System für das wissenschaftliche Vorgehen wurde erstmals im frühen 17. Jahrhundert von dem englischen Philosophen Francis Bacon entwickelt. Es basierte auf dem 600 Jahre alten Werk des arabischen Gelehrten Ibn al-Haitham (latinisiert: Alhazen) und wurde bald von dem französischen Philosophen René Descartes bestärkt. Nach der von Bacon beeinflussten modernen wissenschaftlichen Methode müssen Forscher Beobachtungen machen, eine Theorie zu ihrer Erklärung entwickeln und dann die Theorie mit Experimenten prüfen. Dann legen sie die Theorie Kollegen vor, damit diese Lücken in den Überlegungen finden und sie so widerlegen oder die Experimente wiederholen und die Ergebnisse bestätigen.

Es ist wichtig, Hypothesen überprüfbar zu machen. Der englische Astronom Edmond Halley beobachtete 1682 einen Kometen. Da ihm die Ähnlichkeit zu bereits 1531 und 1607 gesichteten Kometen auffiel, erklärte er, es sei das gleiche, um die Sonne kreisende Objekt. Er berechnete, dass er 1758 wiederkehren würde – und hatte recht, wenn auch knapp: Der Komet wurde am 25. Dezember gesichtet. Heute heißt er Halley'scher Komet.

Manchmal eröffnen Versuche auch völlig neue Blickwinkel: Als der Physiker Ernest Rutherford seinen Studenten zusah, die Alphateilchen auf eine Goldfolie schossen und dabei nur kleine Streuwinkel untersuchten, schlug er ihnen vor, den Detektor auch neben der Teilchenquelle aufzustellen. Zu ihrer aller Überraschung prallten einige Teilchen von der papierdünnen Folie zurück – so, als würden Granaten von Seidenpapier reflektiert. Das führte ihn zu einer neuen Idee über den Aufbau der Atome.

Ein Versuch ist umso überzeugender, je besser der Forscher mit seiner neuen Theorie das Ergebnis vorhersagen kann. Wenn die Vorhersage tatsächlich eintritt, ist die Theorie gestützt. Dennoch kann die Wissenschaft nicht *beweisen*, dass eine Theorie korrekt ist. Der Wissenschaftsphilosoph Karl Popper zeigte im 20. Jahrhundert, dass Theorien nur widerlegt werden können. Jeder Versuch, der zum erwarteten Ergeb-

» Alle Wahrheiten sind leicht zu verstehen, wenn sie entdeckt sind. Es kommt darauf an, sie zu entdecken. «

Galileo Galilei

nis führt, stützt eine Theorie, doch nur ein gescheitertes Experiment kann sie zum Einsturz bringen.

Über die Jahrhunderte wurden alte Vorstellungen wie das geozentrische Universum, die vier Säfte, das Feuerelement Phlogiston und das rätselhafte Medium Äther widerlegt und durch neue ersetzt. Auch sie können prinzipiell widerlegt werden, was aber angesichts der Belege in vielen Fällen unwahrscheinlich ist.

Entwicklung der Ideen

Die Wissenschaft schreitet selten in einfachen, logischen Schritten voran. Zwar können Entdeckungen unabhängig voneinander gemacht werden, aber fast immer baut ein Fortschritt auf vorigen Arbeiten und Theorien auf. Ein Grund für den Bau des riesigen Teilchenbeschleunigers LHC ab 1998 war die Suche nach dem 1964 vorhergesagten Higgs-Teilchen. Die Vorhersage beruhte auf Theorien der Atomstruktur, die bis Rutherford und den Dänen Niels Bohr um etwa 1920 zurückreichten und ihrerseits die Entdeckung des Elektrons 1897 voraussetzten. Diese wiederum hing von der Entdeckung der Kathodenstrahlen 1869 ab, die ohne Vakuumpumpen und die Erfindung der Batterie 1799 unmöglich gewesen wäre – so spannt sich der Bogen über Jahrzehnte und Jahrhunderte. Der englische Physiker Isaac Newton sagte: »Wenn ich weiter geblickt habe, so deshalb, weil ich auf den Schultern von Riesen stehe.« Damit meinte er vor allem Galilei, aber vielleicht hat er auch ein Exemplar der *Optik* von Ibn al-Haitham gesehen.

Die ersten Wissenschaftler

Die ersten Philosophen mit wissenschaftlichem Anspruch lebten im 6. und 5. Jahrhundert v. Chr. in Griechenland. Thales von Milet sagte im Jahr 585 v. Chr. eine Sonnenfinsternis voraus. Pythagoras gründete 50 Jahre später im heutigen Süditalien eine mathematische Schule und Xenophanes fand Muscheln auf einem Berg und schloss daraus, die ganze Erde müsse einst von Meer bedeckt gewesen sein.

In Sizilien meinte Empedokles im 4. Jahrhundert v. Chr., Erde, Luft, Feuer und Wasser seien die »vierfache Wurzel von allem«. Einer Legende nach bestieg er mit seinen Anhängern den Ätna und stürzte sich hinein, um seine Unsterblichkeit zu zeigen – und deshalb erinnern wir uns noch heute an ihn.

Sterngucker

Zur gleichen Zeit versuchten Menschen in Indien, China und rund um das Mittelmeer, die Bewegung der Himmelskörper zu verstehen. Sie fertigten Sternkarten – auch zur Navigation – und benannten Sterne und Sterngruppen. Einige »Wandelsterne«, die vor dem Hintergrund der »Fixsterne« unregelmäßige Bahnen zogen, nannten sie »Planeten«. Die Chinesen beobachteten um 240 v. Chr. den Halley'schen Kometen und 1054 eine Supernova, deren Überrest wir Krebsnebel nennen.

Haus der Weisheit

Im späten 8. Jahrhundert gründete das Abbasiden-Kalifat in der neuen Hauptstadt Bagdad das »Haus der Weisheit« mit einer Riesenbibliothek. Das setzte schnelle Fortschritte der islamischen Wissenschaft und Technik in Gang. Viele sinnreiche mechanische Geräte »

» Religion ist für mich Wissenschaft und Wissenschaft ist Religion. «

Ada Lovelace

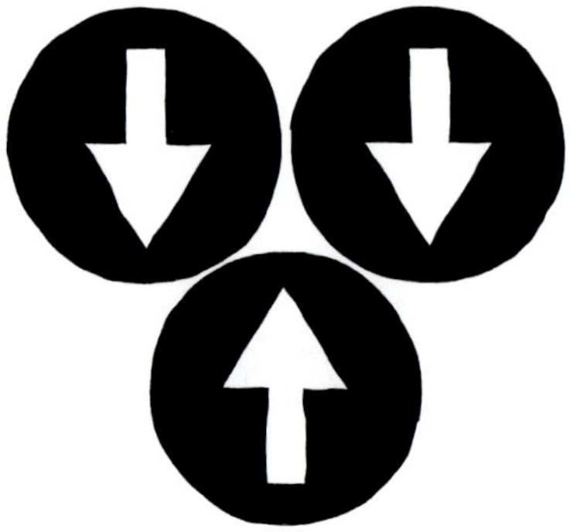

wurden dort erfunden, etwa das Astrolabium, ein Hilfsmittel zur Navigation mithilfe der Sterne. Die Alchemie florierte, Techniken wie die Destillation tauchten auf. Die Gelehrten sammelten in der Bibliothek die wichtigsten Bücher aus Griechenland und Indien und übersetzten sie ins Arabische. Auf diese Weise wurden sie bewahrt und später im Westen wiederentdeckt. Die »arabischen« Zahlen, inklusive der Null, stammen also aus Indien.

Die moderne Wissenschaft

Als das Monopol der Kirche über die wissenschaftliche Wahrheit in der westlichen Welt schwand, erschienen 1543 zwei bahnbrechende Bücher. Der flämische Anatom Andreas Vesalius beschrieb in *De Humani Corporis Fabrica* mit ausgezeichneten Illustrationen seine Sektionen menschlicher Körper. In *De Revolutionibus Orbium Coelestium* behauptete der polnische Domherr Nikolaus Kopernikus, dass die Sonne den Mittelpunkt des Universums bilde. Damit überwand er das geozentrische Weltmodell, das Ptolemäus von Alexandria ein Jahrtausend zuvor entwickelt hatte.

Im Jahr 1600 erklärte der englische Arzt William Gilbert in *De Magnete*, dass die Kompassnadel nach Norden zeigt, weil die Erde selbst ein Magnet ist. Er meinte sogar, dass der Erdkern aus Eisen bestehe. 1623 beschrieb William Harvey, ein weiterer englischer Arzt, das Herz als Pumpe, die das Blut durch den Körper treibt. Damit verwarf er die 1400 Jahre alte Theorie des spätantiken Arztes Galen. Ab etwa 1660 definierte der irische Chemiker Robert Boyle in Büchern wie *The Sceptical Chymist* den Begriff des chemischen Elements. Dies markiert die Geburt der Chemie als Wissenschaft, in Abgrenzung zur mystischen Alchemie, von der sie abstammt.

Robert Hooke, zeitweise Boyles Assistent, schrieb 1665 mit *Micrographia* den ersten wissenschaftlichen Bestseller. Seine Falttafeln mit herrlichen Bildern, etwa von einem Floh oder einem Fliegenauge, eröffneten eine mikroskopische Welt, die niemand je zuvor gesehen hatte. 1687 folgte Isaac Newtons Werk *Philosophiae Naturalis Principia Mathematica*, kurz *Principia*, das als das wichtigste Wissenschaftsbuch aller Zeiten gilt. Seine Bewegungsgesetze und das universelle Gravitationsgesetz bilden die Grundlage der klassischen Physik.

Elemente, Atome, Evolution

Im 18. Jahrhundert erkannte der französische Chemiker Antoine Lavoisier die Rolle von Sauerstoff bei der Verbrennung und widerlegte die Phlogistontheorie. Bald wurden etliche neue Gase und ihre Eigenschaften untersucht. Das Nachdenken über Gase in der Atmosphäre führte den britischen Forscher John Dalton zu der Behauptung, jedes Element bestehe aus einzigartigen Atomen, und er entwickelte die Idee des Atomgewichts. Dann schuf der deutsche Chemiker Friedrich August Kekulé die Grundlagen der Molekülstruktur und der russische Chemiker Dmitri Mendelejew stellte das erste Periodensystem der Elemente vor.

Die elektrische Batterie, erfun-

> »Ich gehöre zu denen, die die besondere Schönheit des wissenschaftlichen Forschens erfasst haben. Ein Gelehrter in seinem Laboratorium ist nicht nur ein Techniker; er steht auch vor den Naturvorgängen wie ein Kind vor der Märchenwelt.«
>
> **Marie Curie**

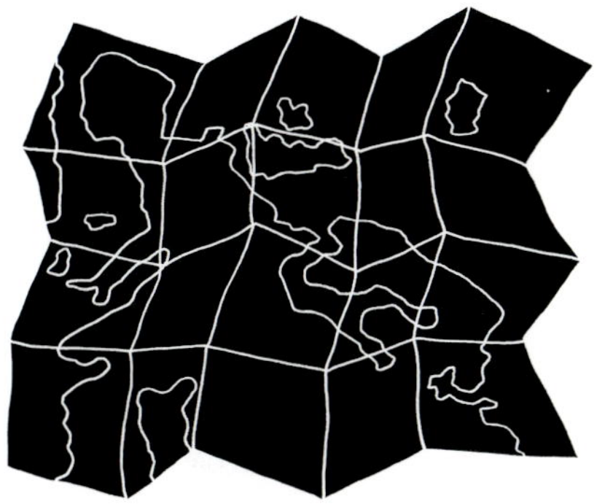

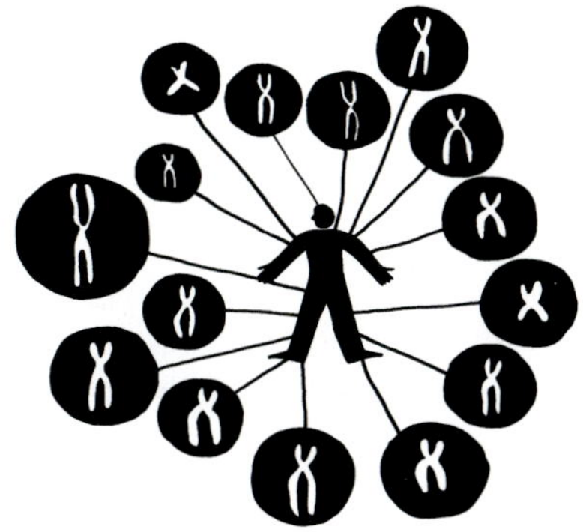

den 1799 von Alessandro Volta, eröffnete neue Forschungsfelder. Der Däne Hans Christian Ørsted und der Brite Michael Faraday entdeckten den Elektromagnetismus, die Grundlage für den Elektromotor. Mittlerweile wurden die Ideen der klassischen Physik auf die Atmosphäre, die Sterne, die Lichtgeschwindigkeit und die Wärme angewandt und die Disziplin der Thermodynamik entwickelte sich.

Die Geologen rekonstruierten anhand von Gesteinsschichten die Erdgeschichte, und als Reste ausgestorbener Tiere gefunden wurden, kam die Paläontologie in Mode. Eine berühmte Fossilienjägerin war die Autodidaktin Mary Anning. Mit den Dinosauriern entwickelten sich auch die Idee einer Evolution – am bekanntesten die Theorie von Charles Darwin – und neue Theorien über den Ursprung des Lebens und die Ökologie.

Unbestimmt und unendlich

Anfang des 20. Jh. entwickelte der junge Albert Einstein seine Relativitätstheorie, die die klassische Physik erschütterte und die Idee der Absolutheit von Zeit und Raum verwarf. Neue Atommodelle entstanden. Versuche zeigten, dass Licht sich mal als Welle und mal als Teilchen verhielt. Und Werner Heisenberg zeigte, dass es bei Messungen prinzipielle Unbestimmtheiten gibt.

Beeindruckend war an diesem Jahrhundert aber vor allem, wie die Wissenschaften dank technischer Fortschritte schneller denn je voranschreiten und immer präzisere Theorien aufstellen konnten. Immer größere Teilchenbeschleuniger enthüllten neue Grundbausteine der Materie. Immer stärkere Teleskope zeigten, dass das Universum sich ausdehnt und wohl aus einem »Urknall« entstanden ist. Die Idee von Schwarzen Löchern etablierte sich. Dunkle Materie und dunkle Energie, was immer das auch sei, erfüllen wohl das Universum, und die Astronomen entdeckten neue Welten – Planeten ferner Sterne, die zum Teil möglicherweise Leben tragen. Alan Turing entwickelte das Konzept einer universellen Rechenmaschine und heute sind PCs, das Internet und Smartphones weltweit verbreitet.

> »Realität ist eine Illusion, allerdings eine sehr hartnäckige.«
>
> **Albert Einstein**

In letzter Zeit wurde die Wissenschaft zugänglicher, diverser und internationaler. Historisch waren formale Rollen auf kleine Teile der Gesellschaft beschränkt, während große Bevölkerungsgruppen marginalisiert wurden. Das spiegelt sich auch in Büchern wie diesem wider, in dem wohlhabende Männer aus westlichen Ländern dominieren.

Geheimnisse des Lebens

In der Biologie erwiesen sich die Chromosomen als Grundlage der Vererbung, und die chemische Struktur der DNA wurde entschlüsselt. Kaum 40 Jahre später begann das Humangenomprojekt, das anfangs fast unlösbar erschien, dann aber durch Fortschritte der Computertechnik immer rascher vorankam. DNA-Sequenzierung ist heute fast Laborroutine, Gentherapie ist keine vage Hoffnung mehr, und die ersten Säugetiere sind geklont.

Heutige Forscher entwickeln die Theorien und Erkenntnisse in beharrlicher Suche nach der Wahrheit weiter. Es wird wohl immer mehr Fragen als Antworten geben, doch neue Entdeckungen werden gewiss auch künftig erstaunen. ■

DER BEGI
WISSENS

600 V. CHR. BIS 1400

NN DER
CHAFT

585 V. CHR.
Thales von Milet sagt eine **Sonnenfinsternis** voraus und beendet damit die Schlacht am Halys.

UM 530 V. CHR.
Pythagoras gründet in Kroton (Süditalien) eine **mathematische Schule.**

UM 500 V. CHR.
Xenophanes findet Muscheln im Gebirge und behauptet, die **ganze Erde sei einst von Wasser bedeckt gewesen.**

UM 450 V. CHR.
Nach Empedokles bestehen alle Dinge aus einer **Kombination von Erde, Luft, Feuer und Wasser.**

UM 325 V. CHR.
Aristoteles schreibt eine Reihe von Büchern über **Physik, Biologie und Zoologie.**

UM 300 V. CHR.
Theophrast von Eresos schreibt Bücher wie die *Naturgeschichte der Gewächse* und begründet damit die **Botanik.**

UM 250 V. CHR.
Aristarch von Samos behauptet, nicht die Erde, sondern die **Sonne bilde den Mittelpunkt des Universums.**

UM 240 V. CHR.
Archimedes ermittelt, dass eine Krone nicht aus purem Gold besteht, indem er ihren **Auftrieb** misst.

Die wissenschaftliche Erforschung der Welt hat ihre Wurzeln in Mesopotamien. Die Erfindung der Landwirtschaft und der Schrift gaben den Menschen mehr Zeit für Untersuchungen und außerdem die Möglichkeit, ihre Ergebnisse festzuhalten. Inspiriert wurde die frühe Wissenschaft durch den nächtlichen Himmel. Seit dem 4. Jahrhundert v. Chr. beobachteten sumerische Priester die Sterne und hielten ihre Ergebnisse auf Tontafeln fest. Ihre Methoden sind zwar nicht überliefert, doch eine Tafel von 1800 v. Chr. zeigt, dass die Eigenschaften rechtwinkliger Dreiecke bekannt waren.

Das antike Griechenland

Die alten Griechen betrachteten Wissenschaft als Teil der Philosophie. Als erste Person mit einem wissenschaftlichen Werk gilt Thales von Milet, von dem Platon berichtete, er habe so viel Zeit mit Träumerei und Sternbeobachtung verbracht, dass er einmal in einen Brunnen fiel. Wohl mithilfe von Daten der älteren Babylonier sagte Thales 585 v. Chr. eine Sonnenfinsternis voraus und zeigte so die Macht der Wissenschaft.

Das antike Griechenland war kein einheitlicher Staat, sondern ein lockerer Bund vieler Stadtstaaten. Aus Milet in der heutigen Türkei stammen mehrere berühmte Philosophen. Im griechischen Athen lehrte und wirkte Aristoteles, ein kluger Beobachter, der aber keine eigenen Experimente durchführte. Wenn er viele kluge Köpfe zusammenführte, so glaubte er, werde sich die Wahrheit zeigen. Der Ingenieur Archimedes aus Syrakus auf Sizilien untersuchte die Eigenschaften von Flüssigkeiten. Ein neues Zentrum der Gelehrsamkeit war Alexandria, gegründet 331 v. Chr. von Alexander dem Großen an der Mündung des Nils. Hier bestimmte Eratosthenes den Umfang der Erde, Ktesibios baute genaue Uhren, und Heron erfand die Dampfturbine. Zudem wurden in Alexandria Bücher gesammelt, doch diese umfangreichste Bibliothek der antiken Welt brannte ab, als Römer und Christen die Stadt eroberten.

Wissenschaft in Asien

Unabhängig blühte die Wissenschaft in China. Die Chinesen erfanden das Schießpulver – und damit Feuerwerk, Raketen und Kanonen – sowie den Blasebalg zur Metallherstellung. Hier wurden der erste Seismograf und der erste Kompass gebaut. Im

UM 240 V. CHR.
Archimedes' Freund Erathostenes berechnet den **Umfang der Erde** aus der Länge eines Schattens zur Mittagszeit.

UM 230 V. CHR.
Ktesibios baut **Wasseruhren,** sogenannte Klepsydren, die jahrhundertelang die genausten Zeitmesser bleiben.

UM 129 V. CHR.
Hipparch entdeckt die **Präzession der Äquinoktien** und stellt den ersten Sternenkatalog des Abendlandes zusammen.

UM 120 N. CHR.
In China untersucht Zhang Heng Verfinsterungen und erstellt einen **Katalog mit 2500 Sternen.**

UM 150 N. CHR.
Der *Almagest* von Claudius Ptolemäus wird trotz vieler Fehler das **maßgebliche Lehrbuch zur Astronomie** im Westen.

628
Der indische Mathematiker Brahmagupta stellt die ersten Regeln zum Gebrauch der **Zahl Null** vor.

964
Der persische Astronom Abd ar-Rahman as-Sufi überarbeitet den *Almagest* und **gibt vielen Sternen die heute noch gebräuchlichen arabischen Namen.**

1021
Ibn al-Haitham (Alhazen), einer der ersten Experimentalforscher, führt Versuche über **das Sehen und die Optik** durch.

Jahr 1054 beobachteten chinesische Astronomen eine Supernova, die seit 1731 als Krebsnebel bezeichnet wird.

Anspruchsvolle Geräte des ersten Jahrtausends, etwa das Spinnrad, wurden in Indien entwickelt, und chinesische Gesandte studierten die dortige Landwirtschaft. Indische Mathematiker entwickelten das Zahlensystem mit der Null und mit negativen Zahlen, das heute als »arabisches« bekannt ist, und sie definierten auch die trigonometrischen Funktionen Sinus und Kosinus.

Die goldene Zeit des Islam

Mitte des 8. Jahrhunderts verlegten die Abbasiden die Hauptstadt ihres Kalifats von Damaskus nach Bagdad. Getreu dem Koranvers »Die Tinte eines Gelehrten ist heiliger als das Blut eines Märtyrers« gründete Kalif Al-Ma'mūn, der Sohn von Hārūn ar-Raschīd, das »Haus der Weisheit« (Bayt al-Hikma), ein Forschungszentrum mit umfangreicher Bibliothek. Die Gelehrten sammelten Bücher der alten griechischen Stadtstaaten und übersetzten sie ins Arabische. Auf diese Weise überlebten etliche antike Texte, die im Westen aber bis ins Mittelalter hinein unbekannt blieben. In der Mitte des 9. Jahrhunderts war die Bibliothek in Bagdad zu einer würdigen Nachfolgerin der Bibliothek von Alexandria geworden.

Im Haus der Weisheit arbeiteten mehrere Astronomen, darunter as-Sufi, der auf den Werken von Hipparch und Ptolemäus aufbaute. Für die arabischen Nomaden hatte die Astronomie praktischen Nutzen, da Kamelkarawanen nachts durch die Wüste zogen. Ibn al-Haitham (in Europa Alhazen genannt) aus Basra, der in Bagdad studierte, war einer der ersten Experimentalforscher. Sein Buch über Optik dürfte großen Einfluss auf Isaac Newton gehabt haben. Die arabischen Alchemisten entwickelten die Destillation und andere neue Verfahren, und sie prägten Begriffe wie Alkali, Aldehyd oder Alkohol. Der Arzt ar-Razi (Rhazes) führte die Seife ein, unterschied erstmals zwischen Pocken und Masern und schrieb in einem seiner vielen Bücher: »Aufgabe des Arztes ist es, Gutes zu tun, selbst an unseren Feinden.« al-Chwarizmi und andere Mathematiker entwickelten die Algebra sowie die Algorithmen und der Ingenieur al-Dschazari erfand die Schubkurbel, die noch heute etwa in Fahrräder eingebaut wird. Erst viele Jahrhunderte später konnten europäische Wissenschaftler zu diesen Leistungen aufschließen. ■

EINE SONNEN-FINSTERNIS LÄSST SICH VORHERSAGEN

THALES VON MILET (624–546 V. CHR.)

IM KONTEXT

GEBIET
Astronomie

FRÜHER
um 2000 v. Chr. Anlagen wie die bei Stonehenge könnten zur Berechnung von Sonnenfinsternissen gedient haben.

um 1800 v. Chr. Die ältesten Aufzeichnungen zur Bewegung der Himmelskörper entstehen in Babylon.

2. Jt. v. Chr. Babylonische Astronomen entwickeln Methoden zur Vorhersage von Sonnenfinsternissen, nutzen dazu aber Mondbeobachtungen, keine Mathematik.

SPÄTER
um 140 v. Chr. Der griechische Astronom Hipparch sagt Sonnenfinsternisse mithilfe des Saros-Zyklus der Erd- und Mondbewegungen vorher.

Thales von Milet, einer griechischen Kolonie in Kleinasien, gilt oft als Begründer der westlichen Philosophie, er war aber auch eine Schlüsselfigur der frühen Wissenschaft. Zu Lebzeiten wurde er wegen seiner Werke zur Mathematik, Physik und Astronomie geschätzt. Von seiner berühmtesten Leistung berichtete der griechische Historiker Herodot über ein Jahrhundert später: Demnach soll Thales eine Sonnenfinsternis vorhergesagt haben, die heute auf den 28. Mai 585 v. Chr. datiert wird. Sie beendete die Schlacht am Halys in der heutigen Türkei zwischen den Lydern und den Medern.

» Da begab es sich, dass … aus Tag auf einmal Nacht ward. Und dieselbige Tagesverwandlung hatte Thales von Milet den Ionern vorher verkündiget. «

Herodot

Zweifelhafte Geschichte

Eine solche Leistung wurde mehrere Jahrhunderte nicht wiederholt und die Wissenschaftshistoriker sind sich nicht einig darüber, ob und wenn ja, wie Thales die Sonnenfinsternis tatsächlich berechnen konnte. Einige behaupteten, Herodots Bericht sei ungenau und vage, doch Thales' Leistung war wohl weithin bekannt und wurde auch von vielen Autoren geglaubt, die Herodot sonst kritisch gegenüberstanden. Ist der Bericht wahr, hat Thales wohl einen 18-jährigen Zyklus in der Bewegung von Sonne und Mond gefunden, der heute Saros-Zyklus heißt und von späteren griechischen Astronomen zur Vorhersage von Finsternissen verwendet wurde. Unabhängig von der Methode hatte die Vorhersage jedenfalls einen dramatischen Effekt. Die Finsternis beendete nicht nur die Schlacht, sondern auch einen 15-jährigen Krieg der Meder und Lyder. ■

Siehe auch: Zhang Heng 26–27 ▪ Nikolaus Kopernikus 34–39 ▪ Johannes Kepler 40–41 ▪ Jeremiah Horrocks 52

NUN HÖRT VON DER VIERFACHEN WURZEL VON ALLEM

EMPEDOKLES (490–430 V. CHR.)

IM KONTEXT

GEBIET
Chemie

FRÜHER
um 585 v. Chr. Thales zufolge besteht die ganze Welt aus Wasser.

um 535 v. Chr. Laut Anaximenes besteht alles aus Luft, woraus Wasser und dann Steine entstehen.

SPÄTER
um 400 v. Chr. Der Philosoph Demokrit behauptet, die Welt bestehe aus kleinen, unteilbaren Teilchen – den Atomen.

1661 In seinem Buch *Sceptical Chymist* definiert Robert Boyle die chemischen Elemente.

1808 John Daltons Atomtheorie besagt, dass jedes Element Atome von unterschiedlicher Masse hat.

1869 Dmitri Mendelejew entwickelt ein Periodensystem, in dem die Elemente nach ihren gemeinsamen Eigenschaften angeordnet sind.

Die Zusammensetzung der Dinge beschäftigte die griechische Antike. Thales von Milet, der flüssiges Wasser, festes Eis und gasförmigen Nebel kannte, glaubte, alles müsse aus Wasser bestehen. Aristoteles behauptete, »das Wesen aller Dinge ist feucht, selbst die Hitze entsteht aus der Feuchte und lebt durch sie.« Zwei Generationen nach Thales schrieb Anaximenes, die Welt bestehe aus Luft, denn die Luft kondensiere zu Nebel, dann zu Regen und schließlich zu Stein.

Der auf Sizilien geborene Arzt und Dichter Empedokles entwickelte eine komplexere Theorie: Ihm zufolge gibt es für alles in der Welt vier Wurzeln – das Wort »Elemente« benutzte er nicht –, nämlich Erde, Luft, Feuer und Wasser. Bei ihrer Vermischung entstehen Eigenschaften wie Hitze und Feuchte und daraus dann Erde, Steine, Pflanzen und Tiere. Ursprünglich bildeten seine vier Wurzeln eine perfekte Kugel, zusammengehalten durch die Liebe, doch ihr entgegen wirkt der Streit und treibt alles auseinander. Liebe und Streit, das waren für Empedokles die Kräfte, die das Universum formen. In unserer Welt herrscht der Streit vor, und daher ist das Leben so schwierig.

Diese Theorie beherrschte mit nur wenigen Verfeinerungen als »Lehre der vier Temperamente« das europäische Denken bis zum 17. Jahrhundert, als sich die moderne Chemie herausbildete. ■

Empedokles betrachtete die vierfachen Wurzeln als zwei Gegensatzpaare: Feuer/Wasser und Luft/Erde. Aus ihrer Mischung entstehen alle Stoffe.

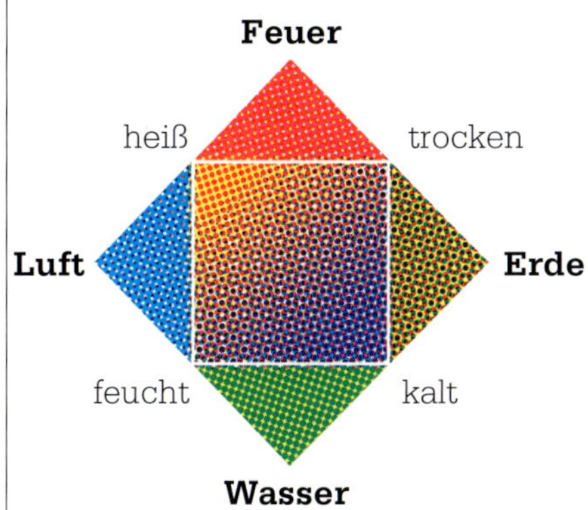

Siehe auch: Robert Boyle 46–49 ▪ John Dalton 112–113 ▪ Dmitri Mendelejew 176–181

DIE ERSTE MESSUNG DES ERDUMFANGS

ERATOSTHENES (276–194 V. CHR.)

IM KONTEXT

GEBIET
Geografie

FRÜHER
6. Jh. v. Chr. Der griechische Mathematiker Pythagoras sagt, die Erde sei eine Kugel, keine Scheibe.

3. Jh. v. Chr. Aristarch von Samos setzt als Erster die Sonne ins Zentrum des bekannten Universums und bestimmt mithilfe der Trigonometrie die relative Größe von Sonne und Mond sowie ihren Abstand zur Erde.

Spätes 3. Jh. v. Chr. Eratosthenes verwendet in seinen Karten Parallelen und Meridiane (entsprechend der geografischen Länge und Breite).

SPÄTER
18. Jh. Französische und spanische Forscher bestimmen den Umfang und die genaue Form der Erdkugel.

Den griechischen Astronomen und Mathematiker Eratosthenes kennt man heute vor allem, weil er als Erster die Größe der Erde bestimmte. Er gilt aber auch als Begründer der Geografie, denn er prägte nicht nur den Begriff, sondern führte auch viele der Grundprinzipien ein, mit denen Orte auf unserem Planeten vermessen werden. Eratosthenes stammt aus Kyrene (im heutigen Libyen), doch er reiste durch die damalige griechische Welt, studierte in Athen und Alexandria und wurde dort schließlich Leiter der berühmten Bibliothek.

In Alexandria erfuhr Eratosthenes, dass in der südlich gelegenen Stadt Syene (dem heutigen Assuan) die Sonne zur Sommersonnenwende (am längsten Tag des Jahres, wenn die Sonne am höchsten steigt) mittags genau senkrecht stehe. Er nahm an, die Sonne sei so weit entfernt, dass ihre Strahlen praktisch parallel auf die Erde treffen. Mit einem senkrechten Stab – einem »Gnomon« – maß er die Schattenlänge zum selben Zeitpunkt in Alexandria. Hier stand die Sonne 7,2° südlich des Zenits – 1⁄50 vom Umfang eines Kreises. Daher musste, so argumentierte er, die Entfernung der beiden Städte in nord-südlicher Richtung 1⁄50 des Erdumfangs betragen. Auf diese Weise berechnete er den Umfang unserer Erde auf 230 000 Stadien (39 690 km) – und irrte sich damit um weniger als zwei Prozent. ■

Die Sonne steht senkrecht über Syene, doch in Alexandria wirft der Gnomon einen Schatten. Mit dem Winkel des Schattens konnte Eratosthenes den Erdumfang berechnen.

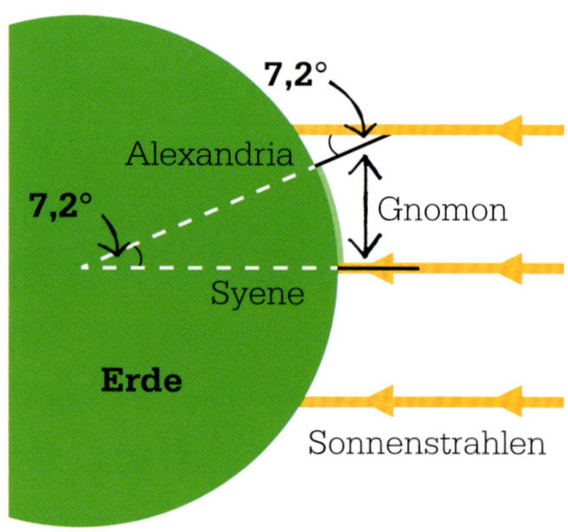

Siehe auch: Nikolaus Kopernikus 34–39 ▪ Johannes Kepler 40–41

EN-
ICHE
ION

1543
In *De Revolutionibus Orbium Coelestium (Über die Kreisbewegungen der Weltkörper)* beschreibt Nikolaus Kopernikus ein **heliozentrisches Universum.**

1600
Der Astronom William Gilbert schreibt *De Magnete* über den Magnetismus. Darin behauptet er, **die Erde selbst sei ein Magnet.**

1609
Johannes Kepler behauptet, der Mars beschreibe eine **elliptische Bahn.**

1610
Galileo Galilei entdeckt mit seinem Fernrohr **vier Jupitermonde** und macht Versuche mit Kugeln, die Rampen hinabrollen.

UM 1620
Francis Bacon skizziert in *Novum Organum Scientarum* und *The New Atlantis* die **wissenschaftliche Methode.**

1639
Der Astronom Jeremiah Horrocks beobachtet einen **Venustransit.**

1643
Der Italiener Evangelista Torricelli **erfindet das Barometer.**

UM 1660
Robert Boyle schreibt sein Buch *New Experiments Physico-Mechanical*, in dem er den **Luftdruck** untersucht.

Das Goldene Zeitalter des Islam, eine Blüte der Wissenschaften und Künste, begann Mitte des 8. Jahrhunderts in Bagdad, der Hauptstadt der Abbasiden, und dauerte etwa 500 Jahre. Es legte den Grundstein für die versuchsorientierte, moderne wissenschaftliche Methode. In Europa sollte es dagegen noch einige Hundert Jahre dauern, bis das wissenschaftliche Denken die Fesseln der religiösen Dogmatik sprengen konnte.

Gefährliche Gedanken

Jahrhundertelang basierte das Weltbild der katholischen Kirche auf der Vorstellung des Aristoteles, nach der sich alle Himmelskörper um die Erde drehten. 1532 endlich, nach Jahren der Arbeit mit komplizierter Mathematik, vollendete der polnische Arzt und Domherr Nikolaus Kopernikus sein Weltmodell mit der Sonne als Mittelpunkt der Welt. Um den Vorwurf der Ketzerei zu entkräften, behauptete er, es sei nur ein mathematisches Modell, und er veröffentlichte sein Buch erst auf dem Totenbett. Doch das kopernikanische Modell gewann schnell viele Anhänger. Der deutsche Astronom Johannes Kepler verfeinerte die Theorie anhand der Beobachtungen seines dänischen Mentors Tycho Brahe. Nach seinen Rechnungen sollten die Bahnen der Planeten elliptisch sein. Nach der Erfindung des Fernrohrs entdeckte der italienische Gelehrte Galileo Galilei 1610 vier Jupitermonde. Die Erklärungsmacht des neuen Weltmodells war nicht zu leugnen.

Galilei zeigte auch die Beweiskraft von Experimenten, als er fallende Körper untersuchte. Als Zeitmaß verwendete er ein Pendel. Das wiederum nahm der Niederländer Christaan Huygens 1657 als Grundlage für den Bau der ersten Pendeluhr. Der englische Philosoph Francis Bacon schrieb zwei Bücher über die wissenschaftliche Methode und schuf damit die theoretische Grundlage für die moderne Wissenschaft, basierend auf Experiment, Beobachtung und Messung.

Weitere Entdeckungen kamen in rascher Folge. Der irische Physiker Robert Boyle untersuchte mithilfe einer Luftpumpe die Eigenschaften der Luft. Huygens und Isaac Newton entwickelten einander widersprechende Theorien zur Lichtausbreitung und begründeten so die wissenschaftliche Optik. Der dänische Astronom Ole Rømer fand kleine Unregelmäßigkeiten beim Umlauf der Jupitermonde

1665
In *Micrographia* stellt Robert Hooke der Welt die **Anatomie der Flöhe** und Bienen sowie die Struktur von Kork vor.

1669
Nicolaus Steno schreibt über **Einschlüsse** (Fossilien und Kristalle) innerhalb von Gesteinen.

1669
In seiner *Historia Insectorum Generalis* beschreibt Jan Swammerdam, wie **Insekten in Entwicklungsstadien** reifen.

AB 1670
Antoni van Leeuwenhoek beobachtet mit einfachen Mikroskopen **einzellige Organismen,** Spermien und sogar Bakterien.

1676
Anhand der Jupitermonde zeigt Ole Rømer, dass die **Lichtgeschwindigkeit endlich** ist.

1678
Christiaan Huygens stellt seine **Wellentheorie des Lichts** vor, die im Widerspruch zur späteren Korpuskulartheorie von Isaac Newton steht.

1686
John Ray schreibt *Historia Plantarum*, eine **Enzyklopädie des Pflanzenreichs.**

1687
In *Philosophiae Naturalis Principia Mathematica* leitet Isaac Newton die **Bewegungsgesetze** her.

und schätzte damit die Lichtgeschwindigkeit ab. Sein Landsmann, Bischof Nicolaus Steno, zweifelte an einem Großteil der antiken Schriften und entwickelte eigene Gedanken zu Astronomie und Geologie. Seine Prinzipien der Stratigrafie (Untersuchung der Gesteinsschichten) sind noch heute wissenschaftliche Basis der Geologie.

Mikrowelten

Technische Fortschritte im 17. Jahrhundert führten zu Entdeckungen im kleinsten Maßstab. Anfang des Jahrhunderts entwickelten niederländische Brillenmacher die ersten Mikroskope. Etwas später baute Robert Hooke ein Mikroskop und fertigte Zeichnungen seiner Entdeckungen, etwa von kleinen Käfern oder Flöhen. Der niederländische Tuchhändler Antoni van Leeuwenhoek baute – vielleicht angeregt von Hookes Zeichnungen – selbst Hunderte von Mikroskopen und fand winzige Lebewesen an Orten, an denen noch nie jemand danach gesucht hatte, etwa in einem Tropfen Wasser. Er hatte einzellige Lebewesen wie Protisten und Bakterien entdeckt, die er »Animalcules« nannte. Als er der britischen Royal Society davon berichtete, schickte diese drei Geistliche, die seine Entdeckungen bezeugen sollten. Der niederländische Mikroskopiker Jan Swammerdam zeigte, dass Ei, Larve, Puppe und Imago die Lebensstadien eines Insekts und nicht unterschiedliche, von Gott geschaffene Tiere sind. Damit waren alte, noch auf Aristoteles zurückgehende Vorstellungen vom Tisch. Der englische Biologe John Ray stellte inzwischen eine gewaltige Enzyklopädie der Pflanzen zusammen – der erste Versuch einer systematischen Klassifikation.

Mathematische Analysis

Diese Entdeckungen kündigten schon die Aufklärung an und schufen die Grundlagen für Disziplinen wie Astronomie, Chemie, Geologie, Physik und Biologie. Der wissenschaftliche Höhepunkt des Jahrhunderts war Newtons monumentales Buch *Philosophiæ Naturalis Principia Mathematica*, in dem er die Bewegungsgesetze und die Gravitation herleitete. Mehr als zwei Jahrhunderte lang blieb die Newton'sche Physik die beste Beschreibung der Welt und bildete zusammen mit der mathematischen Analysis – unabhängig entwickelt von Newton und Gottfried Wilhelm Leibniz – ein mächtiges Werkzeug für weitere wissenschaftliche Forschungen. ■

IN DER MITTE
ABER VON ALLEN STEHT DIE
SONNE
NIKOLAUS KOPERNIKUS (1473–1543)

IM KONTEXT

GEBIET
Astronomie

FRÜHER
3. Jh. v. Chr. Archimedes beschreibt in *Der Sandrechner* Ideen des Aristarch von Samos, wonach das Universum größer sei als gedacht und die Sonne im Zentrum liege.

150 n. Chr. Claudius Ptolemäus von Alexandria beschreibt mathematisch ein geozentrisches Weltmodell.

SPÄTER
1573 Tycho Brahe widerspricht Aristoteles' Idee des unveränderlichen Himmels.

1609 Johannes Kepler löst die Widersprüche des heliozentrischen Modells des Sonnensystems, indem er elliptische Bahnen fordert.

1610 Als Galilei die Jupitermonde sieht, ist er überzeugt, dass Kopernikus recht hat.

Seit der frühen Geschichte war das Denken der westlichen Welt durch die Vorstellung geprägt, die Erde sei der Mittelpunkt der Welt. Dieses »geozentrische Denken« erwuchs aus alltäglichen Beobachtungen und dem gesunden Menschenverstand: Wir fühlen keine Bewegung des Bodens, und auch die Beobachtung der Himmelskörper liefert keine Hinweise darauf, dass die Erde sich bewegt. Was sonst sollte also die Erklärung sein, als dass die Sonne, der Mond, die Planeten und Sterne sich in unterschiedlicher Geschwindigkeit um die Erde drehen? Dieses System scheint in der Antike weithin akzeptiert gewesen zu sein und es wurde im 4. Jahrhundert v. Chr. in der klassischen Philosophie durch die Werke von Platon und Aristoteles vertieft.

Doch als die alten Griechen die Bewegungen der Planeten zu vermessen begannen, zeigten sich die Probleme des geozentrischen Modells. Die Wege der bekannten Planeten – fünf »Wandelsterne« am Himmel – folgten sehr komplizierten Bahnen. Merkur und Venus waren immer am Morgen- und Abendhimmel zu sehen. Mars, Jupiter und Saturn hingegen benötigten 780 Tage sowie zwölf beziehungsweise 30 Jahre für eine Umkreisung des Fixsternhimmels, und ihre Bahn wurde durch »Rückwärtsschleifen« verkompliziert, in denen sie sich langsamer und entgegen der üblichen Richtung bewegten.

> »Wenn der allmächtige Gott mich gefragt hätte, bevor er sich an seine Schöpfung machte, ich hätte ihm etwas Einfacheres empfohlen.«
>
> **Alfons X.**
> König von Kastilien

Das ptolemäische System

Um diese Komplikationen zu erklären, entwickelten griechische Astronomen die Idee der Epizyklen – kleine »Unterbahnen«, auf denen die Planeten kreisten und deren

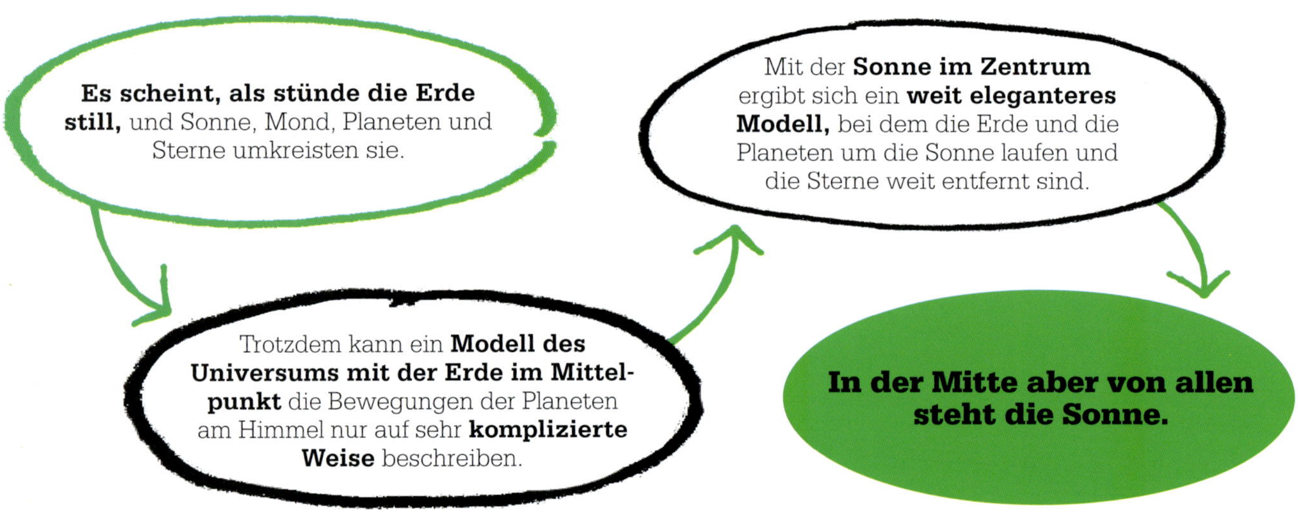

Siehe auch: Zhang Heng 26–27 ▪ Johannes Kepler 40–41 ▪ Galileo Galilei 42–43 ▪ Friedrich Wilhelm und Caroline Herschel 86–87 ▪ Edwin Hubble 244–249

Mittelpunkte sich ihrerseits um die Sonne bewegten. Im 2. Jahrhundert wurde dieses System von dem griechisch-römischen Astronomen und Geografen Ptolemäus verfeinert.

Doch schon in der antiken Welt gab es andere Ansichten – Aristarch von Samos beispielsweise berechnete im 3. Jahrhundert v. Chr. anhand ausgefeilter trigonometrischer Messungen die Relativabstände von Sonne und Mond. Er erkannte, dass die Sonne riesig sein musste, und kam daraufhin zu dem Schluss, dass sie weit wahrscheinlicher den Mittelpunkt für die Bewegungen im Kosmos bilde.

Doch das ptolemäische System setzte sich durch – mit weitreichenden Folgen. Beim Niedergang des Römischen Reiches in den folgenden Jahrhunderten übernahm die christliche Kirche viele der herrschenden Ansichten. Die Vorstellung, die Erde sei der Mittelpunkt der Welt und der Mensch die Krone der göttlichen Schöpfung mit dem Recht, die Welt zu beherrschen, bildete bis zum 16. Jahrhundert eine der zentralen Lehren des Christentums.

Das heißt allerdings nicht, dass die Astronomie in den eineinhalb Jahrtausenden nach Ptolemäus stagniert hätte. Die Fähigkeit, die Bewegungen der Planeten genau vorherzusagen, war nicht nur ein wissenschaftlich-philosophisches Rätsel, sondern hatte dank des Aberglaubens der Astrologie auch durchaus praktische Zwecke. Damit hatten die Sterndeuter aller Richtungen gute Gründe, sich um immer bessere Messungen der Planetenbewegungen zu bemühen.

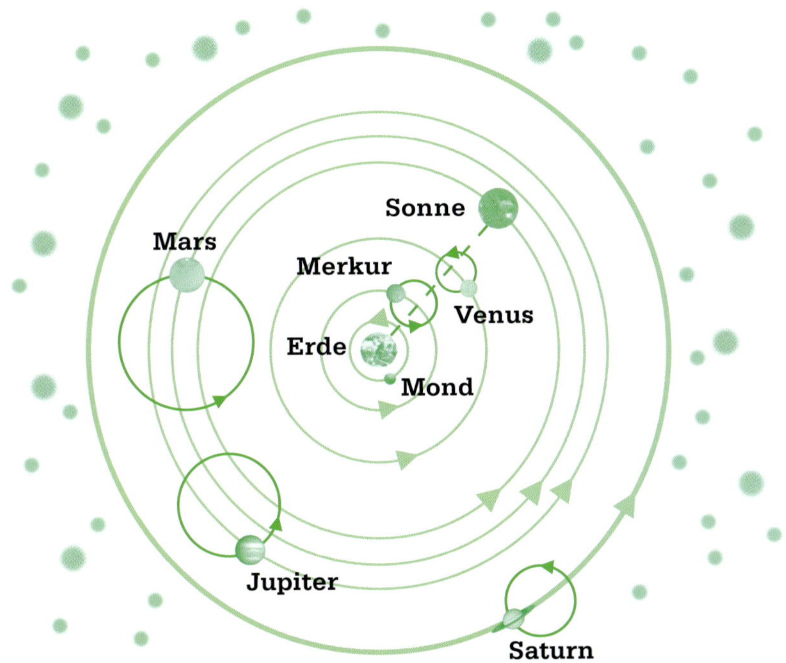

Im ptolemäischen Modell des Universums steht die Erde unbewegt im Zentrum. Sonne, Mond und die fünf bekannten Planeten umkreisen sie auf kreisförmigen Bahnen. Um diese Vorstellung mit den Beobachtungen in Einklang zu bringen, musste Ptolemäus zu jeder Planetenbewegung kleinere Epizyklen hinzufügen.

Arabische Gelehrsamkeit

Die letzten Jahrhunderte des ersten Jahrtausends fallen mit der ersten Blüte der arabischen Wissenschaft zusammen. Die schnelle Verbreitung des Islam brachte arabische Denker in Kontakt mit den klassischen Texten, darunter auch die astronomischen Schriften von Ptolemäus und anderen.

Die »Positionsastronomie« – die Berechnung der Örter von Himmelskörpern – erreichte ihren Höhepunkt in Spanien, einem Schmelztiegel von islamischem, jüdischem und christlichem Gedankengut. Im späten 13. Jahrhundert regte König Alfons X. von Kastilien die Zusammenstellung der Alfonsinischen Tafeln an, einer Kombination neuer Beobachtungen mit jahrhundertealten islamischen Aufzeichnungen. Sie erhöhten die Genauigkeit des ptolemäischen Systems und stellten die Daten bereit, die bis ins 17. Jahrhundert hinein für die Planetenberechnung verwendet wurden.

Ptolemäus infrage gestellt

Bis dahin war das ptolemäische System allerdings absurd kompliziert geworden, weil immer weitere Epizyklen notwendig wurden, um Vorhersagen und Beobachtungen in Einklang zu bringen. 1377 ging der französische Scholastiker Nikolaus von Oresme, der Bischof von Lisieux, in seinem *Livre du Ciel et du Monde* (Buch des Himmels und der Erde) diese Frage direkt an. Er zeigte, dass es keine beobachtbaren Hinweise auf den Stillstand der Erde gab, und behauptete, » damit gäbe es keinen Grund, nicht auch die Möglichkeit der Bewegung anzunehmen. Obwohl er damit die Grundlage für das ptolemäische System zerstörte, blieb Oresme aber dabei, dass er nicht an eine sich bewegende Erde glaubte.

Zu Beginn des 16. Jahrhunderts hatte sich die Situation grundlegend geändert. Renaissance und Reformation hatten viele alte religiöse Dogmen infrage gestellt. Vor diesem Hintergrund unternahm der Arzt, Astronom und Domherr Nikolaus Kopernikus aus Frauenburg im heutigen Polen die ersten Schritte hin zur modernen heliozentrischen Theorie und verschob den Mittelpunkt des Universums von der Erde zur Sonne.

Kopernikus schrieb seine Ideen zuerst in dem kurzen Pamphlet *Commentariolus* nieder, der ab etwa 1514 im Freundeskreis zirkulierte. Seine Theorie ähnelte im Wesentlichen dem von Aristarch ausgearbeiteten System. Doch obwohl er viele Fehler älterer Modelle überwand, blieb er doch tief im ptolemäischen Denken verhaftet – hauptsächlich in der Vorstellung, die Bahnen der Himmelskörper würden auf kristallinen Kugeln verlaufen, die sich ihrerseits im Kreis drehten. Daher musste

> »Da die Sonne unbeweglich ruht, muss alles dasjenige, was von einer Bewegung der Sonne erscheint, vielmehr in der Bewegung der Erde seine Wahrheit finden.«
>
> **Nikolaus Kopernikus**

Diese Darstellung des kopernikanischen Systems aus dem 17. Jh. zeigt, wie die Planeten kreisförmig um die Sonne laufen. Kopernikus glaubte, die Planeten hingen an himmlischen Sphären aus Kristall.

auch Kopernikus eine Art von Epizyklen einführen, um die Planetengeschwindigkeiten in bestimmten Teilen ihrer Bahn anzupassen. Eine wichtige Folgerung seines Modells war eine enorme Vergrößerung des Universums. Wenn die Erde sich um die Sonne bewegte, dann sollte sich das in einer Parallaxe durch die ständig geänderte Blickrichtung äußern: Die Sterne müssten sich dann im Lauf des Jahres am Himmel hin- und herbewegen. Da sie das nicht taten, mussten sie wirklich sehr weit entfernt sein.

Das kopernikanische Modell erwies sich bald als weit genauer als das noch so verfeinerte alte ptolemäische System. In den intellektuellen Kreisen in ganz Europa hörte man davon. Die Nachricht gelangte auch nach Rom, wo sie anfangs sogar begrüßt wurde. Das neue Modell erregte solch ein Aufsehen, dass der deutsche Mathematiker Georg Joachim Rheticus nach Frauenburg reiste und ab 1539 Kopernikus' Schüler und Assistent wurde. Rheticus schrieb 1540 den ersten weitverbreiteten Bericht über das kopernikanische System, die *Narratio Prima*. Und er drängte den alten Mann, sein Werk selbst zu veröffentlichen. Kopernikus selbst hatte schon jahrelang darüber nachgedacht, doch erst 1543 willigte er ein, als er schon auf dem Totenbett lag.

Mathematisches Hilfsmittel

Das posthum erschienene *De Revolutionibus Orbium Coelestium* (*Über die Kreisbewegungen der Weltkörper*) stieß anfangs nicht auf Empörung, obwohl die Vorstellung, dass sich die Erde bewegte, in direktem Widerspruch zu einigen Stellen der Bibel stand und daher sowohl für katholische als auch für protestantische Theologen ketzerisch war. Um dieses Thema zu umgehen, bezeichnete das Vorwort das erläuterte heliozentrische Modell als rein mathematisches Hilfsmittel für Berechnungen, nicht als Beschreibung des realen Universums. Zu Lebzeiten hatte Kopernikus keine solchen Vorbehalte gezeigt. Trotz seiner häretischen Konsequenzen wurde das kopernikanische System 1582 sogar bei den Rechnungen zur großen Kalenderreform unter Papst Gregor XIII. verwendet.

Dennoch tauchten nach den akribischen Beobachtungen des dänischen Astronomen Tycho Brahe (1546–1601) bald neue Probleme mit der Vorhersagegenauigkeit des kopernikanischen Modells auf: Er zeigte, dass es die Planetenbewegungen nicht adäquat beschrieb. Brahe versuchte, die Abweichungen mit einem eigenen Modell zu beschreiben, in dem die Planeten sich um die Sonne bewegten, Sonne und Mond aber eine Bahn um die Erde beschrieben. Erst Brahes Schüler Johannes Kepler fand die wahre Lösung – elliptische Bahnen.

Dass der Kopernikanismus sechs Jahrzehnte später zum Sinnbild für die Rückständigkeit der Kirche wurde, hing hauptsächlich mit dem Streit um Galileo Galilei zusammen. 1610 untersuchte er die Phasen der Venus und die Sichtbarkeit der Jupitermonde. Er kam zu der Überzeugung, das heliozentrische Modell sei korrekt, und er brachte seine glühende Unterstützung später in seinem *Dialog über die beiden hauptsächlichen Weltsysteme* von 1632 zum Ausdruck. Seine Überzeugung brachte Galilei jedoch in Konflikt mit dem Papst. Ein Ergebnis davon war 1616 die nachträgliche Zensur von umstrittenen Passagen in *De Revolutionibus*. Dieser Bann wurde erst über zwei Jahrhunderte später aufgehoben. ■

» So lenkt in der Tat die Sonne, auf dem königlichen Throne sitzend, die sie umkreisende Familie der Gestirne. «

Nikolaus Kopernikus

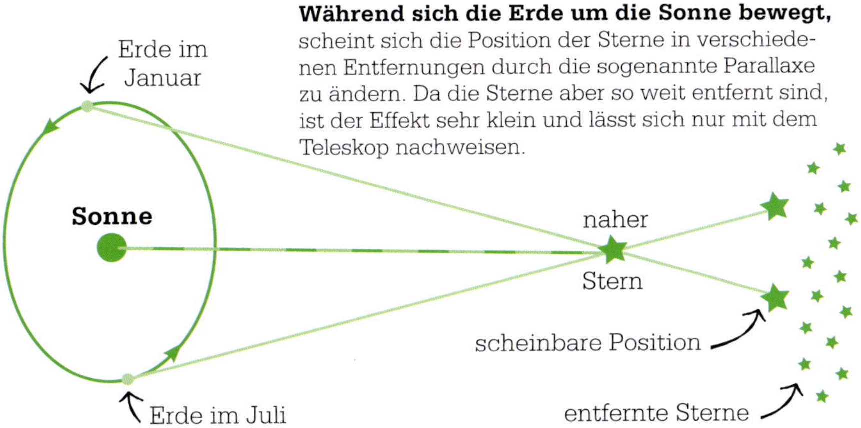

Während sich die Erde um die Sonne bewegt, scheint sich die Position der Sterne in verschiedenen Entfernungen durch die sogenannte Parallaxe zu ändern. Da die Sterne aber so weit entfernt sind, ist der Effekt sehr klein und lässt sich nur mit dem Teleskop nachweisen.

Nikolaus Kopernikus

Kopernikus wurde 1473 als jüngstes von vier Kindern eines reichen Kaufmanns in Thorn (heute Toruń, Polen) geboren. Sein Vater starb, als Nikolaus zehn Jahre alt war. Ein Onkel nahm ihn bei sich auf und sorgte für seine Ausbildung an der Universität Krakau. Nach einigen Jahren in Italien, wo er Medizin und Rechtswissenschaften studierte, kehrte er 1503 zurück und wurde Domherr unter seinem Onkel, jetzt Fürstbischof von Ermland.

Kopernikus beherrschte sowohl Sprachen als auch Mathematik, übersetzte mehrere wichtige Werke und entwickelte Ideen sowohl zur Ökonomie als auch zur Astronomie. Die in *De Revolutionibus* skizzierte Theorie war mathematisch sehr komplex. Daher wurde ihre Bedeutung zwar anerkannt, für praktische Zwecke wurde sie aber nur selten verwendet.

Hauptwerke

1514 *Commentariolus*
1543 *De Revolutionibus Orbium Coelestium (Über die Kreisbewegungen der Weltkörper)*

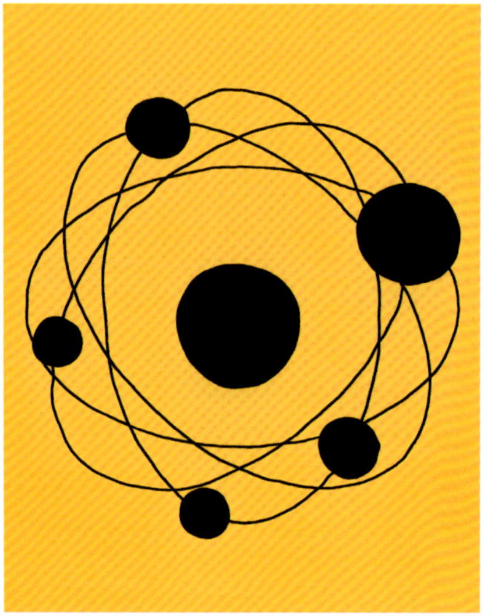

DIE BAHN EINES JEDEN PLANETEN IST EINE ELLIPSE

JOHANNES KEPLER (1571–1630)

IM KONTEXT

GEBIET
Astronomie

FRÜHER
150 n. Chr. Ptolemäus von Alexandria schreibt den *Almagest*. Er geht dabei von einem Modell des Universums aus, bei dem die Erde im Zentrum steht, umkreist von Sonne, Mond, Planeten und Sternen, die an festen Himmelssphären hängen.

16. Jh. Die Idee eines Universums mit der Sonne im Mittelpunkt gewinnt nach Kopernikus' Tod neue Anhänger.

SPÄTER
1639 Jeremiah Horrocks kann anhand von Keplers Gedanken einen Venustransit vor der Sonnenscheibe vorhersagen und beobachten.

1687 Isaac Newtons Bewegungsgesetze und das Gravitationsgesetz geben den Kepler'schen Gesetzen ihre physikalische Grundlage.

Kopernikus' Werk über die Himmelssphären von 1543 brachte überzeugende Hinweise für das heliozentrische Modell des Universums mit der Sonne im Mittelpunkt, das System litt aber unter Problemen. Kopernikus hatte sich nicht von der antiken Idee lösen können, die Himmelskörper hingen an Kristallsphären, und daher behauptete er, die Planeten liefen auf Kreisbahnen um die Sonne. Um ihre Unregelmäßigkeiten zu berücksichtigen, musste er eine Reihe von Komplikationen einführen.

Supernova und Kometen

In der zweiten Hälfte des 16. Jahrhunderts führte der dänische Adlige Tycho Brahe Beobachtungen durch,

Siehe auch: Nikolaus Kopernikus 34–39 ▪ Jeremiah Horrocks 52 ▪ Isaac Newton 62–69

die sich für die Lösung des Problems als wesentlich herausstellen sollten. 1572 widerlegte eine helle Supernova (Sternexplosion) im Sternbild Cassiopeia Kopernikus' Idee, das Universum jenseits der Planeten sei unveränderlich. 1577 zeichnete Brahe die Bewegung eines Kometen auf. Kometen galten als lokale Erscheinungen, näher als der Mond, doch nach Brahes Beobachtungen musste der Komet weit hinter dem Mond liegen und sich zwischen den Planeten bewegen. Auf einen Schlag zerstörten diese Erkenntnisse die Vorstellung der »himmlischen Sphären«. Dennoch blieb Brahe bei der Idee von Kreisbahnen in seinem geozentrischen Modell.

1597 wurde Brahe nach Prag berufen, wo er seine letzten Jahre als Hofmathematiker für Kaiser Rudolf II. arbeitete. Sein Assistent war Johannes Kepler, der Brahes Werk nach dessen Tod weiterführte.

Bruch mit den Kreisen

Als Kepler aus Brahes Beobachtungen eine neue Marsbahn berechnete, kam er zu der Überzeugung, die Bahn müsse eher eiförmig als echt kreisrund sein. Kepler formulierte ein heliozentrisches Modell mit eiförmigen Bahnen, doch auch dies stimmte nicht mit den Beobachtungen überein. 1605 schloss er, Mars müsse sich auf einer Ellipse um die Sonne bewegen, einem »gestreckten Kreis« mit der Sonne in einem der beiden Brennpunkte. In seiner *Astronomia Nova (Neue Astronomie)* von 1609 skizzierte er zwei Gesetze der Planetenbewegung. Nach dem ersten Gesetz ist jede Planetenbahn elliptisch und nach dem zweiten Gesetz überstreicht die Verbindungslinie zwischen dem Planeten und der Sonne in gleichen Zeiten gleiche Flächen. Demnach nimmt die Geschwindigkeit eines Planeten zu, je näher er der Sonne ist. Ein drittes Gesetz von 1619 verbindet das Planetenjahr mit dem Abstand zur Sonne: Das Quadrat der Umlaufzeit (Jahr) ist proportional zur dritten Potenz der Entfernung von der Sonne. Ein Planet, der doppelt so weit von der Sonne entfernt ist wie ein anderer, hat also eine fast dreimal so lange Umlaufzeit. Welche Kraft die Planeten auf ihrer Bahn hält, blieb damals aber noch unklar. Kepler glaubte an eine Art von Magnetismus. Erst Newton zeigte 1687, dass es die Gravitation ist. ■

Nach den Kepler'schen Gesetzen ist die Umlaufbahn der Planeten eine Ellipse, in deren einem Brennpunkt die Sonne steht. In jedem bestimmten Zeitraum *t* überstreicht die Verbindungslinie von einem Planeten zur Sonne gleiche Flächen (*A*) der Ellipse.

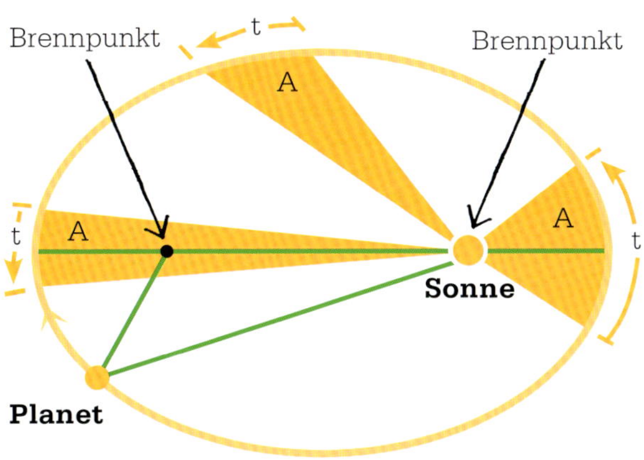

Johannes Kepler

Der 1571 in Weil der Stadt bei Stuttgart geborene Johannes Kepler erlebte als kleines Kind den großen Kometen von 1577 und war seither von der Himmelskunde fasziniert. Bei seinem Studium in Tübingen entwickelte er einen Ruf als brillanter Mathematiker und Astrologe. Er korrespondierte mit verschiedenen führenden Astronomen seiner Zeit, darunter auch mit Tycho Brahe. 1600 schließlich ging er nach Prag und wurde Brahes Assistent.

Nach Brahes Tod 1601 übernahm Kepler die Stellung des Hofmathematikers und den kaiserlichen Auftrag, aus Brahes Beobachtungen die sogenannten *Rudolfinischen Tafeln* zur Vorhersage der Planetenbewegung fertigzustellen. Er vollendete sein Werk im österreichischen Linz, wo er ab 1612 lebte. 1630 starb er in Regensburg.

Hauptwerke

1596 *Mysterium Cosmographicum (Das Weltgeheimnis)*
1609 *Astronomia Nova (Neue Astronomie)*
1619 *Harmonice Mundi (Weltharmonik)*
1627 *Rudolfinische Tafeln*

FALLENDE KÖRPER BESCHLEUNIGEN GLEICHMÄSSIG

GALILEO GALILEI (1564–1642)

IM KONTEXT

GEBIET
Physik

FRÜHER
4. Jh. v. Chr. Aristoteles entwickelt Theorien über Kräfte und Bewegung, überprüft sie aber nicht experimentell.

1020 Der persische Gelehrte Ibn Sina (Avicenna) sagt, bewegte Körper hätten einen »Impetus« und würden nur durch äußere Kräfte gebremst.

1586 Der flämische Forscher Simon Stevin wirft zwei verschieden große Bleikugeln von einem Kirchturm, um zu zeigen, dass sie gleich schnell fallen.

SPÄTER
1687 In den *Principia* formuliert Isaac Newton seine Bewegungsgesetze.

1971 Der US-Astronaut Dave Scott führt Galileis Fallversuch auf dem Mond durch: Ein Hammer und eine Feder fallen wirklich gleich schnell.

Rund 2000 Jahre lang bezweifelte kaum jemand die Behauptung von Aristoteles, dass Körper von einer äußeren Kraft in Bewegung gehalten werden und dass schwere Körper schneller fallen als leichte. Erst im 17. Jahrhundert prüfte der italienische Astronom und Mathematiker Galileo Galilei diese Ideen. Er erdachte Experimente zu der Frage, wie und warum Körper sich bewegen, und formulierte als Erster das Trägheitsprinzip, das besagt, dass Körper einer Bewegungsänderung einen Widerstand entgegensetzen und dass eine Kraft nötig ist, um sie zu starten, zu beschleunigen oder abzubremsen. Durch Zeitmessung zeigte er, dass die Fallzeit für alle Körper gleich ist, und erkannte die Bedeutung der Reibung beim Abbremsen der Körper.

Damals ließen sich Geschwindigkeit und Beschleunigung von frei fallenden Körpern nicht direkt messen. Indem Galilei Kugeln eine Rampe hinab- und eine andere hinaufrollen ließ, zeigte er jedoch, dass das Tempo der Kugeln am Ende der Rampe nicht vom Gefälle, sondern von der Starthöhe abhing, und dass die Kugel immer wieder ihre Starthöhe erreichte, ganz gleich, wie steil oder flach die Rampen waren.

Galilei verwendete für seine Versuche eine 5 m lange, reibungsarme Rampe. Zur Zeitmessung diente ein Wasserbehälter mit einem Hahn im unteren Teil. Während der Messung fing er das Wasser auf und wog es. Er ließ die Kugel von unter-

Galilei zeigte, dass die Geschwindigkeit der Kugel am Ende der Rampe nur von der Starthöhe, nicht von deren Neigung abhängt. Die an den Punkten A und B gestarteten Kugeln sind unten gleich schnell.

Siehe auch: Nikolaus Kopernikus 34–39 ▪ Isaac Newton 62–69

» Zähle, was zählbar ist, messe, was messbar ist, und mache messbar, was nicht messbar ist. «

Galileo Galilei

schiedlichen Punkten der Rampe aus starten und zeigte, dass die zurückgelegte Strecke vom Quadrat der gemessenen Zeit abhing, dass also die Kugel die Rampe hinunter beschleunigt wurde.

Das Fallgesetz

Galilei schloss, dass Körper im Vakuum mit gleicher Geschwindigkeit fallen, und diese Idee wurde später von Isaac Newton weiterentwickelt. Auf größere Massen wirkt zwar eine höhere Gravitation, doch sie brauchen zur Beschleunigung auch eine größere Kraft. Beides gleicht sich aus, sodass in Abwesenheit anderer Kräfte alle fallenden Körper dieselbe Beschleunigung erfahren. Dass im Alltag Körper verschieden schnell fallen, hängt mit dem Luftwiderstand zusammen, der die Körper abhängig von ihrer Form und Größe unterschiedlich stark bremst. Ein Wasserball und eine gleich große Kegelkugel fallen anfangs gleich schnell, aber sobald sie in Bewegung sind, wirkt der Luftwiderstand, der beim Wasserball einen viel größeren Teil der abwärts gerichteten Gewichtskraft neutralisiert, sodass dieser stärker gebremst wird.

Galileos Beharren auf der Überprüfung von Theorien durch Beobachtung und Messung macht ihn – wie Ibn al-Haitham (Alhazen) – zu einem Begründer der modernen Wissenschaft. Seine Ideen ebneten den Weg für Newtons Bewegungsgesetze und untermauern unser Verständnis von Bewegungen im Universum, von Atomen bis hin zu Galaxien. ▪

Galileo Galilei

Galilei stammt aus Pisa und wurde in einem Kloster erzogen. 1581 begann er ein Studium der Medizin, brach es aber ab und wechselte zu Mathematik und Naturphilosophie. Er arbeitete auf vielen Gebieten, aber am berühmtesten ist er wohl für die Entdeckung der vier größten Jupitermonde (die noch heute Galilei'sche Monde heißen). Seine Beobachtungen führten ihn dazu, das heliozentrische Modell des Alls zu unterstützen, das damals im Gegensatz zur kirchlichen Lehre stand. 1633 wurde er angeklagt und musste diese und andere Ideen widerrufen. Er wurde zu lebenslänglichem Hausarrest verurteilt. In dieser Zeit schrieb er die »Discorsi«, worin er seine Arbeiten zur Kinematik (Lehre der Bewegungen) zusammenfasste.

Hauptwerke

1623 *Prüfer mit der Goldwaage* (»Saggiatore«)
1632 *Dialog über die beiden hauptsächlichen Weltsysteme*
1638 *Unterredungen und mathematische Demonstrationen über zwei neue Wissenszweige* (»Discorsi«)

DIE ERDKUGEL IST EIN MAGNET

WILLIAM GILBERT (1544–1603)

IM KONTEXT

GEBIET
Geologie

FRÜHER
6. Jh. v. Chr. Thales von Milet schreibt über Magnetsteine.

1. Jh. n. Chr. Chinesische Wahrsager bauen Kompasse mit eisernen Schwimmkörpern, die nach Süden zeigen.

1269 Der französische Gelehrte Pierre de Maricourt beschreibt die magnetische Anziehung und Abstoßung.

SPÄTER
1824 Der französische Mathematiker Siméon Poisson erforscht Kräfte im Magnetfeld.

1939 Der amerikanische Physiker Walter Elsasser führt das Erdmagnetfeld auf Wirbelströme im flüssigen Erdkern zurück (»Geodynamotheorie«).

1958 Die Raumsonde *Explorer 1* zeigt, dass sich das Erdmagnetfeld weit ins All erstreckt.

Gegen Ende des 16. Jahrhunderts waren Kompasse auf Schiffen zwar schon weitverbreitet, aber niemand wusste, wie sie funktionieren. Einige dachten, die Kompassnadel würde vom Nordstern angezogen, andere glaubten, Magnetberge in der Arktis würden sie beeinflussen. Erst der englische Arzt William Gilbert entdeckte, dass die Erde selbst magnetisch ist.

» Aus gesicherten Versuchen und bewiesenen Erkenntnissen ergeben sich stärkere Argumente als aus Mutmaßungen und den Ansichten eines philosophischen Beobachters. «

William Gilbert

Gilberts Idee kam nicht blitzartig, sondern nach 17 Jahren penibler Versuche. Er erkundigte sich bei Schiffskapitänen und Kompassbauern und baute einen Modellglobus, seine »Terrella«, aus Magneteisenstein. Mit ihr probierte er Kompassnadeln aus. Die Nadeln reagierten rund um die Terrella genauso wie die Schiffskompasse in großem Maßstab: Sie zeigten dieselbe Deklination (die kleine Missweisung vom wahren Norden, da der geografische Nordpol etwas vom magnetischen Nordpol abweicht) und Inklination (eine kleine Abwärtsneigung von der Horizontalen).

Gilbert schloss, völlig richtig, dass der gesamte Planet ein Magnet sei und einen Kern aus Eisen habe. 1600 schrieb er darüber das Buch *De Magnete* (Über den Magneten) und löste eine Sensation aus. Johannes Kepler und Galileo Galilei wurden durch seine Ansicht inspiriert, dass die tägliche scheinbare Bewegung der Sterne am Himmel eine Folge der Rotation der Erde sei, die demnach nicht an einer Himmelssphäre befestigt sein konnte. ■

Siehe auch: Thales von Milet 20 ▪ Johannes Kepler 40–41 ▪ Galileo Galilei 42–43 ▪ Hans Christian Ørsted 120 ▪ James Clerk Maxwell 182–187

NICHT DURCH REDEN, SONDERN DURCH VERSUCHE

FRANCIS BACON (1561–1626)

IM KONTEXT

GEBIET
Experimentalforschung

FRÜHER
4. Jh. v. Chr. Aristoteles schließt, argumentiert und schreibt, führt aber keine Versuche durch. So wird ein Jahrtausend lang geforscht.

ab 750 n. Chr. Im Goldenen Zeitalter des Islam praktizieren arabische Forscher Experimente.

SPÄTER
um 1630 Galileo Galilei führt seine Fallversuche durch.

1637 Der französische Philosoph René Descartes besteht in seiner Schrift *Discours de la méthode* auf strengem Zweifel und Nachforschung.

1665 Isaac Newton untersucht das Licht mit einem Prisma.

1934 Der österreichische Philosoph Karl Popper schreibt in *Logik der Forschung*, man könne Theorien testen und widerlegen, aber nie beweisen.

Der englische Philosoph und Forscher Francis Bacon war nicht der Erste, der Versuche durchführte – Ibn al-Haitham (Alhazen) und andere arabische Forscher hatten das schon 600 Jahre zuvor getan –, aber er erläuterte erstmals das Verfahren des induktiven Schließens und begründete die wissenschaftliche Methode. Er betrachtete die Forschung als den »Quell einer Fülle von Erfindungen, die unsere Bedürfnisse und Nöte bändigen und befriedigen«.

Experimentelle Belege

Nach Platon lässt sich die Wahrheit durch Argumentation erkennen: Diskutieren viele Weise ein Thema lange genug, ergibt sich am Ende die Wahrheit. Auch Aristoteles hielt Experimente für unnötig. Bacon lästerte über solcherlei »Autoritäten« als Spinnen, die ihre Netze aus eigener Substanz spinnen. Er forderte Belege aus der realen Welt, insbesondere aus Experimenten.

In zwei Schlüsselwerken begründete Bacon die wissenschaftliche Untersuchung. In *Novum Organum* (1620) beschreibt er die Grundsätze der wissenschaftlichen Methode: Beobachtung, Deduktion zur Formulierung einer Theorie, die die Beobachtungen erklärt, und Experimente, die die Richtigkeit der Theorie überprüfen. In *The New Atlantis* (1623) beschreibt Bacon ein fiktives »Haus des Salomon«, in dem Gelehrte reine Forschung anhand von Experimenten betreiben und Dinge erfinden. Diese Vision wurde 1660 in London mit der Royal Society verwirklicht. Erster Kurator für Experimente wurde Robert Hooke. ■

> »Ob wir etwas wissen können oder nicht, lässt sich nicht durch Streit klären, sondern durch Versuche.«
>
> **Francis Bacon**

Siehe auch: Ibn al-Haitham (Alhazen) 28–29 ▪ Galileo Galilei 42–43 ▪ William Gilbert 44 ▪ Robert Hooke 54 ▪ Isaac Newton 62–69

DIE LUFT »FEDERT«

ROBERT BOYLE (1627–1691)

IM KONTEXT

GEBIET
Physik

FRÜHER
1643 Evangelista Torricelli erfindet das Quecksilberbarometer.

1648 Blaise Pascal und sein Schwager zeigen, dass der Luftdruck mit der Höhe abnimmt.

1650 Otto von Guericke macht Versuche zu Luft und Vakuum, 1657 schreibt er darüber.

SPÄTER
1738 In *Hydrodynamica* entwickelt Daniel Bernoulli eine kinetische Gastheorie.

1827 Der Botaniker Robert Brown beschreibt die Bewegung von Pollenkörnern in Wasser als Ergebnis von Kollisionen mit Wassermolekülen, die sich in zufällige Richtungen bewegen.

Im 17. Jahrhundert untersuchten Forscher in ganz Europa die Eigenschaften der Luft. Ihre Erkenntnisse brachten den Iren Robert Boyle auf die mathematischen Gesetze zur Beschreibung des Druckes in einem Gas. Sein Werk widmete sich eigentlich der Beschaffenheit des Raumes zwischen den Sternen und Planeten. Die »Atomisten« hielten den Raum zwischen den Himmelskörpern für leer, die Kartesianer (die Anhänger des französischen Philosophen René Descartes) sagten, der Zwischenraum sei mit einer unbekannten Substanz, dem sogenannten Äther gefüllt, und es sei ganz unmöglich, ein Vakuum zu erzeugen.

Siehe auch: Isaac Newton 62–69 ▪ John Dalton 112–113 ▪ Robert FitzRoy 152–157

» Wir leben am Grund eines Meeres von Luft, die nach unzweifelhaften Versuchen ein eigenes Gewicht hat. «

Evangelista Torricelli

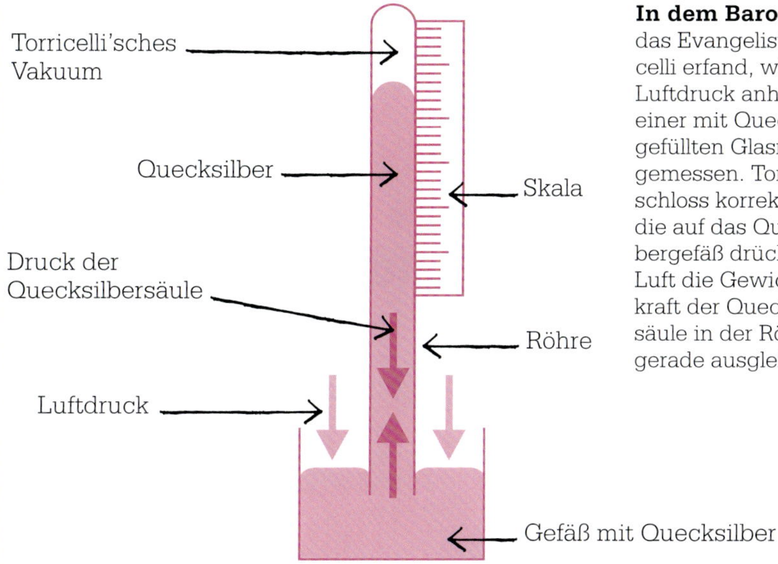

In dem Barometer, das Evangelista Torricelli erfand, wird der Luftdruck anhand einer mit Quecksilber gefüllten Glasröhre gemessen. Torricelli schloss korrekt, dass die auf das Quecksilbergefäß drückende Luft die Gewichtskraft der Quecksilbersäule in der Röhre gerade ausgleicht.

Barometer

Der italienische Mathematiker Gasparo Berti führte Versuche durch, um zu klären, warum eine Saugpumpe Wasser nicht mehr als 10 m hoch pumpen konnte. Er nahm ein langes Rohr, verschloss die eine Seite und füllte es mit Wasser. Dann drehte er das Rohr um und tauchte das offene Ende in einen Wasserbehälter. Der Wasserspiegel im Rohr fiel bis auf eine Höhe von etwa 10 m. 1642 hörte sein Landsmann Evangelista Torricelli von diesen Versuchen und konstruierte eine ähnliche Apparatur, verwendete aber Quecksilber statt Wasser. Da Quecksilber eine 13-mal so hohe Dichte hat wie Wasser, war die Quecksilbersäule nur etwa 76 cm hoch. Torricelli erklärte den Effekt damit, dass das Gewicht der Luft über dem Behälter auf das Quecksilber presst und so das Gewicht des Quecksilbers in der Röhre ausgleicht. Der Raum in der Röhre oberhalb der Quecksilbersäule musste ein Vakuum sein. Heute erklärt man das Ganze durch den Druck (Kraft pro Flächeneinheit) der Atmosphäre. Torricelli hatte das erste Quecksilberbarometer erfunden.

Der französische Forscher Blaise Pascal erfuhr 1646 von Torricellis Barometer und begann ebenfalls mit Versuchen. Bei einem dieser Experimente wollte er zeigen, dass sich der Luftdruck mit der Höhe ändert. In einem Kloster in Clermont wurde ein Barometer aufgestellt und den ganzen Tag lang von einem Mönch beobachtet. Pascals Schwager trug ein anderes auf den Gipfel des Puy de Dôme, der die Stadt etwa 1000 m überragt. Die Quecksilbersäule war hoch oben am Gipfel mehr als 8 cm kürzer als unten im Klostergarten. Da es über einem Berg weniger Luft gibt als über dem darunterliegenden Tal, zeigte Pascal damit, dass tatsächlich das Gewicht der Luft die Flüssigkeit in der Röhre nach oben drückte. Wegen dieser und anderer Arbeiten ist die Einheit des Drucks heute nach Pascal benannt.

Die Experimente von Blaise Pascal mit Barometern zeigten, dass der Luftdruck mit der Höhe abnimmt. Neben seinen Beiträgen zur Physik war Pascal auch ein bedeutender Mathematiker.

Luftpumpen

Den nächsten wichtigen Schritt unternahm der Magdeburger Bürgermeister Otto von Guericke. 1649 baute er eine Pumpe, die Luft aus einem Behälter entfernen konnte. Auf dem Reichstag zu »

Regensburg 1654 führte er seinen berühmten Schauversuch durch: Er setzte zwei kupferne Halbkugeln mit etwa 30 cm Durchmesser zusammen, dichtete die Naht luftdicht ab und pumpte die Luft heraus. Zwei Gespanne mit je 15 Pferden konnten die Halbkugeln nicht trennen. Bevor die Luft abgepumpt wurde, war der Luftdruck innen und außen gleich groß. Nach dem Abpumpen hielt der äußere Luftdruck die Halbkugeln zusammen.

1657 erfuhr Boyle von Guerickes Versuchen. Um selbst ebenfalls pneumatische Experimente durchführen zu können, beauftragte er Robert Hooke (S. 54), eine Luftpumpe zu entwerfen und zu bauen. Hookes Luftpumpe bestand aus einem gläsernen Behälter mit knapp 40 cm Durchmesser über einem Zylinder mit Kolben. Zwischen ihnen gab es mehrere Ventile und Sperrhähne. Durch die Bewegung des Kolbens konnte man Luft aus dem Glasbehälter abpumpen, doch wegen kleiner Lecks in den Dichtungen ließ sich das Vakuum immer nur für kurze Zeit aufrechterhalten. Dennoch bedeutete die Pumpe einen großen Fortschritt und zeigte, wie wichtig die Technik für das Voranschreiten wissenschaftlicher Forschungen ist.

Otto von Guerickes Experimente mit Luftpumpen widerlegten Aristoteles' Vorstellung des *horror vacui* (»die Natur verabscheut die Leere«).

Experimentelle Ergebnisse

Boyle führte mit der Luftpumpe eine Reihe von Experimenten durch, die er 1660 in seinem Buch *New Experiments Physico-Mechanical* beschrieb. Er betont darin mehrmals, dass alle beschriebenen Ergebnisse aus praktischen Versuchen stammten, da zu dieser Zeit selbst berühmte Experimentalforscher wie Galilei häufig auch »Gedankenexperimente« beschrieben. Viele von Boyles Versuchen hingen direkt mit dem Luftdruck zusammen. Der gläserne Schaubehälter ließ sich mit einem Torricelli'schen Barometer ausrüsten, dessen Röhre oben herausragte und mit Klebstoff abgedichtet war.

Robert Boyle

Robert Boyle wurde als 14. Kind des Earl of Cork in Irland geboren. Nach Unterricht bei Hauslehrern und am Eton College in England reiste er durch Europa. Als sein Vater 1643 starb, hinterließ er ihm genug Geld, um sich völlig der Wissenschaft zu widmen. Boyle ging für ein paar Jahre nach Irland zurück, lebte von 1654–1668 in Oxford, wo er seine Arbeiten leichter ausführen konnte, und zog dann nach London.

Boyle gehörte dem »unsichtbaren College« an, einer Gruppe von Forschern, die sich in London und Oxford zu Diskussionen trafen und aus der 1663 die Royal Society hervorging. Boyle war eines ihrer Gründungsmitglieder. Neben seinen wissenschaftlichen Arbeiten führte Boyle alchemistische Versuche durch und schrieb auch über Theologie und die Entstehung der verschiedenen Menschentypen.

Hauptwerke

1660 *New Experiments Physico-Mechanical (Neue physiko-mechanische Experimente zum Federn der Luft)*
1661 *Der skeptische Chemiker*

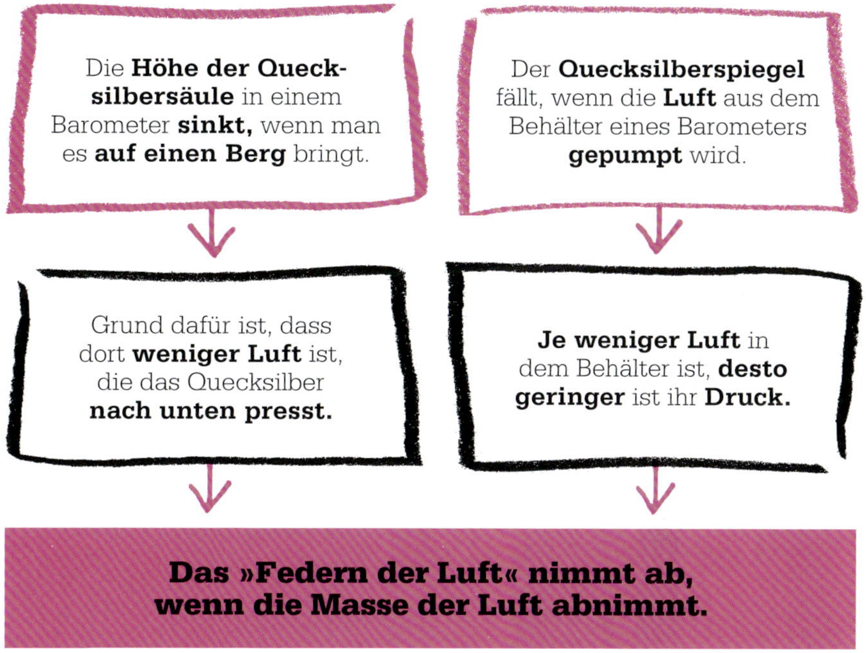

Wenn der Druck im Behälter reduziert wurde, sank der Quecksilberspiegel. Boyle führte auch das entgegengesetzte Experiment durch und fand heraus, dass bei Erhöhung des Drucks der Quecksilberspiegel stieg. Damit bestätigte er die Erkenntnisse von Torricelli und Pascal.

Boyle stellte fest, dass es immer schwieriger wurde, die Luft abzupumpen, je weniger Luft im Behälter verblieb, und zeigte, dass sich eine schlaff gefüllte Schweinsblase ausdehnte, wenn die umgebende Luft entfernt wurde. Einen ähnlichen Effekt auf die Blase erhielt er auch, wenn er sie vor ein Feuer hielt. Er schlug zwei mögliche Erklärungen für das »Federn« der Luft vor: Entweder waren die einzelnen Luftteilchen wie eine Feder komprimierbar und die Gesamtmasse der Luft ähnelte einer Wolldecke, oder die Luft bestand aus Teilchen, die sich völlig willkürlich bewegten.

Diese Ansicht erinnerte an die der Kartesianer, wenngleich Boyle deren Vorstellung eines Äthers nicht teilte, sondern behauptete, die »Korpuskeln« bewegten sich im leeren Raum. Seine Erklärung ähnelt sehr der modernen kinetischen Gastheorie, die die Eigenschaften der Materie mithilfe sich bewegender Teilchen beschreibt.

Boyle führte auch physiologische Experimente durch. So untersuchte er etwa die Auswirkung eines reduzierten Luftdrucks auf Vögel und Mäuse und spekulierte darüber, wie die Luft sich in die Lunge und wieder heraus bewegt.

Das Boyle'sche Gesetz

Nach dem Boyle'schen Gesetz ist das Produkt aus Gasdruck und Volumen konstant, sofern die Gasmenge und die Temperatur sich nicht ändern. Mit anderen Worten: Wird das Volumen verringert, nimmt der Druck zu – die Luft »federt«. Spürbar ist dieser Effekt etwa, wenn man das Ventil einer Fahrradpumpe mit einem Finger bedeckt und den Griff drückt.

Obwohl es seinen Namen trägt, stammt das Boyle'sche Gesetz nicht von Boyle, sondern von den englischen Forschern Richard Towneley und Henry Power, die eine Reihe von Versuchen mit einem Torricelli-Barometer durchgeführt und ihre Ergebnisse 1663 veröffentlicht hatten. Boyle kannte einen Entwurf dieses Buches und diskutierte die Ergebnisse mit Towneley. Er bestätigte sie experimentell und veröffentlichte »Mr. Towneleys Hypothese« 1662 als Teil einer Entgegnung auf Kritik an seinen eigenen Experimenten.

Boyles Forschung über Gase war wichtig, weil er die Versuche sehr sorgfältig durchführte und ausführlich über die Versuche selbst und mögliche Fehlerquellen berichtete, auch wenn sie nicht zum erwarteten Ergebnis führten. Das regte viele Forscher dazu an, seine Arbeiten zu erweitern. Heute wird das Boyle'sche Gesetz mit weiteren, nach anderen Forschern benannten Gasgesetzen zum »idealen Gasgesetz« zusammengefasst, das das Verhalten realer Gase bei Änderung von Temperatur, Druck oder Volumen beschreibt. Boyles Ideen führten auch zur Entwicklung der kinetischen Gastheorie. ■

» Die Menschen sind so daran gewöhnt, die Dinge durch ihre Sinne zu beurteilen, dass sie der Luft, weil sie unsichtbar ist, nur wenig zutrauen und kaum etwas von ihr halten. «

Robert Boyle

IST DAS LICHT TEILCHEN ODER WELLE?

CHRISTIAAN HUYGENS (1629–1695)

IM KONTEXT

GEBIET
Physik

FRÜHER
11. Jh. Ibn al-Haitham (Alhazen) zeigt, dass Licht sich geradlinig ausbreitet.

1630 René Descartes beschreibt Licht als Wellen.

1660 Robert Hooke behauptet, Licht sei die Schwingung des Mediums, durch das es sich ausbreitet.

SPÄTER
1803 Thomas Young weist experimentell nach, dass Licht sich wie eine Welle verhält.

1864 James Clerk Maxwell berechnet die Lichtgeschwindigkeit und hält Licht für eine elektromagnetische Welle.

ab 1900 Albert Einstein und Max Planck zeigen, dass Licht sowohl Welle als auch Teilchen ist. Die von ihnen entdeckten Strahlungsquanten werden später »Photonen« genannt.

Huygens dachte, der Raum sei gefüllt mit einem **Äther …**

… und Licht sei eine Störung im Äther, die sich als **Welle** ausbreitet.

Newton dachte, Lichtquellen gäben eine große Zahl von winzigen **»Korpuskeln«** ab …

… und die Korpuskel seien **gewichtslos** und breiteten sich **geradlinig** aus.

Ist das Licht ein Teilchen oder eine Welle?

Im 17. Jahrhundert befassten sich Isaac Newton und der niederländische Astronom Christiaan Huygens mit dem Wesen des Lichts und kamen zu sehr verschiedenen Schlüssen. Ihr Problem: Jede Theorie über das Wesen des Lichts muss die Phänomene Reflexion, Brechung, Beugung und Farbe erklären. Die Brechung ist die Richtungsänderung von Licht, wenn es von einem Material in ein anderes eintritt. Ihretwegen kann eine Linse das Licht fokussieren. Beugung ist dagegen die Richtungsänderung die das Licht erfährt, wenn es durch einen engen Spalt fällt.

Vor Newtons Versuchen war es weithin akzeptiert, dass Licht seine Farbe durch Wechselwirkung mit

Siehe auch: Ibn al-Haitham (Alhazen) 28–29 ▪ Robert Hooke 54 ▪ Isaac Newton 62–69 ▪ Thomas Young 110–111 ▪ James Clerk Maxwell 182–187 ▪ Albert Einstein 218–225

Materie erhält. Der »Regenbogeneffekt« am Prisma erscheint also, weil das Prisma das Licht irgendwie gefärbt hat. Newton zeigte, dass das »weiße« Licht, das wir sehen, eigentlich eine Mischung verschiedener Farben ist, die sich durch die leicht unterschiedliche Brechung am Prisma auftrennen.

In Übereinstimmung mit vielen Naturphilosophen seiner Zeit glaubte Newton, das Licht sei ein Strom von Teilchen, den »Korpuskeln«. Diese Vorstellung erklärt, wie Licht sich geradlinig ausbreitet und von reflektierenden Flächen »abprallt«. Außerdem erklärt sie die Brechung mithilfe von Kräften an der Grenzfläche zwischen zwei verschiedenen Materialien.

Partielle Reflexion

Newtons Theorie konnte aber nicht erklären, warum und wie das Licht an manchen Oberflächen teils gebrochen, teils reflektiert wird. 1678 behauptete Huygens, der Raum sei von einer Substanz aus gewichtslosen Teilchen erfüllt, dem sogenannten Äther. Das Licht erzeuge Störungen des Äthers, die sich als Wellen ausbreiteten. Die Brechung erklärte er so, dass diese Wellen sich in verschiedenen Materialien (sei es Äther, Wasser oder Glas) unterschiedlich schnell bewegten. Huygens' Theorie konnte somit nicht nur die Beugung erklären, sondern auch, warum an einer Fläche sowohl Brechung als auch Reflexion auftreten.

Damals spielte Huygens' Idee noch keine Rolle – wohl wegen Newtons überlebensgroßem Ruf.

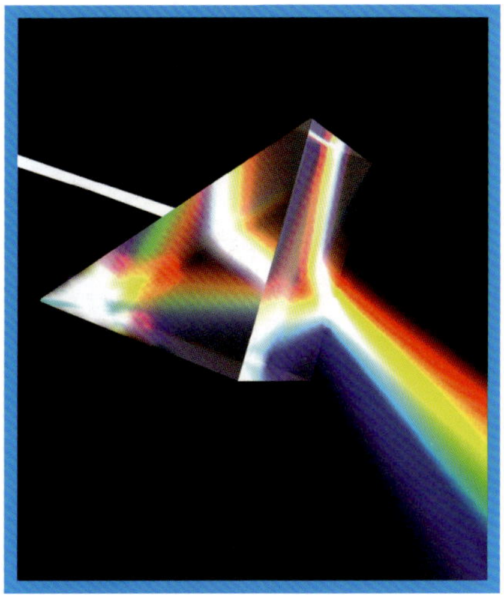

Wenn weißes Licht durch ein Prisma dringt, wird es in seine Komponenten zerlegt. Huygens erklärte das damit, dass Licht sich in verschiedenen Materialien unterschiedlich schnell ausbreitet.

1803 jedoch, über ein Jahrhundert später, wies Thomas Young nach, dass sich Licht wirklich wie eine Welle verhält. Und im 20. Jahrhundert zeigten Versuche, dass Licht sich sowohl wie ein Teilchenstrom als auch wie eine Welle verhält, wenn es auch große Unterschiede zwischen Huygens' »Kugelwellen« und unserem modernen Modell des Lichts gibt: Huygens zufolge sind Lichtwellen Longitudinalwellen in einem Medium, dem Äther, so wie Schallwellen. Bei longitudinalen Wellen bewegen sich die Teilchen des Mediums in Ausbreitungsrichtung der Welle. Heute wissen wir, dass Lichtwellen transversal sind und sich ähnlich wie Wasserwellen verhalten. Transversalwellen benötigen keinen Träger, und die durch sie angeregten Teilchen schwingen senkrecht zur Ausbreitungsrichtung. ■

Christiaan Huygens

Der niederländische Mathematiker und Astronom Christiaan Huygens wurde 1629 in Den Haag geboren. Er studierte Jura und Mathematik an der Universität, widmete sich dann aber seiner eigenen Forschung – anfangs Mathematik, später auch Optik. Er baute Teleskope und schliff seine eigenen Linsen.

Huygens reiste mehrere Male nach England und traf 1689 dort mit Newton zusammen. Auch Huygens hatte sich mit Kräften und Bewegung befasst, Newtons Idee einer »Fernwirkung« zur Beschreibung der Gravitationskraft akzeptierte er aber nicht. Zu Huygens größten Leistungen gehörten die genauesten Uhren seiner Zeit, Ergebnis seiner Arbeiten über Pendel. Bei astronomischen Beobachtungen mit seinen eigenen Teleskopen entdeckte er den größten Saturnmond, Titan, und er lieferte auch die erste korrekte Beschreibung der Saturnringe.

Hauptwerke

1656 *De Saturni Luna Observatio Nova*
1690 *Abhandlung über das Licht*

ERSTE BEOBACHTUNG EINES VENUS-TRANSITS

JEREMIAH HORROCKS (1618–1641)

IM KONTEXT

GEBIET
Astronomie

FRÜHER
1543 Nikolaus Kopernikus gibt erstmals eine schlüssige Begründung für ein heliozentrisches Universum, in dem die Sonne im Mittelpunkt steht.

1609 Johannes Kepler beschreibt als Erster ein System von elliptischen Planetenbahnen.

SPÄTER
1663 Der schottische Mathematiker James Gregory entwickelt eine Möglichkeit, aus den Venustransits von 1631 und 1639 den Abstand zwischen Sonne und Erde zu bestimmen.

1769 Der britische Seefahrer James Cook beobachtet einen Venustransit im Südpazifik.

2012 Astronomen beobachten den letzten Venustransit des 21. Jahrhunderts.

Planetendurchgänge boten die Möglichkeit zum Test des ersten Kepler'schen Gesetzes, das besagt, dass die Planeten auf elliptischen Bahnen um die Sonne laufen. Man wollte daher Transite von Venus und Merkur durch die Sonnenscheibe beobachten, die in Keplers *Rudolfinischen Tafeln* vorhergesagt wurden.

Ein Merkurtransit von 1631, beobachtet von dem französischen Astronomen Pierre Gassendi, verlief ermutigend. Einen vorhergesagten Venustransit einen Monat später konnte er aber nicht beobachten, da Keplers Zahlen ungenau waren. Für 1639 sagten die Zahlen voraus, dass Sonne und Venus knapp aneinander vorbeigehen würden. Der englische Astronom Jeremiah Horrocks berechnete aber, dass ein echter Transit stattfinden würde.

Zum Sonnenaufgang am 4. Dezember 1639 baute Horrocks Teleskop und Projektionspappe auf. Gegen 15:15 Uhr klarten die Wolken auf und enthüllten einen »ungewöhnlich großen Fleck« – die Venus – auf der Sonnenscheibe.

» Ich erhielt eine erste Andeutung einer bemerkenswerten Konjunktion von Venus und Sonne … das bewegte mich dazu, dieses großartige Spektakel mit besonderer Aufmerksamkeit zu beobachten. «

Jeremiah Horrocks

Horrocks markierte sein Voranschreiten mit genauen Zeitangaben auf der Pappe und ein Freund vermaß den Transit an einem anderen Ort. Mit den beiden Messreihen und nach einer Neuberechnung des Venusdurchmessers relativ zur Sonne konnte Horrocks die Entfernung der Erde von der Sonne genauer bestimmen als je zuvor. ■

Siehe auch: Nikolaus Kopernikus 34–39 ▪ Johannes Kepler 40–41

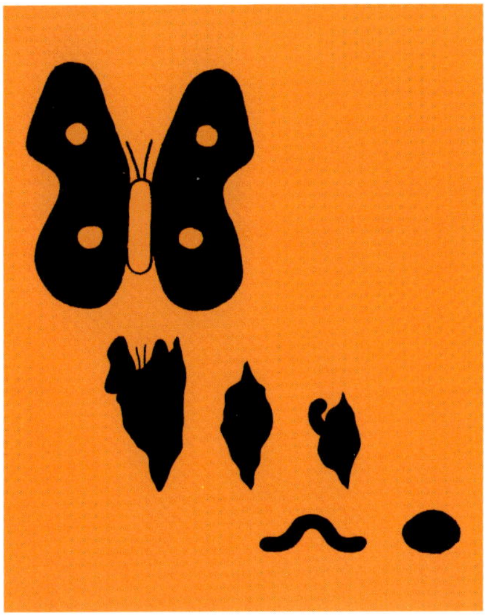

ORGANISMEN ENTWICKELN SICH SCHRITT FÜR SCHRITT

JAN SWAMMERDAM (1637–1680)

IM KONTEXT

GEBIET
Biologie

FRÜHER
um 320 v. Chr. Laut Aristoteles entstehen Würmer und Insekten in Spontanzeugung.

1651 William Harvey betrachtet die Insektenlarve als »krabbelndes Ei« und die Puppe als »zweites Ei« ohne innere Struktur.

1668 Francesco Redi liefert erste Hinweise, die der Spontanzeugung widersprechen.

SPÄTER
1859 Charles Darwin erklärt, jedes Lebensstadium der Insekten sei jeweils an ihre Aktivitäten und Umgebung angepasst.

1913 Laut Antonio Berlese schlüpft eine Insektenlarve in einem frühreifen Stadium der embryonalen Entwicklung.

ab 1930 Vincent Wigglesworth entdeckt, dass Hormone den Lebenszyklus steuern.

Die Metamorphose eines Schmetterlings vom Ei über Raupe und Puppe zum Insekt ist uns heute vertraut, doch im 17. Jahrhundert wurde die Fortpflanzung ganz anders betrachtet. Seit Aristoteles glaubte man, dass das Leben – insbesondere die »niederen« Formen wie Insekten – spontan aus unbelebter Materie entstehe. Nach der damaligen »Präformationslehre« lagen »höhere« Organismen schon in den winzigen Anfängen in ihrer ausgewachsenen Form vor, die »niederen« Tiere hingegen waren zu simpel für komplexe Innereien. Erst 1669 wurde Aristoteles von dem Niederländer Jan Swammerdam widerlegt, der Insekten wie Schmetterlinge, Libellen, Wespen und Ameisen unter dem Mikroskop sezierte.

» Schon in der Anatomie einer Laus finden sich Wunder zuhauf, an denen wir die göttliche Weisheit in einem winzigen Punkt erkennen können. «

Jan Swammerdam

Eine neue Metamorphose

Der Begriff »Metamorphose« hatte einst bedeutet, dass nach dem Tod eines Individuums aus dessen Überresten ein neues auftauchte. Swammerdam zeigte, dass die Stadien im Lebenszyklus eines Insekts – ausgewachsenes Weibchen, Ei, Larve, Puppe, ausgewachsenes Tier – verschiedene Formen desselben Tieres sind. In jedem Stadium hat es voll ausgeformte innere Organe und die Anlagen für die Organe der späteren Stadien. Damit verdienten Insekten weitere Untersuchungen. Swammerdam wurde zum Pionier der Klassifikation von Insekten auf der Grundlage ihrer Fortpflanzung und Entwicklung. Mit nur 43 Jahren starb er an Malaria. ■

Siehe auch: Robert Hooke 54 ▪ Antoni van Leeuwenhoek 56–57 ▪ John Ray 60–61 ▪ Carl von Linné 74–75 ▪ Louis Pasteur 158–161

ALLE LEBEWESEN BESTEHEN AUS ZELLEN

ROBERT HOOKE (1635–1703)

IM KONTEXT

GEBIET
Biologie

FRÜHER
um 1600 Hans Lippershey oder Hans und Zacharias Janssen erfinden in den Niederlanden das mehrlinsige Mikroskop.

1644 Der italienische Priester und Autodidakt Giovanni Battista Odierna fertigt mit dem Mikroskop die erste Beschreibung lebenden Gewebes.

SPÄTER
1674 Antoni van Leeuwenhoek betrachtet als Erster einzellige Organismen unter dem Mikroskop.

1682 Leeuwenhoek beobachtet die Kerne in den roten Blutkörperchen von Lachs.

1931 Die Physiker Max Knoll und Ernst Ruska bauen das erste Elektronenmikroskop, das noch weit höhere Auflösungen erlaubt.

Die Entwicklung mehrlinsiger Mikroskope im 17. Jahrhundert eröffnete eine völlig neue Welt mit noch nie gesehenen Strukturen, denn diese neuen Geräte der niederländischen Brillenmacher boten eine stärkere Vergrößerung als die alten Modelle mit nur einer Linse.

Der englische Forscher Robert Hooke war nicht der Erste, der Lebewesen unter einem Mikroskop beobachtete, doch mit dem Erscheinen seines Werkes *Micrographia* im Jahr 1665 wurde er zum ersten wissenschaftlichen Bestsellerautor. Genaue Kupferstiche seiner verblüffenden Zeichnungen zeigten Dinge, die das Publikum noch nie zuvor gesehen hatte – die detaillierte Anatomie von Flöhen und Läusen, das Facettenauge einer Fliege, die zarten Flügel einer Mücke. Er beobachtete auch künstliche Objekte – eine Nadelspitze sah unter dem Mikroskop gar nicht spitz aus – und erklärte mit seinen Beobachtungen auch die Kristallbildung und die Vorgänge beim Gefrieren von Wasser. Samuel Pepys, damals Präsident der Royal Society und heute vor allem wegen seiner Tagebücher bekannt, bezeichnete die *Micrographia* als das »geistreichste Buch, das ich je gesehen habe«.

Die ersten Zellen

Eine von Hookes Zeichnungen zeigte eine dünne Scheibe Kork. In dessen Struktur sah Hooke etwas, das ihn an die Wände der Klosterzellen erinnerte. Dies war die erste überlieferte Beschreibung und Zeichnung der Zellen, aus denen alle Lebewesen aufgebaut sind. ■

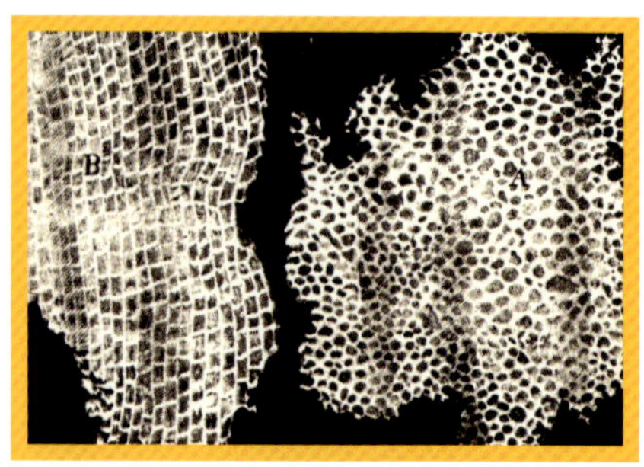

Hookes Zeichnungen toter Korkzellen zeigen Leerräume zwischen den Zellwänden – lebende Zellen enthalten Zytoplasma. Er errechnete, dass 16 cm^3 Kork über 1 Mrd. Zellen enthalten.

Siehe auch: Antoni van Leeuwenhoek 56–57 ▪ Isaac Newton 62–69 ▪ Lynn Margulis 308–309

GESTEINSSCHICHTEN BILDEN SICH ÜBEREINANDER

NICOLAUS STENO (1638–1686)

IM KONTEXT

GEBIET
Geologie

FRÜHER
Ende 15. Jh. Leonardo da Vinci schreibt über seine Beobachtungen der Erosion und Ablagerung durch Wind und Wasser.

SPÄTER
ab 1780 James Hutton gelingt es, mit Stenos Prinzipien geologische Prozesse zeitlich zu datieren.

ab 1810 Georges Cuvier und Alexandre Brongniart in Frankreich sowie William Smith in Großbritannien erstellen anhand von Stenos Prinzipien geologische Karten.

1878 Beim ersten Internationalen Geologischen Kongress in Paris wird die Vorgehensweise für die Erstellung einer stratigrafischen Standardskala festgelegt.

Die Sedimentschichten im Gestein bilden auch die Basis der geologischen Erdgeschichte, die man sich normalerweise als eine Abfolge von Schichten vorstellt, die ältesten unten und die jüngsten ganz oben. Die Ablagerung von Gestein durch Wasser und Gravitation war schon seit Jahrhunderten bekannt, doch der dänische Bischof und Forscher Niels Stensen, der sich Nicolaus Steno nannte, beschrieb als Erster die Grundlagen für diesen Prozess. Seine 1669 erschienenen Schlussfolgerungen beruhten auf den Beobachtungen geologischer Schichten in der Toskana.

Stenos »Superpositionsprinzip« besagt, dass die einzelnen Schichten (Stratae) in zeitlicher Folge abgelagert sind, vom älteren im Liegenden (»unten«) zum jüngeren im Hängenden (»oben«). Das »Prinzip der ursprünglichen Horizontalität« besagt, dass die Stratae als horizontale, zusammenhängende Schichten abgelagert werden. Wenn sie gekippt, gefaltet oder zerbrochen vorliegen, müssen diese Störungen nach der Ablagerung aufgetreten sein. Ebenso muss ein Körper oder eine Störung, die eine Schicht (ein Stratum) durchschneidet, sich nach diesem Stratum gebildet haben.

Die Gesteinsschichten lagern sich, wie Steno erkannte, ursprünglich horizontal ab, werden aber später durch geologische Kräfte deformiert und gegeneinander verdreht.

Mit diesen stratigrafischen Prinzipien konnten später die ersten geologischen Karten erstellt werden (durch William Smith in Großbritannien sowie Georges Cuvier und Alexandre Brongniart in Frankreich). Außerdem ermöglichten es diese Prinzipien, die Schichten zeitlich zu ordnen und untereinander in der ganzen Welt zu vergleichen. ■

Siehe auch: James Hutton 96–101 ▪ William Smith 115

MIKROSKOPISCHE BEOBACHTUNGEN VON »ANIMALCULES«

ANTONI VAN LEEUWENHOEK (1632–1723)

IM KONTEXT

GEBIET
Biologie

FRÜHER
um 2000 v. Chr. In China konstruiert man ein Wassermikroskop mit einer Glaslinse und einer wassergefüllten Röhre.

1267 Roger Bacon spricht über die Idee des Fernrohrs und des Mikroskops.

um 1600 In den Niederlanden wird das Mikroskop erfunden.

1665 Robert Hooke beobachtet lebende Zellen und veröffentlicht seine *Micrographia*.

SPÄTER
1841 Albert von Kölliker erkennt, dass Spermien und Eier Zellen mit Zellkern sind.

1859 Louis Pasteur widerlegt experimentell die Theorie der Spontanzeugung des Lebens.

1951 Erwin Wilhelm Müller erfindet das Feldionenmikroskop und macht erstmals Atome sichtbar.

Der Tuchhändler Antoni van Leeuwenhoek entfernte sich selten weit von seinem Zuhause im niederländischen Delft. Aber wenn er in seinem Hinterstübchen saß, betrat er eine ganz neue Welt, die Welt des Unbekannten, mikroskopisch Kleinen: Er untersuchte Blutzellen, menschliches Sperma und vor allem Bakterien. Vor dem 17. Jahrhundert hatte niemand vermutet, dass es auf diesem, dem bloßen Auge unsichtbaren Maßstab Leben gab. Flöhe galten als die kleinsten denkbaren Lebewesen. Aber um 1600 erfanden niederländische Brillenmacher das Mikroskop, als sie zur besseren Vergrößerung zwei Glaslinsen aneinander bauten (S. 54). 1665 fertigte Robert Hooke die ersten Zeichnungen der winzigen lebenden Zellen, die er unter dem Mikroskop in einer Korkscheibe gesehen hatte.

Weder Hooke noch seine Zeitgenossen waren auf die Idee gekommen, Lebensformen auch dort zu vermuten, wo sie sie mit bloßem Auge nicht sehen konnten. Leeuwenhoek hingegen suchte auch an Orten, wo gar kein Leben zu sein schien, insbesondere in Flüssigkeiten. Er untersuchte Regentropfen, Zahnbelag, Mist, Sperma,

Als Leeuwenhoeks Zeichnungen menschlicher Samenzellen 1719 veröffentlicht wurden, war es für viele Menschen unglaublich, dass solche winzigen *animalcules* im Sperma leben.

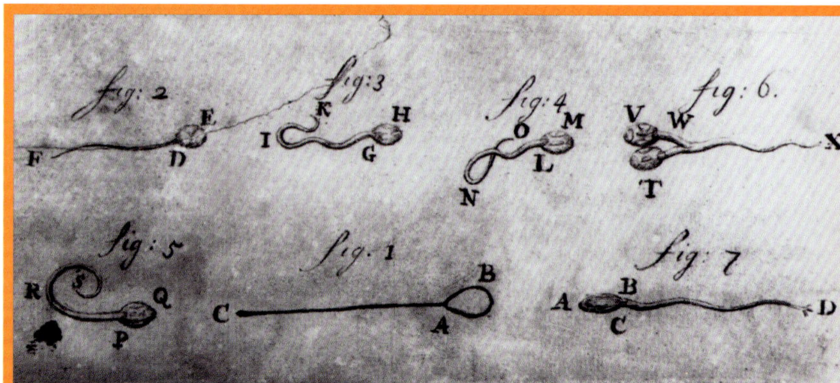

Siehe auch: Robert Hooke 54 ▪ Louis Pasteur 158–161 ▪ Martinus Beijerinck 200–201 ▪ Lynn Margulis 308–309

Ein **Mikroskop** lässt sich auch auf Orte richten, an denen es **keine sichtbaren Lebensformen** gibt.

↓

Hochauflösende, **stark vergrößernde Einzellinsenmikroskope** zeigen **winzige »animalcules«** in Wasser und anderen Flüssigkeiten.

↓

Die Welt ist voll von **mikroskopischen,** einzelligen **Lebewesen.**

Blut und vieles mehr. Und dort, in diesen scheinbar leblosen Stoffen, erschloss sich ihm die Vielfalt mikroskopischer Lebensformen.

Anders als Hooke verwendete Leeuwenhoek kein Mikroskop mit zwei, sondern eines mit einer (allerdings sehr guten) Linse, eigentlich ein Vergrößerungsglas. Damals war es leichter, mit einem solchen simplen Gerät ein klares Bild zu erzeugen, denn mit mehrlinsigen Mikroskopen erreichte man nur rund 30-fache Vergrößerungen, danach wurde das Bild verschwommen. Leeuwenhoek schliff seine Einzellinsen selbst und nach mehrjähriger Erfahrung erreichte er mehr als 200-fache Vergrößerungen. Seine Mikroskope waren winzig, ihre Linse maß nur wenige Millimeter. Die Probe wurde auf der einen Seite der Linse auf einer Nadel angebracht und Leeuwenhoek hielt sein Auge dicht über die andere Seite.

Lebendige Einzeller

Zunächst fand Leeuwenhoek nichts Ungewöhnliches, doch 1674 berichtete er, er habe in einer Wasserprobe aus einem Tümpel winzige Lebewesen gesehen, dünner als ein menschliches Haar. Es war die Grünalge *Spirogyra*, ein Beispiel für die heute als Protisten bezeichneten Lebensformen. Leeuwenhoek bezeichnete sie als *animalcules*. Im Oktober 1676 entdeckte er noch kleinere einzellige Bakterien in Wassertropfen, und im Folgejahr beschrieb er, wie es in seiner eigenen Samenflüssigkeit von kleinen Lebewesen wimmelte, die wir heute Spermien nennen. Anders als die Lebewesen im Wasser waren die *animalcules* im Samen alle identisch. Jedes von ihnen hatte den gleichen winzigen Schwanz und einen winzigen Kopf, sonst nichts, und sie schwammen wie Kaulquappen in der Samenflüssigkeit.

In Hunderten von Briefen an die Royal Society in London berichtete Leeuwenhoek von seinen Entdeckungen. Seine Schleiftechnik für die Linsen hielt er jedoch geheim. Wahrscheinlich hat er die winzigen Linsen hergestellt, indem er dünne Glasfasern aufschmolz, doch das ist nicht genau bekannt. ■

Antoni van Leeuwenhoek

Leeuwenhoek wurde als Sohn eines Korbmachers 1632 in Delft geboren. Er arbeitete zunächst in der Tuchhandlung seines Onkels, richtete mit 20 ein eigenes Kontor ein und blieb dort für den Rest seines langen Lebens.

Die Geschäfte ließen ihm genug Zeit, seinem Steckenpferd nachzugehen: 1668 hatte er nach einem Besuch in London mit der Mikroskopie begonnen – möglicherweise angeregt durch Hookes *Micrographia*. Ab 1673 berichtete er der Royal Society in London regelmäßig brieflich von seinen Entdeckungen. Die Royal Society stand diesen Berichten eines Amateurs anfänglich skeptisch gegenüber, doch Hooke wiederholte viele seiner Experimente und bestätigte die Entdeckungen. Leeuwenhoek baute mehr als 500 Mikroskope, viele davon für ganz spezielle Beobachtungen.

Hauptwerke

1673 *Brief Nummer 1 (Leeuwenhoeks erster Brief an die Royal Society)*
1676 *Brief Nummer 18 (über die Entdeckung der Bakterien)*

DIE MESSUNG DER LICHT-GESCHWINDIGKEIT

OLE RØMER (1644–1710)

IM KONTEXT

GEBIET
Astronomie und Physik

FRÜHER
1610 Galileo Galilei entdeckt die vier größten Jupitermonde.

1668 Giovanni Cassini erstellt die erste genaue Tabelle zur Vorhersage von Verfinsterungen der Jupitermonde.

SPÄTER
1729 James Bradley berechnet die Lichtgeschwindigkeit anhand von Änderungen an den Sternpositionen. Sein Ergebnis ist 301 000 km/s.

1809 Jean-Baptiste Delambre wertet 150 Jahre Beobachtungen der Jupitermonde aus und berechnet die Lichtgeschwindigkeit mit 300 300 km/s.

1849 Hyppolite Fizeau misst die Lichtgeschwindigkeit im Labor, statt sie aus astronomischen Daten zu berechnen.

Die **Verfinsterungen** der Jupitermonde treten **nicht immer zum vorhergesagten Zeitpunkt** ein.

↓

Der **Abstand** zwischen Erde und Jupiter **ändert sich während des Umlaufs der Planeten um die Sonne.**

↓

Falls das **Licht Zeit für seine Ausbreitung** benötigt, erklärt das die Unterschiede.

↓

Die Lichtgeschwindigkeit lässt sich aus zeitlichen Differenzen und Abständen im Sonnensystem berechnen.

Jupiter hat zwar viele Monde, doch mit den Teleskopen des späten 17. Jahrhunderts, die Ole Rømer benutzte, waren nur die vier größten (Io, Europa, Ganymed und Kallisto) sichtbar. Laufen diese Monde durch den Jupiterschatten, werden sie verfinstert, und zu gewissen Zeiten – abhängig von den Relativpositionen von Erde und Jupiter auf ihren Umlaufbahnen – lässt sich beobachten, wie sie in den Schatten eintreten oder ihn verlassen. Knapp die Hälfte des Jahres sind die Mondfinsternisse nicht zu sehen, weil die Sonne zwischen Erde und Jupiter steht.

Als Ole Rømer in den späten 1660er-Jahren an das Königliche Observatorium in Paris kam, veröffentlichte dessen Direktor Giovanni Cassini Tafeln mit den Finsternissen der Jupitermonde. Aus den Zeitpunkten dieser Finsternisse sollte sich die geografische Länge bestimmen lassen: Die Längenmessung hing von der Bestimmung der Differenz zwischen der Uhrzeit an dem betreffenden Ort und der Uhrzeit an einem Referenzmeridian (in diesem Fall Paris) ab. Zumindest an Land ließ sich aus diesen Informationen die Länge berechnen, indem man den beobachteten

Siehe auch: Galileo Galilei 42–43 ▪ John Michell 88–89 ▪ Léon Foucault 138–139

Zeitpunkt der Verfinsterung eines Jupitermonds mit der für Paris vorhergesagten Zeit verglich. An Bord eines Schiffes jedoch standen Teleskope niemals ruhig genug, um die Finsternisse zu beobachten. Die Längenbestimmung auf See wurde daher erst in den 1730er-Jahren durch die ersten Marinechronometer von John Harrison ermöglicht.

Endlich oder unendlich schnell?

Rømer untersuchte die Finsternisse des Mondes Io aus einem Zeitraum von zwei Jahren und verglich die Zeitpunkte mit denen in Cassinis Tafeln. Dabei fiel ihm auf, dass zwischen den Beobachtungen, als die Erde dem Jupiter am nächsten stand, und den Beobachtungen bei maximaler Entfernung zwischen den Planeten eine Diskrepanz von 22 Minuten vorlag. Sie ließ sich durch die bekannten Bahnunregelmäßigkeiten von Erde, Jupiter und Io nicht erklären. Also musste sie mit der Zeit zusammenhängen, die das Licht von einem Ende der Erdbahn zum anderen benötigte.

> »Für eine Strecke von etwa 3000 Wegstunden, die etwa dem Durchmesser der Erde entspricht, braucht das Licht nicht einmal eine Sekunde.«
>
> **Ole Rømer**

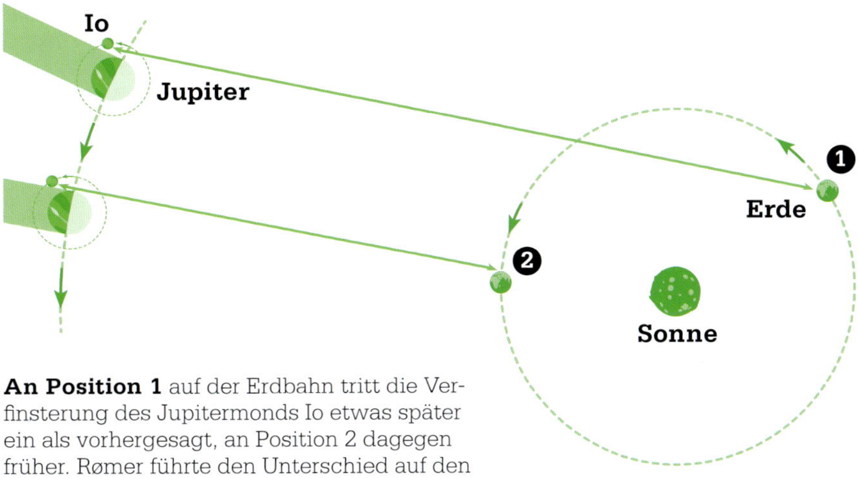

An Position 1 auf der Erdbahn tritt die Verfinsterung des Jupitermonds Io etwas später ein als vorhergesagt, an Position 2 dagegen früher. Rømer führte den Unterschied auf den weiteren Weg zurück, den das Licht von Io aus zurücklegen muss.

Isaac Newton akzeptierte bereitwillig Rømers Hypothese, dass Licht sich nicht augenblicklich ausbreitet, andere konnten Rømers Argumentation jedoch nicht nachvollziehen. Cassini etwa betonte, dass die Diskrepanzen in den Beobachtungen der anderen Monde nicht berücksichtigt worden seien. Nach Rømers Tod im Jahr 1710 maßen Physiker die Lichtgeschwindigkeit immer genauer. 1728 ermittelte der englische Astronom James Bradley durch Messung der Sternparallaxe einen Wert von 298 000 km/s (S. 58). Der heutige Wert beträgt 299 742 km/s, Bradleys Berechnung lag also um 1 Prozent daneben. Ab 1728, ein halbes Jahrhundert nach Rømers Arbeit, war die Frage, ob sich das Licht mit einer endlichen Geschwindigkeit bewegt, geklärt. ▪

Ole Rømer

1644 in Aarhus geboren, studierte Ole Rømer an der Universität Kopenhagen. Nach dem Studium half er dabei, die Beobachtungen von Tycho Brahe zur Publikation vorzubereiten. Bei seinen eigenen Beobachtungen zeichnete er an Brahes altem Observatorium in Uranienburg bei Kopenhagen die Zeitpunkte von Verfinsterungen der Jupitermonde auf. Dann wechselte er nach Paris an die königliche Sternwarte unter Giovanni Cassini. 1679 besuchte er England und lernte dort Isaac Newton kennen.

1681 kehrte Rømer als Professor für Astronomie nach Kopenhagen zurück. Seine Aufgaben waren die Modernisierung der Maße und Gewichte, des Kalenders, der Bauordnungen und sogar der Wasserversorgung. Seine Aufzeichnungen wurden 1728 bei einem Feuer zerstört.

Hauptwerk

1677 *Die Entdeckung und die Berechnung der Lichtgeschwindigkeit*

EINE ART ENTSPRINGT NIEMALS DEM SAMEN EINER ANDEREN

JOHN RAY (1627–1705)

IM KONTEXT

GEBIET
Biologie

FRÜHER
4. Jh. v. Chr. Die Griechen beschreiben Gruppen ähnlicher Dinge mit Begriffen wie »Gattung« oder »Art«.

1583 Der italienische Botaniker Andrea Cesalpino klassifiziert Pflanzen nach ihren Samen und Früchten.

1623 In seiner *Illustrierten Darstellung der Pflanzen* klassifiziert der Schweizer Botaniker Caspar Bauhin über 6000 Pflanzen.

SPÄTER
1690 Der englische Philosoph John Locke sagt, Arten seien künstliche Konstrukte.

1735 Carl von Linné schreibt *Systema naturae*, sein erstes Werk über Klassifikation.

1859 Charles Darwin erläutert die Evolution der Arten durch natürliche Auslese.

Pflanzen erzeugen Samen, aus denen neue Pflanzen wachsen.

Die aus den Samen wachsenden Pflanzen **ähneln** fast immer **den Elternpflanzen.**

Aus einem Samen **wächst keine Pflanze von einer anderen Art** als ihre Eltern.

Eine Art entspringt niemals dem Samen einer anderen.

Das moderne Konzept der Pflanzen- und Tierarten beruht auf der Fortpflanzung: Eine Art umfasst alle Individuen, die tatsächlich oder potenziell miteinander Nachwuchs haben können, für den dann dasselbe gilt. Dieses Konzept, das der englische Naturhistoriker John Ray bereits 1686 einführte, liegt bis heute der Taxonomie, also der wissenschaftlichen Klassifikation zugrunde, in der heute die Genetik eine Hauptrolle spielt.

Metaphysischer Ansatz

Der Begriff der Art war zwar schon vor Ray in Gebrauch, war aber seit der Antike eng verbunden mit Religion und Metaphysik. Bereits die Philosophen Platon, Aristoteles und Theophrast hatten Klassifikationen diskutiert und dabei mit Begriffen wie »Gattung« und »Art« Gruppen und Untergruppen aller Arten von belebten und unbelebten Dingen beschrieben. Dabei hatten sie aber auch unklare Eigenschaften wie »Essenz« oder »Seele« verwendet. Demnach teilten die Mitglieder einer Art dieselbe »Essenz«. Von gleicher Erscheinungsform oder der Fähigkeit, sich miteinander fortzupflanzen, war nicht die Rede.

Bis zum 17. Jahrhundert waren Unmengen von Klassifikationen

Siehe auch: Jan Swammerdam 53 ▪ Carl von Linné 74–75 ▪ Christian Sprengel 104 ▪ Charles Darwin 144–151 ▪ Michael Syvanen 322–323

» Nichts ist erfunden und zur gleichen Zeit perfekt. «

John Ray

entstanden. Viele waren alphabetisch aufgebaut oder fassten etwa Pflanzen nach den Krankheiten zusammen, die sie heilten. Als Ray 1666 von einer dreijährigen Europareise zurückkehrte, führte er eine große Sammlung von Pflanzen und Tieren mit sich, die er und sein Kollege Francis Willughby nach wissenschaftlicheren Gesichtspunkten klassifizieren wollten.

Praktischer Ansatz

Ray führte einen praxisorientierten Ansatz auf Basis von Beobachtungen ein. Er studierte alle Teile der Pflanzen, von den Wurzeln über den Stamm bis zu den Blüten, setzte die Begriffe »Blütenblatt« und »Pollen« durch und beschrieb die Form der Blüten und Samen als wichtige Klassifikationsmerkmale. Er unterschied erstmals zwischen Monocotyledonen und Dicotyledonen (ein- und zweikeimblättrigen Pflanzen). Doch er empfahl auch, die Klassifikationsmerkmale zu begrenzen, um die Zahl der Arten nicht in unsinnige Höhen zu treiben. Sein Hauptwerk *Historia Plantarum* (*Geschichte der Pflanzen*), dessen drei Bände 1686, 1688 und 1704 erschienen, enthält über 18 000 Einträge.

Für Ray war die Fortpflanzung der Schlüssel zur Festlegung des Artbegriffs. Seine eigene Definition beruhte auf den Erfahrungen beim Sammeln von Proben, der Aussaat der Samen und der Beobachtung des Keimens: »Mir scheint es kein sichereres Kriterium zur Bestimmung einer [Pflanzen-]Art zu geben, als die Merkmale zu unterscheiden, die beim Heranwachsen aus dem Samen gleich bleiben … Auch Tiere, die sich voneinander unterscheiden, bleiben in ihrer bestimmten Art. Eine Art entspringt niemals dem Samen einer anderen.« So legte er die Grundlage für die fortpflanzungsfähigen Gruppen mit gleichem Erbgut, durch die die Arten noch heute definiert werden. Der tiefreligiöse Ray sah in seinem Werk einen Weg, die Wunder Gottes zu zeigen. ■

Weizen gehört zu den Einkeimblättrigen, ein Kriterium, das Ray definiert hat. In 10 000 Jahren des Anbaus sind rund 30 Arten dieser wichtigen Kulturpflanze entstanden, die alle zur Gattung *Triticum* gehören.

John Ray

John Ray wurde 1627 als Sohn eines Dorfschmieds geboren, der zugleich ein guter Kräuterkenner war. Im Alter von 16 Jahren ging John nach Cambridge, studierte mehrere Fächer und lehrte Verschiedenes, von Griechisch bis Mathematik, bis er 1660 in den geistlichen Stand trat. Nach einer Erkrankung hatte er bereits ab 1650 begonnen, ausgedehnte Spaziergänge in der Natur zu unternehmen und so Interesse an Botanik entwickelt.

In Begleitung seines reichen Gönners Francis Willughby – ein Student – reiste Ray in den 1660er-Jahren durch Europa und baute dabei eine Sammlung von Pflanzen und Tieren auf. Nach Willughbys Tod heiratete Ray und zog zurück in seine Heimat. In seinen späten Jahren untersuchte er die Proben seiner Sammlungen und erstellte immer ambitioniertere Pflanzen- und Tierkataloge. Er verfasste mehr als 20 Werke über Pflanzen und Tiere und ihre Taxonomie sowie über Theologie und seine Reisen.

Hauptwerk

1686–1704 *Historia Plantarum*

GRAVITATION BEEINFLUSST ALLES IM UNIVERSUM

ISAAC NEWTON (1643–1727)

IM KONTEXT

GEBIET
Physik

FRÜHER
1543 Laut Nikolaus Kopernikus kreisen die Planeten um die Sonne, nicht um die Erde.

1609 Johannes Kepler sagt, dass sich die Planeten auf elliptischen Bahnen bewegen.

1610 Die Beobachtungen von Galileo Galilei stützen das kopernikanische System.

SPÄTER
1846 Mithilfe der Newton'schen Gesetze bestimmte Urbain Le Verrier den Ort, an dem Johann Galle den Planeten Neptun entdeckte.

1859 Laut Le Verrier ist die Merkurbahn nicht mit Newton'scher Mechanik erklärbar.

1915 In seiner Allgemeinen Relativitätstheorie beschreibt Albert Einstein die Gravitation als Krümmung der Raumzeit.

Warum **fällt** der Apfel **immer nach unten,** niemals zur Seite oder nach oben?

Es muss eine **Anziehungskraft in Richtung zum Erdmittelpunkt** geben.

Könnte diese Kraft auch mehr als den Apfel anziehen und **vielleicht bis zum Mond reichen?** Falls ja, würde sie auch die Bahn des Mondes beeinflussen.

Könnte sie die Bahn des Mondes vielleicht sogar verursachen? In diesem Fall gälte …

Gravitation beeinflusst alles im Universum.

Zur Zeit von Isaac Newtons Geburt war das heliozentrische Modell des Universums – die Erde und die anderen Planeten umkreisen die Sonne – die anerkannte Erklärung für die beobachteten Bewegungen von Sonne, Mond und den Planeten. Dieses gar nicht so neue Modell hatte Bedeutung gewonnen, als Nikolaus Kopernikus 1543 darüber geschrieben hatte. In Kopernikus' Beschreibung drehten sich die Erde und jeder der Planeten in einer eigenen kristallenen Sphäre um die Sonne, und eine äußere Sphäre trug die Fixsterne. Dieses Modell wurde abgelöst, als Johannes Kepler 1609 seine Gesetze der Planetenbewegung veröffentlichte. Kepler verbannte Kopernikus' Kristallsphären und zeigte, dass die Planetenbahnen Ellipsen waren, in deren einem Brennpunkt die Sonne stand. Außerdem beschrieb er, wie sich die Planetengeschwindigkeit entlang der Bahn ändert.

Doch alle diese Modelle boten keine Erklärung, *warum* sich die Planeten auf diese Weise bewegten. Hier kam Newton ins Spiel. Er erkannte, dass die Kraft, die einen Apfel zum Erdmittelpunkt zieht, dieselbe Kraft ist, die die Planeten auf ihrer Bahn um die Sonne hält, und er zeigte mathematisch, wie sich diese Kraft entsprechend der Entfernung verändert. So leitete er seine drei Bewegungsgesetze und das Gravitationsgesetz her.

Neue Ideen

Jahrhundertelang war das wissenschaftliche Denken von den Ideen des Aristoteles beherrscht, der nur Schlüsse gezogen hatte, ohne sie im Experiment zu prüfen. Aristoteles lehrte, dass bewegte Körper

Siehe auch: Nikolaus Kopernikus 34–39 ▪ Johannes Kepler 40–41 ▪ Galileo Galilei 42–43 ▪ Christiaan Huygens 50–51 ▪ Friedrich Wilhelm und Caroline Herschel 86–87 ▪ Albert Einstein 218–225

nur so lange in Bewegung bleiben, wie sie angeschoben werden, und dass schwere Körper schneller fallen als leichte. Sie fallen zur Erde, weil sie sich zu ihrem natürlichen Ort bewegen. Und Himmelskörper bewegen sich mit konstanter Geschwindigkeit auf Kreisbahnen.

Galileo Galilei lehrte etwas anderes, und er leitete seine Ideen durch Versuche her. Er beobachtete Kugeln, die er Rampen hinunterrollen ließ, und zeigte, dass alle Körper gleich schnell fallen, wenn der Luftwiderstand klein ist. Er schloss auch, dass ein Körper sich so lange bewegt, bis eine Kraft (z. B. die Reibung) ihn bremst. Dieses Trägheitsprinzip wurde zu einem Teil des ersten Newton'schen Bewegungsgesetzes. Da aber Reibung und Luftwiderstand auf *alle* Körper des Alltags wirken, ist die Vorstellung der Reibung nicht unmittelbar einsichtig. Erst durch sorgfältige Versuche konnte Galilei zeigen, dass die Kraft, die einen Körper auf gleichmäßiger Geschwindigkeit hält, nur zur Überwindung der Reibung nötig ist.

Die Bewegungsgesetze

Newton experimentierte auf vielen Gebieten, doch über seine Bewegungsexperimente sind keine Aufzeichnungen erhalten. Die drei Bewegungsgesetze wurden aber in vielen Versuchen bestätigt. Newtons erstes Gesetz lautet: »Jeder Körper bleibt im Zustand der Ruhe oder der gleichförmig-geradlinigen Bewegung, bis eine Kraft diesen Zustand ändert.«
Mit anderen Worten: Ein ruhender Körper gerät erst in Bewegung, wenn eine Kraft auf ihn wirkt, und ein bewegter Körper bewegt sich mit konstanter Geschwindigkeit weiter, solange keine Kraft auf ihn wirkt. »Geschwindigkeit« bedeutet hier sowohl die Richtung als auch die Schnelligkeit der Bewegung. Ein Körper ändert also nur dann Tempo und Bewegungsrichtung, wenn eine Kraft auf ihn einwirkt. Entscheidend ist dabei die Gesamtkraft. Auf ein fahrendes Auto wirken viele Kräfte, darunter Reibung und Luftwiderstand sowie die Motorkraft auf die Räder. Wenn die Kräfte in Vorwärtsrichtung von den Bremskräften genau ausgeglichen werden, gibt es keine Gesamtkraft, und das Auto fährt mit konstanter Geschwindigkeit weiter. Nach dem zweiten Newton'schen Gesetz hängt die Beschleunigung (die Änderung der Geschwindigkeit) eines Körpers von der Größe der wirkenden Kraft ab. Es wird oft als $F = ma$ geschrieben (mit der Kraft F, der Masse m und der Beschleunigung a). Je größer die Kraft auf einen Körper ist, desto größer ist »

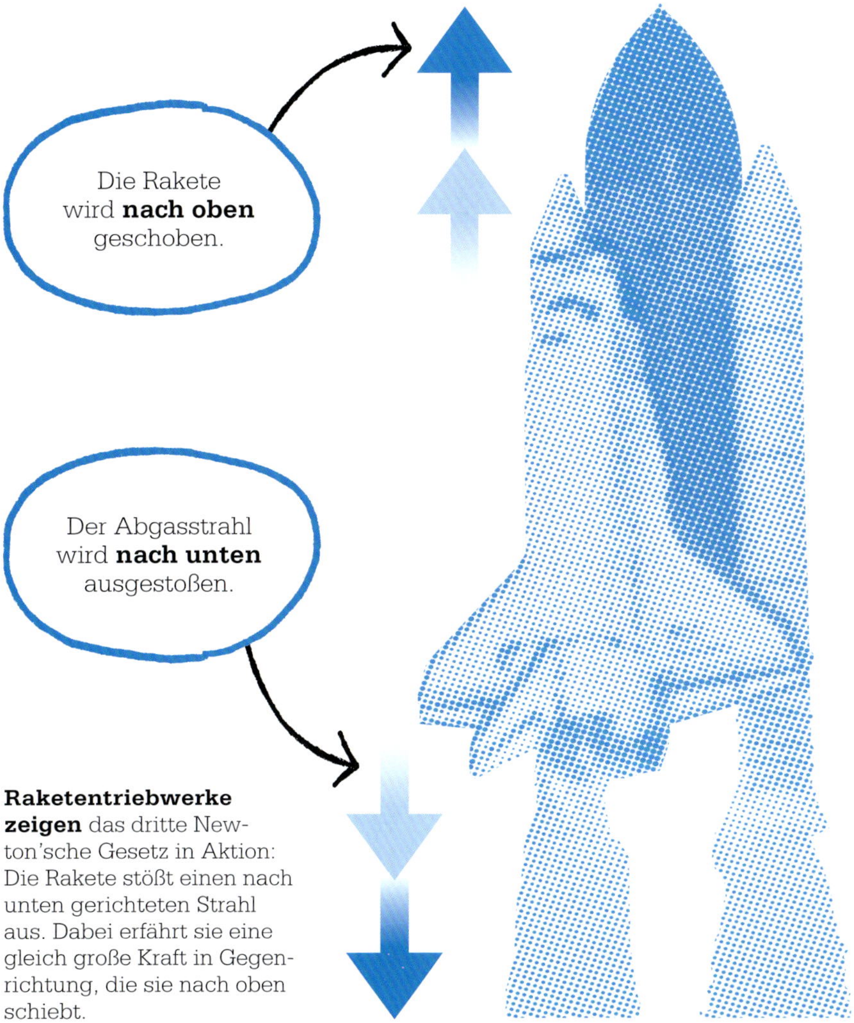

Raketentriebwerke zeigen das dritte Newton'sche Gesetz in Aktion: Die Rakete stößt einen nach unten gerichteten Strahl aus. Dabei erfährt sie eine gleich große Kraft in Gegenrichtung, die sie nach oben schiebt.

die Beschleunigung. Doch die Beschleunigung hängt auch von der Masse ab: Bei einer vorgegebenen Kraft wird ein Körper mit kleiner Masse schneller beschleunigt als einer mit großer Masse.

Das dritte Gesetz besagt: »Für jede Aktion gibt es eine gleich große Reaktion in Gegenrichtung.« Das heißt, dass Kräfte immer in Paaren auftreten: Wenn ein Körper eine Kraft auf einen anderen ausübt, dann übt der zweite auch eine gleich große, entgegengesetzt gerichtete Kraft auf den ersten aus. Trotz des Begriffs »Aktion« ist dabei keine Bewegung nötig. Ein Beispiel für das dritte Gesetz ist die Gravitationsanziehung zwischen Körpern: Nicht nur zieht die Erde den Mond an, auch der Mond zieht die Erde mit einer ebenso großen Kraft an.

»Ich konnte aus den Phänomenen den Grund für diese Eigenschaften der Gravitation noch nicht entdecken, und Hypothesen erfinde ich nicht.«

Isaac Newton

Universelle Anziehung

Mit der Gravitation beschäftigte sich Newton ab Ende der 1660er-Jahre, als er sich in sein Heimatdorf Woolsthorpe zurückzog, da die Universität Cambridge wegen der Pest geschlossen worden war. Damals war schon die Rede davon, dass die Sonne eine Anziehungskraft ausübe, die mit dem Quadrat des Abstands abnehme: Wenn sich also der Abstand zwischen der Sonne und einem anderen Körper verdoppelt, geht die Kraft auf ein Viertel zurück. Niemand dachte aber daran, dass dies auch nahe der Oberfläche eines großen Körpers wie der Erde gelten könnte.

Nach einer später von Voltaire beschriebenen Anekdote sah Newton einen Apfel vom Baum fallen und kam blitzartig zu der Erkenntnis, dass die Erde den Apfel anzieht. Da der Apfel immer senkrecht zu Boden fällt, ist sein Fall zum Erdmittelpunkt gerichtet. Die Anziehungskraft zwischen Erde und Apfel wirkt also, als gehe sie vom Erdmittelpunkt aus. Diese Idee ermöglichte es, die Sonne und die Planeten als kleine Punkte mit großer Masse zu behandeln, was die Rechnungen erheblich vereinfachte. Newton sah keinen Grund, weshalb sich die Kraft, die den Apfel fallen ließ, sich von den Kräften unterscheiden sollte, die die Planeten auf ihrer Bahn hielten. Also musste die Gravitation eine universelle Kraft sein.

Wird Newtons Gravitationstheorie auf fallende Körper angewendet, dann ist M_1 die Erdmasse und M_2 die Masse des fallenden Körpers. Je größer die Masse eines Körpers ist, desto größer ist die nach unten wirkende Kraft. Doch nach dem zweiten Newton'schen Gesetz beschleunigt eine größere Masse bei der gleichen Kraft nicht so schnell wie eine kleinere Masse. Die größere Kraft ist also nötig, um die größere Masse zu beschleunigen, und alle Körper fallen mit derselben Geschwindigkeit, solange keine zusätzlichen Kräfte wie Luftwiderstand die Sache verkomplizieren. Ohne Luftwiderstand fallen ein Hammer und eine Feder gleich schnell, wie der Astronaut Dave Scott 1971 bei der *Apollo-15*-Mission auf der Mondoberfläche demonstrierte.

In den Entwürfen zu *Principia* beschrieb Newton ein Gedankenexperiment zur Erklärung der Umlaufbahnen. Er stellte sich eine Kanone auf einem sehr hohen Berg vor, die viele Kugeln immer schneller horizontal abfeuert. Je höher die Geschwindigkeit der Kugel ist, desto weiter wird sie fliegen, bis sie

Newtons Gravitationsgesetz führt zu der unten stehenden Gleichung. Sie zeigt uns, wie die entstehende Kraft mit der Masse der beiden Körper und dem Quadrat ihres Abstands zusammenhängt.

Wird eine Kanonenkugel mit zu geringer Geschwindigkeit abgefeuert, zieht die Gravitation sie zur Erde (A und B). Bei genügendem Tempo umkreist sie die Erde (C).

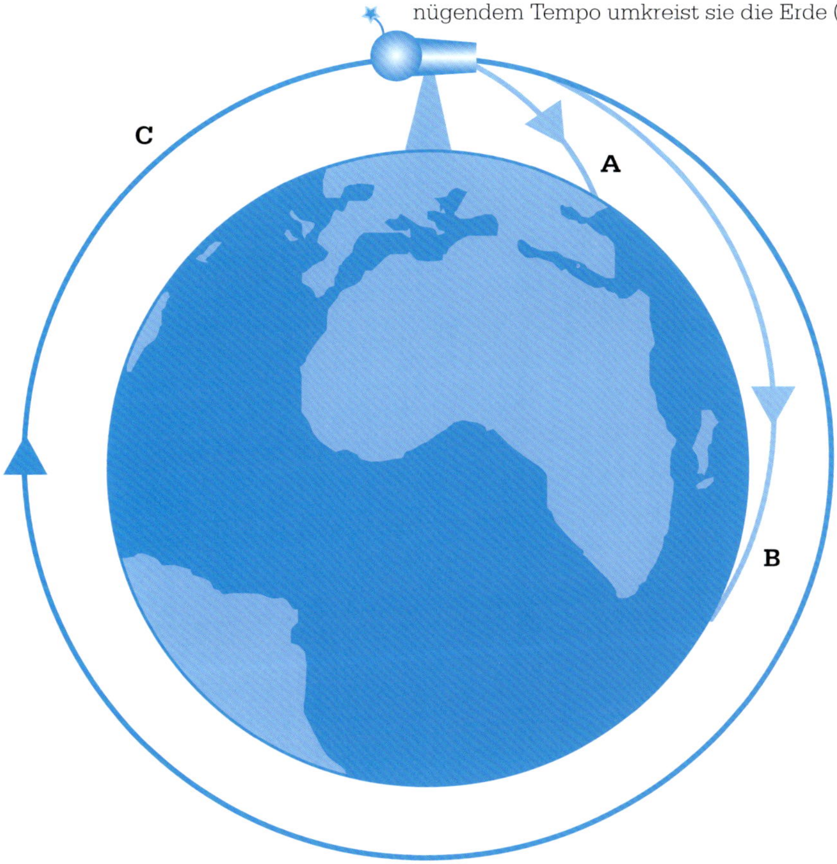

Newtons Gedankenexperiment beschreibt eine Kanone auf einem hohen Berg, die horizontal abgefeuert wird. Je größer die Geschwindigkeit der Kanonenkugel, desto weiter wird sie fliegen, bis sie zu Boden fällt. Wenn sie genügend schnell abgefeuert wird, fliegt sie einmal um die Erde zurück zum Ausgangspunkt.

auf der Erde aufschlägt. Wenn sie genügend schnell abgefeuert wird, landet sie gar nicht, sondern fliegt einmal um die Erde, bis sie von hinten wieder auf dem Berg ankommt. Auf die gleiche Weise umkreist auch ein Satellit, der mit der richtigen Geschwindigkeit ausgesetzt wird, die Erde. Er bewegt sich mit konstanter Geschwindigkeit, nur seine Richtung ändert sich ständig, sodass er den Planeten umkreist, anstatt in gerader Linie fortzufliegen. In einem solchen Fall ändert die Gravitation der Erde nur die Richtung der Satellitenbewegung, aber nicht ihr Tempo.

Die Ideen werden öffentlich

1684 prahlte Robert Hooke vor seinen Freunden Edmond Halley und Christopher Wren (dem Erbauer der Londoner St-Paul's-Cathedral), er habe die Gesetze der Planetenbewegung entdeckt. Halley befragte seinen Freund Isaac Newton dazu, und dieser entgegnete, er habe das Problem längst gelöst, könne aber die Notizen nicht finden. Halley

» Mir selbst komme ich nur wie ein Junge vor, der am Strand spielt …, während das große Meer der Wahrheit gänzlich unerforscht vor mir liegt. «

Isaac Newton

ermutigte Newton, die Sache nochmals aufzuschreiben – so entstand der Aufsatz *De Motu Corporem in Gyrum* (»Über die Bewegung von Körpern auf Umlaufbahnen«), der 1684 an die Royal Society ging. Newton zeigte darin, dass sich die von Kepler beschriebenen elliptischen Planetenbahnen mit einer Anziehungskraft der Sonne erklären lassen, die umgekehrt proportional zum Quadrat des Abstandes abnimmt. Newton führte diese und weitere Arbeiten über Kräfte und Bewegung in seinem Buch *Philosophiae Naturalis Principia Mathematica* aus. Es erschien 1687 in drei Bänden und enthielt u. a. das universelle Gravitationsgesetz und die drei Bewegungsgesetze. Es war in lateinischer Sprache verfasst und erst nach seinem Tod erschien im Jahr 1729 die erste englische Übersetzung, die auf der dritten Auflage beruhte.

Hooke und Newton hatten sich bereits wegen Hookes Kritik an Newtons Lichttheorie zerstritten, und nach der Veröffentlichung der *Principia* gerieten Hookes Arbeiten zur Planetenbewegung weitgehend in Vergessenheit. Hooke hatte jedoch nicht als Einziger an diesem Thema gearbeitet und er hatte auch nicht gezeigt, dass seine »

Mit den Newton'schen Gesetzen konnten die Bahnen der Himmelskörper berechnet werden – auch die des Halley'schen Kometen, hier dargestellt auf dem Teppich von Bayeux nach seinem Auftauchen im Jahr 1066.

Theorie funktionierte. Newton hingegen hatte nachgewiesen, dass sein Gravitationsgesetz und die Bewegungsgesetze für eine mathematische Beschreibung der Planetenbahnen taugten und dass sie mit den Beobachtungen übereinstimmten.

Skeptische Aufnahme

Newtons Ideen über Gravitation wurden nicht überall begrüßt. Die »Fernwirkung« der Gravitationskraft wurde als »okkult« geschmäht, weil ihr Zustandekommen unerklärlich war. Newton selbst lehnte es ab, über das Wesen der Gravitation zu spekulieren. Ihm genügte es, gezeigt zu haben, dass seine Idee einer mit dem Abstandsquadrat abnehmenden Kraft die Planetenbewegung erklärte. Die Newton'schen Gesetze ließen sich aber auf so viele Phänomene anwenden, dass sie bald weithin akzeptiert waren. Heute ist die internationale Krafteinheit nach ihm benannt.

> »Warum sollte dieser Apfel immer senkrecht zu Boden fallen, dachte er bei sich selbst …«
>
> **William Stukeley**
> Freund und Biograf Newtons

Praktische Anwendung

Edmond Halley berechnete mit Newtons Gleichungen die Bahn eines Kometen, der 1682 entdeckt worden war, und zeigte, dass es sich um denselben Kometen handelte wie 1531 und 1607. Er heißt heute Halley'scher Komet. Halley sagte auch voraus, dass er 1758 wiederkehren würde – erlebt hat er das nicht mehr, er starb 16 Jahre vorher. Zum ersten Mal war gezeigt worden, dass ein Komet die Sonne umkreist. Er nähert sich alle 75–76 Jahre der Erde und war beispielsweise schon 1066 vor der Schlacht bei Hastings beobachtet worden.

Die Gleichungen taugten ebenfalls für die Entdeckung eines neuen Planeten. Uranus, der siebte Planet unseres Sonnensystems, wurde 1781 von dem deutschstämmigen englischen Astronomen Friedrich Wilhelm Herschel bei einer sorgfältigen Durchmusterung des Nachthimmels entdeckt. Mit weiteren Beobachtungen wurde die Bahn berechnet und eine Tabelle mit Positionen für zukünftige Beobachtungszeitpunkte erstellt. Die Vorhersagen waren aber nicht immer korrekt. Das führte zu der Idee, es gebe jenseits von Uranus noch einen weiteren Planeten, dessen Gravitation die Uranusbahn stört. Bis 1845 hatten die Astronomen berechnet, wo sich dieser Planet befinden sollte – und als »Neptun« wurde er 1846 entdeckt.

Probleme mit der Theorie

Der sonnennächste Punkt eines Planeten mit elliptischer Umlaufbahn heißt Perihel. Wenn nur ein einziger Planet um die Sonne laufen würde, bliebe dessen Perihel immer am selben Ort. Doch da sich alle Planeten unseres Sonnensystems gegenseitig beeinflussen, laufen ihre Perihelien um die Sonne – man spricht von Präzession. Das gilt auch für das Perihel von Merkur, doch dessen Präzession lässt sich mit den Newton'schen Bewegungsgleichungen allein nicht erklären. Dieses Problem wurde 1859 erkannt. Über 50 Jahre später beschrieb Albert Einsteins Allgemeine Relativitätstheorie die Gravitation als eine Krümmung der Raumzeit. Berechnungen auf der Grundlage dieser Theorie konnten die beobachtete Präzession der Merkurbahn – und weitere bis dahin unerklärliche Phänomene – endlich zufriedenstellend begründen.

Newtons Gesetze heute

Die Newton'schen Gesetze bilden die Grundlage der sogenannten Klassischen Mechanik, in der die Wirkungen von Kräften und Bewegungen berechnet werden. Ihre Gleichungen wurden zwar längst durch die Relativitätstheorie abgelöst, doch so lange die betrachteten Geschwindigkeiten weit unter der Lichtgeschwindigkeit liegen, stimmen beide Theorien sehr gut überein. Für alle Alltagszwecke – von der Konstruktion von Fahrzeugen bis zum Bau von Wolkenkratzern – reichen die Gleichungen der Klassischen Mechanik völlig aus und sind weit einfacher anzuwenden. Selbst wenn sie streng genommen nicht ganz korrekt sind, werden diese Gleichungen noch immer weithin verwendet. ■

> »Natur und der Natur Gesetz waren in Nacht gehüllt; Gott sprach: Es werde Newton! Und das All ward lichterfüllt.«
>
> **Alexander Pope**

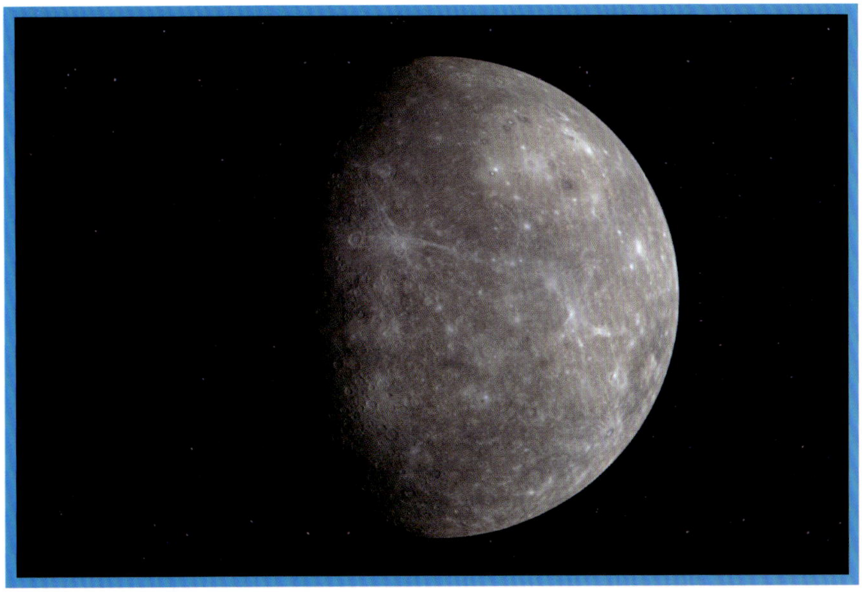

Die Präzession (Drehung des sonnennächsten Punkts) der Merkurbahn war das erste Phänomen, das nicht mit den Newton'schen Gesetzen erklärbar war.

Isaac Newton

Obwohl sein Vater schon vor seiner Geburt gestorben war, konnte Newton die Schule besuchen und studierte bis 1665 am Trinity College in Cambridge. In seinem langen Leben war Newton Mathematikprofessor in Cambridge, Wardein der Königlichen Münze, Parlamentarier und Präsident der Royal Society. Doch er war ein schwieriger Charakter, zerstritten mit Hooke und in einen Prioritätsstreit mit dem deutschen Mathematiker Gottfried Wilhelm Leibniz über die Erfindung der Analysis verwickelt.

Neben seinem wissenschaftlichen Werk arbeitete Newton an alchemistischen Untersuchungen und Bibelauslegungen. Obgleich frommer, wenn auch unorthodoxer Christ, vermied er aber die Priesterweihe, die für einige seiner Ämter eigentlich Voraussetzung gewesen wäre.

Hauptwerke

1684 *De Motu Corporum in Gyrum (Über die Bewegung von Körpern in Umlaufbahnen)*
1687 *Philosophiae Naturalis Principia Mathematica*
1704 *Opticks*

DIE ERWE
DES HORI
1700–1800

ITERUNG
ZONTS

1727
Der englische Geistliche Stephen Hales schreibt *Vegetable Staticks* und demonstriert den **Wurzeldruck.**

1735
Das Werk *Systema Naturae* des schwedischen Botanikers Carl von Linné markiert den Beginn **der Klassifikation von Flora und Fauna.**

1735
George Hadley erklärt in einer lange unbeachtet gebliebenen Schrift das Verhalten der **Passatwinde.**

1738
Daniel Bernoulli schreibt *Hydrodynamica* und legt damit die Grundlage für die **kinetische Gastheorie.**

1749
Der erste Band der *Histoire Naturelle* von George-Louis Leclerc, dem späteren **Comte de Buffon,** erscheint.

1754
Joseph Blacks Doktorarbeit über Carbonate ist bahnbrechend für die **quantitative Chemie.**

1766
Henry Cavendish erzeugt durch Lösen von Zink in Säure **Wasserstoff** (»brennbare Luft«).

1770
Der amerikanische Diplomat und Forscher Benjamin Franklin erstellt eine **Karte des Golfstroms.**

Gegen Ende des 17. Jahrhunderts stellte Isaac Newton die Bewegungsgesetze und das Gravitationsgesetz auf. Damit machte er Wissenschaft so genau und so mathematisch wie nie zuvor. Forscher in verschiedenen Gebieten erkannten die zugrunde liegenden Prinzipien zur Beschreibung des Alls, und die einzelnen Fachgebiete spezialisierten sich immer mehr.

Fluiddynamik

In den 1720er-Jahren führte der englische Geistliche Stephen Hales eine Reihe von Experimenten mit Pflanzen durch. Er entdeckte den Wurzeldruck (der den Saft in einer Pflanze steigen lässt) und erfand die pneumatische Wanne, ein Laborgerät zum Sammeln von Gas. Daniel Bernoulli aus der berühmten Schweizer Gelehrtenfamilie formulierte das Bernoulli-Prinzip, nach dem der Druck in einem Fluid sinkt, wenn es sich bewegt. Dieses Prinzip gestattet die Blutdruckmessung, liegt aber auch dem Fliegen von Flugzeugen zugrunde.

1754 schrieb der schottische Chemiker Joseph Black, der später die Theorie der latenten Wärme entwickelte, eine bemerkenswerte Doktorarbeit über die Zerlegung von Kalziumkarbonat und die Erzeugung von »fixer Luft« (Kohlendioxid). Dies war die erste einer Reihe chemischer Entdeckungen. In England isolierte der menschenscheue Henry Cavendish Wasserstoffgas und zeigte, dass Wasser zu zwei Teilen aus Wasserstoffgas und einem Teil Sauerstoff besteht. Der freidenkende Geistliche Joseph Priestley isolierte Sauerstoff und etliche andere neue Gase. Der Niederländer Jan Ingenhousz erweiterte Priestleys Arbeiten und zeigte, dass Pflanzen im Sonnenschein Sauerstoff und bei Dunkelheit Kohlendioxid freisetzen. Gleichzeitig zeigte in Frankreich Antoine Lavoisier, dass sich viele Elemente – darunter Kohle, Schwefel und Phosphor – beim Verbrennen mit Sauerstoff zu Oxiden verbinden. Damit widerlegte er die Theorie, dass brennbare Stoffe eine Substanz namens Phlogiston enthalten, die sie brennen lässt. (Leider landete Lavoisier während der Französischen Revolution auf der Guillotine.)

1793 entdeckte der französische Chemiker Joseph Proust, dass chemische Elemente sich fast immer in festen Verhältnissen miteinander verbinden. Das war ein wichtiger Schritt zur Erkenntnis der Zusammensetzung einfacher Verbindungen.

1774 – Joseph Priestley erzeugt Sauerstoff durch Erhitzen von Quecksilberoxid. Er nennt das Gas **dephlogisierte Luft.**

1774 – Antoine Lavoisier erlernt das Verfahren zur Erzeugung von Priestleys neuem Gas und nennt es **Sauerstoff.**

1774 – Nevil Maskelyne berechnet **die Dichte der Erde,** indem er die Gravitationsanziehungskraft eines Berges vermisst.

1779 – Jan Ingenhousz entdeckt, dass grüne Pflanzen im Sonnenlicht Sauerstoff erzeugen: die **Fotosynthese.**

1788 – James Hutton veröffentlicht seine Theorie über das **Alter der Erde.**

1793 – Christian Sprengel beschreibt in seinem Buch zur Befruchtung der Blumen die **Sexualität der Pflanzen.**

1798 – Thomas Malthus schreibt seinen ersten Essay über die **Bevölkerungsentwicklung,** der später Charles Darwin und Alfred Russell Wallace beeinflusst.

1799 – Alessandro Volta erfindet die **elektrische Batterie.**

Geowissenschaften

Es gab auch große Fortschritte im Verständnis von natürlichen Abläufen auf der Erde. In Amerika zeigte Benjamin Franklin nicht nur durch ein gefährliches Experiment, dass Blitze eine Form der Elektrizität sind, er wies mit seinen Untersuchungen des Golfstroms auch eine gewaltige Meeresströmung nach. George Hadley, ein englischer Anwalt und Amateurmeteorologe, erklärte die Wirkung der Passatwinde mit der Erddrehung und der britische Hofastronom Nevil Maskelyne kampierte monatelang bei miserablem Wetter auf einem schottischen Berg, um nach einer Idee von Isaac Newton dessen Gravitationsanziehung zu messen. So gelang es ihm, die Dichte der Erde zu berechnen. Als James Hutton Ackerland in Schottland erbte, begann er sich für Geologie zu interessieren, und er erkannte, dass die Erde wesentlich älter war als bis dahin gedacht.

Geheimnis des Lebens

Als den Forscher das hohe Alter der Erde klar wurde, schufen sie neue Theorien, wie das Leben wohl entstanden war und sich entwickelt hatte. Der herausragende französische Naturforscher, Mathematiker und Autor Georges-Louis Leclerc, Comte de Buffon, unternahm die ersten Schritte hin zu einer Evolutionstheorie. Der deutsche Theologe Christian Sprengel studierte die wechselseitige Beeinflussung von Pflanzen und Tieren und bemerkte, dass zweigeschlechtliche Pflanzen ihre männlichen und weiblichen Blüten zu unterschiedlichen Zeiten bilden, sodass sie sich nicht selbst befruchten können. Der englische Pfarrer Thomas Malthus befasste sich mit Demografie und schrieb in seinem *Bevölkerungsgesetz*, bei unkontrolliert wachsender Bevölkerung müsse durch Erschöpfung der Ressourcen eine Hungersnot entstehen. Das hat sich (bislang) als unbegründet erwiesen, doch seine Vorstellung sollte später Charles Darwin beeinflussen.

Gegen Ende des Jahrhunderts erschloss der italienische Physiker Alessandro Volta eine neue Welt: Er erfand die elektrische Batterie und elektrisierte damit die Forschung. Insgesamt ergaben sich im Verlauf des 18. Jahrhunderts so gewaltige Fortschritte, dass der englische Philosoph William Whewell einen ganz neuen Begriff für die Männer prägte, die sich mit naturphilosophischen Fragen befassten: »Scientist« (Wissenschaftler). ■

DIE NATUR SCHREITET NICHT IN SPRÜNGEN VORAN

CARL VON LINNÉ (1707–1778)

IM KONTEXT

GEBIET
Biologie

FRÜHER
um 320 v. Chr. Aristoteles ordnet ähnliche Organismen nach zunehmender Komplexität in eine Rangfolge.

1686 In seiner *Historia Plantarum* definiert John Ray die biologische Art.

SPÄTER
1817 Georges Cuvier erweitert die Linné'sche Hierarchie auch auf Fossilien.

1859 Charles Darwin erklärt in seiner Evolutionstheorie, wie Arten entstehen und miteinander verwandt sind.

1866 Der deutsche Biologe Ernst Haeckel begründet die Abstammungslehre, die sogenannte Phylogenese.

1950 Willi Hennig gründet eine neue Klassifikation auf die Kladistik, die nach evolutionären Verbindungen sucht.

Die hierarchische Klassifizierung der Lebewesen in Gruppen von wohlbeschriebenen Organismen war ein Grundstein für die Biologie. Sie erleichterte die Übersicht über die Vielfalt des Lebens und erlaubte es, Millionen einzelner Organismen zu vergleichen und zu identifizieren. Die moderne Taxonomie – die Identifikation, Benennung und Einordnung von Lebewesen – wurde von dem schwedischen Naturforscher Carl von Linné begründet. Als Erster entwarf er eine Systematik auf Basis seiner detaillierten Untersuchungen der Merkmale von Pflanzen und Tieren. Er führte auch ein Verfahren zur Benennung verschiedener Organismen ein, das noch heute in Gebrauch ist.

Die einflussreichste frühe Klassifizierung stammte von dem griechischen Philosophen Aristoteles. In seiner *Geschichte der Tiere* fasste er ähnliche Tiere in Gruppen zusammen und erstellte mit seiner *scala naturae* (»Leiter des Lebens«) eine elfgliedrige Rangordnung nach zunehmender Komplexität, mit den Pflanzen am unteren und dem Menschen am oberen Ende.

In den folgenden Jahrhunderten entstand eine chaotische Vielfalt an Namen und Beschreibungen der Pflanzen und Tiere. Im 17. Jahrhundert bemühten sich die Forscher um ein stimmigeres, einheitlicheres System. 1686 führte der englische Botaniker John Ray das Konzept der biologischen Art ein. Das Hauptkriterium war die Fähigkeit, sich miteinander fortzupflanzen, und das ist noch heute die üblichste Definition.

Linné ordnet Organismen nach gemeinsamen Merkmalen. Ein Tiger gehört zur Familie der Felidae (Katzen) und diese zur Ordnung der Carnivora (Raubtiere) in der Klasse der Mammalia (Säugetiere).

Siehe auch: Jan Swammerdam 53 ▪ John Ray 60–61 ▪ Jean-Baptiste Lamarck 118 ▪ Charles Darwin 144–151

1735 brachte Linné seine Klassifikation in einem zwölfseitigen Heft heraus, doch bis zur 12. Auflage von 1778 war sie zu einem mehrbändigen Werk herangewachsen, in dem Linné das Konzept der Art zu einer Hierarchie von Gruppen mit gemeinsamen körperlichen Merkmalen ausbaute. Ganz oben standen drei Reiche: Tiere, Pflanzen und Mineralien. Sie teilten sich in Stämme, Klassen, Ordnungen, Familien, Gattungen und Arten. Und Linné vereinheitlichte die Benennung der Arten durch einen zweiteiligen lateinischen Namen: Die beiden Teile bezeichnen Gattung und Art, wie z. B. bei *Homo sapiens*. Damit war Linné der Erste, der den Menschen ins Tierreich einordnete.

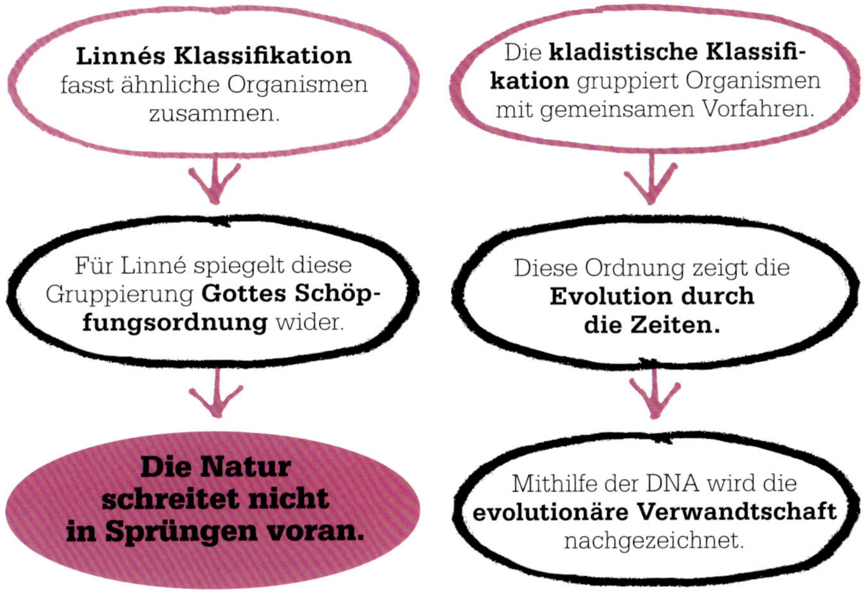

Gottgegebene Ordnung

Für Linné zeigte die Klassifizierung, dass »die Natur nicht in Sprüngen voranschreitet«, sondern einer gottgegebenen Ordnung folgt. Seine »natürliche Hierarchie«, nach der jede Art einer Gattung oder Familie durch Abstammung und Divergenz mit einem gemeinsamen Vorfahren verbunden war, ebnete Charles Darwin den Weg, der die evolutionäre Bedeutung des Schemas erkannte. Ein Jahrhundert nach Darwin entwickelte der deutsche Biologe Willi Hennig einen neuen Ansatz zur Klassifikation, die sogenannte Kladistik (griech.: *klados*, »Ast«), die die evolutionäre Verbindung von Organismen zeigt. Lebewesen werden darin anhand eines oder mehrerer gemeinsamer Merkmale, die sie von ihrem letzten gemeinsamen Vorfahren erbten und die bei entfernteren Vorfahren fehlen, auf »Kladen« (Äste) verteilt. Die Ausarbeitung der Kladistik dauert noch an. ■

Carl von Linné

Carl von Linné (bis 1757 Carl Linnæus) wurde 1707 in der südschwedischen Provinz geboren. Er studierte Medizin und Botanik in Lund und Uppsala und promovierte 1735 in den Niederlanden im Fach Medizin. Im selben Jahr entwarf er in dem zwölfseitigen Heft *Systema Naturae* ein System zur Klassifikation der Lebewesen. 1738 ließ er sich in Schweden als Arzt nieder, bis er 1741 in Uppsala eine Professur für Medizin und Botanik erhielt. Seine Studenten, darunter Daniel Solander, durchstreiften die Welt und sammelten eine enorme Zahl von Pflanzen. Damit erweiterte Linné die *Systema Naturae* im Lauf von zwölf Auflagen zu einem mehrbändigen Werk, das über 6000 Pflanzen- und 4000 Tierarten beschrieb. Seine Systematik der Menschenrassen gilt heute jedoch als Wegbereiter für rassistische, eugenische Ideen. Als er 1778 starb, war er einer der gefeiertsten Forscher Europas.

Hauptwerke

1753 *Species Plantarum*
1778 *Systema Naturae*, 12. Auflage

DIE WÄRME, DIE BEI DER UMWANDLUNG VON WASSER IN DAMPF VERSCHWINDET, IST NICHT VERLOREN

JOSEPH BLACK (1728–1799)

IM KONTEXT

GEBIET
Chemie und Physik

FRÜHER
1661 Robert Boyle untersucht die Isolierung von Gasen.

1750er-Jahre Joseph Black wiegt die Substanzen vor und nach chemischen Reaktionen und entdeckt das Kohlendioxid.

SPÄTER
1766 Henry Cavendish isoliert Wasserstoffgas.

1774 Joseph Priestley isoliert Sauerstoff und andere Gase.

1798 Der britische Physiker Benjamin Thompson behauptet, Wärme entstehe durch die Bewegung von Teilchen.

1845 James Joule untersucht die Umwandlung von Bewegung in Wärme und behauptet, eine bestimmte Menge mechanischer Energie erzeuge dieselbe Menge von Wärmeenergie.

Bei Zufuhr von Wärme **steigt die Temperatur von Wasser.**

↓

Aber wenn das Wasser kocht, **steigt die Temperatur nicht mehr.**

↓

Die **zusätzliche Wärme** wird **zum Verdampfen** benötigt. Wegen dieser »latenten Wärme« kann man sich **an Dampf schrecklich verbrühen.**

↓

Die Wärme, die bei der Umwandlung von Wasser in Dampf verschwindet, ist nicht verloren.

Black war Medizinprofessor, lehrte aber auch Chemie. Allerdings veröffentlichte er seine Ergebnisse nur selten auf die übliche Weise, sondern berichtete in seinen Vorlesungen davon. Seine Studenten waren also an vorderster Forschungsfront.

Unter Blacks Studenten waren auch mehrere Söhne von schottischen Whiskybrennern, die sich Sorgen über ihre Betriebskosten machten. Warum, so fragten sie, war das Brennen von Whisky so teuer, wo sie doch nur ihre Maische zum Kochen brachten und dann den Dampf kondensierten?

Eine ausgekochte Idee

1761 untersuchte Black die Wirkung von Wärme auf Flüssigkeiten. Er entdeckte, dass sich Wasser beim Erhitzen schnell auf 100 °C erwärmt. Dann beginnt das Wasser zu sieden, aber die Temperatur erhöht sich nicht weiter, obwohl das Wasser

Siehe auch: Robert Boyle 46–49 ▪ Joseph Priestley 82–83 ▪ Antoine Lavoisier 84 ▪ John Dalton 112–113 ▪ James Prescott Joule 140

immer noch Wärme aufnimmt. Black erkannte, dass diese Wärme benötigt wird, um das Wasser zu Dampf zu machen oder – um es in modernen Begriffen auszudrücken – um den Molekülen genug Energie zur Überwindung der Kräfte zu geben, die sie in der Flüssigkeit festhalten. Da diese Wärme die Temperatur nicht ändert und einfach zu verschwinden scheint, nannte Black sie »latente Wärme« (vom lateinischen Wort für »verborgen«). Diese Entdeckung war der Beginn der Thermodynamik, also der Untersuchung von Wärme, Energie sowie der Umwandlung von Wärme in Bewegung, mit der mechanische Arbeit geleistet werden konnte.

Wasser hat eine ungewöhnlich hohe latente Wärme. Das bedeutet, es siedet lange, bevor es vollständig verdampft. Deshalb ist das Dämpfen so effektiv zum Garen von Gemüse, deshalb kann man sich an Dampf so stark verbrühen, und deshalb wird Dampf auch in Heizsystemen eingesetzt.

Eis schmelzen

So wie Wärme erforderlich ist, um Wasser zu verdampfen, braucht man auch Wärme, um Eis zu schmelzen. Die dazu benötigte Wärme wird aus der Umgebung entnommen. So kann ein Eiswürfel ein Getränk kühlen, denn die latente Wärme des schmelzenden Eiswürfels wird dem Getränk entzogen.

Zwar erläuterte Black all dies den Whiskybrennern, er konnte ihnen damit aber kein Geld sparen. Auch einem Kollegen namens James Watt, der herausfinden wollte, warum seine Dampfmaschine so ineffektiv arbeitete, erklärte er es. Daraufhin erdachte Watt den separaten Kondensator, in dem der Dampf kondensierte, ohne den Kolben und Zylinder abzukühlen. Das erhöhte die Effektivität der Dampfmaschine erheblich, und Watt verdiente ein Vermögen. ▪

Joseph Black (sitzend) lässt sich von dem Mechaniker James Watt in dessen Werkstatt in Glasgow eines seiner dampfgetriebenen Geräte demonstrieren.

Joseph Black

Der in Bordeaux geborene Joseph Black studierte Medizin in Glasgow und Edinburgh und führte dabei die ersten Versuche zur quantitativen Chemie durch. In seiner Dissertation von 1754 zeigte Black, dass Magnesit (Magnesiumkarbonat), wenn es zu Magnesia (Magnesiumoxid) erhitzt wird, kein »feuriges Prinzip« aufnimmt, wie allgemein geglaubt, sondern stattdessen Gewicht verliert. Black erkannte, dass ein Gas dafür verantwortlich sein musste, da weder feste noch flüssige Produkte entstanden. Er nannte es »fixe Luft«, denn es musste im Magnesia fixiert sein. Er zeigte auch, dass die fixe Luft (Kohlendioxid) im Atem enthalten ist.

1756 wurde Black Medizinprofessor in Glasgow. Dort führte er historische Versuche zur Wärme durch. Er veröffentlichte die Ergebnisse zwar nicht, teilte sie aber seinen Studenten mit. Nach dem Umzug nach Edinburgh 1766 stellte er seine Forschungen ein, hielt nur noch Vorlesungen und riet in der beginnenden industriellen Revolution zu chemischen Innovationen in Industrie und Landwirtschaft.

BRENNBARE LUFT

HENRY CAVENDISH (1731–1810)

IM KONTEXT

GEBIET
Chemie

FRÜHER
1661 Robert Boyle definiert das »chemische Element«, eine Grundlage der Chemie.

1754 Joseph Black identifiziert ein Gas (Kohlendioxid), das er »fixe Luft« nennt.

SPÄTER
1772–1775 Joseph Priestley und (unabhängig von ihm) Carl Scheele isolieren Sauerstoff, der seinen Namen von Antoine Lavoisier erhält. Priestley entdeckt ferner Stickstoffmonoxid, Distickstoffoxid und Chlorwasserstoff, er experimentiert mit Sauerstoffinhalationen und stellt Sodawasser her.

1799 Humphry Davy behauptet, Distickstoffoxid ließe sich als Narkosemittel einsetzen.

1844 Distickstoffoxid (Lachgas) wird von dem amerikanischen Zahnarzt Horace Wells erstmals für eine Narkose verwendet.

Joseph Black hatte 1754 die »fixe Luft« (das heutige Kohlendioxid, CO_2) beschrieben. Er war nicht nur der Erste, der ein einzelnes Gas identifizierte, sondern er zeigte auch, dass es verschiedene Arten »Luft« (Gase) gab.

Zwölf Jahre später berichtete der englische Naturforscher Henry Cavendish, aus den Metallen Zink, Eisen und Zinn ließe sich »durch Lösen in Säure eine brennbare Luft erzeugen«. Er nannte das Gas »brennbare Luft«, weil es – anders als die gewöhnliche oder die »fixe Luft« – leicht entflammbar war. Heute heißt es Wasserstoff (H_2). Es war das zweite neue Gas und das erste neu entdeckte gasförmige chemische Element. Cavendish bestimmte das Gewicht einer Gasprobe, indem er den Gewichtsverlust der Zink-Säure-Mischung während der Reaktion maß. Außerdem fing er alles Gas in einer Blase auf und wog sie ebenfalls, einmal leer und einmal voll. Mit dem bekannten Volumen berechnete er die Dichte. Demnach war brennbare Luft elfmal leichter als gewöhnliche Luft.

Die Entdeckung dieses Gases mit geringer Dichte führte zu Ballonen, die leichter als Luft waren. 1783, knapp zwei Wochen nach den Brüdern Montgolfier mit ihrem Heißluftballon, startete der Erfinder Jacques Charles mit einem Wasserstoffballon.

Siehe auch: Empedokles 21 ▪ Robert Boyle 46–49 ▪ Joseph Black 76–77 ▪ Joseph Priestley 82–83 ▪ Antoine Lavoisier 84 ▪ Humphry Davy 114

» Es scheint nach diesen Versuchen, dass diese Luft, wie andere entzündliche Substanzen, nicht ohne die Hilfe gewöhnlicher Luft brennen kann. «

Henry Cavendish

Explosive Entdeckungen

Cavendish mischte auch genau bemessene Proben seines Gases in Flaschen mit Luft und zündete sie mit einem brennenden Papierstreifen an. Bei einem Verhältnis von neun Teilen Wasserstoff zu einem Teil Luft gab es eine ruhige, stetige Flamme. Mit steigendem Anteil von Wasserstoff explodierte die Mischung immer gewaltiger, purer Wasserstoff jedoch ließ sich nicht entzünden. Cavendishs Denken war noch durch die alte, alchemistische Vorstellung geprägt, dass bei Verbrennungen ein feuerartiges Element (»Phlogiston«) freigesetzt werde. Doch seine Beobachtungen und Berichte sind sehr präzise: »Es scheint, dass 432 Teile brennbarer Luft ausreichen, 1000 Teile gewöhnlicher Luft zu phlogisieren; und dass die verbleibende Menge an Luft nach einer Explosion nur ein wenig mehr als vier Fünftel der beteiligten gewöhnlichen Luft beträgt. Wir können schließen, dass fast die gesamte brennbare Luft und etwa ein Fünftel der gewöhnlichen Luft … sich als Tau am Glasgefäß niederschlagen.«

Definition von Wasser

Obwohl Cavendish noch den Begriff »phlogisieren« verwendete, konnte er zeigen, dass als einzige neue Substanz Wasser entstand. Er schloss, dass zwei Teile brennbarer Luft sich jeweils mit einem Teil Sauerstoff verbanden. Mit anderen Worten: Er erkannte die Zusammensetzung von Wasser, H_2O. Obwohl er Joseph Priestley seine Erkenntnisse mitteilte, war Cavendish so zurückhaltend, was ihre Veröffentlichung betraf, dass 1783 James Watt die Formel als Erster publizierte.

Zu Cavendishs vielen Erkenntnissen gehört auch die Zusammensetzung von Luft: »ein Teil dephlogisierte Luft [Sauerstoff], gemischt mit vier Teilen phlogisierte Luft [Stickstoff]«. Aus diesen beiden Gasen bestehen, wie wir heute wissen, 99 Prozent der Erdatmosphäre. ■

Der erste Wasserstoffballon, inspiriert von Cavendish, wird begeistert gefeiert. Wegen der Explosionsgefahr sind moderne Ballons mit Helium gefüllt.

Henry Cavendish

Er war einer der brillantesten Pioniere der Chemie und Physik im 17. Jahrhundert: der 1731 in Nizza als Sohn einer reichen Adelsfamilie geborene Exzentriker Henry Cavendish. Nach seinem Studium in Cambridge lebte und arbeitete er zurückgezogen in seinem Haus in London. Er war wortkarg und menschenscheu. Seine Mahlzeiten soll er durch Zettel bestellt haben, die er den Dienstboten hinlegte.

Über 40 Jahre lang besuchte er die Treffen der Royal Society, und er assistierte Humphry Davy an der Royal Institution. In bahnbrechenden Forschungen zu Chemie und Elektrizität beschrieb er das Wesen der Wärme und bestimmte die Erddichte (er »wog die Welt«), veröffentlichte aber zeitlebens nur wenige Aufsätze und kein einziges Buch. 1874 benannte die Universität Cambridge ihr neues Physikinstitut nach ihm.

Hauptwerke

1766 *Three Papers Containing Experiments on Factitious Air*
1784 *Experiments on Air* (Verhandlungen der Royal Society of London)

WINDE, DIE SICH DEM ÄQUATOR NÄHERN, WERDEN IMMER ÖSTLICHER

GEORGE HADLEY (1685–1768)

IM KONTEXT

GEBIET
Meteorologie

FRÜHER
1616 Galileo Galilei deutet die Passatwinde als Beleg für die Erdrotation.

1686 Edmond Halley behauptet, dass die nach Westen wandernde Sonne die Luft erhitzt, sodass sie aufsteigt und Luft aus dem Osten nachströmt.

SPÄTER
1793 John Dalton schreibt *Meteorologische Beobachtungen und Aufsätze*, in denen er Hadleys Theorie stützt.

1835 Gustave Coriolis beschreibt, aufbauend auf Hadleys Ideen, eine »zusammengesetzte Zentrifugalkraft«, die den Wind ablenkt.

1856 Der Meteorologe William Ferrel erkennt bei mittleren Breiten (30–60°) eine (instabile) Zirkulationszelle, in der die Luft um ein Tiefdruckgebiet die steten Westwinde erzeugt.

Bis 1700 war bekannt, dass in nördlichen Breiten zwischen 30° und 0° (Äquator) beständige Passatwinde aus nordöstlicher Richtung wehen. Galilei hatte die Theorie entwickelt, dass die Erde bei ihrer Ostdrehung die Luft in den Tropen »überholt«, sodass der Wind aus Osten weht. Später erkannte der englische Astronom Edmond Halley, dass die Sonnenhitze (die am Äquator maximal ist) die Luft aufsteigen lässt, sodass kühlere Luft aus höheren Breiten einströmen kann.

1735 veröffentlichte der englische Physiker George Hadley seine Theorie zum Passat. Auch er erkannte, dass die Sonne die Luft aufsteigen lässt, doch die aufsteigende Luft am Äquator kann nur Winde aus Nord- oder Südrichtung erzeugen, nicht von Osten. Da die Luft sich mit der Erde mitdreht, müsste die von 30 °N zum Äquator strömende Luft einen eigenen Impuls in Ostrichtung haben. Allerdings bewegt sich die Erdoberfläche am Äquator schneller als in höheren Breiten. Dadurch ist die Oberflächengeschwindigkeit höher als die Windgeschwindigkeit, sodass der Wind immer mehr aus Osten zu kommen scheint, je näher man dem Äquator kommt.

Hadleys Idee war ein Schritt hin zum Verständnis der Strömungsmuster, sie hatte aber noch Fehler. Entscheidend für die Windablenkung ist, dass der Drehimpuls des Windes (durch den er rotiert) erhalten bleibt, nicht der lineare Impuls in Geradeausrichtung. ■

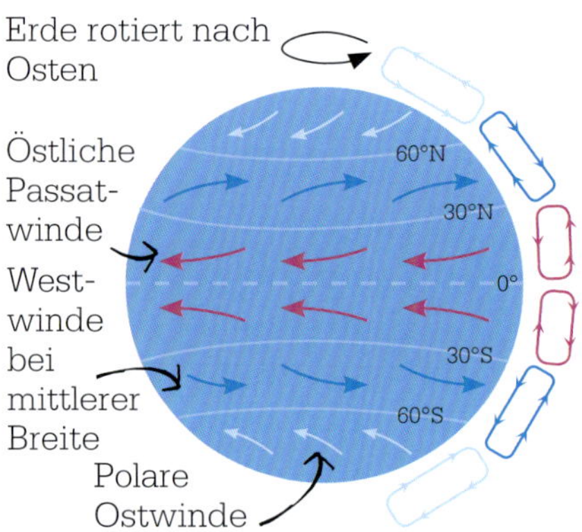

Windströmungen entstehen durch Erdrotation und »Zirkulationszellen« (Polarzellen (grau), Ferrel-Zellen (blau) und Hadley-Zellen (rosa)), wenn warme Luft aufsteigt, abkühlt und wieder sinkt.

Siehe auch: Galileo Galilei 42–43 ▪ John Dalton 112–113 ▪ Gaspard-Gustave de Coriolis 128 ▪ Robert FitzRoy 152–157

EINE STARKE STRÖMUNG KOMMT AUS DEM GOLF VON FLORIDA

BENJAMIN FRANKLIN (1706–1790)

IM KONTEXT

GEBIET
Ozeanografie

FRÜHER
um 2000 v. Chr. Polynesische Seefahrer nutzen Meeresströmungen für den Verkehr zwischen pazifischen Inseln.

1513 Juan Ponce de León beschreibt erstmals die starke Strömung im Atlantik.

SPÄTER
1847 Der US-Marineoffizier Matthew Maury stellt eine Karte der Winde und Strömungen zusammen, für die er Schiffslogbücher und Karten in den Archiven ausgewertet hat.

1881 Prinz Albert I. von Monaco erkennt, dass der Golfstrom eine Schleife ist und dass er sich aufspaltet – nördlich zu den Britischen Inseln und südlich nach Spanien und Afrika.

1941 Der norwegische Ozeanograf Harald Sverdrup entwickelt eine Theorie der ozeanischen Zirkulation.

Der warme Golfstrom im Nordatlantik ist eine der großen Wasserströmungen der Erde. Er wird durch beständige Westwinde nach Osten getrieben und ist Teil einer »globalen Förderschleife«, die den Atlantik mit der Karibik verbindet. Der Strom ist seit 1513 bekannt, als der spanische Seefahrer Juan Ponce de León erkannte, dass sein Schiff bei Florida trotz Südwinds nordwärts fuhr. Erst 1770 wurde er jedoch von dem amerikanischen Forscher und Staatsmann Benjamin Franklin kartiert.

Franklins Karte wurde 1770 in England gedruckt, doch erst Jahre später lernten britische Kapitäne, mithilfe des Golfstroms die Segelzeiten zu kürzen.

Standortvorteil

Als Postmeister der britischen Kolonien in Amerika war Franklin aufgefallen, dass britische Paketschiffe für die Atlantikquerung zwei Wochen länger brauchten als amerikanische Handelsschiffe. Franklin, schon berühmt für die Erfindung des Blitzableiters, fragte den Walfangkapitän Timothy Folger nach möglichen Gründen. Folger erklärte, dass die amerikanischen Kapitäne die West-Ost-Strömung kannten. Sie machten sie anhand von Walwanderungen, Farb- und Temperaturunterschieden sowie der Geschwindigkeit von Luftblasen an der Oberfläche aus. Dann segelten sie einen Umweg, um der Strömung zu entkommen, während die Briten während der ganzen Fahrt dagegen ankämpfen mussten.

Mit Folgers Hilfe kartierte Franklin den Verlauf des Stroms entlang der amerikanischen Ostküste vom Golf von Mexiko bis Neufundland und dann in Richtung Osten über den Atlantik und gab ihm den Namen Golfstrom. ■

Siehe auch: George Hadley 80 ▪ Gaspard-Gustave de Coriolis 128 ▪ Robert FitzRoy 152–157

DEPHLOGISIERTE LUFT

JOSEPH PRIESTLEY (1733–1804)

IM KONTEXT

GEBIET
Chemie

FRÜHER
1754 Joseph Black erzeugt ein neues Gas, Kohlendioxid.

1766 Henry Cavendish erzeugt Wasserstoff.

1772 Carl Scheele erzeugt zwei Jahre vor Priestley ein drittes Gas (Sauerstoff), veröffentlicht dies aber erst 1777.

SPÄTER
1774 In Paris zeigt Priestley sein Verfahren Antoine Lavoisier, der das Gas ebenfalls herstellt. Im Mai 1775 veröffentlicht er seine Ergebnisse.

1779 Lavoisier nennt das neue Gas »Sauerstoff«.

1783 In Genf gründet Johann Jacob Schweppe eine Fabrik für Sodawasser nach Priestleys Verfahren.

1877 Raoul Pictet produziert Flüssigsauerstoff, eines der wichtigsten technischen Gase.

Nach Joseph Blacks wegweisender Entdeckung der »fixen Luft« (Kohlendioxid, CO_2) interessierte sich auch der englische Geistliche Joseph Priestley für die Untersuchungen anderer »Luft« und entdeckte mehrere Gase, vor allem Sauerstoff.

Als Pfarrer in Leeds besichtigte Priestley die Brauerei nahe seines Pfarrhauses. Es war bekannt, dass die Luftschicht oberhalb des Gärkessels »fixe Luft« war. Er fand heraus, dass eine herabgelassene Kerze etwa 30 cm oberhalb des Schaumes erlosch, wenn sie in die Schicht der fixen Luft gelangte. Der Qualm trieb über die Oberkante der fixen Luft und machte so die Grenzschicht zur »normalen« Luft sichtbar. Er bemerkte auch, dass die fixe Luft über den Rand des Kessels quoll und sich am Kellerboden sammelte, weil sie dichter war als gewöhnliche Luft. Als Priestley versuchte, die fixe Luft in kaltem Wasser zu lösen, indem er sie von einem Kessel in einen anderen

Priestley entdeckt, dass **Sauerstoff etwas anderes** ist als »fixe Luft« (Kohlendioxid).

→ Sauerstoff brennt nicht, kann also das Feuerelement **Phlogiston** nicht enthalten.

→ **Sauerstoff ist dephlogisierte Luft.**

→ Doch Lavoisier zeigt, dass andere Gase und Substanzen mit Sauerstoff **sehr gut brennen.**

→ Verbrennung ist also die **Reaktion mit Sauerstoff.**

→ **Phlogiston existiert nicht.**

Siehe auch: Joseph Black 76–77 ▪ Henry Cavendish 78–79 ▪ Antoine Lavoisier 84 ▪ John Dalton 112–113 ▪ Humphry Davy 114

schwappen ließ, fand er das Wasser prickelnd-erfrischend und löste die Mode aus, »Sodawasser« zu trinken.

Sauerstoff wird erzeugt

Am 1. August 1774 konnte Priestley sein neues Gas – Sauerstoff (O_2) – erstmals isolieren, indem er Quecksilberoxid in einer verschlossenen Glasflasche erhitzte. Später entdeckte er, dass Mäuse in seinem neuen Gas überlebten, dass es angenehm zu atmen war und belebender wirkte als gewöhnliche Luft. Außerdem förderte es die Verbrennung verschiedener Substanzen. Er zeigte ferner, dass Pflanzen das Gas im Sonnenlicht erzeugen – ein erster Hinweis auf den heute als Fotosynthese bekannten Prozess. Damals stellte man sich eine Verbrennung aber so vor, dass aus dem Brennstoff die geheimnisvolle Substanz »Phlogiston« freigesetzt würde. Da das neue Gas nicht brannte, also kein Phlogiston enthalten konnte, nannte er es »dephlogisierte Luft«.

Priestley isolierte damals noch andere Gase, trat dann aber eine Europareise an und veröffentlichte seine Ergebnisse erst Ende des Folgejahres. Der schwedische Apotheker Carl Scheele hatte Sauerstoff schon zwei Jahre vor Priestley hergestellt, publizierte aber erst 1777 darüber. Derweil hatte Antoine Lavoisier in Paris von Scheeles Entdeckung gehört, von Priestley eine Demonstration erhalten und erzeugte nun selbst Sauerstoff. Seine Versuche zu Verbrennung und Atmung zeigten, dass bei Verbrennungen eine Kombination mit Sauerstoff stattfindet und kein Phlogiston frei wird. Bei der Atmung reagiert der aus der Luft entnommene Sauerstoff mit Glukose und setzt Kohlendioxid, Wasser und Energie frei. Er nannte das neue Gas *Oxygène* – wörtlich »Sauermacher« –, als er sah, dass es mit Substanzen wie Schwefel, Phosphor oder Stickstoff Säuren erzeugt.

Viele Forscher verwarfen daraufhin die Phlogistontheorie. Priestley jedoch, obwohl ein großer Experimentator, hing der Theorie weiterhin an. Zur Chemie trug er danach nur noch wenig bei. ■

> »Die bemerkenswerteste aller Arten von Luft, die ich erzeugt habe, … ist eine, die sich fünf- oder sechsmal besser zur Atmung eignet als gewöhnliche Luft.«
>
> **Joseph Priestley**

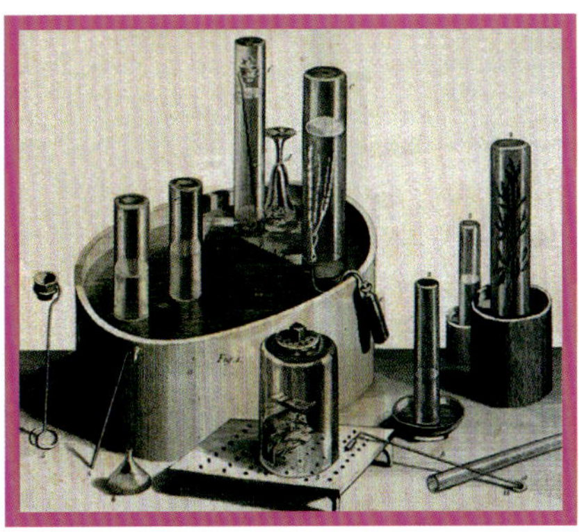

Priestleys Apparat ist in dem fünfbändigen Werk über Gasversuche abgebildet. Im Vordergrund sitzt eine Maus in einem luftdichten Gefäß, rechts setzt eine Pflanze Sauerstoff in ein Rohr frei.

Joseph Priestley

Priestley wuchs als nonkonformistischer Christ auf einer Farm in Yorkshire auf. Er war zeitlebens sehr religiös und politisch. Mit Gasen befasste er sich erstmals Anfang der 1770er-Jahre in Leeds, doch der Großteil seiner Werke entstand, als er Bibliothekar für den Earl of Shelbourne wurde – diese Arbeit ließ ihm genug Freiraum für seine Forschungen. Später überwarf er sich wohl seiner radikalen politischen Ansichten wegen mit dem Earl und zog 1780 nach Birmingham. Dort gehörte er der Lunar Society an, einer lockeren, aber einflussreichen Gruppe von Freidenkern, Ingenieuren und Industriellen.

Priestleys theologische Ansichten und sein Eintreten für die Französische Revolution machten ihn zum Außenseiter. 1791 wurde sein Haus mit dem Labor niedergebrannt. Er zog nach London und später nach Amerika. Dort ließ er sich in Pennsylvania nieder, wo er 1804 starb.

Hauptwerke

1767 *Geschichte und gegenwärtiger Zustand der Elektrizität*
1774–1777 *Versuche zur Darstellung verschiedener Luftarten*

IN DER NATUR WIRD NICHTS ERSCHAFFEN, NICHTS GEHT VERLOREN, ALLES ÄNDERT SICH

ANTOINE LAVOISIER (1743–1794)

IM KONTEXT

GEBIET
Chemie

FRÜHER
1667 Der deutsche Alchemist Johann Joachim Becher behauptet, Stoffe würden durch ein Feuerelement brennbar.

1703 Der deutsche Chemiker Georg Ernst Stahl nennt das Feuerelement »Phlogiston«.

1772 Der schwedische Chemiker Carl Wilhelm Scheele entdeckt »Feuerluft« (Sauerstoff), schreibt aber erst 1777 darüber.

1774 Joseph Priestley erzeugt »dephlogisierte Luft« (Sauerstoff) und sagt es Lavoisier.

SPÄTER
1783 Lavoisier bestätigt seine Theorie der Verbrennung durch Versuche mit Wasserstoff, Sauerstoff und Wasser.

1789 Lavoisiers *Elementare Abhandlung zur Chemie* kennt 33 chemische Elemente.

Der französische Chemiker Antoine Lavoisier führte eine neue Exaktheit ein, nicht zuletzt, weil er den Sauerstoff benannte und seine Rolle bei der Verbrennung quantifizierte. Durch sorgfältige Wägungen bei den chemischen Reaktionen während der Verbrennung zeigte er die Massenerhaltung – das Prinzip, dass die Gesamtmasse aller an einer Reaktion beteiligten Substanzen gleich der Gesamtmasse der Produkte ist.

Lavoisier erhitzte Substanzen in versiegelten Behältern und stellte fest, dass ein Metall beim Erhitzen genauso viel Masse zunahm, wie an Luft verloren ging. Er zeigte auch, dass ein Feuer erlosch, wenn der »reine« Teil der Luft (der Sauerstoff) verbraucht war. Die verbleibende Luft (größtenteils Stickstoff) unterhält eine Verbrennung nicht. Ihm wurde klar, dass für eine Verbrennung Wärme, Brennstoff und Sauerstoff nötig sind.

Lavoisiers Ergebnisse, 1778 veröffentlicht, zeigten nicht nur die Massenerhaltung und die Rolle des Sauerstoffs bei der Verbrennung, sie widerlegten auch die Phlogistontheorie, nach der brennbare Substanzen »Phlogiston« enthielten, das bei der Verbrennung frei werde. Die Theorie erklärte zwar, warum Substanzen wie Holz beim Verbrennen Masse verlieren, nicht aber, warum andere Substanzen wie Magnesium Masse gewinnen. Lavoisiers sorgfältige Messungen zeigten, dass der Sauerstoff der Schlüssel war und dass bei Verbrennungen weder etwas hinzukam noch etwas verloren ging, sondern alles nur transformiert wurde. ■

» Ich betrachte die Natur als ein großes chemisches Labor, in dem alle Arten von Verbindungen und Zerlegungen stattfinden. «

Antoine Lavoisier

Siehe auch: Joseph Black 76–77 ▪ Henry Cavendish 78–79 ▪ Joseph Priestley 82–83 ▪ Jan Ingenhousz 85 ▪ John Dalton 112–113

DIE MASSE EINER PFLANZE KOMMT AUS DER LUFT

JAN INGENHOUSZ (1730–1799)

IM KONTEXT

GEBIET
Biologie

FRÜHER
1640er-Jahre Der Flame Jan Baptista van Helmont meint, das aufgenommene Wasser mache Topfpflanzen schwerer.

1699 Der englische Naturforscher John Woodward zeigt, dass Pflanzen Wasser aufnehmen und abgeben. Ihr Gewichtszuwachs muss also aus anderer Quelle stammen.

1754 Der Schweizer Charles Bonnet bemerkt, dass Wasserpflanzen im Sonnenschein Gasblasen erzeugen.

SPÄTER
1796 Der Schweizer Botaniker Jean Sénébier zeigt, dass grüne Pflanzenteile Sauerstoff abgeben und Kohlendioxid aufnehmen.

1882 Der Deutsche Theodor Engelmann erkennt die Chloroplasten als die Sauerstoff erzeugenden Teile der Pflanzenzellen.

Ab etwa 1770 beschäftigte sich der Niederländer Jan Ingenhousz mit der Frage, warum Pflanzen an Gewicht zunehmen, wie es frühere Forscher festgestellt hatten. In England am Bowood House – wo Joseph Priestley den Sauerstoff entdeckt hatte – fand er den Schlüssel zur Fotosynthese: Sonnenlicht und Sauerstoff.

Blasen aus Seegras

Ingenhousz hatte gelesen, dass Wasserpflanzen Gasblasen bilden, deren Zusammensetzung war aber unklar. In einer Reihe von Versuchen sah er, dass sich bei Sonnenlicht mehr Blasen bilden als im Dunkeln. Er fing das bei Sonnenlicht entstandene Gas auf. Es entfachte einen glühenden Holzspan, war also Sauerstoff. Das im Dunkeln entstandene Gas hingegen erstickte die Flamme – es war Kohlendioxid.

Ingenhousz wusste, dass das Gewicht des Bodens sich kaum verändert, wenn Pflanzen wachsen. 1779 folgerte er korrekt, dass der Gasaustausch mit der Atmosphäre, insbesondere die Aufnahme des Gases Kohlendioxid, zumindest teilweise ursächlich für die Gewichtszunahme sein musste – die zusätzliche Masse kam also aus der Luft.

Heute wissen wir, dass Pflanzen durch Fotosynthese Nährstoffe bilden. Sonnenenergie ermöglicht die Reaktion von Wasser und CO_2 zu Glukose. Der entstehende Sauerstoff ist ein Abfallprodukt. So liefern die Pflanzen der Tierwelt nicht nur lebenswichtigen Sauerstoff, sondern auch Energie (Nahrung). Im Umkehrprozess (Respiration) nutzen Pflanzen nachts die Glukose als Nährstoff und geben Kohlendioxid ab. ■

Nachts verbrauchen Wasserpflanzen bei der Respiration Glukose. Dabei nehmen sie Sauerstoff auf und geben Kohlendioxidbläschen ab.

Siehe auch: Joseph Black 76–77 ▪ Henry Cavendish 78–79 ▪ Joseph Priestley 82–83 ▪ Joseph Fourier 122–123

DIE ENTDECKUNG NEUER PLANETEN

FRIEDRICH WILHELM HERSCHEL (1738–1822) CAROLINE HERSCHEL (1750–1848)

IM KONTEXT

GEBIET
Astronomie

FRÜHER
Anfang 17. Jh. Das Linsenfernrohr wird erfunden, aber Spiegelteleskope werden erst nach 1660 von Newton und anderen entwickelt.

1774 Der französische Astronom Charles Messier publiziert einen Katalog der Sternnebel. Er regt Herschel zu seiner Himmelsdurchmusterung an.

SPÄTER
1846 Unerklärliche Bahnstörungen des Uranus führen den französischen Astronomen Urbain Le Verrier zur Vorhersage der Position eines achten Planeten – Neptun.

1930 Der amerikanische Astronom Clyde Tombaugh entdeckt Pluto, der damals als neunter Planet gilt, heute aber zu den Zwergplaneten gezählt wird.

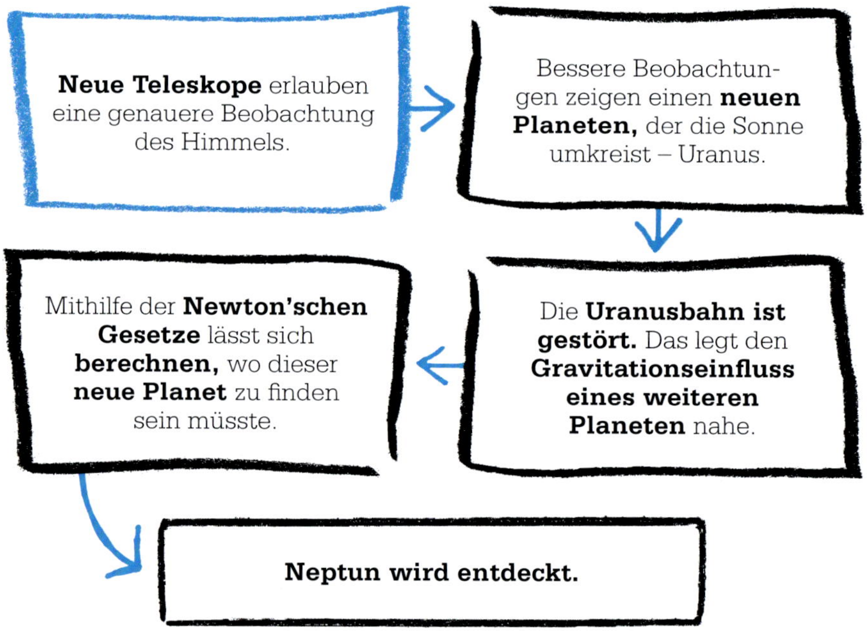

Als der deutschstämmige Forscher Friedrich Wilhelm Herschel 1781 erstmals seit der Antike einen neuen Planeten entdeckte, glaubte er zunächst, es sei ein Komet. Später führte seine Entdeckung zusammen mit neuen Vorhersagen auf Grundlage der Newton'schen Gesetze zur Aufspürung eines weiteren Planeten.

Das späte 18. Jahrhundert war das Zeitalter der ersten großen Himmelsdurchmusterungen, denn die astronomischen Instrumente hatten sich erheblich verbessert – nicht zuletzt durch den Bau von Spiegelteleskopen, die viele der damals mit Linsen verbundenen Probleme umgingen. Eine Vielzahl »nichtstellarer« Objekte wurden entdeckt: Sternhaufen und Nebel, die aussahen wie formlose Gaswolken oder dichte Lichtbälle. Wilhelm Herschel und seine Schwester

Siehe auch: Ole Rømer 58–59 ▪ Isaac Newton 62–69 ▪ Nevil Maskelyne 102–103 ▪ Michel Mayor 330–331

In den 1780er-Jahren baute Herschel ein 12 m langes Spiegelteleskop mit einem 1,2 m großen Hauptspiegel. Rund 50 Jahre lang blieb es das größte Teleskop der Welt.

Caroline untersuchten den Himmel systematisch und fanden Merkwürdigkeiten, wie z. B. eine unerwartet große Anzahl an Doppel- und Mehrfachsternen. Sie versuchten sogar, mit der Anzahl der Sterne, die sie in verschiedene Richtungen gezählt hatten, eine Karte der Milchstraße zu erstellen.

Am 13. März 1781 durchsuchte Herschel das Sternbild *Gemini*, als er eine undeutliche grüne Scheibe entdeckte, die er zunächst für einen Kometen hielt. Einige Nächte später sah er sich das Objekt erneut an. Es hatte sich bewegt, war also kein Stern. Der Hofastronom Nevil Maskelyne erkannte, dass das neue Objekt sich für einen Kometen viel zu langsam bewegte. Er hielt es für einen weit entfernten Planeten. Der schwedisch-russische Astronom Anders Johan Lexell und der Deutsche Johann Elert Bode berechneten unabhängig voneinander seine Bahn und bestätigten, dass es sich tatsächlich um einen Planeten handeln musste, etwa doppelt so weit entfernt wie der Saturn. Bode schlug dafür den Namen Uranus vor, nach dem griechischen Himmelsgott.

Bahnstörungen

1821 berechnete der Franzose Alexis Bouvard die Uranusbahn exakt auf Grundlage der Newton'schen Gesetze. Beobachtungen zeigten aber bald erhebliche Abweichungen von seinen Vorhersagen, was die Gravitationseinwirkung eines noch weiter entfernten Planeten nahelegte. 1845 berechneten zwei Astronomen – Urbain Le Verrier und John Couch Adams – unabhängig voneinander anhand von Bouvards Daten die Position, an der der achte Planet zu vermuten war. Bei einer Durchsuchung des fraglichen Gebiets fand der deutsche Astronom Johann Gottfried Galle am 23. September 1846 den Planeten Neptun, nur ein Grad neben der von Le Verrier vorhergesagten Position. Der Fund bestätigte nicht nur Bouvards Theorie, sondern auch die universelle Gültigkeit der Newton'schen Gesetze. ▪

» Ich suchte nach dem Kometen oder Sternennebel und erkannte ihn als Komet, denn er hatte seine Position verändert. «

Friedrich Wilhelm Herschel

Friedrich Wilhelm und Caroline Herschel

Als Hannover von den Franzosen besetzt wurde, ging der 19-jährige Friedrich Wilhelm Herschel als Militärmusiker nach England und nannte sich William. Die Beschäftigung mit Harmonik und Mathematik weckte sein Interesse an Optik und Astronomie und er baute eigene Teleskope. Er entdeckte Uranus, zwei Saturnmonde und die beiden größten Uranusmonde. Er bewies auch, dass das Sonnensystem sich relativ zum Rest der Galaxis bewegt. Beim Studium der Sonne fand er 1800 eine unsichtbare »Wärmestrahlung«, die wir heute Infrarot nennen.

Caroline Herschel, 1750 in Hannover geboren, entwickelte durch die Arbeit mit ihrem Bruder ein Interesse für Astronomie. Gegen alle Vorurteile wurde sie selbst eine bedeutende Astronomin. Sie fand mehrere Kometen, etwa 35P/Herschel-Rigollet, der alle 155 Jahre erscheint. Sie war die erste Frau, die ein Gehalt als Wissenschaftlerin erhielt.

Hauptwerke

1786 *Katalog von 1000 neuen Nebeln und Sternhaufen*
1814 *Über den Bau des Himmels*

DIE MINDERUNG DER LICHTGESCHWINDIGKEIT

JOHN MICHELL (1724–1793)

IM KONTEXT

GEBIET
Kosmologie

FRÜHER
1686 Isaac Newton postuliert, dass die Anziehungskraft zwischen zwei Körpern proportional zu ihrer Masse ist.

SPÄTER
1796 Pierre-Simon Laplace denkt unabhängig von Michell über die Möglichkeit Schwarzer Löcher nach.

1915 Albert Einstein zeigt, dass Gravitation eine Krümmung der Raumzeit ist. Auch masselose Photonen (Licht) unterliegen der Schwerkraft.

1916 Karl Schwarzschild bestimmt den Ereignishorizont, jenseits dessen nichts über ein Schwarzes Loch bekannt wird.

1974 Stephen Hawking sagt voraus, dass Quanteneffekte am Ereignishorizont Infrarotstrahlung emittieren.

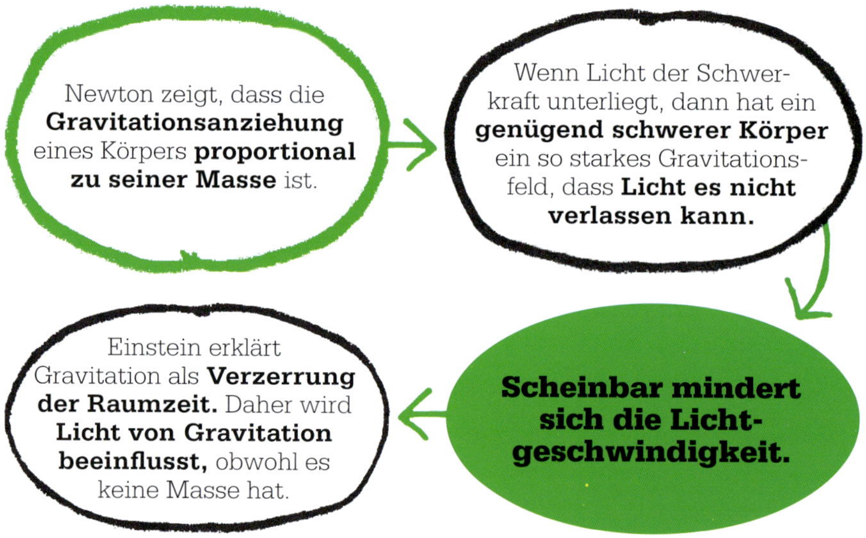

In einem Brief an Henry Cavendish legte der britische Gelehrte John Michell 1783 seine Gedanken über die Wirkung der Gravitation dar. Der in den 1970er-Jahren wiederentdeckte Brief enthält eine bemerkenswerte Beschreibung Schwarzer Löcher. Nach Newtons Gesetz nimmt die Gravitation eines Körpers mit seiner Masse zu. Michell überlegte, was dabei mit Licht passiert: »Wenn der Halbmesser einer Kugel mit derselben Dichte wie die Sonne 500-mal größer wäre als die Sonne, dann wäre ein Körper, der aus unendlicher Höhe auf ihn fällt, an der Oberfläche schneller als das Licht. … Wenn wir annehmen, dass das Licht mit derselben Kraft angezogen wird, … müsste alles von einem solchen Körper ausgestrahlte Licht wieder auf ihn zurückkehren.« 1796 stellte der französische Mathematiker Pierre-Simon Laplace in seiner *Exposition du Système du Monde* eine ähnliche Idee vor.

Die Idee des Schwarzen Lochs kam aber erst mit Albert Einsteins Allgemeiner Relativitätstheorie von 1915 wieder auf, die die Gravita-

Siehe auch: Isaac Newton 62–69 ▪ Henry Cavendish 78–79 ▪ Albert Einstein 218–225 ▪ Subrahmanyan Chandrasekhar 256 ▪ Stephen Hawking 318

Materie wirbelt in Form einer torusförmigen »Akkretionsscheibe« um ein Schwarzes Loch, bis es aufgesaugt wird. Durch die Hitze in der wirbelnden Scheibe emittiert das Schwarze Loch Röntgenstrahlung.

»Schwarze Löcher sind gar nicht so schwarz.«

Stephen Hawking

tion als Krümmung der Raumzeit beschrieb. Laut Einstein wickelt eine große Masse die Raumzeit so um sich selbst, dass innerhalb des Ereignishorizonts (des Schwarzschild-Radius) ein Schwarzes Loch entsteht. Materie und Licht können in den Bereich hinein, ihn aber nicht verlassen. Dabei bleibt die Lichtgeschwindigkeit zwar unverändert, denn es ändert sich nur der Raum, den das Licht durchmisst, doch Michells Idee hatte nun einen Mechanismus, der es zumindest so scheinen ließ, als ob die Lichtgeschwindigkeit sich minderte.

Eine Theorie wird real

Einstein selbst bezweifelte die Existenz von Schwarzen Löchern. Erst in den 1960er-Jahren schwanden die Zweifel, da es immer mehr indirekte Hinweise auf ihre Existenz gab. Heute glauben die meisten Kosmologen, dass Schwarze Löcher entstehen, wenn massereiche Sterne unter der eigenen Gravitation kollabieren, und dass im Zentrum jeder Galaxie ein gigantisches Schwarzes Loch lauert. Sie ziehen Materie in sich hinein, aber heraus dringt nichts als eine schwache Infrarotstrahlung, die nach ihrem Entdecker, dem Physiker Stephen Hawking, benannt ist. Menschen würden nahe des Ereignishorizonts nichts Ungewöhnliches bemerken. Würfen sie aber eine Uhr in Richtung des Schwarzen Lochs, ginge sie scheinbar langsamer. Sie würde sich dem Ereignishorizont nähern, ihn aber nie erreichen, und langsam außer Sicht geraten.

Doch die Theorie wirft noch einige Probleme auf. 2012 meinte der Physiker Joseph Polchinski, dass Quanteneffekte um den Ereignishorizont einen »Feuerwall« bilden, der jede sich nähernde Person verbrennt. 2014 schloss Hawking, dass Schwarze Löcher (im Sinne von Regionen, aus denen kein Licht entkommen kann) doch nicht existieren können. ▪

John Michell

Er war ein wahrer Universalgelehrter: Der Geologieprofessor in Cambridge lehrte auch Arithmetik, Geometrie, Theologie, Philosophie, Hebräisch und Griechisch. 1767 zog er sich zurück, wurde leitender Geistlicher und konnte sich auf seine Forschungen konzentrieren.

Michell dachte über die Eigenschaften der Sterne nach, untersuchte Erdbeben und Magnetismus und erfand ein neues Verfahren zur Bestimmung der Erddichte. Doch er starb 1793, bevor er seine Apparatur anwenden konnte. Er hinterließ sie seinem Freund Henry Cavendish, der 1798 mit Michells empfindlicher Drehwaage zum »Wiegen der Welt« einen Wert erhielt, der dem heute anerkannten Zahlenwert sehr nahe kam. Unfairerweise heißt der Versuch bis heute »Cavendish-Experiment«.

Hauptwerk

1767 *An Inquiry into the Probable Parallax and Magnitude of the Fixed Stars*

DAS ELEKTRISCHE FLUIDUM IN BEWEGUNG SETZEN

ALESSANDRO VOLTA (1745–1827)

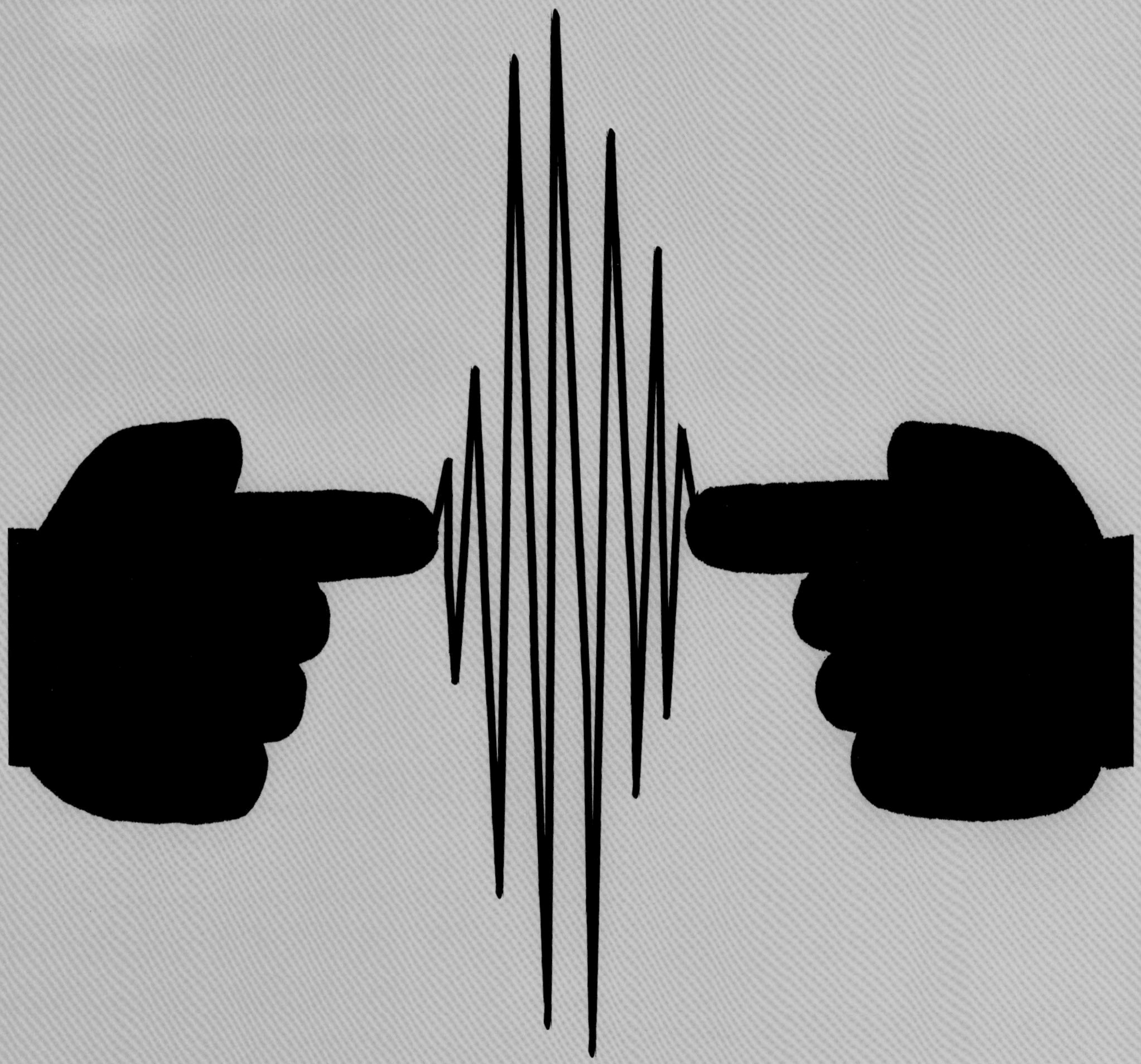

IM KONTEXT

GEBIET
Physik

FRÜHER
1754 Benjamin Franklin zeigt mit dem Drachen, dass Blitze elektrische Phänomene sind.

1767 Joseph Priestley schreibt ein ausführliches Buch über statische Elektrizität.

1780 Luigi Galvani erklärt die Experimente mit zuckenden Froschschenkeln durch »tierische Elektrizität«.

SPÄTER
1800 William Nicholson und Anthony Carlisle zerlegen mit einer Volta'schen Säule Wasser in seine Bestandteile (Sauerstoff und Wasserstoff).

1820 Hans Christian Ørsted zeigt den Zusammenhang von Elektrizität und Magnetismus.

1957 In den USA wird die Alkalibatterie patentiert.

Luigi Galvani bei der Durchführung seines berühmten Froschschenkelexperiments. Er glaubte, Tiere bewegten sich durch eine elektrische Kraft, die »tierische Elektrizität«.

Lange Zeit hatten Philosophen über die Kraft der Blitze und die Funken nachgesonnen, die z. B. aus Bernstein sprühen, wenn man ihn mit einem Seidentuch reibt. Das griechische Wort für Bernstein ist *elektron*, und daher wurde das Funkenziehen als (statische) »Elektrizität« bezeichnet.

Benjamin Franklin zeigte 1754 mit einem Drachen, den er in eine Gewitterwolke lenkte, dass die beiden Phänomene eng verwandt sind. Als die Funken aus einem Schlüssel sprühten, der auf der Drachenleine aufgefädelt war, hatte er bewiesen, dass Wolken elektrisch aufgeladen und Blitze elektrische Erscheinungen sind. Franklins Versuch regte Joseph Priestley 1767 zu seinem Buch über *Geschichte und gegenwärtiger Zustand der Elektrizität* (dt. 1772) an. Doch erst Luigi Galvani, Anatomiedozent an der Universität Bologna, kam 1780 dem Verständnis der Elektrizität etwas näher, als er einen Froschschenkel zucken sah.

Galvani postulierte, dass Tiere eine »tierische Elektrizität« (was immer das sein sollte) zeigten und er sezierte Froschschenkel, um dies zu beweisen. Er bemerkte, dass die Schenkel in der Nähe einer Elektrisiermaschine zuckten, selbst wenn der Frosch schon lange tot war. Dasselbe passierte, wenn der Froschschenkel an einem Messinghaken hing, der ein Eisengitter berührte. Galvani glaubte, damit die Theorie bestätigen zu können, die Elektrizität käme aus dem Frosch selbst.

Voltas Durchbruch

Galvanis jüngerer Kollege Alessandro Volta, Professor für

Die Schenkel eines toten Frosches **zucken,** wenn man sie an **zwei verschiedene Metallhaken** hängt.

↓

Führt man diese **beiden Metalle an die Zunge, prickelt es.**

↓

Die **elektrische Kraft** muss aus den beiden verschiedenen Metallen stammen, an denen der Froschschenkel hängt.

↓

Die **Kraft lässt sich vervielfachen,** wenn man mehrere dieser Metallstücke in einer Säule verbindet.

Naturphilosophie, war von Galvanis Beobachtungen fasziniert und anfangs auch von dessen Theorie überzeugt.

Volta hatte selbst auch einige Erfahrungen mit elektrischen Experimenten. 1775 hatte er den »Elektrophor« erfunden, ein Gerät, mit dem Elektrizität für Experimente bereitgestellt wurde (heute würde man es einen Kondensator nennen). Es bestand aus einer Harzscheibe, die an einem Katzenfell elektrostatisch aufgeladen wurde. Wenn man eine

Siehe auch: Henry Cavendish 78–79 ▪ Benjamin Franklin 81 ▪ Joseph Priestley 82–83 ▪ Humphry Davy 114 ▪ Hans Christian Ørsted 120 ▪ Michael Faraday 121

Metallscheibe auf das Harz legte, wurde die Ladung übertragen und die Metallscheibe elektrisiert.

Volta zählte Galvanis tierische Elektrizität zunächst zu den »bewiesenen Wahrheiten«, doch bald begann er zu zweifeln. Er kam zu dem Schluss, dass die Elektrizität, die den Froschschenkel an dem Haken zucken ließ, durch die Berührung der beiden verschiedenen Metalle (Messing und Eisen) entstand. 1792 und 1793 veröffentlichte er seine Vorstellungen und untersuchte das Phänomen systematisch. Dabei fand er heraus, dass ein einzelner Kontakt zwischen zwei Metallen nicht sehr viel Elektrizität erzeugte, aber es genügte, um mit der Zunge eine Art Prickeln zu fühlen. Dann hatte er die brillante Idee, den Effekt zu vervielfachen, indem er eine ganze Reihe solcher Kontakte zusammenführte. Er nahm eine kleine Kupferscheibe, legte eine Zinkplatte darauf, dann ein Stück in Salzwasser getränkte Pappe. Es folgten eine weitere Kupfer- und Zinkscheibe mit Pappe usw., bis er eine ganze Säule hatte – eine »Batterie«. Die feuchte Pappe diente dazu, die Elektrizität zu transportieren, ohne dass die Metalle darüber und darunter direkt in Kontakt miteinander kamen.

Das Ergebnis war buchstäblich elektrisierend. Voltas einfache Batterie erzeugte zwar nur wenige Volt (die Spannungseinheit wurde später nach ihm benannt), war aber stark genug, ihm einen leichten elektrischen Schlag zu erteilen und einen kleinen Funken hervorzurufen, wenn die beiden Enden durch einen Draht verbunden wurden.

> »Jedes Metall hat eine gewisse Kraft, das elektrische Fluidum in Bewegung zu setzen, die von Metall zu Metall unterschiedlich ist.«
>
> **Alessandro Volta**

Schnell bekannt

Volta machte seine Erfindung 1799, und die Kunde davon verbreitete sich schnell. 1801 konnte er die Batterie sogar Napoleon demonstrieren. Aus wissenschaftlicher Sicht bedeutsamer war jedoch ein berühmter (in französischer Sprache verfasster) Brief an Sir Joseph Banks, den Präsidenten der britischen Royal Society in London. Er war überschrieben mit dem Titel »Über die Elektrizität, die durch »

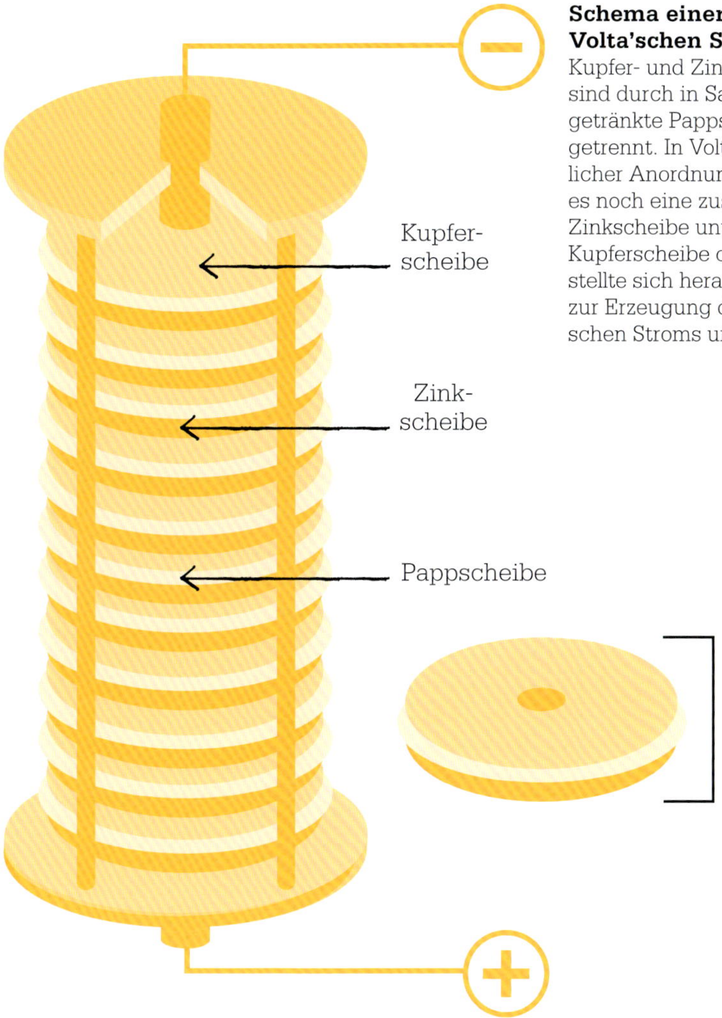

Schema einer Volta'schen Säule. Die Kupfer- und Zinkscheiben sind durch in Salzwasser getränkte Pappscheiben getrennt. In Voltas ursprünglicher Anordnung gab es noch eine zusätzliche Zinkscheibe unten und eine Kupferscheibe oben. Später stellte sich heraus, dass sie zur Erzeugung des elektrischen Stroms unnötig sind.

den bloßen Kontakt leitender Substanzen verschiedener Art erregt wird«, und darin beschrieb Volta seine Apparatur: »Ich lege dann auf einen Tisch oder eine andere Unterlage eines der Metallstücke, z. B. aus Silber, und darauf eines aus Zink. Auf dieses zweite lege ich eine der angefeuchteten Platten, darauf eine weitere Silberplatte und eine weitere aus Zink. … In dieser Art fahre ich fort … und mache die Säule so hoch wie möglich, ohne dass sie umfällt.«

Da es noch kein Messgerät zum Nachweis der Spannung gab, verwendete Volta den eigenen Körper als Detektor. Dass er dabei elektrische Schläge bekam, schien ihm gleichgültig: »Aus einer Säule mit zwanzig Paaren (nicht mehr) erhalte ich Schläge, die im ganzen Finger beträchtlichen Schmerz hervorrufen.« Anschließend beschreibt er einen raffinierteren Apparat aus mehreren im Kreis angeordneten Tassen oder Gläsern voll Salzwasser. Sie werden je paarweise durch Metallstücke verbunden, die in die Lake im Glas eintauchen. Ein Ende ist aus Silber, das andere aus Zink. Die Enden können zusammengelötet oder durch einen Metalldraht verbunden werden, allerdings darf jeweils in das eine Glas nur das Silber und in das andere Glas nur das Zink eintauchen. Volta zufolge ist diese »Tassenkrone« zweckmäßiger als die massive Säule, wenn auch etwas umständlich.

Volta beschrieb dann genau die unangenehmen Gefühle, die entstanden, wenn er eine Hand in das Glas an einem Ende der Kette tauchte und gleichzeitig einen mit dem anderen Ende verbundenen Draht an seine Stirn, ein Lid oder die Nasenspitze führte: »Einige Augenblicke lang spüre ich gar nichts; dann aber macht sich dort, wo das Drahtende anliegt, ein anderer Reiz bemerkbar, zunächst ein scharfer Schmerz (ohne Schlag), begrenzt genau auf die Kontaktstelle, dann ein Zittern, das sich immer so sehr steigert, dass es nach kurzer Zeit unerträglich wird, und erst aufhört, wenn der Kreis unterbrochen wird.«

Der Batteriewahn

Überraschenderweise – immerhin herrschten gerade die Napoleonischen Kriege – erreichte der Brief seinen Empfänger. Banks gab die Nachricht sofort an mögliche Inte-

Volta demonstrierte Napoleon Bonaparte 1801 im Französischen Nationalinstitut in Paris seine Batterie. Napoleon war so beeindruckt, dass er Volta später in den Grafenstand erhob.

»Die Sprache des Experiments ist maßgeblicher als die der Überlegung: Fakten können unsere logischen Gedankengänge zerstören – nicht umgekehrt.«

Alessandro Volta

ressierte weiter. Innerhalb weniger Wochen bauten Forscher überall in Großbritannien elektrische Batterien und untersuchten die Eigenschaften der fließenden Elektrizität. Vor 1800 war man auf die statische Elektrizität beschränkt gewesen. Voltas Erfindung erlaubte es nun, die verschiedensten Materialien – feste, flüssige und gasförmige – und ihre Reaktion auf fließenden elektrischen Strom zu untersuchen.

Unter den Ersten, die mit der Volta'schen Säule arbeiteten, waren William Nicholson, Anthony Carlisle und William Cruickshank, die im Mai 1800 selbst eine Batterie bauten und den Strom durch einen Platindraht in ein mit Wasser gefülltes Röhrchen leiteten. Dabei entstanden Gasbläschen und es wurde festgestellt, dass sie aus zwei Teilen Wasserstoff und einem Teil Sauerstoff bestanden. Zwar hatte Henry Cavendish die Formel von Wasser (H_2O) bereits gezeigt, doch nun konnte Wasser zum ersten Mal in seine Bestandteile aufgespalten werden.

Die Volta'sche Säule war der Vorläufer aller modernen Batterien, die heute in allen möglichen Zusammenhängen zum Einsatz kommen – von Hörgeräten über Armbanduhren bis hin zu Lkw und Flugzeugen.

Klassifizierung der Metalle

Doch die Volta'sche Säule regte nicht nur die Untersuchung der fließenden Elektrizität – und damit ein neues Gebiet der Physik mit Wirkungen auf die moderne Technik – an, sondern führte auch zu einer neuen chemischen Klassifizierung der Metalle: Volta hatte verschiedene Metallpaarungen für seine Säule probiert, und einige waren besser geeignet als andere. Silber und Zink waren sehr gut, Kupfer und Zinn ebenso. Silber und Silber oder Zinn und Zinn jedoch erzeugten gar keine Elektrizität – es mussten verschiedene Metalle sein. Er zeigte, dass sich die Metalle in einer Reihe anordnen ließen, eines im Kontakt immer edler (»positiver«) als das nächste unedlere (»negativere«). Diese elektrochemische Reihe ist seither für Chemiker ein unentbehrliches Hilfsmittel.

Wer hatte recht?

Eine Ironie der Geschichte ist, dass Volta seine Untersuchungen über die Kontaktelektrizität nur begann, weil er Galvanis Hypothese über tierische Elektrizität bezweifelte. Doch Galvani lag nicht völlig falsch – unsere Nerven senden nämlich wirklich elektrische Impulse –, und Voltas Theorie war nicht völlig richtig. Er glaubte, dass die Elektrizität nur aus dem Kontakt zweier verschiedener Metalle entstehe, doch Humphry Davy zeigte später, dass nicht aus dem Nichts etwas entstehen konnte. Wenn Elektrizität erzeugt wird, muss etwas anderes verbraucht werden. Davy war der (korrekten) Ansicht, dass eine chemische Reaktion ablaufen musste, und das führte zu weiteren wichtigen Entdeckungen über die Elektrizität. ■

Alessandro Volta

Der 1745 im lombardischen, damals zu Österreich gehörenden Como geborene Alessandro Giuseppe Antonio Anastasio Volta entstammte einer sehr religiösen Adelsfamilie, die ihn zum Priester vorgesehen hatte. Stattdessen interessierte er sich für statische Elektrizität, baute 1775 ein Gerät zu ihrer Erzeugung und nannte es »Elektrophor«. 1776 wies er Methan im Lago Maggiore nach und untersuchte dessen Brennbarkeit, indem er das Gas in einem Glasgefäß durch einen elektrischen Funken entzündete.

1779 erhielt Volta die Professur für Physik an der Universität Pavia und blieb 40 Jahre lang in dieser Stellung. Gegen Ende seiner Karriere baute er eine fernbedienbare Pistole, die durch einen 50 km langen elektrischen Draht von Como nach Mailand ausgelöst wurde – ein Vorläufer des Telegrafen, der durch Elektrizität Nachrichten übermittelt. Die Einheit der elektrischen Spannung, das Volt, ist nach ihm benannt.

Hauptwerk

1792 *Briefe über tierische Elektrizität*

KEIN ANZEICHEN VON ANFANG UND ENDE

JAMES HUTTON (1726–1797)

IM KONTEXT

GEBIET
Geologie

FRÜHER
10. Jh. Al-Biruni argumentiert anhand von Fossilien von Meerestieren, dass das Land einst von Meer bedeckt war.

1687 Isaac Newton behauptet, das Erdalter ließe sich wissenschaftlich berechnen.

1779 Buffon kommt durch Versuche auf 74832 Jahre.

SPÄTER
1860 John Phillips berechnet das Erdalter auf 96 Mio. Jahre.

1862 Lord Kelvin errechnet das Erdalter aus ihrer Abkühlung: erst 20–400 Mio., später korrigiert auf 20–40 Mio. Jahre.

1905 Ernest Rutherford datiert ein Mineral mithilfe von radioaktiver Strahlung.

1953 Clair Patterson bestimmt das Erdalter: 4,56 Mrd. Jahre.

Jahrtausendelang schätzten Menschen aller Kulturen das Alter der Erde. Vor der Entstehung der modernen Wissenschaft waren sie dabei eher auf Glauben als auf Wissen angewiesen. Erst im 17. Jahrhundert erlaubte es ein tieferes Verständnis der Geologie, das Alter unseres Planeten zu bestimmen.

Biblische Schätzungen

In der jüdisch-christlichen Welt beruhte die Angabe des Alters der Erde auf dem Alten Testament. Da die Schöpfungsgeschichte darin aber nur knapp skizziert ist, blieb viel Raum für Interpretationen, insbesondere in den komplexen Geschlechterchroniken nach der Erschaffung von Adam und Eva.

Die berühmteste Rechnung nach biblischen Angaben stammt von James Ussher, dem protestantischen Primas von Irland. 1654 bestimmte Ussher den Zeitpunkt für die Erschaffung der Welt auf Sonntag, den 23. Oktober 4004 v. Chr. um 9 Uhr morgens. Das Datum prägte sich in den Gemeinden ein, denn in damaligen Bibeln wurde es als Teil der Chronologie des Alten Testaments abgedruckt.

» Die Zeit seit der Erschaffung der Welt summiert sich auf 5698 Jahre. «

Theophilus von Antiochia

Wissenschaftlicher Ansatz

Im 10. Jahrhundert begannen persische Gelehrte, die Erdgeschichte empirisch zu betrachten. Al-Biruni, ein Pionier der experimentellen Wissenschaften, sagte, wenn es an Land Meeresfossilien gäbe, dann müsste dieses Land einst von Meer bedeckt gewesen sein. Also habe sich die Erde über lange Zeiträume verändert. Ibn Sina (Avicenna), ein anderer persischer Gelehrter, sagte, die Gesteinsschichten müssten sich übereinander abgesetzt haben.

1687 schlug Isaac Newton einen wissenschaftlichen Ansatz vor: Ihm zufolge würde ein großer Körper wie die Erde etwa 50000 Jahre zum Abkühlen benötigen, wenn er aus flüssigem Eisen bestünde. Diesen Wert leitete er aus Messungen der Abkühlungsgeschwindigkeit eines rot glühenden Eisenklumpens von einem Zoll Durchmesser an der Luft ab. Damit öffnete er das Tor zur wissenschaftlichen Untersuchung der Erdentstehung.

Newtons Vorbild folgend experimentierte auch der französische Naturforscher George-Louis Leclerc, Comte de Buffon, mit großen, rot glühenden Eisenkugeln und zeigte, dass ein Körper von der Größe der Erde wohl 74832 Jahre zum Abkühlen benötigen würde. Insgeheim hielt er die Erde sogar

Siehe auch: Isaac Newton 62–69 ▪ Louis Agassiz 130–131 ▪ Charles Darwin 144–151 ▪ Marie Curie 194–199 ▪ Ernest Rutherford 210–217

für weit älter, weil die Kalkberge sicherlich Äonen brauchten, bis sie sich aus den Resten von Meeresfossilien aufgebaut hatten. Diese Ansicht wollte er aber ohne Beweise nicht öffentlich vertreten.

Geheimnisse in Stein

Einen ganz anderen Ansatz zur Bestimmung des Erdalters verfolgte James Hutton, einer der herausragenden Naturphilosophen der schottischen Aufklärung. Hutton war ein Pionier der geologischen Feldforschung und präsentierte 1785 der Royal Society of Edinburgh seine Ansichten anhand geologischer Befunde.

Hutton war beeindruckt von der Kontinuität der Prozesse, durch die die Landschaft abgetragen wird, sodass sich Geröll und Sediment im Meer ablagert. Und trotzdem führten all diese Prozesse nicht zu einem Verlust an Landfläche! Vielleicht dachte er an die berühmte Dampfmaschine seines Freundes James Watt, als er die Erde als »eine in allen Teilen bewegte Materialmaschine« bezeichnete, in der ständig eine neue Welt umgeformt werde und aus den Resten der alten neu entstehe.

Hutton formulierte seine Theorie der »Erdmaschine« schon, bevor er Belege dafür gefunden hatte, doch 1787 entdeckte er die gesuchten »Diskordanzen« – Brüche in der Kontinuität der Sedimentgesteine. Große Teile der Landfläche erkannte er als ehemaligen Meeresboden, auf dem sich Sedimentschichten abgelagert und verdichtet hatten. An vielen Orten waren diese Schichten über Meeresniveau aufgestiegen und oft waren sie verdreht, sodass sie nicht horizontal lagen. An zahlreichen Stellen war zudem das Felsmaterial der angeschnittenen oberen Grenze einer älteren Schicht in die Unterseite der darüberliegenden jüngeren Schichten eingelagert.

Solche Unregelmäßigkeiten zeigten, dass es in der Erdgeschichte mehrfach eine Abfolge von Erosion, Transport und Ablagerung sowie von vulkanischen Hebungen gegeben hatte. Heute bezeichnet man das als den geologischen Zyklus. Anhand seiner Funde behauptete Hutton, alle Kontinente bestünden aus Material, das sich durch dieselben Prozesse aus älteren Kontinenten bildete, und diese Prozesse liefen auch heute noch ab. Das erste Kapitel im ersten Band seines Hauptwerks schließt mit den Worten: »Im Ergebnis der momentanen Untersuchung finden wir kein Anzeichen eines Anfangs oder Endes«.

Populär wurde Huttons Konzept »geologischer Zeiten« durch den schottischen Forscher John Playfair, der ein illustriertes Buch dazu veröffentlichte, und durch den britischen Geologen Charles Lyell, der die Hutton'schen Ideen zu seiner Theorie des Aktualismus ››

1770 baute Hutton ein Haus mit Blick auf die Salisbury-Felsen bei Edinburgh. In diesen Felsen fand er Belege für Vulkanismus unter Sedimentgestein.

weiterentwickelte. Ihr zufolge sind die Naturgesetze immer gleich und man kann daher geologische Erscheinungen durch heutige Prozesse erklären. Doch auch wenn Huttons Ansichten über das hohe Alter der Erde den Geologen einleuchteten, gab es doch kein befriedigendes Verfahren zur tatsächlichen Bestimmung des Erdalters.

Experimenteller Ansatz

Seit dem Ende des 18. Jahrhunderts hatten Forscher erkannt, dass die Erdkruste aus aufeinanderfolgenden Sedimentschichten besteht. Geologische Untersuchungen ergaben, dass diese Schichten insgesamt ziemlich dick sind und oft fossile Reste von Organismen enthalten, die zur Zeit der Schichtentstehung lebten. Bis in die 1850er-Jahre konnte man nach dem stratigrafischen Prinzip (alte Schichten liegen unten, neue darüber) eine Abfolge dieser Schichten konstruieren und sie in etwa acht namentlich unterscheidbare Systeme aus bestimmten Gesteinen und Fossilien einteilen, die jeweils eine bestimmte geologische Epoche darstellten.

Lord Kelvins Behauptung, die Erde sei 40 Mio. Jahre alt, stammt aus dem Jahr 1897, in dem die Radioaktivität entdeckt wurde. Er wusste nicht, dass radioaktiver Zerfall in der Erdkruste Wärme erzeugt, die die von ihm angenommene Abkühlrate erheblich verringert.

> »Dem Geist wird ganz schwindelig beim Blick in solche zeitlichen Abgründe.«
>
> **John Playfair**

Die Geologen waren beeindruckt von der Dicke dieser Schichten (etwa 25 bis 110 km). Sie hatten beobachtet, dass die Erosion und neuerliche Ablagerung solcher Schichten sehr langsam abläuft – nur wenige Zentimeter pro 100 Jahre. 1858 leistete Charles Darwin einen etwas unbedachten Beitrag zur Debatte: Er schätzte die Dauer für den Abtrag der Schichten zwischen Tertiär und Kreide (entsprechende Formationen gab es in Südengland) durch Erosion auf etwa 300 Mio. Jahre und machte sich damit unmöglich. 1860 schätzte der Oxforder Geologe John Phillips das Erdalter auf rund 96 Mio. Jahre.

Doch 1862 wurden solche geologischen Berechnungen von dem schottischen Physiker William Thomson (Lord Kelvin) als unwissenschaftlich verworfen. Kelvin war strikter Empiriker und behauptete, er könne mithilfe der Physik das Erdalter bestimmen, das durch das Alter der Sonne begrenzt sei. Die Kenntnis der irdischen Gesteine, ihrer Schmelzpunkte und Leitfähigkeit hatte sich seit Buffons Zeiten erheblich verbessert. Kelvin ging von einer geschätzten Ursprungstemperatur der Erde von knapp 4000 °C und der Beobachtung aus, dass die Temperatur im Erdinneren um etwa 0,5 °C pro 15 m Tiefe ansteigt. Daraus berechnete Kelvin, dass die Erde etwa 98 Mio. Jahre gebraucht hatte, um bis zum jetzigen Zustand abzukühlen. Später reduzierte er den Wert sogar noch auf 40 Mio. Jahre.

Eine radioaktive »Uhr«

Kelvin genoss so hohes Ansehen, dass seine Aussage von den meisten Forschern akzeptiert wurde. Nur den Geologen waren 40 Mio. Jahre bei den beobachteten geologischen Geschwindigkeiten viel zu kurz für die nachgewiesenen Abtragungs- und Ablagerungsprozesse. Doch sie konnten Kelvin wissenschaftlich nicht widerlegen.

In den 1890er-Jahren lieferte die Entdeckung der natürlich vorkommenden radioaktiven Elemente in einigen Mineralen den Schlüssel zur Aufklärung des Widerspruchs zwischen Kelvin und den Geologen, denn die Zerfallsrate der Atome erlaubte eine zuverlässige Zeitmessung. 1903 sagte Ernest Rutherford einige Zerfallsraten voraus und schlug vor, die Radioaktivität als »Uhr« zur Datierung von Mineralen und Gestein zu verwenden.

1905 erhielt Rutherford die ersten radiometrischen Daten für das Alter eines Minerals: 497 bis 500 Mio. Jahre – und das waren, so warnte er, die Mindestwerte. 1907 verbesserte der amerikanische Radiochemiker Bertram Boltwood Rutherfords Verfahren und bestimmte radiometrisch das Alter von Mineralen in Felsen mit bekanntem geologischen Kontext. Dazu gehörte ein 2,2 Mrd. Jahre alter Stein aus Sri Lanka, der damit sehr viel älter war als zuvor

Eine Diskordanz ist eine Grenzfläche zwischen zwei Gesteinsschichten unterschiedlichen Alters. Hier ist eine Winkeldiskordanz dargestellt, ähnlich derjenigen, die James Hutton an der Ostküste Schottlands entdeckt hatte. Die Gesteinsschichten sind dabei durch vulkanische Aktivitäten oder Bewegungen in der Erdkruste gegen die darüberliegenden jüngeren Schichten verkippt.

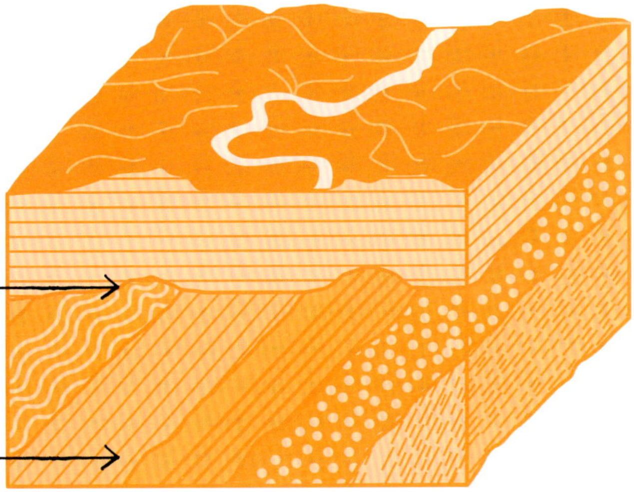

geschätzt. Bis 1946 hatte der britische Geologe Arthur Holmes einige Isotopenmessungen an bleihaltigem Gestein aus Grönland durchgeführt, die auf ein Alter von 3,015 Mrd. Jahren führten – eine der ersten zuverlässigen Untergrenzen für das Alter der Erde. Anschließend untersuchte Holmes das Uran, aus dem das Blei durch radioaktiven Zerfall entstanden war, und kam auf ein Alter von 4,46 Mrd. Jahren. Er hielt dies aber für das Alter der Gaswolke, aus der sich die Erde gebildet hatte.

Im Jahr 1953 schließlich gab der amerikanische Geochemiker Clair Patterson das erste allgemein anerkannte radiometrisch bestimmte Alter der Erde an: 4,55 Mrd. Jahre. Aus der Zeit der Erdentstehung sind zwar keine Minerale oder Gesteine bekannt, doch viele Meteoriten stammen vermutlich aus denselben Ereignissen im Sonnensystem. Patterson berechnete das radiometrische Alter der Bleiminerale in dem Canyon-Diablo-Meteoriten mit 4,51 Mrd. Jahren. Wegen der Ähnlichkeit zu dem mittleren radiometrischen Alter von 4,56 Mrd. Jahren von Granit und vulkanischem Basalt in der Erdkruste schloss er, dass die Werte das Alter der Erdentstehung anzeigen. Bis 1956 führte er weitere Messungen durch, die sein Zutrauen in die Exaktheit der 4,55 Mrd. Jahre bestärkten. Bis heute ist das der akzeptierte Wert für das Erdalter. ■

» Die Geschichte unseres Planeten muss durch Prozesse erklärt werden, die erkennbar noch heute ablaufen. «

James Hutton

James Hutton

1726 als Sohn eines angesehenen Kaufmanns in Edinburgh geboren, studierte James Hutton zunächst Geisteswissenschaften. An der Universität interessierte er sich dann aber für Chemie und Medizin, ohne Arzt werden zu wollen, und er studierte auch die neue Agrartechnik, wie sie in England verwendet wurde. Seine Beschäftigung mit Böden und den Felsen, aus denen sie gebildet wurden, führten zu einem Interesse an Geologie, und er unternahm Expeditionen durch England und Schottland.

Als er 1768 nach Edinburgh zurückkehrte, machte er Bekanntschaft mit den wichtigsten Persönlichkeiten der schottischen Aufklärung, darunter der Ingenieur James Watt und der Moralphilosoph Adam Smith. Während der nächsten 20 Jahre entwickelte Hutton seine Theorie über das Erdalter und diskutierte sie mit Freunden. 1788 veröffentlichte er eine Skizze und 1795 ein weit längeres Buch dazu. Er starb im Jahr 1797.

Hauptwerk

1795 *Theory of the Earth with Proofs and Illustrations*

DIE ANZIEHUNGS-KRAFT DER BERGE

NEVIL MASKELYNE (1732–1811)

IM KONTEXT

GEBIET
Biologie und Physik

FRÜHER
1687 In seinen *Principia* schlägt Isaac Newton Versuche zur Berechnung der Dichte der Erde vor.

1692 Edmond Halley versucht, das Erdmagnetfeld damit zu erklären, dass die Erde aus drei konzentrischen Hohlkugeln besteht.

1738 Pierre Bouguer führt Newtons Experiment am Chimborazo, einem Vulkan in Ecuador, durch – erfolglos.

SPÄTER
1798 Henry Cavendish berechnet mit einem anderen Verfahren die Erddichte und erhält 5,448 kg/m³.

1854 George Airy bestimmt die Erddichte mithilfe von Pendeln in einem Bergwerk.

Im 17. Jahrhundert hatte Isaac Newton Wege zum »Wiegen der Erde« vorgeschlagen, also um ihre Masse zu ermitteln. Bei einem Verfahren war zu beiden Seiten eines Berges die Ablenkung eines Lotes zu messen und zu bestimmen, wie stark das Lot durch die Gravitation aus der Senkrechten gezogen wurde (die Senkrechte wurde mithilfe astronomischer Methoden bestimmt). Wenn sich das Volumen des Berges messen und seine Dichte abschätzen ließe, könne man die Masse der Erde berechnen. Allerdings verwarf Newton seine Idee wieder, weil er glaubte, die Ablenkung sei für die damaligen Messgeräte zu gering.

1738 wagte sich der französische Astronom Pierre Bouguer an den Versuch. Er führte die Messungen am Chimborazo in Ecuador durch, dem damals höchsten bekannten Berg der Welt. Das Wetter und die Höhe verursachten jedoch Probleme, und Bouguer selbst hielt seine Messungen für nicht genau genug.

1772 schlug Nevil Maskelyne der Royal Society in London vor, das Experiment in Großbritannien durchzuführen. Nach Zustimmung

Der Schiehallion wurde wegen seiner symmetrischen Form und der isolierten Lage für das Experiment ausgewählt, weil dort nur geringe Gravitationseinflüsse von anderen Bergen vorliegen.

Siehe auch: Isaac Newton 62–69 ▪ Henry Cavendish 78–79 ▪ John Michell 88–89

der Society wurde der Schiehallion in Schottland gewählt, und Maskelyne war fast vier Monate lang mit den Messungen zu beiden Seiten des Berges beschäftigt.

Die Masse der Erde

Am 26. Juli 1775 präsentierte Maskelyne der Royal Society seine Ergebnisse. Die zwei Messstationen lagen genau eine Meile (1,609 km) auseinander. Zudem bestimmte er ihre Lage durch astronomische Messungen an Sternen relativ zur Richtung des Senklots; diese Methode nutzt aus, dass das Lot an verschiedenen Orten wegen der Krümmung der Erdoberfläche in verschiedene Richtungen zeigt. Doch dabei ergab sich ein Abstand von 1 Meile 480 Yards (2,048 km). Die Diskrepanz bedeutete, dass die Senklote nicht jeweils genau nach unten (zum Erdmittelpunkt) zeigten, sondern von der Anziehung des Berges ganz minimal um einen Winkel von 11,6 Bogensekunden (0,003 Grad) abgelenkt wurden. Die Messungen bestätigten also Newtons Gravitationstheorie.

Maskelyne ließ Vermessungsingenieure an Dutzenden von Punkten auf dem Berg die Höhe messen und gab dann dem Mathematiker Charles Hutton eine Karte mit diesen Höhenmessungen. Hutton hatte die geniale Idee, alle Punkte gleicher Höhe mit Bleistiftlinien zu verbinden. Nun konnte er auf einen Blick die Form des Berges erkennen! Solche Linien nennen wir heute Höhenlinien.

Mit der Form des Berges konnte Hutton auch sein Volumen schätzen und Maskelyne nahm an, dass seine Dichte etwa 4,5-mal so groß war wie die von Wasser. Aus der Ablenkung des Senklots, also dem Verhältnis der Anziehungskräfte von Berg und Erde, berechnete Maskelyne die Masse der Erde auf etwa $5 \cdot 10^{21}$ Tonnen.

Tatsächlich hatte Newton etwa $6 \cdot 10^{21}$ Tonnen geschätzt, was dem heute gültigen Wert nahe kommt. Maskelyne und Hutton war jedoch die erste Messung der Erdmasse gelungen und Hutton hatte die Höhenlinien erfunden, die seitdem auf Karten verwendet werden. ▪

Nevil Maskelyne

Der 1732 in London geborene Maskelyne interessierte sich schon in der Schule für Astronomie, ließ sich aber nach seinem Studium zum Priester weihen. 1758 wurde er Mitglied der Royal Society und ab 1765 war er bis zu seinem Tode Hofastronom.

1761 schickte ihn die Royal Society zur Beobachtung eines Venustransits auf die Insel St. Helena. Messungen während des Transits erlaubten es den Astronomen, die Entfernung zwischen Erde und Sonne zu berechnen. Maskelyne beschäftigte sich auch mit dem Problem der Messung des Längengrads auf hoher See – damals ein wichtiges Thema. Er setzte dabei (erfolglos) auf die Messung der Entfernung zwischen dem Mond und einem bestimmten Stern und verzögerte die (letztlich erfolgreiche) Lösung mit einem Chronometer.

Hauptwerke

1764 *Astronomical Observations Made at the Island of St. Helena*
1775 *An Account of Observations Made on the Mountain Schehallien for Finding Its Attraction*

DAS GEHEIMNIS DER NATUR IM AUFBAU UND IN DER BEFRUCHTUNG DER PFLANZEN

CHRISTIAN SPRENGEL (1750–1816)

IM KONTEXT

GEBIET
Biologie

FRÜHER
1694 Der deutsche Botaniker Rudolf Jacob Camerer zeigt, dass die Blüten die Fortpflanzungsorgane der Pflanze tragen.

1753 Carl von Linné schreibt *Species Plantarum.* Darin gibt er ein Klassifikationssystem anhand des Blütenaufbaus vor.

um 1760 Der deutsche Botaniker Joseph Gottlieb Kölreuter zeigt, dass Pollen zur Befruchtung von Blüten nötig sind.

SPÄTER
1831 Der schottische Botaniker Robert Brown beschreibt, wie Pollenkörner auf dem Blütenstempel (weiblich) keimen.

1862 Charles Darwin verfasst *Die Befruchtung der Orchideen,* eine detaillierte Untersuchung über den Zusammenhang zwischen Blüten und den sie befruchtenden Insekten.

Mitte des 17. Jahrhunderts hatte der schwedische Botaniker Carl von Linné erkannt, dass bestimmte Teile der Blüten den Fortpflanzungsorganen der Tiere entsprechen. Vierzig Jahre später verstand der deutsche Botaniker Christian Sprengel die Rolle der Insekten bei der Bestäubung der Blütenpflanzen.

Zum gegenseitigen Nutzen

Im Sommer 1787 bemerkte Sprengel Insekten, die geöffnete Blüten anflogen und den Nektar darin aufsaugten. Er fragte sich, ob Form und Farbe der Blütenblätter wohl der »Werbung« dienten: Offenbar wurden die Insekten zu den Blüten gelockt, sodass Pollen vom Staubgefäß (männlicher Teil) einer Blüte durch das Insekt zum Stempel (weiblicher Teil) einer anderen Blüte gelangten und diese damit befruchteten. Das Insekt wurde für diese »Vermittlung« mit dem energiereichen Nektar belohnt.

Sprengel entdeckte, dass Blütenpflanzen ohne auffällige Farbe oder Geruch ihre Pollen durch den Wind verbreiten lassen. Und er bemerkte, dass viele Blüten sowohl männliche als auch weibliche Teile enthalten, die aber zu verschiedenen Zeiten reifen, damit keine Selbstbefruchtung stattfindet.

Sprengels Werk, das 1793 erschien, wurde zu seinen Lebzeiten kaum beachtet. Erst Charles Darwin nutzte es als Ausgangspunkt für eigene Untersuchungen über die Koevolution bestimmter Blütenpflanzen und der Insekten, die sie – zum gegenseitigen Nutzen – bestäuben. ■

Eine Honigbiene landet auf den Fortpflanzungsorganen einer Blüte. Bienen sind für 80 Prozent aller Befruchtungen durch Insekten verantwortlich. Sie befruchten ein Drittel aller Agrarpflanzen.

Siehe auch: Carl von Linné 74–75 ▪ Charles Darwin 144–151 ▪ Gregor Mendel 168–173 ▪ Thomas Hunt Morgan 230–231

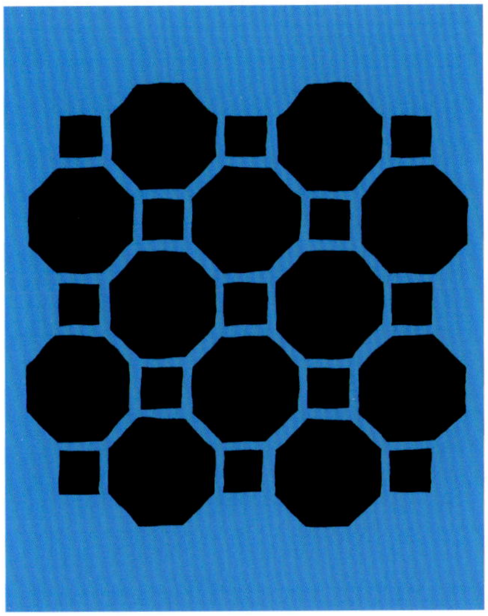

DIE ELEMENTE VERBINDEN SICH IMMER AUF DIESELBE WEISE

JOSEPH PROUST (1754–1836)

IM KONTEXT

GEBIET
Chemie

FRÜHER
um 400 v. Chr. Der griechische Philosoph Demokrit behauptet, die Welt bestehe letztlich aus winzigen Teilchen, den Atomen.

1759 Der englische Chemiker Robert Dossie führt für das rechte Verhältnis den Begriff »Sättigungsverhältnis« ein.

1787 Antoine Lavoisier und Claude Louis Berthollet führen die moderne Benennung chemischer Verbindungen ein.

SPÄTER
1805 John Dalton zeigt, dass Elemente aus Atomen einer bestimmten Masse bestehen. Atome können sich verbinden.

1811 Der italienische Chemiker Amadeo Avogadro unterscheidet zwischen Atomen und Molekülen, die aus verbundenen Atomen bestehen.

Nach dem Gesetz der konstanten Proportionen, das der französische Chemiker Joseph Proust 1794 aufstellte, stehen die Elemente einer Verbindung stets im selben Verhältnis zueinander, und zwar unabhängig von der Art ihrer Verbindung. Dies war eine der wichtigsten Ideen zu den Elementen, die damals zur Grundlage der modernen Chemie wurden.

Mit seiner Entdeckung folgte Proust einem Trend, den Antoine Lavoisier gesetzt hatte: die sorgfältige Messung von Gewichten, Verhältnissen und Anteilen. Proust untersuchte die Verhältnisse, in denen sich Metalle und Sauerstoff zu Metalloxiden verbinden. Bei ihrer Bildung, so schloss er, war das Verhältnis von Metall und Sauerstoff jeweils konstant. Wenn dasselbe Metall sich in einem anderen Verhältnis mit Sauerstoff verband, entstand eine andere Verbindung mit anderen Eigenschaften.

Zwar stimmte nicht jeder Proust zu, doch 1811 bemerkte der schwedische Chemiker Jöns Jakob Berzelius, dass Prousts Theorie zu John Daltons Atomtheorie der Elemente passte, die besagte, dass Elemente aus jeweils einzigartigen Atomen bestehen. Wenn eine Verbindung immer aus derselben Kombination von Atomen bestand, musste Prousts Gesetz der konstanten Proportionen wahr sein. Heute gilt es als eines der wichtigsten chemischen Gesetze überhaupt. ■

» Eisen gehorcht, wie viele andere Metalle, dem Naturgesetz für alle wahren Verbindungen, dass es sich mit zwei konstanten Anteilen von Sauerstoff verbindet. «

Joseph Proust

Siehe auch: Henry Cavendish 78–79 ▪ Antoine Lavoisier 84 ▪ John Dalton 112–113 ▪ Jöns Jakob Berzelius 119 ▪ Dmitri Mendelejew 176–181

EIN JAHR
DES FORT

1800–1900

HUNDERTSCHRITTS

1800
Der Astronom Friedrich Wilhelm Herschel entdeckt die **Infrarotstrahlung.**

1803
John Dalton entwickelt die Vorstellung der **Atomgewichte.**

1811
An den Klippen der englischen Südküste findet Mary Anning das erste bekannte Skelett eines **Ichthyosaurus.**

1820
1820 Hans Christian Ørsted entdeckt, dass eine **Kompassnadel zuckt,** wenn ein elektrischer Strom angeschaltet wird.

1821
Michael Faraday entdeckt das **Prinzip des Elektromotors.**

1837
Louis Agassiz beschreibt eine **Eiszeit.**

1842
Christian Doppler erklärt, warum **Doppelsterne** farbig erscheinen.

1845
Der deutsche Naturforscher Alexander von Humboldt führt die Idee der **Ökologie** ein.

In dieser Zeit wurde die Forschung professionalisiert und der Begriff »Wissenschaftler« kam auf. Die Erfindung der elektrischen Batterie 1799 eröffnete ganz neue Gebiete. In Dänemark entdeckte Hans Christian Ørsted eher zufällig den Zusammenhang zwischen Elektrizität und Magnetismus. In der Royal Institution in London visualisierte Michael Faraday die Form der Magnetfelder und erfand den Elektromotor. In Schottland griff James Clerk Maxwell Faradays Ideen auf und erarbeitete die mathematisch komplexe Theorie des Elektromagnetismus.

Unsichtbares wird sichtbar

Unsichtbare Formen elektromagnetischer Wellen wurden schon entdeckt, bevor sie verstanden oder ihre Gesetze ausgearbeitet waren. Der Astronom Friedrich Wilhelm Herschel trennte mit einem Prisma die Farben des Sonnenlichts und maß ihre Temperatur. Dabei stellte er fest, dass das Thermometer jenseits des roten Endes des sichtbaren Spektrums eine höhere Temperatur anzeigte – so entdeckte er die Infrarotstrahlung. Ultraviolettstrahlung wurde im darauffolgenden Jahr entdeckt. Das Spektrum umfasste also mehr als nur sichtbares Licht. Ähnlich zufällig entdeckte Wilhelm Conrad Röntgen die nach ihm benannten Strahlen. Der britische Arzt Thomas Young entwarf ein Doppelspaltexperiment, um zu klären, ob Licht eine Welle oder ein Teilchen sei. Die von ihm entdeckte wellenartige Interferenz schien den Streit zu beenden. In Prag erklärte der österreichische Physiker Christian Doppler die Farbe der Doppelsterne mit dem Konzept, dass Licht ein Spektrum verschiedener Frequenzen umfasst, und entdeckte den heute nach ihm benannten Doppler-Effekt. In Paris ermittelten die Physiker Hippolyte Fizeau und Léon Foucault die Lichtgeschwindigkeit und zeigten, dass Licht sich in Wasser langsamer ausbreitet als in Luft.

Chemische Änderungen

Der britische Meteorologe John Dalton wagte sich mit der Theorie an die Öffentlichkeit, Atomgewichte könnten für Chemiker nützlich sein, und ging daran, einige von ihnen zu schätzen. 15 Jahre später stellte der schwedische Chemiker Jöns Jakob Berzelius eine umfassendere Liste der Atomgewichte vor. Sein Student Friedrich Wöhler bildete aus einem anor-

1859
In seinem Buch *Über die Entstehung der Arten* beschreibt Charles Darwin die **Evolution durch natürliche Auslese.**

1859
Louis Pasteur **widerlegt die spontane Entstehung von Leben.**

1865
Friedrich August Kekulé beschreibt die **chemische Struktur des Benzolmoleküls.**

1866
Gregor Mendel schreibt sein Buch über die **Genetik von Erbsen.**

1869
Dmitri Mendelejew entwirft das **Periodensystem der Elemente.**

1873
James Clerk Maxwell veröffentlicht seine **Gesetze des Elektromagnetismus.**

1895
Wilhelm Conrad Röntgen entdeckt die **X-Strahlen.**

1898
Marie Curie isoliert das **radioaktive Element Polonium.**

ganischen Salz eine organische Verbindung und widerlegte so die Vorstellung, die Chemie des Lebens unterliege besonderen Regeln. In Paris zeigte Louis Pasteur, dass das Leben nicht spontan entsteht. Inspirationen für neue Ideen kamen aus den verschiedensten Ecken. Die Struktur des Benzolrings erschien Friedrich August Kekulé in einem Tagtraum und der russische Chemiker Dmitri Mendelejew löste das Problem des Periodensystems der Elemente mithilfe von Spielkarten. Marie Curie isolierte Polonium und Radium und erhielt als einzige Person den Nobelpreis sowohl für Chemie als auch für Physik.

Spuren der Vergangenheit

Im 19. Jahrhundert wurde die Auffassung über das Leben revolutioniert. An der englischen Südküste fand Mary Anning fossile Reste ausgestorbener Tiere. Bald darauf prägte Richard Owen den Begriff »Dinosaurier« für die »schrecklichen Echsen«, die einst die Erde bevölkert hatten. Der Schweizer Geologe Louis Agassiz behauptete, große Teile der Erde seien einst mit Eis bedeckt gewesen. Er erweiterte die Theorie, die Erde habe in ihrer Geschichte sehr unterschiedliche Bedingungen erlebt. Der deutsche Naturforscher Alexander von Humboldt begründete mit seinen interdisziplinären Einblicken in die Natur die Ökologie. In Frankreich entwarf Jean-Baptiste Lamarck eine Evolutionstheorie, bei der er aber fälschlich annahm, dass erworbene Eigenschaften vererbt werden. In den 1850er-Jahren entwickelten Alfred Russel Wallace und Charles Darwin unabhängig voneinander eine Theorie der Evolution durch natürliche Auslese. T. H. Huxley zeigte, dass sich die Vögel wohl aus den Dinosauriern entwickelt hatten, und es gab immer mehr Belege für die Evolutionstheorie. Gleichzeitig erkannte der mährische Mönch Gregor Mendel bei Versuchen mit Tausenden von Erbsenpflanzen die Vererbungsgesetze. Sie wurden zwar jahrzehntelang ignoriert, doch ihre Wiederentdeckung offenbarte endlich den genetischen Mechanismus für die natürliche Auslese.

Um 1900 soll der britische Physiker Lord Kelvin gesagt haben: »Es gibt in der Physik nichts Neues mehr zu entdecken. Uns bleibt nur noch, immer präziser zu messen.« Er konnte ja nicht wissen, welche schockierenden Erkenntnisse der Wissenschaft noch bevorstanden. ■

DIE EXPERIMENTE KÖNNEN BEI SONNENLICHT LEICHT WIEDERHOLT WERDEN

THOMAS YOUNG (1773–1829)

IM KONTEXT

GEBIET
Physik

FRÜHER
1678 Christiaan Huygens beschreibt erstmals Licht als Welle. 1690 folgt seine *Abhandlung zum Licht*.

1704 In seinem Buch *Opticks* behauptet Isaac Newton, Licht sei ein Strom von Teilchen (»Korpuskeln«).

SPÄTER
1905 Albert Einstein zufolge besteht Licht zwar aus Teilchen (Photonen), verhält sich aber auch wellenartig.

1916 Robert Andrews Millikan beweist Einsteins Theorie experimentell.

1927 Die Wellennatur der Elektronen wird durch zwei unabhängige Experimente bestätigt: in den Bell Laboratories in New York (USA) und in Cambridge (Großbritannien).

Wenn **Licht** aus Teilchen besteht, die sich **geradlinig bewegen,** kann man das in einem einfachen Versuch zeigen …

↓

Wenn Licht durch zwei eng beieinanderliegende Spalte auf einen Schirm fällt, dann sollten auf dem Schirm **zwei Lichtflecke** zu sehen sein.

↓

Stattdessen entsteht ein **Interferenzmuster aus hellen und dunklen Streifen,** so als ob Wasserwellen durch die beiden Spalte dringen.

↓

Licht breitet sich als Welle aus.

Zu Beginn des 19. Jahrhunderts war die Natur des Lichts wissenschaftlich noch umstritten. Isaac Newton hatte behauptet, ein Lichtstrahl bestehe aus zahllosen winzigen, sich sehr schnell bewegenden »Korpuskeln« (Teilchen), denn so lasse sich leicht erklären, warum es sich geradlinig ausbreitet und Schatten wirft.

Doch Newtons Korpuskel erklären nicht die Lichtbrechung (d.h. die Richtungsänderung beim Eintritt in Glas) oder das Erscheinen der Farben des Regenbogens – auch das ein Effekt der Brechung. Christiaan Huygens zufolge bestand daher Licht nicht aus Teilchen, sondern aus Wellen, denn das erklärte diese Effekte. Newtons Ruf war jedoch so bedeutend, dass die meisten Wissenschaftler seiner Korpuskeltheorie anhingen.

1801 entwarf der britische Arzt und Physiker Thomas Young ein einfaches, doch raffiniertes Experiment, mit dem er diese Frage ein für alle Mal klären wollte. Die Idee kam ihm, als er die Lichtmuster einer Kerze durch einen Nebel feiner Wassertropfen beobachtete. Young sah farbige Ringe um ein helles Zentrum und fragte sich, ob

Siehe auch: Christiaan Huygens 50–51 ▪ Isaac Newton 62–69 ▪ Léon Foucault 138–139 ▪ Albert Einstein 218–225

diese Ringe durch die Wechselwirkung von Lichtwellen entstünden.

Das Doppelspaltexperiment

Young schnitt zwei Schlitze in ein Stück Pappe und ließ einen Lichtstrahl darauf fallen. Auf einer dahinter platzierten Mattscheibe erzeugte das Licht ein Muster, das Young davon überzeugte, Licht bestünde aus Wellen. Bei einem Teilchenstrom hätte es einfach nur einen Lichtstreifen direkt hinter jedem Spalt gegeben. Stattdessen sah Young abwechselnd helle und dunkle Streifen. Er behauptete, dass sich die Lichtwellen hinter den Spalten ausbreiten und dabei überlagern. Wenn zwei Wellen zur selben Zeit nach oben (Berg) oder unten (Tal) gehen, entsteht eine doppelt so hohe Welle (konstruktive Interferenz) und damit ein heller Streifen. Wenn eine Welle nach oben und die andere nach unten geht, löschen sie einander aus (destruktive Interferenz), und ein dunkler Streifen entsteht. Dieser Versuch zeigt auch, dass die Farbe des Lichts von seiner Wellenlänge abhängt. Ein Jahrhundert lang überzeugte Youngs Doppelspaltexperiment die Forscher davon, dass Licht eine Welle und kein Teilchen war. Aber 1905 zeigte Albert Einstein, dass sich Licht auch wie ein Teilchenstrom verhalten kann – es hat manchmal Wellen- und manchmal Teilchencharakter. In einer ähnlichen Anordnung wie bei Youngs Experiment wies der deutsche Physiker Claus Jönsson 1961 die Interferenz von subatomaren Teilchen (Elektronen) nach – auch sie sind also gleichzeitig Wellen. ▪

» Wissenschaftliche Untersuchungen sind eine Art Krieg gegen die eigenen Zeitgenossen und Vorgänger. «

Thomas Young

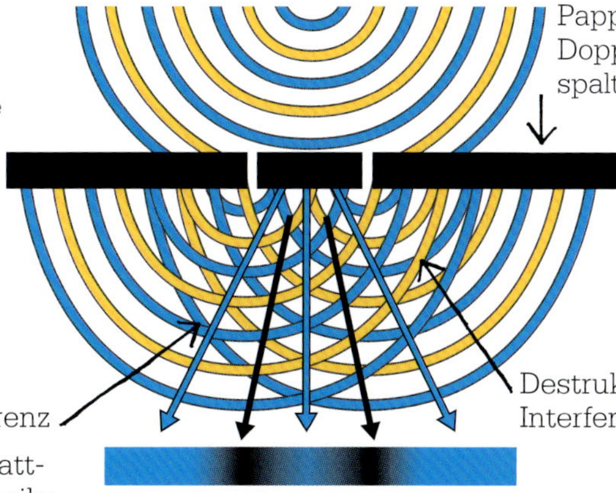

Licht dringt durch die zwei Spalte in dem Stück Pappe und trifft auf eine Mattscheibe. Die Lichtwellen, die durch die Spalte kommen, interferieren. Wenn sich Berge (gelb) mit Tälern (blau) überlagern, entsteht destruktive Interferenz. Bei der Überlagerung von zwei Bergen oder zwei Tälern entsteht konstruktive Interferenz.

Thomas Young

Das älteste von zehn Kindern einer Quäkerfamilie im englischen Somerset war ein Wunderkind. Schon im Alter von 13 Jahren konnte er fünf Sprachen fließend lesen und als Erwachsener übersetzte er erstmals die ägyptischen Hieroglyphen.

Nach einer medizinischen Ausbildung in Schottland ließ sich Young 1799 zwar zunächst als Arzt in London nieder, doch als echter Universalgelehrter befasste er sich in seiner Freizeit mit allem Möglichen, von der Theorie der musikalischen Stimmung bis zur Linguistik. Am berühmtesten ist er für seine Arbeiten über das Licht. Er erkannte nicht nur das Interferenzprinzip bei Licht, sondern entwarf auch die erste wissenschaftliche Theorie des Farbensehens, der zufolge wir Farben als unterschiedliche Anteile der drei Hauptfarben erkennen: Blau, Rot und Grün.

Hauptwerke

1804 *Experiments and Calculations Relative to Physical Optics*
1807 *A Course of Lectures on Natural Philosophy and the Mechanical Arts*

DIE RELATIVEN MASSEN DER LETZTEN TEILCHEN BESTIMMEN

JOHN DALTON (1766–1844)

IM KONTEXT

GEBIET
Chemie

FRÜHER
um 400 v. Chr. Demokrit sagt, die Welt bestehe aus unteilbaren Teilchen.

8. Jh. Der persische Gelehrte Dschabir ibn Hayyan (Geber) teilt Elemente in Metalle und Nichtmetalle ein.

1794 Joseph Proust zeigt, dass die Elemente sich immer im selben Verhältnis verbinden.

SPÄTER
1811 Amedeo Avogadro zeigt, dass gleiche Volumina verschiedener Gase gleich viele Moleküle enthalten.

1869 Dmitri Mendelejew ordnet in seinem Periodensystem die Elemente nach dem Atomgewicht.

1897 Mit der Entdeckung des Elektrons zeigt J. J. Thomson, dass Atome nicht die kleinsten Teilchen sind.

Elemente verbinden sich in einfachen, **festen Verhältnissen** miteinander.

→ Diese Verhältnisse müssen vom **relativen Atomgewicht** jedes Elements abhängen.

→ Daher kann man das **Atomgewicht** eines Elements **aus dem Gewicht des Elements in der Verbindung berechnen.**

→ **Elementtabellen sollten auf dem Gewicht der Atome beruhen.**

Gegen Ende des 18. Jahrhunderts erkannten die Forscher langsam, dass die Welt aus einer Reihe von Grundsubstanzen bestand, den chemischen Elementen. Was aber ein Element war, blieb noch unklar. Erst der englische Meteorologe John Dalton erkannte, dass jedes Element aus einzigartigen, identischen Atomen besteht, und dass genau diese Atome ein Element unterscheiden und definieren. Mit der Entwicklung der Atomtheorie der Elemente schuf Dalton die Grundlage der Chemie.

Die Vorstellung von Atomen geht bis in die griechische Antike zurück, es war aber immer angenommen worden, alle Atome seien identisch. Dalton erkannte dagegen nun, dass jedes Element aus anderen Atomen besteht. Er beschrieb die Atome der damals bekannten Elemente – darunter Wasserstoff, Sauerstoff und Stickstoff – als »feste, schwere, harte, undurchdringliche bewegliche Teilchen«.

Daltons Idee entstand, als er untersuchte, wie der Luftdruck die Wasseraufnahme von Luft beeinflusst. Er kam zu der Überzeugung,

Siehe auch: Joseph Proust 105 ▪ Dmitri Mendelejew 176–181

> »Eine Untersuchung des relativen Gewichts der letzten Teilchen von Körpern [Atome] ist, soweit ich weiß, völlig neu.«
>
> **John Dalton**

dass Luft eine Mischung verschiedener Gase ist. Bei seinen Versuchen beobachtete er, dass eine bestimmte Menge von reinem Sauerstoff weniger Wasserdampf aufnimmt als dieselbe Menge reinen Stickstoffs. Dalton schloss daraus bemerkenswerterweise, dass Sauerstoffatome schwerer und größer sein mussten als Stickstoffatome.

Gewichtige Materie

In einem Gedankenblitz erkannte Dalton, dass sich die Atome der Elemente durch ihr Gewicht unterscheiden ließen. Da sich die Atome verschiedener Elemente in einfachen Verhältnissen verbinden, konnte er das Gewicht jedes Atoms durch das Gewicht der Elemente in jeder Verbindung bestimmen und erhielt so das Atomgewicht von allen damals bekannten Elementen.

Da Wasserstoff das leichteste Gas war, gab Dalton ihm das Atomgewicht 1. Anhand des Gewichts des Sauerstoffs, der sich mit Wasserstoff zu Wasser verbindet, wies er Sauerstoff das Atomgewicht 7 zu. Allerdings berücksichtigte Dalton nicht, dass sich auch Atome desselben Elements miteinander verbinden können. Er nahm immer an, dass eine Verbindung (Molekül) nur ein Atom jedes Elements enthielt. Doch Daltons Arbeit setzte die Forscher auf die richtige Fährte, und innerhalb eines Jahrzehnts entwickelte der italienische Physiker Amedeo Avogadro ein System der molekularen Verhältnisse zur korrekten Berechnung der Atomgewichte. Die Basis der Dalton'schen Theorie – jedes Element hat eindeutige Atome – hat sich immerhin als richtig erwiesen. ■

Daltons Tabelle zeigt die Symbole und Atomgewichte verschiedener Elemente. Dalton war durch die Meteorologie auf die Atomtheorie gestoßen, als er untersuchte, warum Luft und Wasserdampf sich mischen.

John Dalton

Schon im Alter von 15 Jahren führte der Sohn einer Quäkerfamilie regelmäßige Wetterbeobachtungen durch. Dadurch gewann er viele wichtige Erkenntnisse, etwa dass die Luftfeuchte sich bei Abkühlung in Regen verwandelt. Neben seinen meteorologischen Untersuchungen interessierte sich Dalton für eine Behinderung, die er und sein Bruder hatten: sie waren farbenblind. Sein wissenschaftlicher Aufsatz zu diesem Thema schuf ihm Zugang zu einer wissenschaftlichen Gesellschaft in Manchester, zu deren Präsident er 1817 gewählt wurde. Mehrere Hundert Aufsätze schrieb Dalton für diese Gesellschaft, darunter auch den über die Atomtheorie. Diese Theorie wurde gut aufgenommen und machte ihn berühmt – zu seiner Beisetzung in Manchester 1844 kamen über 40 000 Menschen.

Hauptwerke

1805 *Experimental Enquiry into the Proportion of the Several Gases or Elastic Fluids, Constituting the Atmosphere*
1808–1827 *New System of Chemical Philosophy*

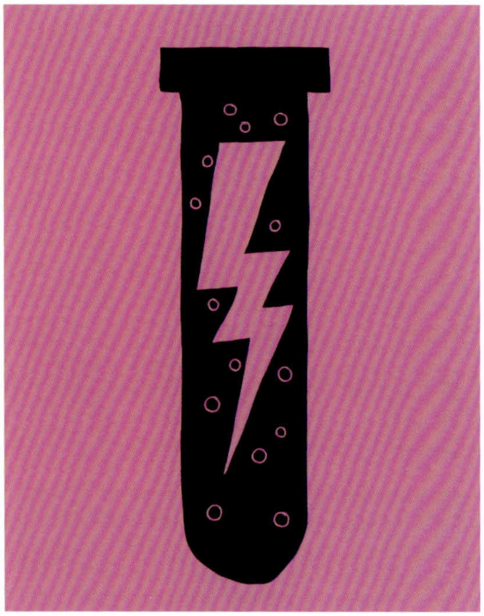

ELEKTRIZITÄT KANN CHEMISCHE EFFEKTE ERZEUGEN

HUMPHRY DAVY (1778–1829)

IM KONTEXT

GEBIET
Chemie

FRÜHER
1735 Der schwedische Chemiker Georg Brandt entdeckt das Metall Kobalt und in den nächsten 100 Jahren werden viele weitere Metalle entdeckt.

1772 Luigi Galvani bemerkt eine elektrische Wirkung bei einem Frosch und postuliert eine »tierische Elektrizität«.

1799 Alessandro Volta zeigt, dass zwei sich berührende Metalle Elektrizität erzeugen, und baut die erste Batterie.

SPÄTER
1834 Michael Faraday, einst Davys Assistent, beschreibt die Gesetze der Elektrolyse.

1869 Dmitri Mendelejew ordnet die bekannten Elemente in einem Periodensystem. Darin gibt es auch eine Gruppe für die Alkalimetalle, die Davy 1807 entdeckt hatte.

Im Jahr 1800 erfand Alessandro Volta die »Volta'sche Säule«. Es war die erste Batterie der Welt, mit der schon bald auch viele andere Forscher arbeiteten.

Der englische Chemiker Humphry Davy erkannte, dass die Elektrizität der Batterie durch eine chemische Reaktion entsteht. Elektrische Ladung fließt, weil die beiden verschiedenen Metalle (Elektroden) über die zwischen ihnen liegende feuchte Pappe miteinander reagieren. 1807 erkannte Davy, dass er mit einer Batterie chemische Verbindungen zerlegen konnte. So fand er neue Elemente und begründete die später sogenannte Elektrolyse.

Neue Metalle

Davy legte zwei Elektroden an trockenes Kaliumhydroxid (Pottasche), das er durch die Luftfeuchtigkeit im Labor elektrisch leitend gemacht hatte. Zu seiner Freude entstanden an der negativ geladenen Elektrode kleine metallische Kügelchen. Diese Kugeln waren ein neues Element – das Metall Kalium. Später bearbeitete er in gleicher Weise Natriumhydroxid (Ätznatron) und erzeugte das Metall Natrium. 1808 entdeckte er durch Elektrolyse weitere vier Metalle – Kalzium, Barium, Strontium und Magnesium – sowie das Halbmetall Bor. Beides, die Elektrolyse und die neuen Elemente, erwiesen sich bald als sehr wertvoll. ■

Mit einem solchen Apparat zeigte Davy in Schauversuchen, wie sich Wasser durch Elektrolyse in seine beiden Elemente Wasserstoff und Sauerstoff zerlegen lässt.

Siehe auch: Alessandro Volta 90–95 ▪ Jöns Jakob Berzelius 119 ▪ Hans Christian Ørsted 120 ▪ Michael Faraday 121 ▪ Dmitri Mendelejew 176–181

DIE ERSTEN GEOLOGISCHEN KARTEN

WILLIAM SMITH (1769–1839)

IM KONTEXT

GEBIET
Geologie

FRÜHER
1669 Nicolaus Steno erläutert das stratigrafische Prinzip, mit dem Geologen die Schichtenfolge verstehen können.

um 1760 Die deutschen Geologen Johann Lehmann und Georg Füchsel vermessen Gesteinsschichten und erstellen die ersten geologischen Karten.

1813 Der englische Geologe Robert Bakewell erstellt die erste Karte von Gesteinstypen in England und Wales.

SPÄTER
1835 In Großbritannien wird eine Behörde gegründet, um systematische geologische Karten des Landes zu erstellen.

1878 Erster Internationaler Geologischer Kongress in Paris. Seitdem werden solche Kongresse alle drei bis fünf Jahre durchgeführt.

Ab etwa Mitte des 18. Jahrhunderts förderte der steigende Bedarf an Brennstoff und Erzen für die industrielle Revolution das Interesse an geologischen Karten. Die deutschen Mineralogen Johann Lehmann und Georg Füchsel schufen detaillierte Karten mit der Topografie und Felsformationen. Andere geologische Karten zeigten wenig mehr als die Verteilung der Gesteine an der Oberfläche, bis 1811 Georges Cuvier und Alexandre Brongniart eine geologische Karte des Pariser Beckens und William Smith eine Karte von Großbritannien erstellten.

» Fossilien spielen für den Naturforscher dieselbe Rolle wie Münzen für den Altertumsforscher. «

William Smith

Die erste Nationalkarte

Smith war autodidaktischer Ingenieur und Landvermesser. Für seine erste landesweite geologische Karte von England, Wales und Teilen Schottlands von 1815 nutzte er Daten aus Minen, Steinbrüchen, Klippen, Kanälen und Einschnitten für Straßen und Eisenbahnen. Er ermittelte die Folge der Gesteinsschichten nach Stenos stratigrafischem Prinzip und beschrieb jede Schicht durch ihre Leitfossilien. Außerdem fertigte er vertikale Schnitte der Schichtenfolge und der geologischen Strukturen, in die sie sich durch Erdbewegungen verwandelt hatte.

In den nächsten Jahrzehnten folgten auch in anderen Ländern die ersten nationalen geologischen Vermessungen für ihre systematische Kartografierung. Gegen Ende des 19. Jahrhunderts gab es ein internationales Abkommen, damit Schichten gleichen Alters über die Grenzen hinweg zugeordnet werden konnten. ■

Siehe auch: Nicolaus Steno 55 ▪ James Hutton 96–101 ▪ Mary Anning 116–117 ▪ Louis Agassiz 130–131

SIE KANN DIE KNOCHEN ZUORDNEN

MARY ANNING (1799–1847)

IM KONTEXT

GEBIET
Paläontologie

FRÜHER
11. Jh. Der persische Gelehrte Ibn Sina (Avicenna) behauptet, dass sich Felsen – und somit auch Fossilien – aus versteinerten Flüssigkeiten bilden können.

1753 Carl von Linné nimmt Fossilien in sein Klassifikationsschema auf.

SPÄTER
1830 Der britische Geologe und Künstler Henry de la Bèche rekonstruiert die ersten urzeitlichen Lebenswelten.

1854 Richard Owen und Benjamin Waterhouse Hawkins fertigen die ersten lebensgroßen Rekonstruktionen von ausgestorbenen Pflanzen und Tieren.

Frühes 20. Jh. Die radiometrische Datierung erlaubt es, das Alter von Fossilien und den sie umgebenden Gesteinsschichten zu bestimmen.

Fossilien sind die **erhaltenen Überreste** von Pflanzen und Tieren.

→ Es gibt Funde **von großen Tieren,** die **heute ausgestorben** sind.

↓ In der Vergangenheit lebten **völlig andere Tiere auf der Erde** als heute.

Gegen Ende des 18. Jahrhunderts wurde bereits allgemein akzeptiert, dass Fossilien die Überreste einst lebender Organismen waren, die bei der Umwandlung des Sediments versteinert waren. Damals waren sowohl Fossilien als auch lebende Organismen von Taxonomen wie dem Schweden Carl von Linné erstmals in einer Hierarchie von Arten, Gattungen und Familien klassifiziert worden. Dennoch betrachtete man fossile Reste noch isoliert von ihrer Umgebung und dem biologischen Kontext.

Neue Fragen wurden aufgeworfen, als im frühen 19. Jahrhundert große versteinerte Knochen gefunden wurden, die keinem lebenden Tier zuzuordnen waren. Wie passten sie in das Klassifikationsschema, und wann waren sie ausgestorben? In der christlich-abendländischen Kultur herrschte der Glaube, ein wohlwollender Gott hätte nicht erlaubt, dass auch nur eine seiner Schöpfungen ausstirbt.

Monster aus der Tiefe

Einige der ersten dieser riesigen, unverwechselbaren, fossilen Reste wurden von den Annings, einer Familie von Fossiliensammlern, bei Lyme Regis an der englischen Südküste gefunden. Hier streichen die Kalkstein- und Schieferschichten des Jura in den Klippen aus, und durch Erosion liegen sehr viele Reste alter Meereswesen frei. 1811

Siehe auch: Carl von Linné 74–75 ▪ Charles Darwin 144–151 ▪ Thomas Henry Huxley 174–175

entdeckte Joseph Anning einen 1,2 m langen Schädel mit merkwürdig verlängertem Kiefer. Seine Schwester Mary fand den Rest des Skeletts, das sie für 23 Pfund verkauften. Es war das erste vollständige Skelett eines ausgestorbenen »Monsters aus der Tiefe«, das bei der Ausstellung in London große Aufmerksamkeit erregte. Es wurde als ein ausgestorbenes Meeresreptil erkannt und als Ichthyosaurus (»Fischechse«) bezeichnet.

Familie Anning fand weitere Ichthyosaurier und das erste komplette Exemplar des Plesiosaurus, einer weiteren Meeresechse, zudem das erste britische Exemplar einer Flugechse sowie neue fossile Fische und Schalentiere. Unter den Fischen waren auch Kopffüßer, sogenannte Belemniten, teils noch mit dem Tintensack. Insbesondere Mary Anning hatte großes Talent für die Fossiliensuche. Sie war zwar arm, aber gebildet: Sie brachte sich selbst Geologie und Anatomie bei und wurde eine regelrechte Fossilienjägerin. Lady Harriett Sylvester schrieb 1824 in ihr Tagebuch, Mary Anning sei »so in ihre Forschungen vertieft, dass sie, sobald sie etwas findet, die Knochen sofort zuordnen kann.« Sie wurde eine Autorität für viele Arten von Fossilien, insbesondere Koproliten (versteinerter Kot).

Annings Fossilienfunde enthüllten ein Bild von Dorset als einer tropischen Küste mit vielen heute ausgestorbenen Tieren. 1854 dienten die Funde als Vorbild für die erste lebensgroße Rekonstruktion eines Ichthyosaurus, gefertigt von dem Bildhauer Benjamin Waterhouse Hawkings und dem Paläontologen Richard Owen für eine Ausstellung im Kristallpalast in London. Der Begriff »Dinosaurier« wurde zwar von Owen geprägt, doch Anning hatte den Blick auf die Fülle der Lebensformen im Jura gelenkt. ■

1830 malte Henry de la Bèche dieses Aquarell eines urzeitlichen Meeres vor der Küste von Dorset auf der Grundlage von Annings Funden.

Mary Anning

Über das Leben der autodidaktischen Fossiliensammlerin Mary Anning wurden mehrere Biografien und Romane geschrieben. Sie war eines der zwei überlebenden von ursprünglich zehn Kindern einer verarmten Familie von religiösen Nonkonformisten aus dem südenglischen Küstendorf Lyme Regis. Die ganze Familie besserte ihr kümmerliches Einkommen mit dem Verkauf von Fossilien an Touristen auf. Doch die besten und wichtigsten Fossilien fand Mary – darunter Echsen aus der Zeit des Jura vor 200 bis 145 Mio. Jahren.

Wegen ihres Geschlechts, ihrer niederen Herkunft und ihres unorthodoxen Glaubens erhielt Anning zu Lebzeiten kaum Anerkennung. In einem Brief schrieb sie: »Die Welt war mir unfreundlich, ich fürchte, sie hat mich misstrauisch gegen jedermann gemacht.« In geologischen Kreisen jedoch war sie bekannt und viele Forscher erbaten ihren Rat. Als sie erkrankte, erhielt sie in Anerkennung ihrer Beiträge zur Wissenschaft eine kleine Jahresrente von 25 Pfund. Im Alter von 47 Jahren starb sie an Brustkrebs.

DIE VERERBUNG ERWORBENER EIGENSCHAFTEN

JEAN-BAPTISTE LAMARCK (1744–1829)

IM KONTEXT

GEBIET
Biologie

FRÜHER
1495 Leonardo da Vinci notiert, Fossilien seien Überreste uralter Lebewesen.

1796 Georges Cuvier beweist, dass fossile Knochen zu ausgestorbenen Mastodons gehören.

1799 William Smith zeigt die Abfolge von Fossilien in unterschiedlich alten Schichten.

SPÄTER
1858 Charles Darwin stellt seine Theorie der Evolution durch natürliche Auslese vor.

1942 Die »moderne Synthese« vereint die Genetik von Gregor Mendel mit Darwins natürlicher Auslese, der Paläontologie und Ökologie, und erklärt, wie neue Arten entstehen.

2005 Eva Jablonka und Marion Lamb schreiben über epigenetische Vererbung (Evolution durch nicht-genetische Faktoren).

Im Jahr 1809 entwarf der französische Naturforscher Jean-Baptiste Lamarck die erste Theorie zur Evolution des Lebens auf der Erde. Den Anstoß gaben fossile Tierfunde, die ganz anders aussahen als heutige Tiere. 1796 hatte Georges Cuvier gezeigt, dass fossile elefantenartige Knochen anatomisch stark von Knochen moderner Elefanten abwichen. Sie mussten von ausgestorbenen Tieren stammen, die man heute Mammut und Mastodon nennt.

Cuvier erklärte das Aussterben mit Katastrophen, doch Lamarck bezweifelte diese Idee und behauptete, das Leben sei allmählich und kontinuierlich »transmutiert« – in einer Evolution von einfachen zu höchst komplexen Formen. Eine Änderung der Umwelt, so meinte er, könne auch die Merkmale der Organismen verändern, und diese Änderungen würden bei der Fortpflanzung vererbt. Nützliche Merkmale entwickelten sich weiter, unnütze verschwänden. Lamarck glaubte, die zu Lebzeiten erworbenen Merkmale würden weitergegeben. Darwin zeigte aber später, dass Änderungen auftreten, weil während der Befruchtung stattfindende Mutationen erhalten bleiben und durch natürliche Auslese vererbt werden. So war die Vorstellung der »erworbenen Merkmale« lächerlich gemacht. Erst kürzlich wurde gezeigt, dass die Umgebung – Chemikalien, Licht, Temperatur und Ernährung – tatsächlich Gene und ihre Expression ändern können. ■

» Was die Natur über lange Zeiträume hinweg tut, tun wir jeden Tag, wenn wir die Umgebung, in der eine Pflanze gedeiht, plötzlich ändern. «

Jean-Baptiste Lamarck

Siehe: William Smith 115 ▪ Mary Anning 116–117 ▪ Charles Darwin 144–151 ▪ Gregor Mendel 168–173 ▪ Thomas H. Morgan 230–231 ▪ Michael Syvanen 322–323

JEDE CHEMISCHE VERBINDUNG HAT ZWEI TEILE

JÖNS JAKOB BERZELIUS (1779–1848)

IM KONTEXT

GEBIET
Chemie

FRÜHER
1704 Isaac Newton meint, dass Atome durch eine Kraft zusammengehalten werden.

1800 Alessandro Volta zeigt, dass beim Kontakt zweier verschiedener Metalle Elektrizität entstehen kann, und baut die erste Batterie.

1807 Humphry Davy entdeckt durch Elektrolyse von Salzen Natrium und andere Metalle.

SPÄTER
1857–1858 Friedrich August Kekulé und andere entwickeln das Konzept der Valenz – der Anzahl von Bindungen, die ein Atom eingehen kann.

1916 Der US-Amerikaner Gilbert Lewis entwickelt die Idee der kovalenten Bindung, in der zwei Atome sich die Elektronen teilen. Der deutsche Physiker Walther Kossel erkennt die Ionenbindung.

Der Schwede Jöns Jakob Berzelius war der Vorreiter einer ganzen Generation von Chemikern, die nach der Erfindung der Batterie eine ganze Reihe von Versuchen über die Wirkung von Elektrizität auf Chemikalien durchführten. 1819 entwickelte er die Theorie des »elektrochemischen Dualismus«, der zufolge Verbindungen entstehen, wenn Elemente mit entgegengesetzter elektrischer Ladung zusammenkommen.

» Eine feste Meinung führt uns oft zu dem Glauben, dass sie auch wahr sein müsse. Sie macht es unmöglich, Beweise zu ihrer Widerlegung zu akzeptieren. «

Jöns Jakob Berzelius

1803 hatte Berzelius zusammen mit einem Bergwerksbesitzer mithilfe einer Batterie untersucht, wie sich Salze durch Elektrizität zerlegen lassen. Alkalimetalle und Erdalkalimetalle wanderten bei der Elektrolyse zum negativen Pol der Säule, Sauerstoff, Säuren und Oxide wanderten zum positiven Pol. Berzelius schloss daraus, dass Salze aus einem (positiv geladenen) basischen Oxid und einem (negativen) sauren Oxid bestanden.

Berzelius' dualistische Theorie sollte zeigen, dass Verbindungen durch die Anziehung der entgegengesetzten elektrischen Ladungen ihrer Bestandteile zusammengehalten werden. Sie stellte sich zwar später als falsch heraus, regte aber weitere Forschungen über chemische Bindungen an. 1916 wurde erkannt, dass die »elektrische« Bindung eine Ionenbindung ist, die entsteht, wenn Atome Elektronen abgeben oder aufnehmen, also zu geladenen Ionen werden. Eine andere Bindungsart ist die »kovalente« Bindung, bei der sich mehrere Atome Elektronen teilen. ■

Siehe auch: Isaac Newton 62–69 ▪ Alessandro Volta 90–95 ▪ Joseph Proust 105 ▪ Humphry Davy 114 ▪ Friedrich August Kekulé 162–167 ▪ Linus Pauling 264–269

DER ELEKTRISCHE KONFLIKT IST NICHT AUF DEN LEITENDEN DRAHT BESCHRÄNKT

HANS CHRISTIAN ØRSTED (1777–1851)

IM KONTEXT

GEBIET
Physik

FRÜHER
1600 William Gilbert führt die ersten Versuche zu Elektrizität und Magnetismus durch.

1800 Alessandro Volta baut die erste elektrische Batterie.

SPÄTER
1820 André-Marie Ampère formuliert eine mathematische Theorie des Elektromagnetismus.

1821 Michael Faraday zeigt mit dem Bau des ersten Elektromotors die elektromagnetische Rotation.

1831 Michael Faraday und Joseph Henry entdecken unabhängig voneinander die elektromagnetische Induktion. Faraday nutzt sie im Generator.

1864 James Clerk Maxwell formuliert einen Satz von Gleichungen für die elektromagnetischen Wellen, inklusive Licht.

Die Suche nach einer verborgenen Einheit aller Kräfte ist so alt wie die Forschung selbst. Der erste Durchbruch kam 1820, als der dänische Physiker Hans Christian Ørsted die Verbindung zwischen Magnetismus und Elektrizität entdeckte. Eine solche Verbindung hatte bereits der deutsche Chemiker und Physiker Johann Wilhelm Ritter vermutet, den er 1801 traf. Schon durch die Philosophie Immanuel Kants beeinflusst, dass es in der Natur eine Einheit gebe, begab sich Ørsted ernsthaft auf die Suche.

»Es scheint, dass der elektrische Konflikt nicht auf den leitenden Draht beschränkt ist, sondern dass er eine weit ausgedehnte Aktivitätssphäre um sich herum hat.«

Hans Christian Ørsted

Zufällige Entdeckung

Ørsted wollte seinen Studenten zeigen, dass der Strom aus einer Volta'schen Säule einen Draht erhitzt und zum Glühen bringt. Er sah, dass eine Kompassnadel in der Nähe des Drahtes sich immer dann bewegte, wenn der Strom angeschaltet wurde. Dies war der erste Beweis für eine Verbindung zwischen Elektrizität und Magnetismus. Weitere Untersuchungen überzeugten ihn davon, dass der Stromfluss durch den Draht ein kreisförmiges Magnetfeld erzeugt.

Ørsteds Entdeckung führte sehr schnell dazu, dass Forscher in ganz Europa den Elektromagnetismus untersuchten. Noch im selben Jahr formulierte der französische Physiker André-Marie Ampère eine mathematische Theorie für das neue Phänomen, und 1821 zeigte Michael Faraday, dass eine elektromagnetische Kraft elektrische Energie in mechanische umwandeln kann. ■

Siehe auch: William Gilbert 44 ▪ Alessandro Volta 90–95 ▪ Michael Faraday 121 ▪ James Clerk Maxwell 182–187

EINES TAGES, SIR, KÖNNEN SIE DIES BESTEUERN

MICHAEL FARADAY (1791–1867)

IM KONTEXT

GEBIET
Physik

FRÜHER
1800 Alessandro Volta erfindet die elektrische Batterie.

1820 Hans Christian Ørsted entdeckt, dass Elektrizität ein Magnetfeld erzeugt.

1820 André-Marie Ampère formuliert eine mathematische Theorie des Elektromagnetismus.

SPÄTER
1830 Joseph Henry baut einen starken Elektromagneten.

1845 Faraday weist die Verbindung zwischen Licht und Elektromagnetismus nach.

1878 Sigmund Schuckert baut in Schloss Linderhof ein Kraftwerk und die erste elektrische Beleuchtung Bayerns.

1882 Thomas Alva Edison baut ein Kraftwerk für die elektrische Beleuchtung in Manhattan (New York).

Michael Faradays Entdeckung der Grundlagen des Elektromotors und des elektrischen Generators bahnte der elektrischen Revolution den Weg, der unsere Zivilisation sehr viel verdankt, von Beleuchtung bis Telekommunikation. Faraday selbst erkannte bereits den Wert der Entdeckungen – und die Steuereinnahmen, die sie generieren konnten.

1821, ein paar Monate, nachdem er von Ørsteds Entdeckung der Verbindung zwischen Elektrizität und Magnetismus gehört hatte, zeigte Faraday, wie sich ein Magnet um einen elektrischen Draht und ein elektrischer Draht um einen Magneten bewegt. Der Draht erzeugt ein kreisförmiges Magnetfeld, das wiederum eine Tangentialkraft auf den Magneten ausübt, sodass eine kreisförmige Bewegung entsteht. Das ist das Prinzip des Elektromotors: Durch die schnelle Änderung der Stromrichtung entsteht eine Drehbewegung, weil sich jeweils auch die Richtung des erzeugten Magnetfelds entsprechend ändert.

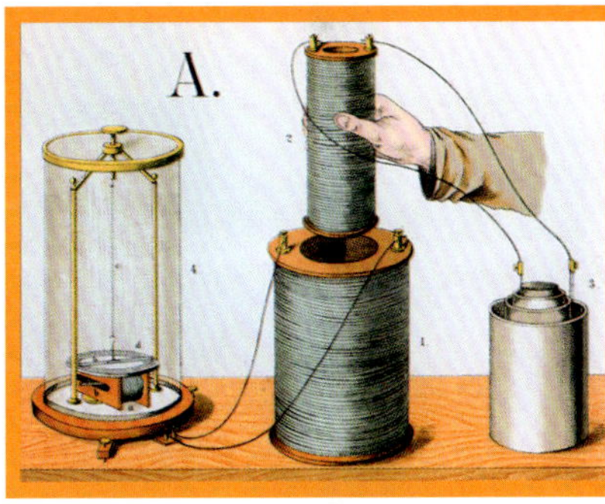

In Faradays Anordnung zum Nachweis der elektromagnetischen Induktion fließt ein Strom durch die kleine Magnetspule. Wenn sie in die große Spule geschoben wird, wird darin ein Strom induziert.

Elektrischer Generator

Zehn Jahre später machte Faraday eine noch wichtigere Entdeckung: Ein sich bewegendes Magnetfeld kann einen elektrischen Strom »induzieren«. Diese Entdeckung, die etwa gleichzeitig auch der Amerikaner Joseph Henry machte, ist die Grundlage zur Erzeugung von Elektrizität: Die elektromagnetische Induktion wandelt die Bewegungsenergie einer sich drehenden Turbine in elektrischen Strom um. ■

Siehe auch: Alessandro Volta 90–95 ▪ Hans Christian Ørsted 120 ▪ James Clerk Maxwell 182–187

DIE WÄRME DURCHDRINGT JEDE SUBSTANZ IM UNIVERSUM

JOSEPH FOURIER (1768–1830)

IM KONTEXT

GEBIET
Physik

FRÜHER
1761 Joseph Black entdeckt die latente Wärme – die Wärme, die Eis beim Schmelzen und Wasser beim Sieden ohne Temperaturerhöhung aufnimmt. Er untersucht auch die spezifische Wärme, die benötigt wird, um Substanzen um ein bestimmtes Maß zu erwärmen.

1783 Antoine Lavoisier und Pierre-Simon Laplace messen die latente und die spezifische Wärme.

SPÄTER
1824 Der französische Militäringenieur Nicolas Sadi Carnot entwickelt die erste Theorie für Wärmekraftmaschinen und legt damit die Grundlagen für die Thermodynamik.

1834 Émile Clapeyron zeigt, dass Energie sich mit der Zeit diffus verteilt – das zweite Gesetz der Thermodynamik.

Wärme durchdringt jede Substanz im Universum.

↓

Es gibt einen **Temperaturgradienten** zwischen warmen und kühleren Orten.

↓

Die **Wärme** wird entlang dieser Temperaturgradienten **in einer wellenartigen Bewegung übertragen.**

↓

Mathematisch lässt sich diese Bewegung durch eine **Reihe von Sinus- und Kosinusfunktionen** beschreiben.

Der französische Mathematiker Joseph Fourier war ein Pionier, der als einer der Ersten die Wärme und ihre Ausbreitung von warmen zu kalten Objekten und Orten untersuchte. Er interessierte sich sowohl dafür, wie Wärme mithilfe der Konduktion die Körper durchdringt, als auch dafür, wie Körper durch Wärmeverlust abkühlen.

Sein Landsmann, der Physiker Jean-Baptiste Biot, hatte sich die Wärmeausbreitung als »sprunghaft« vorgestellt, mit kontinuierlichen Sprüngen von warmen zu kalten Orten. Mathematisch stellte er den Wärmefluss in einem Körper durch eine Reihe von Schnitten dar, sodass er sich mathematisch mit einfachen Gleichungen als Sprung von einer Scheibe zur nächsten beschreiben ließ.

Temperaturgradienten

Fourier betrachtete den Wärmefluss ganz anders: Er konzentrierte sich auf Temperaturgradienten, also allmähliche Abstufungen zwischen warmen und kalten Orten. Da sie sich mit konventionellen Gleichungen nicht behandeln ließen, entwickelte er neue mathematische Verfahren. Er ging von Wellen und

Siehe auch: Isaac Newton 62–69 ▪ Joseph Black 76–77 ▪ Antoine Lavoisier 84 ▪ Charles Keeling 302–303

» Die Mathematik vergleicht die unterschiedlichsten Phänomene und entdeckt die verborgenen Analogien, die sie verbinden. «

Joseph Fourier

deren mathematischer Behandlung aus. Jede wellenähnliche Bewegung – nichts anderes ist ein Temperaturgradient – lässt sich durch die Addition einfacher Wellen nähern, unabhängig von der Form der Ausgangswelle. Die einfachsten Wellen, die addiert werden, sind der Sinus und der Kosinus, wie sie aus der Trigonometrie bekannt sind. Sie lassen sich mathematisch als Reihen (Summen) schreiben. Jede einzelne dieser Wellen bewegt sich gleichförmig von einem Berg zu einem Tal. Addiert man nun immer mehr dieser einfachen Wellen, kann man auf diese Weise jede andere Art von Wellen annähern. Solche unendlichen Summen werden heute Fourier-Reihen genannt.

Fourier veröffentlichte seine Idee 1807, erntete jedoch anfangs Kritik. Erst 1822 wurden seine Arbeiten wirklich akzeptiert. In Fortführung seiner Untersuchungen zur Wärme befasste sich Fourier 1824 mit der Differenz zwischen der Wärme, die die Erde von der Sonne aufnimmt, und der Wärme, die sie ins All abstrahlt. Als Ursache für die angesichts der weiten Entfernung von der Sonne angenehmen Temperaturen auf der Erde sah er die Gase in der Atmosphäre, die Wärme speichern und ihre Abstrahlung ins All verhindern – heute nennt man das den Treibhauseffekt.

Die Fourier-Analyse wird heute nicht nur beim Wärmetransport verwendet, sondern bei einer ganzen Reihe von Problemen an vorderster Front der Wissenschaft, von Akustik, Elektrotechnik und Optik bis hin zur Quantenmechanik. ■

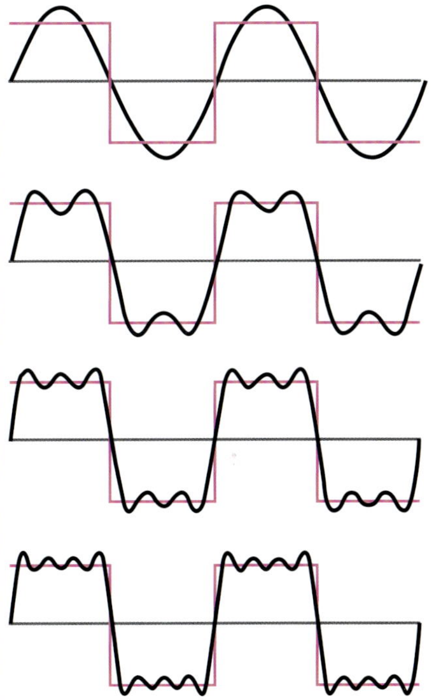

Eine Fourier-Reihe kann Wellen beliebiger Gestalt annähern – selbst die hier gezeigte Rechteckwelle (rosa). Je mehr Sinuswellen in der Reihe berücksichtigt werden, desto besser wird die Näherung. Die ersten vier Näherungen der Reihe (schwarz dargestellt) enthalten jeweils eine Sinuswelle mehr.

Joseph Fourier

Der als Sohn eines Schneiders im französischen Auxerre geborene Joseph Fourier wurde mit zehn Jahren zur Waise und kam auf eine Klosterschule, dann auf eine Militärschule, wo sich seine mathematische Begabung zeigte. Frankreich steckte damals in den Wirren der Revolution und sogar Fourier wurde 1794 kurz gefangen genommen.

Nach der Revolution begleitete Fourier 1798 Napoleon bei dessen Invasion von Ägypten und wurde beauftragt, die antiken ägyptischen Reliefs zu untersuchen. Nach seiner Rückkehr 1801 wurde er Gouverneur des Departements Isère in den Alpen. Neben seinen Pflichten wie der Überwachung des Straßenbaus und der Entwässerungspläne schrieb er bahnbrechende Studien über das antike Ägypten und begann Untersuchungen zur Wärmeausbreitung. Er starb 1830 bei einem Treppensturz.

Hauptwerke

1822 *Théorie analytique de la chaleur*
1831 *Die Auflösung der bestimmten Gleichungen* (dt. 1902)

DIE KÜNSTLICHE HERSTELLUNG ORGANISCHER SUBSTANZEN

FRIEDRICH WÖHLER (1800–1882)

IM KONTEXT

GEBIET
Chemie

FRÜHER
um 1770 Antoine Lavoisier zeigt, dass Wasser und Salz nach dem Erhitzen ihren früheren Zustand annehmen, Zucker und Holz aber nicht.

1807 Jöns Jakob Berzelius sieht organische und anorganische Stoffe als grundlegend verschieden an.

SPÄTER
1852 Edward Franklin spricht von Valenz – der Fähigkeit von Atomen, sich zu verbinden.

1858 Archibald Couper erklärt den Mechanismus der Valenz.

1858 Couper und Friedrich August Kekulé erkennen, dass organische Stoffe Ketten von Kohlenstoffatomen mit Seitenketten anderer Atome sind.

1922 Das Bosch-Meiser-Verfahren zur Harnstoffsynthese wird patentiert.

Im Jahr 1807 hatte der schwedische Chemiker Jöns Jakob Berzelius behauptet, es gäbe einen grundlegenden Unterschied zwischen den Chemikalien in Lebewesen und allen anderen Chemikalien. Diese einzigartigen »organischen« Chemikalien sollten auch nur in und von Lebewesen selbst hergestellt werden können, nicht aber künstlich. Diese Vorstellung passte zu der herrschenden Theorie der »Lebenskraft«, der zufolge alles Leben nach Gesetzen funktionierte, die für Chemiker unergründlich waren. Es war daher eine Überraschung, als der deutsche Chemiker Friedrich Wöhler beweisen konnte, dass organische Chemikalien keineswegs so einzigartig sind, sondern denselben Regeln unterliegen wie alle anderen Chemikalien auch.

Harnstoff ist reich an Stickstoff und wird in vielen Kunstdüngern verwendet. Synthetischer Harnstoff, erstmals von Wöhler hergestellt, ist heute eine Schlüsselsubstanz der Chemieindustrie.

Heute wissen wir, dass organische Verbindungen aus einer Vielzahl von Molekülen auf der Basis von Kohlenstoff bestehen. Diese Moleküle sind tatsächlich die Bausteine des Lebens, doch viele von ihnen lassen sich – wie Wöhler entdeckte – aus anorganischen Chemikalien synthetisieren.

Chemische Konkurrenz

Der Durchbruch gelang Wöhler nach einer wissenschaftlichen Auseinandersetzung: In den frühen 1820er-Jahren ermittelten er und der Chemiker Justus von Liebig dieselbe chemische Zusammensetzung für zwei scheinbar völlig unterschiedliche Substanzen: den Sprengstoff Silberfulminat und das nicht explosive Silbercyanat. Beide nahmen an, der jeweils andere habe das falsche Ergebnis erzielt, doch sie stellten fest, dass sie beide recht hatten. Dies führte zu der Erkenntnis, dass Chemikalien nicht nur durch die

Siehe auch: Antoine Lavoisier 84 ▪ John Dalton 112–113 ▪ Jöns Jakob Berzelius 119 ▪ Leo Baekeland 142–143 ▪ Friedrich August Kekulé 162–167

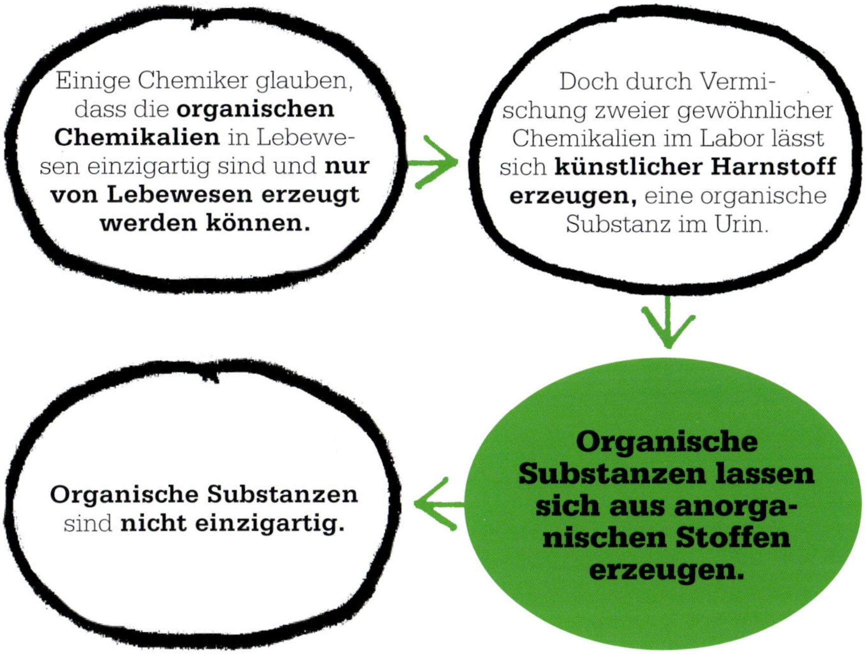

Anzahl und Art der Atome in den Molekülen charakterisiert sind, sondern auch durch deren Anordnung. Dieselbe Formel kann daher für verschiedene Substanzen mit unterschiedlichen Eigenschaften gelten – Berzelius nannte sie später Isomere.

Wöhler und Liebig arbeiteten daraufhin freundschaftlich zusammen, doch Wöhler allein erkannte 1828 die Wahrheit über organische Chemikalien.

Die Wöhler-Synthese

Bei der Mischung von Silbercyanat mit Ammoniumchlorid erhielt Wöhler statt des erwarteten Ammoniumcyanats eine weiße Substanz mit ganz anderen Eigenschaften. Dasselbe weiße Pulver ergab sich aus Bleicyanat mit Ammoniumhydroxid. Es stellte sich als Harnstoff heraus – eine organische Substanz, Hauptbestandteil von Urin, mit derselben chemischen Zusammensetzung wie Ammoniumcyanat. Nach Berzelius' Theorie sollte Harnstoff nur von Lebewesen erzeugt werden können. Nun hatte es Wöhler aus anorganischen Chemikalien synthetisiert. Wöhler schrieb an Berzelius: »Ich muss Ihnen sagen, dass ich Harnstoff machen kann, ohne dazu Nieren … nötig zu haben«, und erklärte, dass es sich um ein Isomer von Ammoniumcyanat handelte.

Die Bedeutung der Entdeckung wurde zwar erst Jahre später erkannt, doch sie wies der Entwicklung der modernen organischen Chemie den Weg. Diese zeigte, wie alle Lebewesen von chemischen Prozessen abhängen, und ermöglichte die kommerzielle Synthese wertvoller organischer Chemikalien. 1907 wurde das synthetische Polymer Bakelit aus zwei solchen Chemikalien erzeugt, was das Zeitalter der Kunststoffe einleitete. ▪

Friedrich Wöhler

Der in Eschersheim (gehört heute zu Frankfurt am Main) geborene Friedrich Wöhler studierte zwar Geburtshilfe, seine Leidenschaft aber gehörte der Chemie. 1823 ging er zu Berzelius nach Stockholm und danach machte er eine bemerkenswerte Karriere in der chemischen Forschung.

Wöhler ist zwar vor allem für seine Harnstoffsynthese bekannt, doch er machte auch viele weitere Entdeckungen, oft zusammen mit Justus von Liebig, etwa Verfahren zur Darstellung von Aluminium, Beryllium, Yttrium, Titan und Silizium. Von ihm stammt auch die Idee von »Radikalen«, also von einfachen Molekülgruppen, aus denen andere Substanzen aufgebaut sind. Obwohl diese Theorie später widerlegt wurde, bahnte sie dem heutigen Verständnis für den Molekülaufbau den Weg. In seinen späten Jahren wurde Wöhler zu einer weithin anerkannten Autorität der Chemie von Meteoriten.

Hauptwerke

1830 *Grundriss der unorganischen Chemie*
1840 *Grundriss der organischen Chemie*

EINE ANALYTISCHE MASCHINE … WIRD DEN ZUKÜNFTIGEN KURS DER WISSENSCHAFT LEITEN

CHARLES BABBAGE (1791–1871) ADA LOVELACE (1815–1852)

IM KONTEXT

GEBIET
Computerwissenschaft

FRÜHER
um 100 v. Chr. Der Mechanismus von Antikythera (Griechenland) ist der älteste bekannte Analogcomputer.

850 n. Chr. Die Banu Musa, drei Brüder, verfassen in Bagdad das *Kitab al-Hiyal al-Nafi'ah* (*Buch der nützlichen Vorrichtungen*). Sie beschreiben darin u. a. einen Flöte spielenden Automaten.

SPÄTER
1936 Alan Turing veröffentlicht *On Computable Numbers,* in dem er eine »universelle Maschine« beschreibt.

1941 Die Z3 ist der erste vollständig programmierbare vollautomatische Computer.

2002 Techniker im Science Museum (London) stellen die Differenzmaschine fertig – nur mit Werkstoffen, die zur Zeit von Babbage verfügbar waren.

Maschinen, die man Computer nennen könnte, finden sich verstreut in der gesamten Geschichte, bis zurück zum Mechanismus von Antikythera im antiken Griechenland, der die Positionen astronomischer Objekte berechnete. Der englische Mathematiker Charles Babbage gilt jedoch wohl am häufigsten als Konstrukteur des ersten Computers und seine Mitarbeiterin Ada Lovelace als erste Programmiererin.

1823 erklärte sich die britische Regierung bereit, Babbage den Bau einer mechanischen Rechenmaschine, Differenzmaschine genannt, zu finanzieren, doch nach 20 Jahren wurde dieses komplizierte Projekt aufgegeben. Damals arbeitete Babbage – ein kluger, ehrgeiziger, aber unpraktischer Mann – bereits am nächsten Projekt, der noch komplexeren Analytischen Maschine.

Die Analytische Maschine war für Berechnungen konzipiert. Sie sollte mit Dampfkraft von einer einzigen Person betrieben werden und Anweisungen auf Lochkarten erhalten: Pappkarten mit Lochanordnungen, mit denen man schon damals mechanische Webstühle für komplizierte Webmuster »programmierte«. Babbage wollte eine

Die **Analytische Maschine** bestimmt mit dem **Ergebnis ihrer Berechnung** die **nächsten Schritte.**

So kann sie **jede vorstellbare Berechnung** durchführen.

Mit den **geeigneten Algorithmen** …

… kann die Analytische Maschine auch andere Dinge als Zahlen bearbeiten.

Siehe auch: Alan Turing 260–263 ▪ Warren McCulloch und Walter Pitts 276–277 ▪ Donald Michie 298–299 ▪ Yuri Manin 321

Babbage konnte nur Teilmodelle wie dieses bauen lassen, aber ein vollständiger Nachbau der Differenzmaschine steht heute im Science Museum, hat 25 000 Teile und wiegt 3,6 Tonnen.

Maschine erschaffen, die »ihren eigenen Schwanz erfassen« konnte, d. h., die aus den Ergebnissen ihrer Berechnungen die nächsten Schritte bestimmen konnte. Das klingt banal, würde aber ermöglichen, jede erdenkliche Berechnung durchzuführen – ein grundlegendes Merkmal heutiger Computer und damals ein gewaltiger Fortschritt. Die Analytische Maschine war somit ein Universalcomputer, der als Turing-vollständig gilt (S. 261).

Träume von Maschinen

Basierend auf Babbages Entwurf beschrieb der italienische Ingenieur Luigi Menabrea 1842 in dem Artikel *Notions sur la machine analytique de M. Charles Babbage* die Analytische Maschine. Den Artikel fand bald die englische Mathematikerin Ada Lovelace und sie übersetzte ihn ins Englische. Sie kannte Babbage und hatte sich seit vielen Jahren für seine Maschine interessiert. Lovelace verband mathematische Striktheit mit einer brillanten Vorstellungskraft, sodass sie das Potenzial der Maschine über das Rechnen hinaus erkannte. Vielleicht, meinte sie, könne sie sogar »ausgefeilte und wissenschaftliche Musikstücke beliebiger Komplexität komponieren«. Ergänzend zu Menabreas Artikel schrieb sie umfangreiche Notizen, darunter einen Algorithmus, mit dem die Maschine Bernoulli-Zahlen berechnen sollte. Er gilt heute als das erste vollständige Computerprogramm.

Wie die Differenzmaschine wurde auch die Analytische Maschine nie gebaut. Zwar dauerte es noch mehr als ein Jahrhundert bis zum ersten Universalcomputer (der elektromechanischen Z3), doch Babbages Hardware und Lovelaces Software gelten meist als die Wurzel der modernen Datenverarbeitung. ▪

Charles Babbage und Ada Lovelace

Charles Babbage studierte Mathematik an der Universität Cambridge, wo er später Professor wurde. Er war Mitglied der Royal Society und Mitbegründer der Royal Astronomical Society und der Royal Statistical Society. 1821 begann er mit der Arbeit an der Differenzmaschine, stellte diese jedoch 1832 ein und erdachte die Analytische Maschine. Er starb 1871 in London.

Ada King, Gräfin von Lovelace (geb. Byron), war das einzige legitime Kind des Dichters Lord Byron. Obwohl ihre Ausbildung nichts mit Poesie zu tun hatte (Mathematik und Naturwissenschaft), nannte sie ihre Arbeit »poetische Wissenschaft«. Mit 18 Jahren traf sie Babbage und arbeitete bald mit ihm zusammen. Nach einem Leben voller Probleme – u. a. würde man ihr heute eine Spielsucht zuschreiben – starb sie 1852 in London an Krebs.

Hauptwerke

1843 *»Notes«*

»Die Analytische Maschine erhebt keinerlei Anspruch darauf, etwas zu erfinden. Sie kann alles tun, was wir ihr zu befehlen wissen.«

Ada Lovelace

DER WIND BLÄST NIEMALS GERADEAUS

GASPARD-GUSTAVE DE CORIOLIS (1792–1843)

IM KONTEXT

GEBIET
Meteorologie

FRÜHER

1684 Isaac Newton führt die Idee der Zentripetalkraft ein, nach der sich ein Körper nur auf gekrümmter Bahn bewegt, wenn eine Kraft auf ihn wirkt.

1735 George Hadley behauptet, Passatwinde wehten zum Äquator hin, weil die Erdrotation Windströmungen ablenke.

SPÄTER

1851 Léon Foucault zeigt, dass sich ein schwingendes Pendel durch die Erdrotation dreht.

1856 Der amerikanische Meteorologe William Ferrel zeigt, dass Wind parallel zu den Isobaren strömt: Das sind Linien, die Punkte gleichen Luftdrucks verbinden.

1857 Dem Niederländer Christophorus Buys Ballot zufolge befindet sich ein Tiefdruckgebiet links von einem Ort, wenn der Wind von hinten kommt.

Luft- und Meeresströmungen fließen nicht genau geradeaus. Einmal in Bewegung, werden sie auf der Nordhalbkugel nach rechts, auf der Südhalbkugel nach links abgelenkt. Der französische Forscher Gaspard-Gustave de Coriolis entdeckte in den 1830er-Jahren das zugrunde liegende Prinzip: den Coriolis-Effekt.

Ablenkung durch Rotation

Coriolis entwickelte seine Idee bei Untersuchungen von Wasserrädern, doch die Meteorologen erkannten später, dass sie auch auf Luft- und Wasserströmungen anwendbar ist.

Wenn sich ein Körper auf einer rotierenden Fläche bewegt, scheint sein Impuls ihn auf eine gekrümmte Bahn zu treiben. Man stelle sich vor, ein Ball würde vom Mittelpunkt eines rotierenden Karussells nach außen geworfen. Von der Mitte aus gesehen, beschreibt der Ball scheinbar eine gekrümmte Bahn, doch für einen Außenstehenden bewegt er sich auf einer geraden Bahn.

Auch die Winde auf der rotierenden Erde werden so abgelenkt.

Die Erdrotation lenkt Winde auf der Nordhalbkugel nach rechts und auf der Südhalbkugel nach links ab.

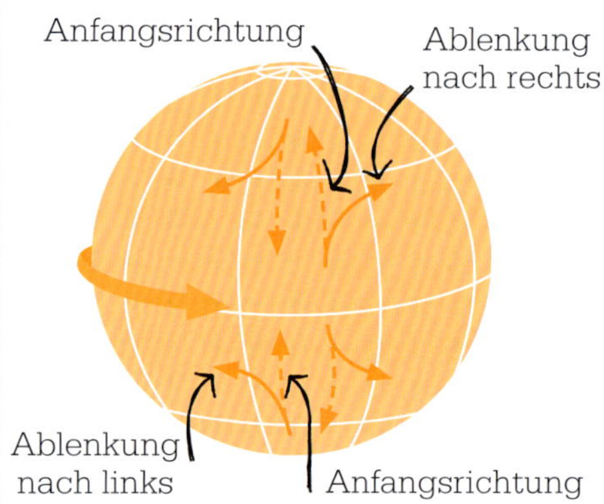

Ohne den Coriolis-Effekt würde ein Wind einfach geradeaus von einem Gebiet mit hohem in ein Gebiet mit niedrigem Luftdruck strömen. Doch in Wirklichkeit wird er aufgrund des Coriolis-Effekts abgelenkt. Daher umkreisen Winde ein Tiefdruckgebiet auf der Nordhalbkugel gegen und auf der Südhalbkugel im Uhrzeigersinn. Auch Meeresströmungen zirkulieren in riesigen Wirbeln, auf der Nordhalbkugel im Uhrzeigersinn, auf der Südhalbkugel entgegengesetzt. ■

Siehe auch: George Hadley 80 ▪ Robert FitzRoy 152–157

DAS FARBIGE LICHT DER DOPPELSTERNE

CHRISTIAN DOPPLER (1803–1853)

IM KONTEXT

GEBIET
Physik

FRÜHER
1677 Ole Rømer ermittelt mithilfe der Jupitermonde die Lichtgeschwindigkeit.

SPÄTER
um 1840 Der Meteorologe Christophorus Buys Ballot wendet die Doppler-Verschiebung auf Schallwellen an, der Physiker Hippolyte Fizeau auf elektromagnetische Wellen.

1868 Der britische Astronom William Huggins bestimmt mithilfe der Rotverschiebung die Geschwindigkeit eines Sterns.

1929 Edwin Hubble verbindet die Rotverschiebung von Galaxien mit ihrer Entfernung von der Erde und zeigt die Expansion des Universums.

1988 Mithilfe der Doppler-Verschiebung des emittierten Lichts eines Sterns wird der erste extrasolare Planet nachgewiesen.

Die Farbe des Lichts hängt von seiner Frequenz ab, also der Anzahl der Wellen pro Sekunde. Bewegt sich ein Absender von Wellen auf uns zu, legt die zweite Welle bereits eine kürzere Strecke zurück als die erste und kommt daher früher an, als wenn der Sender stillstünde. Die Frequenz der Wellen nimmt also zu, wenn Quelle und Empfänger sich einander nähern, und nimmt ab, wenn sie sich voneinander entfernen. Da dies für alle Arten von Wellen gilt, ist dies z. B. auch der Grund für die Änderung der Tonhöhe des Martinshorns bei vorbeifahrenden Polizeiautos.

Dem bloßen Auge erscheinen die meisten Sterne weiß, im Teleskop sieht man sie aber rot, gelb oder blau. 1842 behauptete der österreichische Physiker Christian Doppler, die rote Farbe entstehe, weil sich diese Sterne von der Erde weg bewegten, sodass ihre Lichtwellen gestreckt würden. Da die längsten Wellenlängen von sichtbarem Licht rot sind, nennt man dies Rotverschiebung (Bild S. 249).

Heute weiß man, dass die Farbe der Sterne vor allem von der Temperatur abhängt (je heißer der Stern, desto blauer erscheint er). Doch durch die Doppler-Verschiebung lässt sich z. B. die Bewegung von Doppelsternen zeigen: Die Rotation zweier Sterne, die einander umkreisen, erzeugt wechselnde Rot- und Blauverschiebungen im emittierten Licht. ■

» Die Himmel zeigten ein außergewöhnliches Erscheinungsbild, denn alle Sterne direkt hinter mir waren jetzt tiefrot, während direkt vor mir violette Sterne lagen: Rubine hinter mir, Amethyste direkt voraus. «

Olaf Stapledon
in dem Roman
Der Sternenmacher (1937)

Siehe auch: Ole Rømer 58–59 ▪ Edwin Hubble 244–249 ▪ Michel Mayor 330–331

DER GLETSCHER WAR GOTTES GROSSER HOBEL

LOUIS AGASSIZ (1807–1873)

IM KONTEXT

GEBIET
Geologie

FRÜHER
1824 Der Norweger Jens Esmark behauptet, Fjorde, Findlinge und Moränen seien von Gletschern erzeugt.

1830 Charles Lyell meint, da die Naturgesetze immer gleich gewesen seien, liege der Zugang zur Vergangenheit in der Gegenwart.

1835 Der Schweizer Geologe Jean de Charpentier behauptet, die Findlinge am Genfer See seien durch Eis vom Montblanc transportiert worden.

SPÄTER
1875 Der schottische Forscher James Croll erklärt die Abkühlungen, die zu den Eiszeiten führten, mit Änderungen der Erdbahn.

1938 Der Physiker Milutin Milanković verbindet Klimaänderungen mit periodischen Änderungen der Erdbahn.

Schmelzende Gletscher hinterlassen in der Landschaft **charakteristische Spuren.**

↓

Diese Spuren werden auch in Gebieten gefunden, in denen es **keine Gletscher gibt.**

↓

An diesen Orten muss es also früher einmal **Gletscher gegeben haben.**

Wenn Gletscher über eine Landschaft streichen, hinterlässt das Spuren. Gletscher können Felsen flach schleifen oder auch abrunden, wobei meist Riefen (Kratzspuren) die Richtung verraten, in die sich das Eis bewegte. Außerdem lassen sie Findlinge zurück. Diese großen Steine wurden über lange Strecken mit dem Eis bewegt und man erkennt sie in der Regel daran, dass ihre Zusammensetzung von den anderen Steinen in der Umgebung abweicht. Viele Findlinge sind zu groß, als dass sie von Flüssen angespült werden konnten. Ein solcher Findling ist daher ein Hinweis darauf, dass sich einst ein Gletscher über das Gebiet bewegte. Ein weiterer Hinweis sind die Moränen in den Tälern. Moränen sind Geröllhaufen, die beim Wachsen des Gletschers beiseite gedrückt wurden und bei dessen Rückzug liegen geblieben sind.

Das Rätsel der Steine

Die Geologen im 19. Jahrhundert erkannten solche Riefen, Findlinge und Moränen als Hinweise auf Gletscher. Sie konnten aber nicht

Siehe auch: William Smith 115 ▪ Alfred Wegener 228–229

erklären, warum solche Merkmale auch in Gebieten zu finden waren, in denen es nirgendwo Gletscher gab. Eine Theorie behauptete, die Steine wären durch mehrere Überflutungen bewegt worden. Mit solchen Fluten ließ sich die Bewegung des Gerölls (Sand, Ton und Steine, einschließlich der Findlinge) erklären: Das Material war zurückgeblieben, als die letzte Flut zurückging. Die größten Findlinge mussten von Eisbergen aufgenommen und bei deren Schmelzen zurückgelassen worden sein. Doch die Theorie bot nicht für alles eine Erklärung.

Die Entdeckung der Eiszeit

In den Jahren zwischen 1830 und 1840 verbrachte der Schweizer Geologe Louis Agassiz mehrere Ferien in den Alpen, um Gletscher und ihre Täler zu untersuchen. Er erkannte, dass die überall – nicht nur in den Alpen – vorkommenden glazialen Merkmale erklärbar waren, wenn die Erde in der Vergangenheit weit stärker vereist gewesen war. Die heutigen Gletscher mussten die Reste von Eispanzern sein, die einst den größten Teil der Erde bedeckt hatten. Vor der Publikation seiner Theorie wollte Agassiz jedoch andere überzeugen. Er zeigte seine Belege für eine Eiszeit dem prominenten englischen Geologen William Buckland, der sie prompt akzeptierte. 1840 reisten die beiden Männer durch Schottland, um dort nach Belegen für eine Vereisung zu suchen. Anschließend stellte Agassiz seine Ergebnisse der Geologischen Gesellschaft in London vor. Doch obwohl Buckland und auch Charles Lyell – zwei führende Geologen – davon überzeugt waren, blieben die anderen Mitglieder der Gesellschaft unbeeindruckt. Eine globale Vereisung schien noch unwahrscheinlicher als eine globale Flut. Doch die Idee von Eiszeiten gewann an Zustimmung, und heute gibt es viele Belege aus verschiedenen Bereichen der Geologie, dass große Teile der Erde in der Vergangenheit mehrfach von Eis bedeckt waren. ■

Agassiz erkannte als Erster, dass große Findlinge, wie hier im Caher Valley in Irland, von uralten Gletschern hinterlassen wurden.

Louis Agassiz

Der 1807 in einem kleinen Schweizer Dorf geborene Louis Agassiz studierte Medizin, wurde dann aber Professor für Naturgeschichte. Für seine erste wissenschaftliche Arbeit, eine Klassifizierung von Süßwasserfischen aus Brasilien, untersuchte er auch fossile Fische. In den späten 1830er-Jahren weitete er seine Interessen auf Gletscher und die zoologische Klassifikation aus. 1847 ging er an die Harvard-Universität (USA).

Agassiz konnte Charles Darwins Evolutionstheorie nie akzeptieren. Für ihn waren alle Arten »Ideen im göttlichen Geist«, und alle Arten waren eigens für ihren Lebensraum geschaffen worden. Er hing dem sogenannten Polygenismus an, demzufolge die verschiedenen Menschenrassen keinen gemeinsamen Vorfahren hatten, sondern einzeln von Gott geschaffen worden waren. In letzter Zeit kreidet man ihm sein offenbares Eintreten für rassistische Ideen an.

Hauptwerke

1840 *Études sur les glaciers*
1842–1846 *Nomenclator Zoologicus*

DIE NATUR ALS EIN BELEBTES GANZES AUFFASSEN

ALEXANDER VON HUMBOLDT (1769–1859)

IM KONTEXT

GEBIET
Biologie

FRÜHER
5.–4. Jh. v. Chr. Griechische Philosophen sehen die Zusammenhänge zwischen Pflanzen, Tieren und ihrer Umgebung.

SPÄTER
1866 Ernst Haeckel prägt den Begriff »Ökologie«.

1895 Eugenius Warming schreibt das erste Universitätslehrbuch für Ökologie.

1935 Alfred Tansley prägt den Begriff »Ökosystem«.

1962 Rachel Carson warnt in ihrem Buch *Der stumme Frühling* vor den Gefahren der Insektizide.

1969 Gründung von *Friends of the Earth* und *Greenpeace*.

1972 Die Gaia-Hypothese von James Lovelock fasst die Erde als einen Organismus auf.

Die Untersuchung des Zusammenhangs zwischen der belebten und der unbelebten Welt, die Ökologie, wurde erst in den letzten 150 Jahren Gegenstand wissenschaftlicher Untersuchungen. Der Evolutionsbiologe Ernst Haeckel prägte 1866 den Begriff »Ökologie«, den er von den griechischen Wörtern *oikos* (Haus oder Haushaltung) und *logos* (Lehre oder Wissenschaft) ableitete. Als Pionier des modernen ökologischen Denkens gilt jedoch der damals schon verstorbene Gelehrte Alexander von Humboldt.

Mit seinen ausgedehnten Expeditionen und Schriften verfolgte Humboldt einen neuen Ansatz. Er versuchte, die Natur als ein einheitliches Ganzes zu erfassen, und setzte dazu alle physikalischen Wissenschaften in Zusammenhang. Er nutzte modernstes wissenschaftliches Gerät, intensive Beobachtung und genaue Datenanalysen in zuvor nie da gewesenem Maßstab.

Krokodilszähne

Humboldts ganzheitlicher Ansatz war zwar neu, doch geht das Konzept der Ökologie auf die Naturgeschichte der alten Griechen zurück.

»Was mir den Hauptantrieb gewährte, war das Bestreben, die Erscheinungen der körperlichen Dinge in ihrem allgemeinen Zusammenhange, die Natur als ein durch innere Kräfte bewegtes und belebtes Ganzes aufzufassen.«

Alexander von Humboldt

So beschrieb Herodot im 5. Jahrhundert v. Chr. in einer der ersten Untersuchungen über gegenseitige Abhängigkeit Krokodile am Nil, die ihr Maul öffnen, damit Vögel ihre Zähne reinigen.

Ein Jahrhundert später führten Beobachtungen von Aristoteles und seinem Schüler Theophrastus über die Wanderung, Verteilung und das Verhalten der Arten zu einer frühen Version des Konzepts der ökologischen Nische – einem besonderen Ort in der Natur, der das Leben der dort ansässigen Arten prägt und der seinerseits von ihnen geprägt wird. Theophrastus führte ausgedehnte Studien von Pflanzen durch und erkannte die Bedeutung von Klima und Boden für ihr Wachstum und ihre Verteilung. Diese Ideen beeinflussen die Naturphilosophie der nächsten 2000 Jahre.

Humboldts Team bestieg 1803 den Jorullo-Vulkan (Mexiko), nur 44 Jahre nach dessen Entstehung. Er prüfte, wo welche Pflanzen lebten, und verband so Geologie, Meteorologie und Biologie.

Siehe auch: Jean-Baptiste Lamarck 118 ▪ Charles Darwin 144–151 ▪ James Lovelock 319

Vereinigung der Kräfte

Humboldts Ansatz der Naturbeschreibung wurzelt in der romantischen Tradition des späten 18. Jahrhunderts: Wesentlich waren die Sinne, die Beobachtung und die Erfahrung beim Verständnis der Welt als Ganzes. Wie seine Zeitgenossen Goethe und Schiller förderte Humboldt die Idee der Einheit (der »Gestalt«) der Natur, der Naturphilosophie und der Geisteswissenschaften. Er studierte Anatomie und Astronomie ebenso wie Mineralogie, Botanik, Handel und Linguistik und erwarb so das nötige breite Wissen für die Erforschung der Natur außerhalb Europas.

Humboldt erklärte: »Der Anblick der exotischen Pflanzen, auch der getrockneten in Herbarien, erfüllte meine Einbildungskraft mit den Genüssen, die die Vegetation wärmerer Länder gewähren muss … Ich konnte sie nicht betrachten, ohne dass mir die Idee kam, diese Gegenden zu besuchen.« Seine fünfjährige Forschungsreise durch Lateinamerika, zusammen mit dem französischen Botaniker Aimé Bonpland, war seine wichtigste Expedition. Bei der Einschiffung im Juni 1799 schrieb er: »Ich werde Pflanzen und Fossilien sammeln, mit vortrefflichen Instrumenten … nützliche astronomische Beobachtungen machen können – dies alles ist aber nicht Hauptzweck meiner Reise. Auf das Zusammenwirken der Kräfte, den Einfluss der unbelebten Schöpfung auf die belebte Tier- und Pflanzenwelt, auf diese Harmonie sollen stets meine Augen gerichtet sein!« Und so war es auch.

Neben vielen anderen Projekten maß Humboldt die Temperatur des Meerwassers und schlug den Gebrauch von »Isolinien« (Isothermen) vor, um Punkte gleicher Temperatur zu verbinden und so die globale Umwelt, insbesondere das Klima, zu charakterisieren und die klimatischen Bedingungen verschiedener Länder zu vergleichen.

Humboldt studierte als einer der ersten Forscher, wie die äußeren Bedingungen – Klima, Höhe über dem Meeresspiegel, geografische Breite und Boden – die Verteilung des Lebens beeinflussen. Mit Bonplands Hilfe kartierte er die Änderungen in Flora und Fauna zwischen dem Meeresniveau und den Höhen der Anden. 1805, ein Jahr nach seiner Rückkehr, beschrieb er in einem heute berühmten Werk über die Geografie dieses Gebiets die Querverbindungen in der Natur und erläuterte die Höhenzonen der Vegetation. Jahre später, 1851, zeigte er deren globale Gültigkeit, indem er die Höhenzonen der Anden mit denen der Alpen, der Pyrenäen, in Lappland, auf Teneriffa und im Himalaja verglich.

Die Ökologie

Ernst Haeckel, der den Begriff »Ökologie« prägte, stand ebenfalls in der Tradition, die die belebte und unbelebte Welt als Einheit betrachtete. Als Anhänger der Darwin'schen Evolutionstheorie sah er die Erde längst nicht mehr als unveränderliche Welt an. Haeckel stellte zwar die natürliche Auslese infrage, war aber davon überzeugt, dass die Umwelt sowohl in der Evolution als auch in der Ökologie eine wichtige Rolle spielte. »

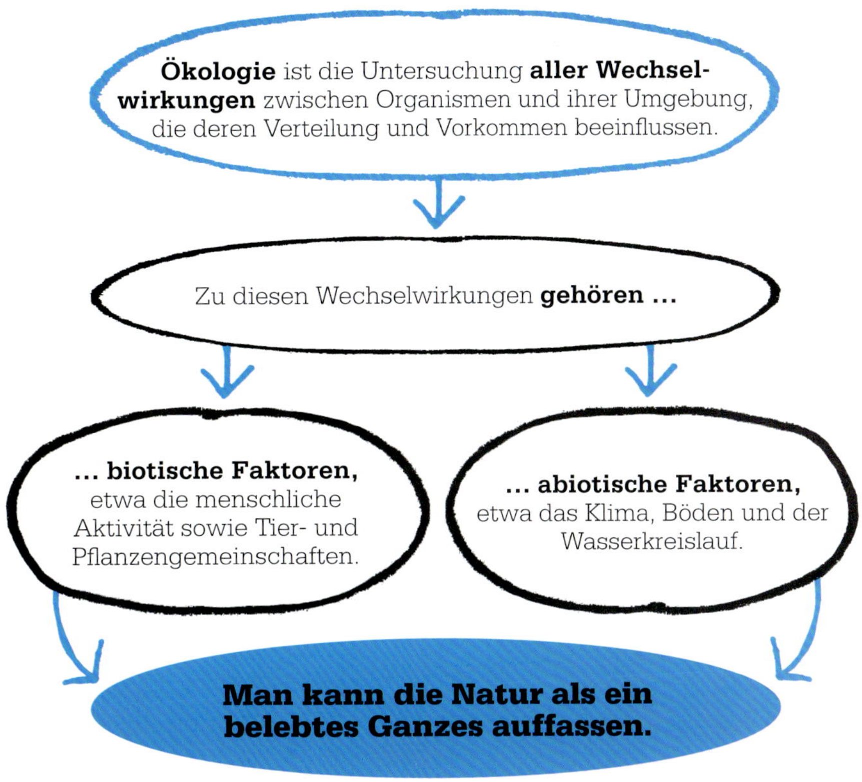

Gegen Ende des 19. Jahrhunderts hielt der dänische Botaniker Eugenius Warming die ersten Vorlesungen in Ökologie. Er schrieb 1895 auch das erste ökologische Lehrbuch *Plantesamfund* (*Pflanzenökologie*). Aus Humboldts bahnbrechendem Werk entwickelte Warming die globale geografische Einteilung der Pflanzenverteilungen in sogenannte Biome (Pflanzenkollektive) wie dem tropischen Regenwald, die vor allem durch die Wechselwirkung der Pflanzen mit ihrer Umgebung, insbesondere dem Klima, geprägt sind.

Individuum und Gemeinschaft

Im frühen 20. Jahrhundert entwickelte sich die moderne Definition der Ökologie als wissenschaftliche Untersuchung der Wechselwirkungen, die die Verteilung und das Vorkommen von Organismen bestimmen. Sie betreffen die Umwelt des Organismus und alle Faktoren, die ihn beeinflussen: die biotischen Faktoren (lebende Organismen) und die abiotischen (wie Boden, Wasser, Luft, Temperatur und Sonnenlicht). Die Themen der modernen Ökologie reichen von einzelnen Organismen bis hin zu Populationen von Individuen derselben Art oder auch zur Gesamtheit aller Populationen, die in derselben Umgebung leben.

Viele grundlegende Begriffe und Konzepte der Ökologie stammen aus dem frühen 20. Jahrhundert: Das formale Konzept der biologischen Gemeinschaft wurde 1916 von dem amerikanischen Botaniker Frederic Clements entwickelt. Seiner Ansicht nach entwickelten Pflanzen eines bestimmten Gebiets mit der Zeit eine Folge von Gemeinschaften – von der anfänglichen Pioniergemeinschaft bis zur optimalen, am höchsten entwickelten Gemeinschaft, innerhalb derer Gruppen verschiedener Arten eng zusammenhängende Einheiten bilden, ähnlich den Organen in einem Körper. Clements' Metapher für die Gemeinschaft als »komplexer Organismus« wurde zunächst kritisiert, beeinflusste aber dennoch die spätere Denkweise.

Die Idee einer weiteren ökologischen Integration auf noch höherer Ebene wurde 1935 von dem englischen Botaniker Arthur Tansley mit dem Konzept des Ökosystems eingeführt. Ein Ökosystem besteht sowohl aus belebten als auch aus unbelebten Elementen. Ihre Wechselwirkungen bilden eine stabile Einheit mit einem Energiefluss von der Umgebung zu den Lebewesen (durch die Nahrungskette). Sie bestehen auf allen Ebenen, in einer Pfütze, in einem Ozean oder über den gesamten Planeten hinweg.

Der englische Zoologe Charles Elton entwickelte 1927 nach Untersuchungen tierischer Gemeinschaften das Konzept der Nahrungskette und des Nahrungszyklus, das auch als »Nahrungsnetz« bezeichnet wird. Eine Nahrungskette entsteht durch die Energieübertragung innerhalb

» Die ganze Kette der Vergiftungen scheint auf winzigen Pflanzen zu ruhen, die als erste [das Gift] anreicherten. «

Rachel Carson

Eine Nahrungskette überträgt Energie von den Primärproduzenten (Pflanzen und Algen, die Sonnenenergie in Nahrung verwandeln) zu den Konsumenten, die Pflanzen fressen (etwa Kaninchen), und dann zu den Raubtieren, die die Konsumenten fressen.

Rachel Carson (rechts) machte auf die Umweltzerstörung durch Vergiftungen aufmerksam und leistete so einen wichtigen Beitrag zur Popularisierung der Ökologie.

eines Ökosystems von den Primärproduzenten (etwa den Grünpflanzen an Land) auf eine Reihe von Konsumenten. Elton erkannte auch, dass bestimmte Gruppen von Organismen zeitweise gewisse Nischen in der Nahrungskette besetzen. Eltons Nischen umfassen nicht nur die Habitate, sondern auch die von den Organismen genutzten Ressourcen. Die Dynamik des Energietransfers durch verschiedene Stufen der Nahrungskette wurden von den amerikanischen Ökologen Raymond Lindeman und Robert MacArthur untersucht, deren mathematische Modelle die Ökologie von einer beschreibenden zu einer experimentellen Wissenschaft machten.

Die grüne Bewegung

Wachsendes öffentliches und wissenschaftliches Interesse an der Ökologie ließ zwischen 1960 und 1980 die Umweltbewegung entstehen, gefördert durch Personen wie die amerikanische Meeresbiologin Rachel Carson. Ihr Buch *Der stumme Frühling* dokumentierte die Umweltschäden, die künstliche Chemikalien wie das Pestizid DDT verursachten. 1969 wurden die Organisationen *Greenpeace* und *Friends of the Earth* gegründet, die das Leben auf der Erde in all seiner Vielfalt erhalten wollen. Umweltschutz, die Energieerzeugung aus sauberen und erneuerbaren Quellen, Biolandbau, Recycling und Nachhaltigkeit spielen in Nordamerika und Europa eine immer wichtigere Rolle. Auch nationale Ökologieorganisationen wurden eingerichtet. In den letzten Jahrzehnten rückt der globale Klimawandel mit seinen Auswirkungen auf Umwelt und Ökosysteme, von denen viele bereits bedroht sind, immer zentraler ins Blickfeld. Mit dem Pariser Klimaabkommen von 2015 haben die Nationen zugesagt, die globale Erwärmung möglichst unter 1,5 °C zu halten. ■

Alexander von Humboldt

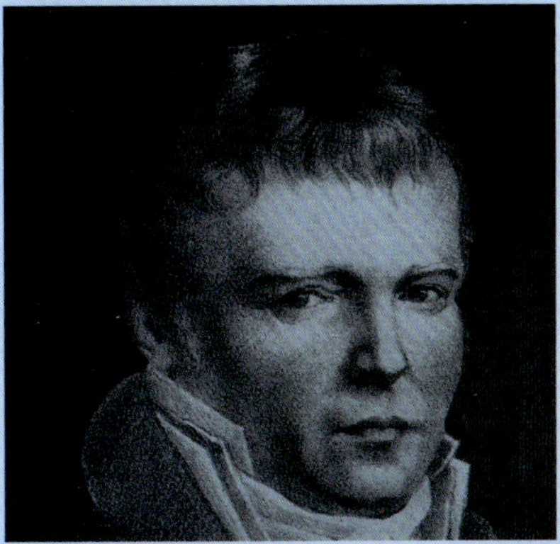

Der in Berlin geborene Sohn einer wohlhabenden und einflussreichen Familie studierte verschiedene Fächer von Kameralwissenschaft über Geologie bis zur Anatomie. Mit dem Tod seiner Mutter 1796 erbte Humboldt genügend Geld, um 1799 eine fünfjährige Forschungsreise durch Südamerika anzutreten. Begleitet wurde er von dem Botaniker Aimé Bonpland. In Südamerika befasste sich Humboldt mit allem, von Pflanzen über Populationsstatistik und Mineralien bis hin zur Meteorologie. Nach seiner Rückkehr wurde Humboldt in ganz Europa gefeiert. In Paris fasste er während der nächsten 21 Jahre seine Aufzeichnungen in über 30 Bänden zusammen. Daraus entstand schließlich das vierbändige Werk *Kosmos*, ein fünfter Band wurde nach seinem Tode im Alter von 89 Jahren fertiggestellt. Charles Darwin bezeichnete ihn als den »größten Forschungsreisenden, der je gelebt hat«.

Hauptwerke

1825 *Reise in die Äquinoktial-Gegenden des Neuen Kontinents*
1845–1862 *Kosmos*

LICHT BEWEGT SICH IN WASSER LANGSAMER ALS IN LUFT

LÉON FOUCAULT (1819–1868)

IM KONTEXT

GEBIET
Physik

FRÜHER
1676 Ole Rømer schätzt anhand einer Verfinsterung des Jupitermonds Io erstmals die Lichtgeschwindigkeit.

1690 Christiaan Huygens behauptet, Licht sei eine Welle.

1704 Isaac Newton beschreibt Licht als einen »Korpuskelstrom«.

SPÄTER
1864 James Clerk Maxwell erkennt, dass die Geschwindigkeit elektromagnetischer Wellen und die Lichtgeschwindigkeit fast gleich sind. Er zieht daraus den Schluss, dass Licht eine elektromagnetische Welle sein muss.

1887 Der amerikanische Physiker Albert Michelson will Huygens' Äther nachweisen – vergeblich.

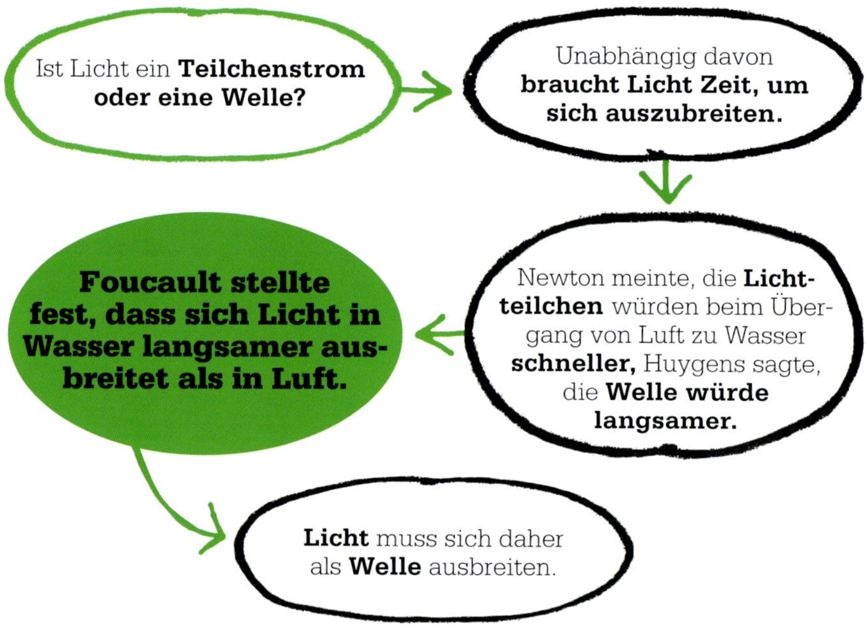

Im 17. Jahrhundert wollten Forscher ergründen, ob Licht eine endliche, messbare Geschwindigkeit habe. 1690 stellte Christiaan Huygens seine Theorie vor, Licht sei eine Druckwelle, die sich in einem rätselhaften Fluid namens Äther bewege. Er stellte sich Licht als eine Longitudinalwelle (ähnlich einer Schallwelle) vor und meinte, sie bewege sich durch Glas oder Wasser langsamer als durch Luft. 1704 beschrieb Isaac Newton das Licht als Strom von »Korpuskeln«. Seine Erklärung für die Brechung – die Richtungsänderung von Lichtstrahlen beim Übergang zwischen zwei transparenten Materialien – setzte voraus, dass Licht in Wasser oder Glas schneller war als in Luft.

Die Schätzungen der Lichtgeschwindigkeit beruhten auf astronomischen Phänomenen und zeigten, wie schnell sich Licht durchs All

Siehe auch: Christiaan Huygens 50–51 ▪ Ole Rømer 58–59 ▪ Isaac Newton 62–69 ▪ Thomas Young 110–111 ▪ James Clerk Maxwell 182–187 ▪ Albert Einstein 218–225 ▪ Richard Feynman 284–285

» Vor allem müssen wir genau sein, und das ist eine Verpflichtung, die wir gewissenhaft erfüllen wollen. «

Léon Foucault

bewegt. Die erste Messung auf der Erde führte der französische Physiker Hyppolite Fizeau 1849 durch. Ein Lichtstrahl fiel durch die Zähne eines rotierenden Zahnrads, wurde von einem acht Kilometer entfernten Spiegel reflektiert und ging dann durch die nächste Lücke zwischen den Zahnradzähnen wieder zurück. Durch eine genaue Messung der Drehgeschwindigkeit des Zahnrads, der Zeit und der Abstände berechnete Fizeau die Lichtgeschwindigkeit auf 313 000 km/s.

Widerspruch zu Newton

1850 arbeitete Fizeau mit seinem Kollegen Léon Foucault zusammen, der die Apparatur verfeinerte und verkleinerte, indem er den Lichtstrahl an einem rotierenden Spiegel reflektierte, statt ihn durch ein Zahnrad fallen zu lassen. Das auf den Drehspiegel einfallende Licht traf nur dann den weit entfernten Spiegel, wenn der Drehspiegel im richtigen Winkel stand. Das vom festen Spiegel reflektierte Licht wurde erneut vom Drehspiegel reflektiert, doch da dieser sich während der Lichtausbreitung weiter gedreht hatte, bewegte es sich nicht zurück in die Richtung der Lichtquelle. Die Lichtgeschwindigkeit ließ sich nun aus dem Winkel zwischen dem einfallenden und dem reflektierten Strahl sowie der Rotationsgeschwindigkeit des Spiegels berechnen.

Die Lichtgeschwindigkeit im Wasser ließ sich messen, indem man den Strahl durch ein Röhrchen mit Wasser schickte. Auf diese Weise zeigte Foucault, dass Licht sich in Wasser langsamer ausbreitet als in Luft. Daher, so sagte er, konnte Licht kein Teilchenstrom sein. Zur damaligen Zeit galt das Experiment als Widerlegung von Newtons Korpuskeltheorie. Foucault verfeinerte seinen Messapparat noch weiter und bestimmte 1862 die Lichtgeschwindigkeit in Luft auf 298 000 km/s – das ist ziemlich dicht an dem heutigen Literaturwert von 299 792 km/s. ■

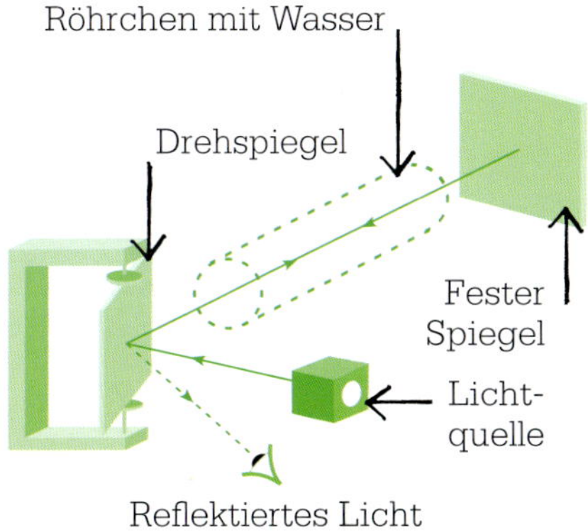

Foucault berechnete die Lichtgeschwindigkeit aus der Winkeldifferenz zwischen den an einem rotierenden und an einem festen Spiegel reflektierten Lichtstrahlen.

Léon Foucault

Der gebürtige Pariser Foucault studierte Medizin bei dem Bakteriologen Alfred Donné, doch da er den Anblick von Blut nicht ertragen konnte, gab er dieses Studium auf und entwickelte als Donnés Assistent eine Möglichkeit zum Fotografieren mikroskopischer Aufnahmen. Später gelang es ihm zusammen mit Hyppolite Fizeau, das erste Foto der Sonne aufzunehmen. Neben seinen Messungen zur Lichtgeschwindigkeit ist Foucault vor allem für den Beweis der Erddrehung mithilfe eines großen Pendels bekannt (1851). Später entwickelte er einen Kreiselkompass. Obwohl er keine formale Ausbildung hatte, wurde für ihn am Kaiserlichen Observatorium in Paris ein Posten geschaffen. Außerdem war er Mitglied verschiedener wissenschaftlicher Gesellschaften, und er wurde als einer von 72 Forschern mit einer Plakette am Eiffelturm geehrt.

Hauptwerke

1851 *Sur divers signes sensibles du mouvement diurne de la terre*
1853 *Sur les vitesses relatives de la lumière dans l'air et dans l'eau*

LEBENDIGE KRAFT KANN IN WÄRME VERWANDELT WERDEN

JAMES PRESCOTT JOULE (1818–1889)

IM KONTEXT

GEBIET
Physik

FRÜHER
1749 Die Mathematikerin Émilie du Châtelet leitet die Energieerhaltung aus den Newton'schen Gesetzen her.

1824 Laut dem Ingenieur Sadi Carnot gibt es in der Natur keine reversiblen Prozesse.

1834 Der Physiker Émile Clapeyron entwickelt Carnots Arbeit weiter zum zweiten Hauptsatz der Thermodynamik.

SPÄTER
1850 Der deutsche Physiker Rudolf Clausius gibt erstmals klare Formulierungen des ersten und zweiten Hauptsatzes der Thermodynamik.

1862 Clausius entwickelt ein theoretisches Konzept für die Entropie (ein Maß für die Unordnung) bei der Energieumwandlung.

Nach dem Energieerhaltungssatz geht Energie nicht verloren, sondern ändert nur ihre Form. Doch in den 1840er-Jahren gab es nur sehr vage Vorstellungen vom eigentlichen Wesen der Energie. Der Brauersohn James Prescott Joule zeigte, dass Wärme, mechanische Bewegung (damals auch als »lebendige Kraft« bezeichnet) und Elektrizität gleichwertige Formen der Energie sind und dass bei der Umwandlung die Gesamtenergie erhalten bleibt.

Umwandlung von Energie

Joule begann seine Versuche im heimischen Labor. 1841 fand er heraus, wie viel Wärme durch elektrischen Strom erzeugt wird. Er experimentierte auch mit der Umwandlung mechanischer Bewegung in Wärme und entwickelte eine Apparatur, in der ein fallendes Gewicht ein Schaufelrad im Wasser drehte und es so erwärmte. Durch die Temperaturerhöhung des Wassers konnte Joule genau messen, wie viel Wärme eine bestimmte Menge an mechanischer Energie erzeugt. Er wollte auch zeigen, dass bei dieser Umwandlung keine Energie verloren geht. Seine Ideen wurden weitgehend ignoriert, bis 1847 der deutsche Physiker Hermann Helmholtz die Theorie der Energieerhaltung formulierte. Daraufhin präsentierte Joule seine Arbeiten öffentlich. Die Energieeinheit Joule ist nach ihm benannt. ■

In Joules Experiment dreht das fallende Gewicht ein Schaufelrad in einem Wassergefäß. Die Bewegungsenergie wird in Wärme umgewandelt.

Siehe auch: Isaac Newton 62–69 ▪ Joseph Black 76–77 ▪ Joseph Fourier 122–123

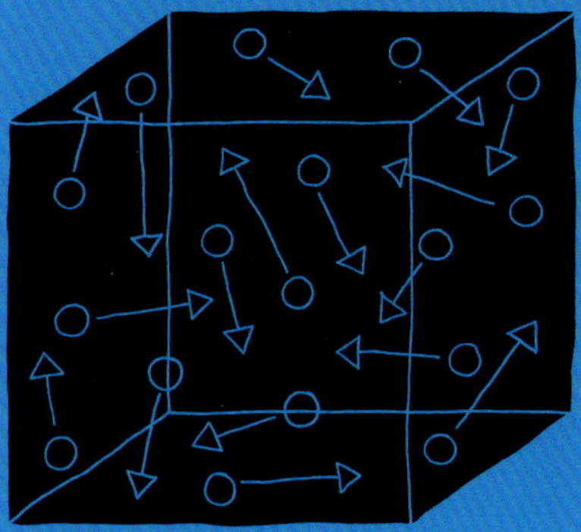

STATISTISCHE UNTERSUCHUNG DER MOLEKÜLBEWEGUNG

LUDWIG BOLTZMANN (1844–1906)

IM KONTEXT

GEBIET
Physik

FRÜHER
1738 Daniel Bernoulli behauptet, Gase bestünden aus bewegten Molekülen.

1827 Der schottische Botaniker Robert Brown erkennt die Bewegung von Pollen in Wasser, heute als Brown'sche Bewegung bezeichnet.

1845 Der schottische Physiker John Waterston beschreibt, wie die Energie der Gasmoleküle nach statistischen Regeln verteilt ist.

SPÄTER
1902 Josiah Willard Gibbs veröffentlicht *Elementary Principles in Statistical Mechanics*, das die statistische Physik formalisiert.

1905 Albert Einstein erklärt die Brown'sche Bewegung durch Stöße von Gasmolekülen.

Bis zur Mitte des 19. Jahrhunderts hatten sich die Begriffe Atom und Molekül in der Chemie durchgesetzt, und den meisten Chemikern war klar, dass sie der Schlüssel zum Erkennen der Elemente und Verbindungen und zur Erklärung ihres Verhaltens waren. Ihre Bedeutung für die Physik erkannte aber erst der österreichische Physiker Ludwig Boltzmann in den 1880er-Jahren. Er führte dort Atome und Moleküle mit seiner kinetischen Gastheorie ein.

» Der allgemeine Daseinskampf … ist daher nicht ein Kampf um die Grundstoffe … auch nicht um Energie, … sondern ein Kampf um die Entropie, welche durch den Übergang der Energie von der heißen Sonne zur kalten Erde disponibel wird. «

Ludwig Boltzmann

Im frühen 18. Jahrhundert hatte der Physiker Daniel Bernoulli behauptet, dass Gase aus vielen bewegten Molekülen bestünden. Ihr Impuls erzeuge den Druck, ihre kinetische Energie (Bewegungsenergie) die Wärme. Ab 1840 erkannten die Forscher dann, dass sich die Eigenschaften der Gase aus der Bewegung der zahllosen Teilchen ergeben. 1859 berechnete James Clerk Maxwell die Geschwindigkeit der Moleküle sowie ihre mittlere freie Weglänge und zeigte, dass die Temperatur ein Maß für die mittlere Geschwindigkeit der Moleküle ist.

Statistik über alles

Boltzmann zeigte, dass sich die Eigenschaften der Materie einfach dadurch erklären lassen, dass man die Bewegungsgesetze mit statistischen Aussagen zur Wahrscheinlichkeit kombiniert. So berechnete er die heute Boltzmann-Konstante genannte Zahl, die in einer Formel den Zusammenhang zwischen Druck und Volumen eines Gases mit der Anzahl und der Energie seiner Moleküle herstellt. ■

Siehe auch: John Dalton 112–113 ▪ James Prescott Joule 140 ▪ James Clerk Maxwell 182–187 ▪ Albert Einstein 218–225

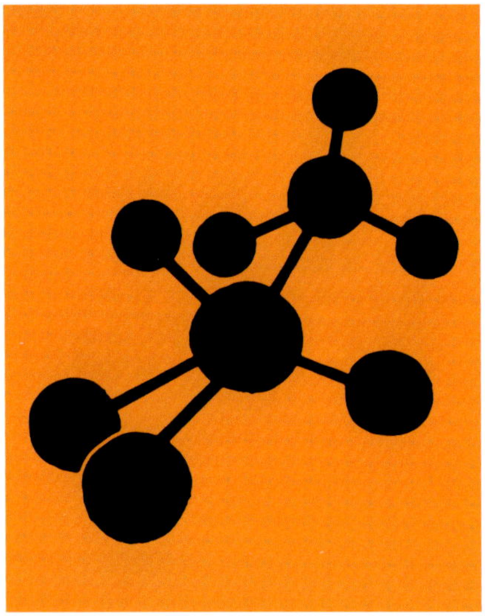

PLASTIK WOLLTE ICH EIGENTLICH NICHT ERFINDEN

LEO BAEKELAND (1863–1944)

IM KONTEXT

GEBIET
Chemie

FRÜHER
1839 Der Berliner Apotheker Eduard Simon destilliert aus dem Harz des Orientalischen Amberbaums Styrol. 100 Jahre später entwickelt die deutsche IG Farben daraus Polystyrol.

1862 Alexander Parkes entwickelt den ersten synthetischen Kunststoff, das Parkesin.

1869 Der Amerikaner John Hyatt erfindet das Zelluloid, das schon bald das Elfenbein für Billardkugeln ersetzt.

SPÄTER
1933 Eric Fawcett und Reginald Gibson entwickeln für das britische Unternehmen ICI das erste praktikable Polyethylen, heute einer der am häufigsten genutzten Kunststoffe.

1954 Der Italiener Giulio Natta und der Deutsche Karl Rehn erfinden unabhängig voneinander Polypropylen.

Die Erfindung der Kunststoffe im 19. Jahrhundert führte zur Erzeugung einer Vielzahl bis dahin unbekannter Materialien – leicht, rostfrei und gut formbar. Stoffe wie Gummi kommen zwar auch natürlich vor, doch was wir heute als Plastik bezeichnen, ist vollständig synthetisch. 1907 erfand der in Belgien geborene amerikanische Erfinder Leo Baekeland den ersten kommerziell erfolgreichen Kunststoff – Bakelit.

Die besondere Qualität der Kunststoffe liegt an der Form ihrer Moleküle. Von wenigen Ausnahmen abgesehen, werden Kunststoffe aus langen organischen Molekülen erzeugt, den Polymeren, die aus vielen kleinen Einheiten (den Monomeren) zusammengesetzt sind. Einige Polymere kommen natürlich vor, etwa Zellulose, die holzartige Substanz in Pflanzen. Und obwohl die Moleküle der natürlichen Polymere im 19. Jahrhundert

Materialien aus **langen Molekülen,** sogenannten **Polymeren,** haben besondere Eigenschaften.

→

Schellack, ein in Lacken verwendetes Harz, ist ein natürlich vorkommendes Polymer.

↓

Aus **Steinkohlenteer** lässt sich **künstlicher Schellack** herstellen.

←

Aus diesem künstlichen Polymer werden **feste, harte, leicht formbare Materialien** produziert – die Kunststoffe (Plastik).

↓

Plastik wollte ich eigentlich nicht erfinden.

Siehe auch: Friedrich Wöhler 124–125 ▪ Friedrich August Kekulé 162–167 ▪ Linus Pauling 264–269 ▪ Harold Kroto 324

» Ich wollte etwas wirklich Hartes herstellen, doch dann kam mir der Gedanke, stattdessen etwas Weiches herzustellen, das sich leicht formen lässt. So ließ ich mir den ersten Kunststoff einfallen. «

Leo Baekeland

viel zu komplex für eine Synthese waren, begannen einige Chemiker, Möglichkeiten zu ihrer künstlichen Herstellung zu suchen. 1862 erfand der britische Chemiker Alexander Parkes eine synthetische Form von Zellulose, die er Parkesin nannte. Einige Jahre später erfand der Amerikaner John Hyatt eine weitere Form davon, die als Zelluloid bekannt wurde.

Die Natur als Vorbild

Nachdem Baekeland 1890 das Fotopapier erfunden und die Idee an Kodak verkauft hatte, kaufte er ein Haus und richtete sich dort ein eigenes Labor ein. Er experimentierte mit Möglichkeiten zur Herstellung von synthetischem Schellack, einem Harz von bestimmten Schildläusen, das damals zur Oberflächenversiegelung von Möbeln und für Schallplatten verwendet wurde. Wenn er Phenolharz aus Steinkohlenteer mit Formaldehyd versetzte, konnte Baekeland eine Art Schellack künstlich herstellen. 1907 vermischte er dieses Harz mit verschiedenen Substanzen und erzeugte so einen bemerkenswert harten, formbaren Kunststoff.

Chemisch heißt dieser Kunststoff Polyoxybenzylmethylenglycolanhydrid, doch Baekeland bezeichnete ihn als Bakelit. Es handelt sich um ein »Duroplast«, also einen Kunststoff, der seine Form nach dem Erhitzen behält. Da es elektrisch isolierend und wärmebeständig war, wurde Bakelit bald für Radiogeräte, Telefone und elektrische Isolatoren verwendet, und auch weitere Anwendungen kamen rasch hinzu.

Heute gibt es Tausende von synthetischen Kunststoffen, von Plexiglas über PVC bis hin zu Zellophan, jeweils mit speziellen Eigenschaften und Anwendungen. Die meisten bestehen aus Kohlenwasserstoffen (Verbindungen aus Kohlenstoff und Wasserstoff), die aus Erdöl oder Erdgas gewonnen werden. Erst in letzter Zeit kommen auch Carbonfasern, Nanoröhrchen und andere Materialien zum Einsatz, aus denen superleichte und sehr feste Kunststoffe wie Kevlar entstehen. ■

Bakelit war wärmebeständig und elektrisch isolierend und eignete sich damit hervorragend für das Gehäuse von elektrischen Apparaten wie Telefone oder Radiogeräte.

Leo Baekeland

Baekeland stammte aus Gent in Belgien und studierte auch dort. 1889 wurde er außerordentlicher Professor für Chemie und heiratete Celine Swarts. Während ihrer Hochzeitsreise nach New York lernte Baekeland den Direktor eines bekannten Herstellers für Film- und Fotozubehör kennen. Dieser war so begeistert von Baekelands Arbeiten über fotografische Prozesse, dass er ihm eine Position als beratender Chemiker in seinem Unternehmen anbot. Baekeland zog mit seiner Frau in die USA und wurde bald selbst Geschäftsmann.

Baekeland erfand die ersten Fotopapiere, bevor er das Bakelit entwickelte, das ihn reich machte. Von ihm stammen, abgesehen von Kunststoffen, noch etliche weitere Erfindungen. Insgesamt hielt er mehr als 50 Patente. In seinen späten Lebensjahren lebte Baekeland als exzentrischer Einsiedler, der sich ausschließlich aus Konservendosen ernährte. Er starb 1944 in New York.

Hauptwerk

1909 *Aufsatz über Bakelit für die American Chemical Society*

DIESES PRINZIP NENNE ICH DIE NATÜRLICHE AUSLESE

CHARLES DARWIN (1809–1882)

IM KONTEXT

GEBIET
Biologie

FRÜHER
1794 Erasmus Darwin (Charles' Großvater) erläutert in *Zoonomia* seine Vorstellung der Evolution.

1809 Jean-Baptiste Lamarck stellt eine Form der Evolution durch Vererbung erworbener Eigenschaften vor.

SPÄTER
1937 Theodosius Dobzhansky veröffentlicht seine experimentellen Belege für die genetische Basis der Evolution.

1942 Ernst Mayr definiert das Konzept der Art durch Populationen, die sich nur untereinander fortpflanzen.

1972 Niles Eldredge und Stephen Jay Gould behaupten, Evolution trete meist in kurzen Schüben auf und zwischen ihnen lägen lange Phasen der Stabilität.

Die meisten Organismen produzieren **mehr Nachkommen,** als aufgrund von Problemen wie Nahrungsmangel oder Lebensraum **überleben können.**

Jeder Nachkomme kann von den anderen in vielfältiger Weise **abweichen.**

Solche Abweichungen bedeuten, dass **einige Nachkommen besser** an den Kampf ums Dasein **angepasst** sind.

Wenn diese Individuen **ihre vorteilhaften Merkmale** an ihre Nachkommen vererben, werden auch sie überleben.

Ich nenne dieses Prinzip die »natürliche Auslese«.

Der britische Naturforscher war keineswegs der Erste, der bezweifelte, dass Pflanzen, Tiere und andere Organismen unveränderlich waren. Wie bereits andere vor ihm behauptete Darwin, die Arten veränderten sich mit der Zeit in einer »Evolution«. Sein großer Beitrag war es zu zeigen, wie diese Evolution durch einen Prozess, den er »natürliche Auslese« nannte (anfangs übersetzt als »natürliche Züchtung«), vonstatten geht. Er stellte seine zentrale Idee in dem Buch *Entstehung der Arten im Thier- und Pflanzen-Reich durch natürliche Züchtung, Erhaltung der vervollkommneten Rassen im Kampfe um's Daseyn* vor, das 1859 in London erschien.

»Einen Mord gestehen«

Die *Entstehung der Arten* stieß auf Widerstand in Wissenschaft und Öffentlichkeit. Es traf zwar keine Aussage zur religiösen Lehre, nach der die Arten von Gott geschaffen und unveränderlich sein sollten, doch die Ideen des Buches veränderten allmählich die wissenschaftliche Sichtweise auf die Welt. Die Kernaussage bildet die Basis für die gesamte moderne Biologie, und zwar durch eine einfache, aber enorm wirkmächtige Erklärung der Lebensformen in Vergangenheit und Gegenwart.

Als Darwin das Buch schrieb, war ihm der mögliche Vorwurf der Blasphemie sehr wohl bewusst. 15 Jahre vor der Veröffentlichung schrieb er einem Vertrauten, dem Botaniker Joseph Hooker, seine Theorie brauche weder einen Gott noch unveränderliche Arten: »Ich bin (entgegen meiner ursprünglichen Auffassung) nun beinahe überzeugt, dass die Arten (es ist,

Siehe auch: James Hutton 96–101 ▪ Jean-Baptiste Lamarck 118 ▪ Gregor Mendel 168–173 ▪ Thomas Henry Huxley 174–175 ▪ Thomas Hunt Morgan 230–231 ▪ Barbara McClintock 283 ▪ James Watson und Francis Crick 288–295 ▪ Michael Syvanen 322–323

»Die Schöpfung ist kein Ereignis, das 4004 v. Chr. stattgefunden hat. Sie ist ein Prozess, der vor rund zehn Milliarden Jahren begann und noch heute abläuft.«

Theodosius Dobzhansky

als müsse ich einen Mord gestehen) nicht unveränderlich sind.« Darwins Ansatz für die Evolution war, wie alle seine Arbeiten zur Naturgeschichte, vorsichtig und bedächtig. Er ging Schritt für Schritt vor und sammelte zahllose Belege. Fast 30 Jahre lang brachte er seine breiten Kenntnisse über Fossilien, Geologie, Pflanzen, Tiere und Züchtung mit den Vorstellungen aus Demografie, Ökonomie und vielen anderen Feldern zusammen. Die darauf beruhende Theorie der Evolution durch natürliche Auslese gilt als eine der größten wissenschaftlichen Leistungen überhaupt.

Die Rolle Gottes

In der viktorianischen Gesellschaft des frühen 19. Jahrhunderts wurden die Fossilien breit diskutiert. Einige betrachteten sie als natürlich entstandene Steine, die nichts mit Lebewesen zu tun hatten. Andere sahen darin ein Werk Gottes, um den Glauben zu testen, oder sie hielten sie für Reste von Geschöpfen, die irgendwo auf der Welt noch lebten, denn Gott habe alles in rechter Ordnung erschaffen. 1796 erkannte der französische Naturforscher Georges Cuvier, dass bestimmte Fossilien, etwa von Riesenfaultieren oder Mammuts, zu ausgestorbenen Arten gehörten. Er konnte dies mit seinen Glaubensüberzeugungen nur durch die Annahme von Katastrophen wie z. B. Sintfluten in Einklang bringen. Jede dieser Katastrophen musste eine ganze Reihe von Lebewesen getötet haben, doch Gott hatte die Erde mit neuen Arten gefüllt. Zwischen den Katastrophen aber blieb jede Art fest und unveränderlich. Diese Theorie, der »Katastrophismus«, wurde 1813 weit bekannt, als Cuvier ein Buch darüber schrieb.

Doch zu diesem Zeitpunkt waren bereits verschiedene Ideen über eine Evolution in Umlauf. Erasmus Darwin, der freidenkerische Großvater von Charles, hatte eine eigene frühe Theorie, aber einflussreicher waren die Ideen von Jean-Baptiste Lamarck, Zoologieprofessor am französischen Nationalmuseum für Naturgeschichte. Seine *Philosophie Zoologique* von 1809 beschrieb wohl die erste voll ausgebildete Evolutionstheorie. Ihr zufolge sollten sich die Lebewesen kraft eines »Vervollkommnungstriebs« von einfachen Anfängen immer höher entwickeln. Dabei änderten sie je nach Umweltbedingungen den Körperbau und daraus folgte die Idee des Gebrauchs oder der Nichtnutzung von Körperteilen: »Der häufigere und kontinuierliche Gebrauch eines Organs stärkt, entwickelt und vergrößert dieses Organ … die permanente Nichtnutzung eines Organs hingegen wird es unmerklich schwächen und zurückbilden lassen, … bis es schließlich verschwindet.« Die größere Kraft dieses Organs sollte dann an die Nachkommen weitergegeben werden, ein Phänomen, das als Vererbung erworbener Eigenschaften bezeichnet wurde.

Obwohl diese Theorie später großteils widerlegt wurde, lobte Darwin Lamarck dafür, er habe die Möglichkeit eröffnet, dass Veränderungen nicht nur durch »mirakulöse Eingriffe« geschehen.

Die Fahrt der Beagle

Während einer fünfjährigen Forschungsreise um die Welt auf der HMS *Beagle* unter Kapitän Robert FitzRoy hatte Darwin 1831–1836 genügend Zeit, um über die Unveränderlichkeit der Arten nachzudenken. Seine Aufgabe als wissenschaftlicher Begleiter der Expedition bestand unter anderem darin, alle Arten von Fossilien, Pflanzen und Tierpräparaten zu sammeln und sie von den »

Durch Untersuchung von Fossilien zeigte Georges Cuvier, dass Arten ausgestorben waren. Er führte dies aber nicht auf einen allmählichen Wandel, sondern auf Katastrophen zurück.

angelaufenen Häfen aus nach Großbritannien zu schicken.

Die lange Reise öffnete dem jungen Darwin – er war erst Mitte 20 – die Augen für die unglaubliche Vielfalt des Lebens. Wo immer die *Beagle* anlegte, untersuchte er die Natur aufs Genaueste. 1835 beschrieb er eine Gruppe von kleinen, unbedeutenden Vögeln auf den Galapagosinseln im Pazifik, 900 km vor der Küste von Ecuador. Er glaubte, neun Arten zu unterscheiden, sechs davon Finken.

Daheim in England ordnete Darwin seine Aufzeichnungen und betreute einen mehrbändigen Bericht mehrerer Autoren über *Die Zoologie auf der Reise der HMS Beagle*. In dem Band über Vögel behauptete der berühmte Ornithologe John Gould, Darwins Vögel seien 13 Arten von Finken. Innerhalb dieser Gruppe aber gab es Vögel mit verschieden geformten Schnäbeln, die an ihre jeweilige Nahrung angepasst waren.

In seinem eigenen Bericht über die Reise schrieb Darwin: »Wenn man diese Abstufung und die Verschiedenartigkeit der Struktur in einer kleinen nahe untereinander verwandten Gruppe von Vögeln sieht, so kann man sich wirklich vorstellen, dass infolge einer ursprünglichen Armut von Vögeln auf diesem Archipel eine Spezies hergenommen und zu verschiedenen Zwecken modifiziert worden sei.« Dies dürfte die erste klare, öffentliche Formulierung seiner Gedanken zur Evolution sein.

Vergleich der Arten

Die Darwin-Finken, wie die Vögel auf Galapagos bald genannt wurden, waren nicht der einzige Auslöser für seine Arbeiten zur Evolution. Schon während der Reise der *Beagle* hatten sich seine Gedanken entwickelt, insbesondere während des Besuchs der Galapagosinseln. Er war fasziniert von den Riesenschildkröten, deren Panzerform von Insel zu Insel leicht variierte. Auch die Spottdrosseln auf den Inseln unterschieden sich leicht, ähnelten aber nicht nur einander, sondern auch Arten auf dem Festland.

Darwin behauptete, die verschiedenen Spottdrosseln könnten sich aus einem gemeinsamen Vorfahren entwickelt haben, der vom Festland auf die Inseln gelangt war. Danach hätte sich jede Gruppe an die besondere Umgebung ihrer Insel und das dort verfügbare Nahrungsangebot angepasst. Auch die Beobachtung der Riesenschildkröten, der Falklandfüchse und anderer Arten stützten diese frühen Überlegungen. Doch Darwin spürte auch, wohin das führen könnte: »Solche Fakten könnten die Stabilität der Arten unterminieren.«

> »Die natürliche Auslese ist das … Prinzip, nach dem kleine Variationen (eines Merkmals), wenn nützlich, erhalten bleiben.«
>
> **Charles Darwin**

Weitere Puzzleteile

1831, unterwegs nach Südamerika, hatte Darwin den ersten Band von Charles Lyells *Grundlagen der Geologie* gelesen. Lyell argumentierte gegen Cuviers Katastrophismus und seine Theorie der Fossilienbildung. Stattdessen griff er die Idee der geologischen Erneuerung auf, die James Hutton als »Aktualismus« bezeichnet hatte. Demnach wurde die Erde über gewaltige Zeiträume durch Prozesse wie Erosion und vulkanische Hebungen umgeformt, die damals wie heute gleich waren. Es gab also keinen Grund, auf göttliche Katastrophen zurückzugreifen.

Durch Lyells Ideen änderte sich Darwins Blick auf Landschaften,

Diese Riesenschildkröte kommt nur auf den Galapagosinseln vor, wo sich auf jeder Insel einzigartige Unterarten gebildet haben. Hier sammelte Darwin Belege für seine Evolutionstheorie.

Die Finken auf den Galapagosinseln haben verschieden geformte Schnäbel herausgebildet, die an die jeweilige Nahrung angepasst sind.

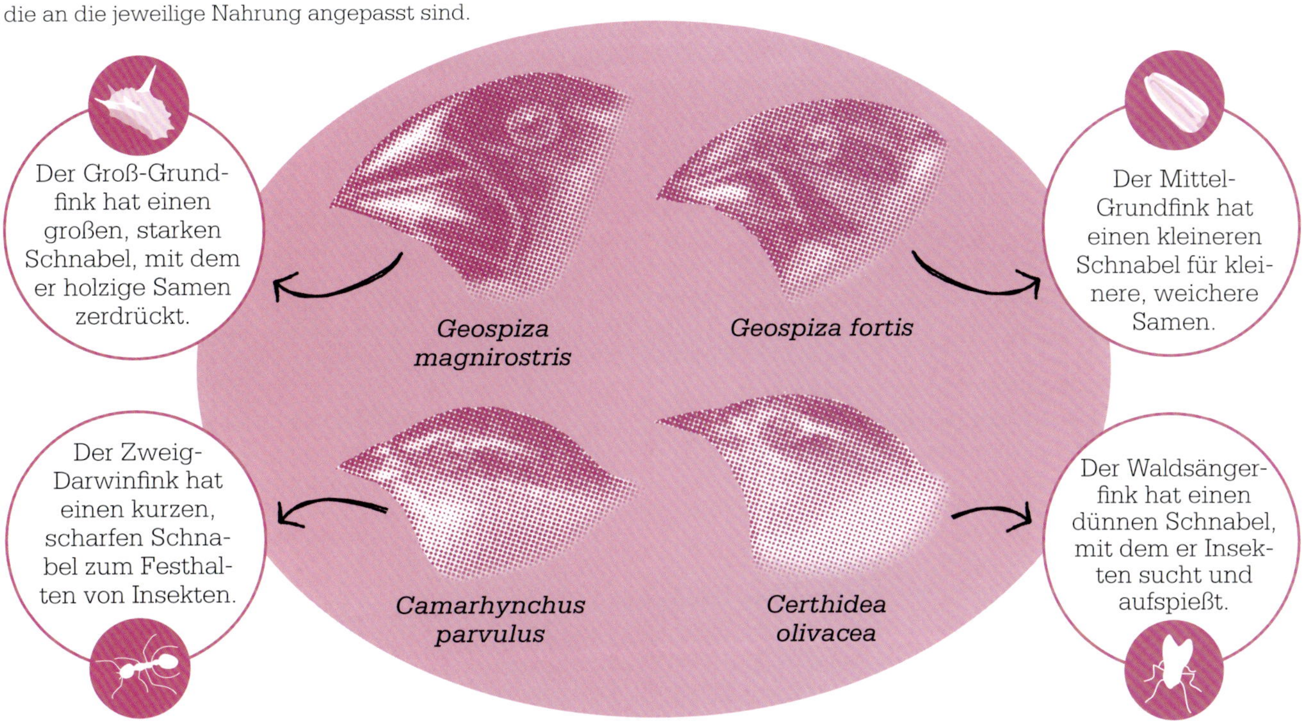

Felsen und Fossilien, die er nun »mit Lyells Augen« sah. Doch während er in Südamerika war, erhielt er den zweiten Band der *Grundlagen der Geologie*. Darin wies Lyell die Idee einer allmählichen Evolution von Pflanzen und Tieren zurück, einschließlich der Theorien von Lamarck. Er berief sich auf das Konzept der »Schöpfungszentren«, um die Vielfalt der Arten und ihre Verteilung zu erklären. Darwin hatte Lyell als Geologen geschätzt, doch diese neuen Ansichten lehnte er ab, als er immer mehr Belege für eine Evolution fand.

Ein weiteres Puzzleteil fand Darwin, als er 1838 die Abhandlung *Das Bevölkerungsgesetz* des englischen Demografen Thomas Malthus las, das dieser 40 Jahre zuvor verfasst hatte. Malthus beschrieb darin das exponentielle Bevölkerungswachstum, mit einer möglichen Verdopplung innerhalb von 25 Jahren und einer weiteren Verdopplung jeweils eine Generation später. Die Nahrungsversorgung konnte damit nicht Schritt halten, und das Ergebnis war ein Kampf ums Dasein. Malthus' Ideen waren mit die wichtigsten Inspirationen für Darwins Evolutionstheorie.

Die ruhigen Jahre

Noch bevor die *Beagle* nach England zurückkehrte, war Darwin durch die Proben, die er vorausgeschickt hatte, berühmt geworden. Sein Ruhm wuchs weiter durch wissenschaftliche und populäre Reiseberichte. Doch seiner angegriffenen Gesundheit wegen zog er sich immer mehr aus der Öffentlichkeit zurück.

1842 bezog Darwin ein Landhaus in Kent und sammelte dort weiterhin Belege für die Evolutionstheorie. Forscher schickten ihm Proben und Daten aus aller Welt. Er untersuchte die Domestizierung von Pflanzen und Tieren sowie die Auslesezüchtung, vor allem bei Tauben. 1855 begann er, selbst Felsentauben (*Columbia livia*) zu züchten, die dann prominent in den ersten beiden Kapiteln seiner *Entstehung der Arten* auftauchten.

Dank seiner Arbeit mit den Tauben begann Darwin, das Ausmaß und die Bedeutung von Variationen zwischen Individuen zu verstehen. Er lehnte die verbreitete Ansicht ab, Umweltfaktoren seien für solche Unterschiede verantwortlich. Ihr Grund sollte stattdessen die Fortpflanzung sein, bei der Veränderungen von den Eltern vererbt wurden. Er führte dies mit den Ideen von Malthus zusammen und wandte sie auf die Natur an. Viel später erinnert sich Darwin in seiner Auto- »

biografie an seine erste Reaktion auf die Lektüre von Malthus 1838: »Da ich wohl bereit war, die Idee des Kampfes ums Dasein zu akzeptieren, … kam mir sofort der Gedanke, dass unter diesen Umständen günstige Variationen erhalten blieben, unvorteilhafte hingegen verschwinden würden. Im Ergebnis würde dies zur Bildung einer neuen Art führen. … Ich hatte endlich eine Theorie gefunden, mit der ich arbeiten konnte.«

Als Taubenzüchter kannte Darwin 1856 die Bedeutung der Variationen: Nicht nur der Züchter, auch die Natur konnte die Auslese treffen. In diesem Wissen prägte er den Begriff »natürliche Auslese«.

Der letzte Anstoß

Am 18. Juni 1858 erhielt Darwin einen Aufsatz des jungen britischen Naturforschers Alfred Russell Wallace, in dem dieser beschrieb, wie ihm blitzartig das Evolutionsprinzip klar geworden war. Er bat Darwin um seine Meinung. Darwin war verblüfft, dass Wallace fast genau zu denselben Erkenntnissen gelangt war, an denen er selbst über 20 Jahre gearbeitet hatte. In Sorge um seine Priorität bat Darwin

Alfred Russel Wallace hatte wie Darwin seine Evolutionstheorie durch ausgedehnte Untersuchungen entwickelt, die er im Amazonasbecken und im Malaiischen Archipel durchführte.

Charles Lyell um Rat. Sie kamen überein, dass die Aufsätze von Darwin und Wallace am 1. Juli 1858 gemeinsam vor der Linnaean Society in London präsentiert werden sollten. Keiner der Autoren würde persönlich anwesend sein. Das Publikum reagierte höflich, ohne Entrüstung wegen Blasphemie. Ermutigt vollendete Darwin nun *Die Entstehung der Arten*. Als das Buch am 24. November 1859 erschien, war es am ersten Tag ausverkauft.

Darwins Theorie

Darwin schreibt darin, die Arten seien nicht unveränderlich. Der Hauptmechanismus der Veränderungen – der Evolution – ist die natürliche Auslese. Sie hängt von zwei Faktoren ab: Erstens werden mehr Nachkommen geboren, als im Ringen mit Klima, Nahrungsmangel, Konkurrenten, Raubtieren und Krankheiten überleben können. Das ist der »Kampf ums Dasein«. Zweitens gibt es Variationen unter den Nachkommen einer Art – zwar klein, aber dennoch vorhanden. Für die Evolution müssen diese Variationen zwei Kriterien erfüllen: Erstens sollten sie sich positiv auf den Kampf ums Dasein und die Fortpflanzungsfähigkeit auswirken. Zweitens sollten sie an die Nachkommen vererbbar sein, sodass auch sie denselben evolutionären Vorteil genießen.

Darwin beschreibt die Evolution als einen langsamen, allmählichen Prozess. Wenn eine Population sich an eine neue Umgebung anpasst,

Charles Darwin

Darwin sollte, wie sein Vater, Arzt werden, doch als Junge war er eher mit seiner Käfersammlung befasst und zeigte keine Neigung zur Medizin. Nach einem Theologiestudium geriet er 1831 durch Zufall als Expeditionsforscher auf die Weltreise der HMS *Beagle*.

Danach stand Darwin im wissenschaftlichen Rampenlicht und erwarb sich Ansehen als genauer Beobachter, verlässlicher Experimentator und talentierter Autor. Er schrieb über die Bildung von Korallenriffs und über wirbellose Wassertiere, insbesondere Rankenfußkrebse, die er fast zehn Jahre lang untersuchte. Ebenso schrieb er über die Befruchtung von Orchideen, über fleischfressende Pflanzen, die Bewegung von Pflanzen sowie Variationen unter domestizierten Tieren und Pflanzen. Erst im Alter befasste er sich mit dem Ursprung des Menschen.

Hauptwerke

1839 *Die Fahrt der* Beagle
1859 *Die Entstehung der Arten durch natürliche Auslese*
1871 *Die Abstammung des Menschen und die geschlechtliche Zuchtwahl*

»Ich glaube, ich habe herausgefunden (nehme ich wenigstens an!), auf welche Weise die Arten sich ausgezeichnet an verschiedene Umgebungen anpassen.«

Charles Darwin

wird daraus eine neue, von den Vorfahren abweichende Art. Die Vorfahren können derweil gleich bleiben, sie können sich aber auch an ihre eigene, sich ändernde Umgebung anpassen, oder sie verlieren den Kampf ums Dasein und sterben aus.

Die Auswirkungen

Angesichts der gründlichen, evidenzbasierten Darstellung der Evolution durch natürliche Auslese akzeptierten die meisten Forscher Darwins Vorstellung vom »Überleben des Stärksten« (eigentlich: »des Bestangepassten«). Darwin vermied es in seinem Buch sorgfältig, den Menschen in Zusammenhang mit der Evolution zu bringen, abgesehen von dem einzigen Satz: »Es wird Licht fallen auf den Ursprung des Menschen und seine Geschichte.« Dennoch gab es Proteste der Kirche, und die Folgerung, der Mensch stamme von anderen Tieren ab, wurde vielerorts verspottet.

Darwin, der das Rampenlicht schon immer gescheut hatte, blieb zurückgezogen in seinem Landhaus. Als die Kontroversen zunahmen, sprangen ihm viele Forscher zur Seite, insbesondere der Biologe Thomas Henry Huxley, der sich selbst »Darwins Bulldogge« nannte.

Dennoch blieben die Mechanismen der Vererbung – die Frage, wie und warum bestimmte Eigenschaften vererbt wurden, andere hingegen nicht – im Dunkeln. Zufällig experimentierte zur selben Zeit, als Darwins Buch erschien, Gregor Mendel in Brünn (im heutigen Tschechien) mit Erbsenpflanzen. Seine Arbeiten zur Vererbung von Merkmalen, die 1865 veröffentlicht wurden und die Grundlage der Genetik bilden, wurden leider bis ins 20. Jahrhundert nicht beachtet. Dann jedoch wurden neue Entdeckungen der Genetik in die Evolutionstheorie integriert und erklärten endlich den Vererbungsmechanismus. Darwins Prinzip der natürlichen Auslese ist und bleibt aber der Schlüssel zum Verständnis der Evolution. ■

Diese Spottzeichnung auf Darwin erschien 1871, als er erstmals seine Evolutionstheorie auch auf den Menschen anwandte – was er zuvor stets sorgfältig vermieden hatte.

DAS WETTER VORHERSAGEN

ROBERT FITZROY (1805–1865)

IM KONTEXT

GEBIET
Meteorologie

FRÜHER
1643 Evangelista Torricelli erfindet das Barometer zur Messung des Luftdrucks.

1805 Francis Beaufort entwickelt seine Skala für die Windstärke.

1847 Joseph Henry schlägt ein Telegrafennetz vor, um den Osten der USA vor anrückenden Stürmen aus dem Westen zu warnen.

SPÄTER
1870 Die Fernmeldetruppe der US Army erstellt die ersten Wetterkarten für die USA.

1917 Die meteorologische Schule in Bergen (Norwegen) entwickelt die zeichnerische Darstellung für Wetterfronten.

2001 Mit Supercomputern werden hochaufgelöste lokale Wettervorhersagen möglich.

Noch vor anderthalb Jahrhunderten galt die Vorstellung, das Wetter vorhersagen zu können, nur als bäuerliches Volksgut. Der Mann, der das änderte und die moderne Wettervorhersage ermöglichte, war der britische Marineoffizier und Forscher Robert FitzRoy.

FitzRoy ist heute besser bekannt als Kapitän der *Beagle*, mit der Charles Darwin die Forschungsreise unternahm, die ihn zu seiner Evolutionstheorie führte. Doch FitzRoy war selbst auch Forscher.

Er war erst 26 Jahre alt, als er 1831 mit Darwin aufbrach, und doch hatte er schon über ein Jahrzehnt auf See gedient und zudem am Royal Naval College in Greenwich studiert, wo er als Erster die Offiziersprüfung mit Bestnoten absolvierte. Er hatte die *Beagle* sogar schon auf einer früheren Reise um Südamerika befehligt, auf der ihm die Notwendigkeit der Wetterbeobachtung klar geworden war. Sein Schiff wäre damals in einem Sturm vor der Küste von Patagonien fast zu Schaden gekommen, weil er das Warnzeichen fallenden Luftdrucks auf dem Schiffsbarometer nicht beachtet hatte.

» Mit einem Barometer, zwei oder drei Thermometern, einigen kurzen Anweisungen und aufmerksamer Beobachtung nicht nur der Instrumente, sondern auch des Himmels und der Atmosphäre, lässt sich die Meteorologie einsetzen. «

Robert FitzRoy

Die Marine und das Wetter

Es war kein Zufall, dass die ersten wichtigen Erkenntnisse der Wettervorhersage von Marineoffizieren stammten. Kenntnis des kommenden Wetters war im Zeitalter der Segelschiffe wichtig. Einen günstigen Wind zu versäumen, konnte finanzielle Folgen haben, und in einen Sturm zu geraten, war fatal.

Insbesondere zwei Marineoffiziere hatten schon wichtige Beiträge geleistet: Da war der irische Seefahrer Francis Beaufort, der

Robert FitzRoy

1805 im englischen Suffolk als Sohn einer aristokratischen Familie geboren, kam FitzRoy schon im Alter von zwölf Jahren zur Marine. Er diente viele Jahre als herausragender Kapitän. Er befehligte die *Beagle* auf zwei großen Forschungsreisen nach Südamerika, darunter die Weltreise mit Charles Darwin. Als frommer Christ lehnte FitzRoy Darwins Evolutionstheorie allerdings ab. Nach dem Abschied von der Marine wurde FitzRoy Gouverneur von Neuseeland, wo ihm seine gerechte Behandlung der Maori aber die Ablehnung der Siedler eintrug. 1848 kehrte er nach England zurück, kommandierte das erste Schiff der Navy mit Schiffsschraube und wurde 1854 Gründungsdirektor des britischen Wetterdiensts (Meteorological Office). Dort entwickelte er die Grundlagen der wissenschaftlichen Wettervorhersage.

Hauptwerke

1839 *Narrative of the Voyages of the Beagle*
1860 *The Barometer Manual*
1863 *The Weather Book*

Siehe auch: Robert Boyle 46–49 ▪ George Hadley 80 ▪ Gaspard-Gustave de Coriolis 128 ▪ Charles Darwin 144–151

eine Standardskala für die Windgeschwindigkeit oder »Kraft« bei bestimmten Bedingungen auf See und später auch an Land geschaffen hatte. So konnte man erstmals die Stärke von Stürmen aufzeichnen und methodisch vergleichen. Die Skala reichte von 1 (leichter Zug) bis 12 (Orkan). Die Beaufort-Skala wurde von FitzRoy auf der Fahrt der *Beagle* erstmals verwendet. Daraufhin wurde sie Standard für alle Logbücher der Marine.

Ein weiterer Wetterpionier war der Amerikaner Matthew Maury. Von ihm stammen Wind- und Strömungskarten für den Nordatlantik, die zur drastischen Verbesserung der Segelzeiten und der Zuverlässigkeit führten. Darüber hinaus riet er auch zur Einrichtung eines internationalen See- und Landwetterdiensts, und er leitete 1853 eine Konferenz in Brüssel, bei der begonnen wurde, Seewetterbeobachtungen aus der ganzen Welt zu koordinieren.

Schon vor den Wetteraufzeichnungen von FitzRoy hatten Seeleute beobachtet, dass Wirbelwinde solche »zyklonischen« Muster ausbilden und dass die Windrichtung auf den Weg des Sturms schließen ließ.

Das Meteorological Office

1854 erhielt FitzRoy, ermutigt durch Beaufort, die Aufgabe, den britischen Beitrag, das Meteorological Office, einzurichten. Doch mit dem ihm eigenen Eifer ging FitzRoy noch weiter, als sein Auftrag verlangte. Er erkannte, dass ein System von gleichzeitigen Wetterbeobachtungen in der ganzen Welt nicht nur bis dahin unbekannte Muster enthüllen, sondern auch zur Wettervorhersage dienen könnte.

Es war bereits bekannt, dass etwa in tropischen Wirbelströmen die Winde »zyklonal« um ein Gebiet niedrigen Luftdrucks, die »Depression«, zirkulieren. Schon bald wurde klar, dass bei den meisten großen Stürmen in mittleren Breiten »

Das Wettergeschehen zeigt **immer wieder bestimmte Muster.**

↓

Die Entwicklung dieser Muster wird **durch Merkmale** wie Luftdruck, Windrichtung und Wolkenart **angezeigt.**

↓

Da die Muster sich **wiederholen,** kann man ihre künftige Entwicklung **vorhersagen.**

↓

Beobachtungen an **vielen verschiedenen Orten** liefern eine »Momentaufnahme« der Wettermuster in einem **großen Gebiet.**

↓

Aus der Momentaufnahme können die Meteorologen das Wetter vorhersagen.

FitzRoy kolorierte seine täglichen »synoptischen« Karten mit Buntstift. Diese Karte von 1863 zeigt ein Tiefdruckgebiet mit von Westen nach Nordeuropa ziehenden Stürmen. Rechts unten ist ein sich bildender Wirbelsturm erkennbar.

dieses zyklonale Depressionsmuster auftaucht. Daher lässt sich anhand der Windrichtung erkennen, ob sich ein Sturm nähert oder entfernt.

In den 1850er-Jahren wurde mit besseren Wetteraufzeichnungen, vor allem aber mit dem neuen elektrischen Telegrafen und der Möglichkeit der Langstreckenkommunikation fast sofort klar, dass Wirbelstürme, die sich über Land bilden, ostwärts wehen. Die Hurrikane (tropische Stürme über dem Nordatlantik) hingegen bilden sich über Wasser und bewegen sich westwärts. Somit konnte etwa in Nordamerika, wenn ein Sturm auf dem Festland wehte, nordöstlich davon per Telegraf vor dem ankommenden Sturm gewarnt werden. Es war bereits bekannt, dass fallender Luftdruck am Barometer einen kommenden Sturm anzeigte. Per Telegraf konnten solche Messungen rasch über große Entfernungen verbreitet und die Vorwarnzeiten deutlich verlängert werden.

Wetterübersichten

FitzRoy wurde klar, dass eine systematische Beobachtung von Luftdruck, Temperatur, Windgeschwindigkeit und -richtung an verschiedenen, weit auseinanderliegenden Orten der Schlüssel zur Wettervorhersage war. Als diese Daten an das Koordinationsbüro in London telegrafiert werden konnten, war es möglich, eine Übersicht der Wetterbedingungen für große Gebiete zu erstellen.

Eine solche Übersicht zeigte nicht nur die großräumigen momentanen Wetterbedingungen, sondern erlaubte es auch, die Wettermuster zu verfolgen. FitzRoy erkannte, dass solche Muster sich wiederholten. Daher wurde ihm klar, dass er aus der Entwicklung der Muster in der Vergangenheit ihre Weiterentwicklung für einen kurzen künftigen Zeitraum vorhersagen konnte. Dies war die Basis für eine detaillierte Wettervorhersage für jeden Punkt innerhalb des abgedeckten Gebiets – der Grundstein der heutigen Meteorologie.

Die Messdaten allein hätten bereits genügt, doch FitzRoy schuf auch die ersten meteorologischen Karten, an denen man die Umrisse von Wirbelstürmen so klar erkennen konnte wie heute an Satellitenbildern. Seine Ideen fasste er 1863 in seinem *Weather Book* (*Das Wetterbuch*) zusammen. Darin verwendet er erstmals den Begriff »Wettervorhersage« und legt die Prinzipien der modernen Meteorologie dar.

Ein entscheidender Schritt war, die britische Insel in bestimmte Wettergebiete zu unterteilen, momentane Wetterbedingungen zuzuordnen und mithilfe von Wetterdaten aus der Vergangenheit für jedes dieser Gebiete Vorhersagen zu erstellen. FitzRoy rekrutierte einen Verbund von Beobachtern, insbesondere auf See und in den Hafenstädten. Außerdem erhielt er Daten aus Frankreich und Spanien, wo die Idee der stetigen Wetterbeobachtung ebenfalls Anhänger fand. Innerhalb weniger Jahre arbeitete

» Ich versuche mit meinen Warnungen vor möglichem Schlechtwetter, den Einsatz von Rettungsbooten zu vermeiden. «

Robert FitzRoy

sein Verbund so effektiv, dass er eine tägliche Momentaufnahme der Wettermuster für ganz Westeuropa erstellen konnte. Diese Muster zeichneten sich so deutlich ab, dass Vorhersagen über die wahrscheinlichen Änderungen zumindest innerhalb des nächsten Tages möglich wurden – und somit auch die ersten nationalen Vorhersagen.

Tägliche Wettervorhersage

Jeden Morgen trafen Berichte von den Wetterstationen in Westeuropa in FitzRoys Büro ein, und innerhalb einer Stunde war die Übersicht ausgearbeitet. Die Vorhersagen wurden sofort an die *Times* zur Veröffentlichung weitergeleitet, das erste Mal am 1. August 1861.

FitzRoy baute an gut sichtbaren Stellen in den Häfen ein System von Signalisierungseinrichtungen auf, um vor anrückenden Stürmen zu warnen und ihre Richtung anzuzeigen. Dieses System rettete zweifellos zahlreiche Leben.

Einige Reeder missbilligten das System jedoch, weil ihre Kapitäne bei Sturmwarnungen verspätet ablegten. Außerdem gab es Probleme damit, die Vorhersagen rechtzeitig zu verbreiten. Allein die Verteilung der Zeitungen dauerte 24 Stunden, d. h., FitzRoy musste Vorhersagen nicht nur für einen, sondern für zwei Tage erstellen – andernfalls wäre das vorhergesagte Wetter bei Erscheinen der Zeitung schon vorbei gewesen. Es war ihm klar, dass solche längerfristigen Vorhersagen weit unzuverlässiger waren, und er wurde häufig verspottet, vor allem weil die *Times* sich von diesen Fehlern distanzierte.

FitzRoys Vermächtnis

Angesichts des Spotts und der Kritik von interessierter Seite stellte die *Times* die Vorhersagen ein, und FitzRoy beging 1865 Selbstmord. Als entdeckt wurde, dass er sein Vermögen für die Forschung zugunsten des Wetterdiensts ausgegeben hatte, wurde seine Familie von der Regierung entschädigt. Innerhalb weniger Jahre wuchs dann auch der Druck der Seeleute so stark, dass das Sturmwarnsystem wieder in Betrieb ging. Die Beachtung detaillierter Vorhersagen und Sturmwarnungen für bestimmte Schifffahrtsrouten ist heute ein wichtiger Teil der Seefahrt.

Mit der Verbesserung der Kommunikationstechnik und immer mehr Details in den Beobachtungsdaten kam FitzRoys System im 20. Jahrhundert zu neuer Geltung.

Moderne Vorhersagen

Heute gibt es ein weltweites Netz von über 11 000 Wetterstationen und dazu noch zahllose Satelliten, Flugzeuge und Schiffe. Sie alle speisen unablässig ihre Informationen in eine globale meteorologische Datenbank ein. Supercomputer können daraus Wettervorhersagen erstellen, die zumindest für kurze Zeiträume sehr genau sind, und bei sehr vielen Aktivitäten, vom Luftverkehr bis hin zu Sportereignissen, verlässt man sich darauf. ■

» Nachdem ich die Telegramme aus Irland [oder aus jedem anderem Gebiet] zusammengestellt und ordnungsgemäß ausgewertet habe, wird die erste Vorhersage für dieses Gebiet erstellt … und zur sofortigen Veröffentlichung weitergegeben. «

Robert FitzRoy

Die Wetterstation in einem entlegenen Berggebiet der Ukraine sendet Werte von Temperatur, Feuchtigkeit und Windgeschwindigkeit per Satellit an die Supercomputer der Wetterdienste.

OMNE VIVUM EX VIVO – ALLES LEBEN ENTSTEHT AUS LEBEN

LOUIS PASTEUR (1822–1895)

IM KONTEXT

GEBIET
Biologie

FRÜHER
1668 Francesco Redi zeigt, dass Maden von den Fliegen kommen und nicht spontan entstehen.

1745 John Needham kocht Brühe ab, um die Mikroben zu töten. Als sie trotzdem wachsen, glaubt er an die Spontanzeugung.

1768 Lazzaro Spallanzani zeigt, dass Mikroben unter Luftabschluss nicht wachsen.

SPÄTER
1881 Robert Koch isoliert krankheitserregende Mikroben.

1953 Stanley Miller und Harold Urey erzeugen in ihrem »Ursuppenexperiment« Aminosäuren – die Bausteine des Lebens.

Die moderne Biologie lehrt, dass Lebewesen nur aus anderen Lebewesen entstehen können, und zwar durch Fortpflanzung. Das erscheint heute als selbstverständlich, doch in der Frühzeit der Biologie glaubten viele Wissenschaftler an eine »Abiogenese« (Spontanzeugung), also an die Vorstellung, Leben könne spontan entstehen. Nachdem Aristoteles behauptet hatte, dass sich lebende Organismen aus verrottenden Stoffen bildeten, glaubte man sogar an Verfahren, Lebewesen aus unbelebten Dingen zu erzeugen. Im 17. Jahrhundert schrieb der flämische Arzt Jan Baptista van Helmont, aus verschwitzter

Siehe auch: Robert Hooke 54 ▪ Antoni van Leeuwenhoek 56–57 ▪ Thomas Henry Huxley 174–175 ▪ Harold Urey und Stanley Miller 286–287

Viele **Lebewesen sind mikroskopisch klein** und schweben in der Luft.

→ Einige dieser Mikroben können **Fäulnis von Nahrungsmitteln** und **Infektionskrankheiten** verursachen.

→ Fäulnis und Infektionen treten nicht auf, wenn man eine **Kontamination durch Mikroben und deren Ausbreitung verhindert.**

→ **Mikroben können nicht durch Spontanzeugung entstehen. Alles Leben entsteht aus Leben.**

Unterwäsche und einigen Weizenkörnern in einem Gefäß entstünden Mäuse. Die Spontanzeugung hatte Anhänger bis weit ins 19. Jahrhundert hinein. 1859 jedoch entwarf der französische Mikrobiologe Louis Pasteur ein Experiment zur Widerlegung dieser Theorie. Im Zuge seiner Untersuchungen hatte er auch gezeigt, dass Infektionen durch lebende Mikroben (Keime) hervorgerufen wurden.

Vor Pasteur war eine Verbindung zwischen Krankheit oder Zerfall und Mikroorganismen immer vermutet, aber nie bewiesen worden. Bis zur Erfindung der Mikroskope erschien die Vorstellung winziger, dem bloßen Auge unsichtbarer Lebewesen wirklichkeitsfremd. 1546 beschrieb der italienische Arzt Girolamo Fracastoro »Ansteckungskeime« und kam damit der Wahrheit schon nahe. Doch er beschrieb die Keime nicht explizit als fortpflanzungsfähige Lebewesen und seine Theorie hatte nur geringen Einfluss. Stattdessen glaubte man, Infektionen würden durch ein »Miasma« (schlechte Luft) erzeugt, das aus verrottenden Stoffen entwich. Ohne die Vorstellung der Keime als Mikroben war nicht recht nachzuvollziehen, dass Infektionen und die Ausbreitung von Leben eigentlich zwei Seiten derselben Medaille sind.

> » Auf dem Gebiet des Experiments begünstigt der Zufall nur den vorbereiteten Geist. «
>
> **Louis Pasteur**

Erste Beobachtungen

Im 17. Jahrhundert studierte man die Fortpflanzung, um die Herkunft großer Lebewesen zu erklären. 1661 sezierte der englische Arzt William Harvey (der Entdecker des Blutkreislaufs) eine schwangere Hirschkuh, um die Entstehung des Fötus zu erforschen. Er prägte den Ausspruch »*Omne vivum ex ovo*« – alles Leben entsteht aus dem Ei. Er konnte das Ei bei der Hirschkuh zwar nicht finden, aber er lieferte zumindest einen Vorgeschmack auf kommende Entdeckungen.

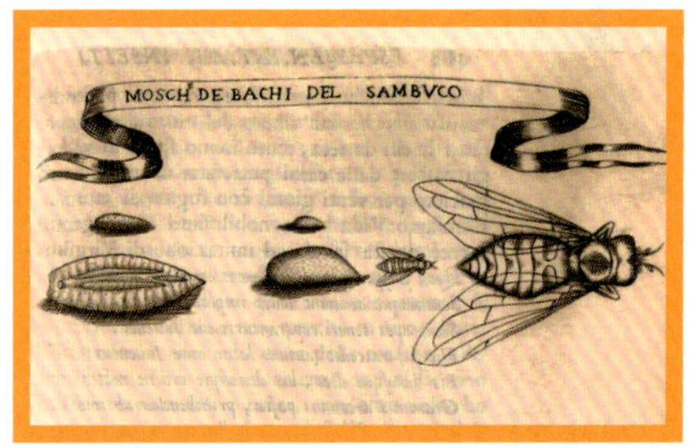

Diese Zeichnung von Francesco Redi zeigt Maden, die sich zu Fliegen entwickeln. Doch Redi wies auch umgekehrt nach, dass Maden von den Fliegen stammen.

Der italienische Arzt Francesco Redi zeigte als Erster experimentelle Belege für die Unmöglichkeit der Spontanzeugung – zumindest bei Lebewesen, die mit bloßem Auge sichtbar waren. 1668 untersuchte er, wie Fleisch von Maden zerfressen wird. Er deckte einen Teil des Fleisches mit Pergament ab, den anderen nicht. Maden gab es nur im offenen Teil des Fleisches, weil es Fliegen anzog, die dort ihre Eier ablegten. Redi wiederholte den Versuch mit einem Mulltuch und zeigte, dass sich sauberes Fleisch mit den Fliegeneiern, die er von dem Mulltuch absammeln konnte, ebenfalls mit Maden »besamen« ließ. Redi behauptete, die Maden » könnten nur aus den Fliegen entstehen, nicht spontan. Die Bedeutung seines Versuchs wurde aber nicht erkannt, und auch Redi schloss die Spontanzeugung unter bestimmten Umständen nicht aus.

Der niederländische Mikroskopbauer Antoni van Leeuwenhoek zeigte, dass manche Lebewesen so klein waren, dass man sie mit dem bloßen Auge nicht sehen konnte – und auch dass die Fortpflanzung größerer Lebewesen von mikroskopisch kleinen lebenden Zellen abhing, zum Beispiel vom Sperma.

Doch die Vorstellung der Abiogenese war so tief in den Köpfen verankert, dass einige Forscher immer noch glaubten, die Mikroorganismen seien viel zu klein, als dass sie Fortpflanzungsorgane enthalten könnten, und sie müssten also spontan entstehen. 1745 wollte der englische Naturforscher John Needham die Abiogenese beweisen. Er wusste, dass Mikroben durch Kochen abgetötet wurden. Also kochte er in einem Kolben eine Hammelbrühe aus, um die Mikroben zu töten, und ließ sie abkühlen. Er beobachtete die Brühe und stellte fest, dass die Mikroben zurückkehrten. Daraus schloss er, sie müssten spontan in der sterilisierten Brühe entstanden sein. Zwei Jahrzehnte später wiederholte der italienische Physiologe Lazarro Spallanzani Needhams Versuch, konnte aber zeigen, dass die Mikroben nicht zurückkamen, wenn er das Gefäß luftdicht verschlossen hielt. Spallanzani glaubte, die Luft habe die Brühe »besamt«, doch seine Kritiker behaupteten stattdessen, die Luft sei eine »Lebenskraft« für die neue Generation der Mikroben.

> »Ich möchte meinen, dass so etwas wie die Abiogenese noch nie in der Vergangenheit stattgefunden hat, noch jemals stattfinden wird.«
>
> **Thomas Henry Huxley**

Mit dem Wissen der modernen Biologie lassen sich die Ergebnisse von Needham und Spallanzani leicht erklären. Zwar tötet Hitze die meisten Mikroben ab, doch einige Pilze beispielsweise können überleben, indem sie inaktive, hitzeresistente Sporen bilden. Und die meisten Mikroben – wie die meisten Lebewesen – benötigen den Luftsauerstoff, um ihre Nahrung zu verarbeiten. Vor allem waren alle diese Versuche jedoch sehr empfindlich gegen Kontamination – Mikroben aus der Luft konnten leicht Kolonien auf einem Nährmedium bilden, auch wenn es nur ganz kurz der Luft ausgesetzt war. Keines dieser Experimente konnte daher die Frage nach der Abiogenese abschließend beantworten.

Der abschließende Beweis

Ein Jahrhundert später waren Mikroskope und Mikrobiologie so weit fortgeschritten, dass es möglich wurde, die Frage endgültig zu beantworten. Louis Pasteurs Versuch zeigte, dass in der Luft Mikroben schweben, die jede freie Oberfläche infizieren können. Zunächst filterte er die Luft durch ein Baumwolltuch. Dann untersuchte er den von den Filtern fest-

Pasteurs Schwanenhalsexperiment bewies, dass eine sterilisierte Brühe frei von Mikroorganismen bleibt, solange sie nicht direkt aus der Luft hineinfallen können.

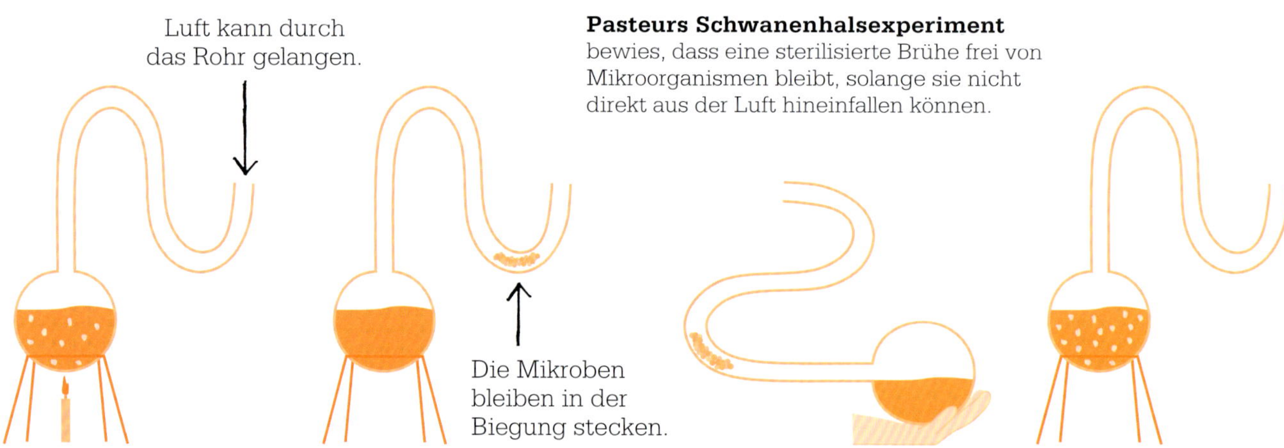

Die Brühe wird abgekocht, um alle Mikroorganismen darin zu töten.

Wenn die Brühe abkühlt, bleibt sie frei von Mikroorganismen.

Wenn man das Röhrchen kippt, fallen die Mikroben in die Brühe.

Dort vermehren sich die Mikroorganismen schnell.

gehaltenen Staub mit einem Mikroskop. Er war voll mit jener Art von Mikroben, die mit Zerfall und Verderbnis von Lebensmitteln zu tun hatten. Es sah aus, als trete eine Infektion genau dann auf, wenn die Mikroben buchstäblich aus der Luft fallen. Das war die Schlüsselinformation, die Pasteur benötigte, um sich der Aufgabe zu widmen, die die Französische Akademie der Wissenschaften gestellt hatte – die Idee der Spontanzeugung ein für alle Mal zu widerlegen.

Für seinen Versuch kochte Pasteur eine nährstoffreiche Brühe – genau wie Needham und Spallanzani ein Jahrhundert zuvor –, nahm aber eine entscheidende Veränderung an dem Kolben vor: Er setzte eine schwanenhalsförmige Röhre an. Sie war in der Mitte nach unten gebogen, sodass Mikroben nicht auf die Brühe fallen konnten, obwohl die Wachstumsbedingungen günstig waren und genug Sauerstoff zur Verfügung stand, da es eine Verbindung mit der umgebenden Luft gab. Mikroben konnten also in dem Behälter nur spontan erzeugt werden – und genau das geschah nicht.

Als letzten Beweisschritt dafür, dass die Mikroben aus der Luft die Brühe infizierten, wiederholte Pasteur das Experiment, ließ aber diesmal den Schwanenhals weg. Die Brühe wurde infiziert. Damit hatte er endlich die Spontanzeugung widerlegt und gezeigt, dass alles Leben aus Leben entsteht. Somit war klar, dass Mikroben in einem Kolben mit Brühe genauso wenig spontan entstehen wie Mäuse in einem Korb mit schmutziger Wäsche.

Und wieder Abiogenese

In seiner Vorlesung »Biogenese und Abiogenese« verfocht der englische Biologe Thomas Henry Huxley 1870 Pasteurs Erkenntnis. Es war ein Vernichtungsschlag gegen die letzten Vertreter der Spontanzeugung und markierte die Entstehung einer neuen Biologie, die fest in der Zelltheorie, der Biochemie und der Genetik verankert war. Bis 1880 hatte auch der deutsche Mediziner Robert Koch gezeigt, dass die Krankheit Wundbrand durch Bakterien verursacht wurde.

Doch nahezu ein Jahrhundert nach Huxleys Vortrag faszinierte die Abiogenese noch einmal eine ganze Generation von Wissenschaftlern, als sie nach den Ursprüngen des Lebens auf der Erde suchten. 1953 schickten die amerikanischen Chemiker Stanley Miller und Harold Urey elektrische Blitze durch eine »Ursuppe« aus Wasser, Ammoniak, Methan und Wasserstoff und simulierten damit die Bedingungen in der Atmosphäre der ganz jungen Erde. Nach einigen Wochen hatten sich Aminosäuren gebildet – die Bausteine der Proteine und wichtige Bestandteile lebender Zellen. Der Versuch von Miller und Urey regte eine neuerliche Untersuchung über die Entstehung von lebenden Organismen aus unbelebter Materie an, diesmal verfügten die Wissenschaftler aber über die Werkzeuge der Biochemie und verstanden die Prozesse, die vor Jahrmilliarden abgelaufen waren. ■

»Ich beobachte allein die Fakten. Ich suche nur die wissenschaftlichen Bedingungen, unter denen das Leben sich selbst zeigt.«

Louis Pasteur

Louis Pasteur

1822 in eine arme französische Familie geboren, wurde Louis Pasteur zu einer solch überragenden Figur, dass er nach seinem Tod sogar ein Staatsbegräbnis bekam. Nach dem Studium von Chemie und Medizin hatte er akademische Stellungen an den Universitäten Straßburg und Lille inne.

Zunächst erforschte er chemische Kristalle, am bekanntesten sind aber seine Untersuchungen zur Mikrobiologie. Pasteur zeigte, dass Mikroben Wein in Essig verwandeln und Milch sauer werden lassen und entwickelte aus diesem Grund eine Wärmebehandlung zum Abtöten von Mikroben – die Pasteurisierung. Aus seiner Arbeit entstand die moderne Theorie der Keime: die Idee, dass einige Mikroben Infektionskrankheiten verursachen. Später entwickelte er Impfstoffe und gründete das Institut Pasteur für mikrobiologische Forschungen.

Hauptwerke

1866 *Ètudes sur le vin*
1868 *Ètudes sur le vinaigre*
1878 *Ein Aufsatz über Mikroben und ihre Rolle bei der Fermentierung, Fäulnis und Ansteckung*

EINE DER SCHLANGEN ERFASSTE IHREN EIGENEN SCHWANZ

FRIEDRICH AUGUST KEKULÉ (1829 –1896)

IM KONTEXT

GEBIET
Chemie

FRÜHER
1852 Edward Frankland führt die Idee der Valenz ein – die Anzahl der Bindungen, die ein Atom mit anderen eingehen kann.

1858 Laut Archibald Couper können Kohlenstoffatome sich direkt miteinander verbinden und Ketten bilden.

SPÄTER
1858 Der italienische Chemiker Stanislao Cannizzaro erklärt den Unterschied zwischen Atomen und Molekülen.

1869 Dmitri Mendelejew entwickelt sein Periodensystem.

1931 Mithilfe der Quantenmechanik klärt Linus Pauling die Struktur der chemischen Bindung im Allgemeinen und die des Benzolmoleküls im Besonderen auf.

Gewaltige Entwicklungen in der Chemie des frühen 19. Jahrhunderts änderten die wissenschaftliche Sicht auf die Materie grundlegend. 1803 behauptete John Dalton, jedes Element bestehe aus einzigartigen Atomen. Mit der Vorstellung des Atomgewichts erklärte er, wie sich Elemente immer im ganzzahligen Verhältnis mit anderen verbinden. Jöns Jakob Berzelius analysierte 2000 Verbindungen, um diese Verhältnisse zu untersuchen. Er erfand das heute noch benutzte Namenssystem mit Buchstaben als Abkürzungen für einzelne Elemente und stellte die Atomgewichte aller 40 damals bekannten Elemente zusammen. Er prägte auch den Begriff »organische Chemie« für die Chemie der lebenden Organismen. 1809 erklärte der französische Chemiker Joseph Louis Gay-Lussac, dass sich Gase in einfachen Volumenverhältnissen miteinander verbinden, zwei Jahre später fand der Italiener Amedeo Avogadro, dass gleiche Gasvolumina die gleiche Anzahl von Molekülen enthalten. Die strengen Regeln, nach denen Atome und Moleküle sich verbanden, mussten auf noch unbekannte, im Wesentlichen theoretische Konzepte zurückzuführen sein, da noch niemand Atome gesehen hatte, doch diese Konzepte entwickelten immer mehr Erklärungskraft.

> »Ich verbrachte einen Theil der Nacht, um wenigstens Skizzen jener Traumgebilde zu Papier zu bringen. So entstand die Structurtheorie.«
>
> **Friedrich August Kekulé**

Die Valenz

Wie verbinden sich Atome miteinander? 1852 fand der englische Chemiker Edward Frankland eine wichtige Teilantwort dazu: Er führte die Idee der Valenz ein, die die Anzahl der Atome angibt, mit denen ein Element sich verbinden kann. Wasserstoff hat die Valenz eins, Sauerstoff hat die Valenz zwei.

Siehe auch: Robert Boyle 46–49 ▪ Joseph Black 76–77 ▪ Henry Cavendish 78–79 ▪ Joseph Priestley 82–83 ▪ Antoine Lavoisier 84 ▪ John Dalton 112–113 ▪ Humphry Davy 114 ▪ Linus Pauling 264–269 ▪ Harold Kroto 324

1858 erklärte der britische Chemiker Archibald Couper, Kohlenstoffatome gingen untereinander Bindungen ein, und Moleküle seien Ketten von aneinander gebundenen Atomen. Wasser, das aus zwei Teilen Wasserstoff und einem Teil Sauerstoff besteht, konnte also als H_2O oder H–O–H geschrieben werden, wobei »–« eine Bindung bezeichnet. Kohlenstoff hat die Valenz vier, kann also vier Bindungen bilden, etwa wie in Methan (CH_4), wo die Wasserstoffatome tetraederförmig um das Kohlenstoffatom angeordnet sind. (Heute stellt man sich eine Bindung als ein von zwei Atomen geteiltes Elektronenpaar vor, und die Symbole H, O und C repräsentieren jeweils die Mitte des Atoms.)

Zur selben Zeit hatte in Heidelberg der Chemiker Friedrich August Kekulé dieselbe Idee entwickelt. 1857 behauptete er, Kohlenstoff habe die Valenz vier, 1858 sagte er, dass Kohlenstoffatome sich untereinander verbinden können. Da die Veröffentlichung von Coupers Arbeit sich verzögerte, erschien Kekulés Aufsatz einen Monat vorher, sodass ihm die Priorität dieser Entdeckung blieb. Kekulé nannte diese Bindungen »Affinitäten« und erläuterte seine Ideen detaillierter in dem weitverbreiteten *Lehrbuch der organischen Chemie*, das 1859 erstmals erschien.

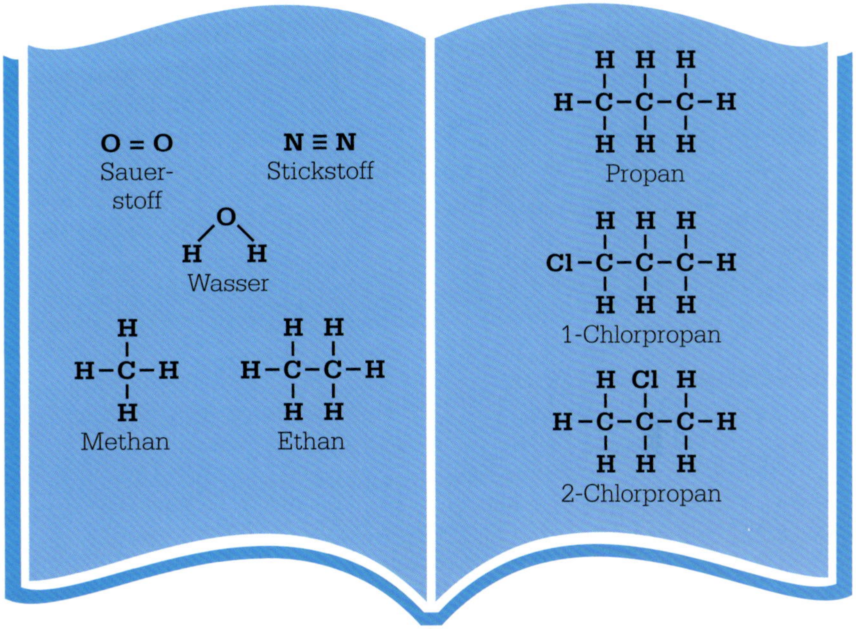

Mithilfe des Konzepts der Valenz beschrieb Kekulé die Bindungen, die sich in den verschiedenen Molekülen zwischen den Atomen bilden. Hier ist jede Bindung durch einen Strich dargestellt.

Kohlenstoffverbindungen

Als er die theoretischen Modelle auf der Grundlage von Erkenntnissen aus chemischen Reaktionen ausarbeitete, behauptete Kekulé, das vierwertige Kohlenstoffatom könne sich zu einer Art »Kohlenstoffskelett« verbinden, an das sich andere Atome mit anderen Valenzen (etwa Wasserstoff, Sauerstoff und Chlor) ankoppeln können. Plötzlich ergab die organische Chemie einen Sinn und die Chemiker bestimmten Strukturformeln für alle Arten von Molekülen.

Einfache Kohlenwasserstoffe wie Methan (CH_4), Ethan (C_2H_6) und Propan (C_3H_8) wurden nun als Ketten von Kohlenstoffatomen erkannt, deren freie Valenzen durch Wasserstoffatome »abgesättigt« sind. Reagiert eine solche Verbindung beispielsweise mit Chlor (Cl_2), so entstehen Verbindungen, in denen ein oder mehrere Wasserstoffatome durch Chloratome ersetzt sind – etwa Chlormethan oder Chlorethan. In einer solchen Substitution kann Chlorpropan mit einer Kette aus drei Kohlenstoffatomen zwei unterschiedliche Formen haben, je nachdem, ob das Chloratom an einem Kohlenstoffatom in der Mitte oder am Ende der Kette hängt (siehe Abbildung).

Einige Verbindungen brauchen Doppelbindungen, um die Valenzen der Atome zu sättigen, etwa das Sauerstoffmolekül (O_2) oder Ethylen (C_2H_4). Ethylen reagiert mit Chlor, und das Ergebnis ist keine Substitution, sondern eine Addition: Das Chlor addiert sich an die Doppelbindung und es entsteht 1,2-Dichlorethan ($C_2H_4Cl_2$). Einige Verbindungen haben sogar Dreifachbindungen, darunter das Stickstoffmolekül (N_2) und das hochreaktive Azetylen (C_2H_2), ein wichtiger Rohstoff für die Polymerherstellung.

Nur Benzol blieb ein Problem. Es hatte wohl die Formel C_6H_6, aber es war viel weniger reaktiv als Acetylen, obwohl beide Verbindungen jeweils die gleiche Anzahl von Kohlenstoff- und Wasserstoffatomen ›› haben. Wie eine lineare, nicht hochreaktive Kette aussehen sollte, blieb ein Rätsel. Offenbar musste es Doppelbindungen geben, aber ihre Anordnung war unklar.

Zudem reagiert Benzol mit Chlor nicht durch Addition (wie Ethlyen), sondern durch Substitution: Ein Chloratom ersetzt ein Wasserstoffatom. Dabei entsteht Chlorbenzol (C_6H_5Cl). Es schien, als seien dabei alle Kohlenstoffatome äquivalent, denn das Chloratom konnte sich wohl an jedes von ihnen anheften.

Benzolringe

Die Lösung des Rätsels um die Struktur von Benzol kam Kekulé 1865 im Traum. Es musste ein Ring von Kohlenstoffatomen sein, ein Ring mit sechs gleichen Atomen, von denen jedes an ein Wasserstoffatom gebunden war. Das Chloratom in Chlorbenzol konnte also irgendwo an dem Ring sitzen.

Weiteren Rückhalt für diese Theorie gab die doppelte Substitution von Wasserstoff zu Dichlorbenzol ($C_6H_4Cl_2$). Wenn Benzol ein Ring aus sechs gleichwertigen Kohlenstoffatomen war, konnte es drei verschiedene Formen (»Isomere«) dieser Verbindung geben: Die beiden Chloratome konnten an benachbarten und an nicht benachbarten Kohlenstoffatomen oder auch an genau gegenüberliegenden Enden des Ringes sitzen. Das stellte sich als wahr heraus, und die drei Isomere heißen Ortho-, Meta- und Para-Dichlorbenzol.

Die Symmetrie des Ringes

Ein ungelöstes Rätsel blieb die beobachtete Symmetrie des Benzolrings. Wegen der Vierwertigkeit muss jedes Kohlenstoffatom vier Bindungen an andere Atome haben – jedes von ihnen hatte also eine »freie« Bindung. Zunächst zeichnete Kekulé abwechselnd Einfach- und Doppelbindungen um den Ring ein. Damit der Ring symmetrisch sein konnte, sollten die Moleküle zwischen den beiden Strukturen hin und her oszillieren.

Das Elektron wurde erst 1896 entdeckt. Die Vorstellung, dass sich Bindungen durch gemeinsame Elektronen bilden, stammte 1916 von dem amerikanischen Chemiker G. N. Wilson. In den 1930er-Jahren erklärte Linus Pauling mithilfe der Quantenmechanik, dass die sechs freien Elektronen im Benzolring nicht in Doppelbindungen lokalisiert, sondern über den Ring delokalisiert und gleichmäßig zwischen den Kohlenstoffatomen aufgeteilt

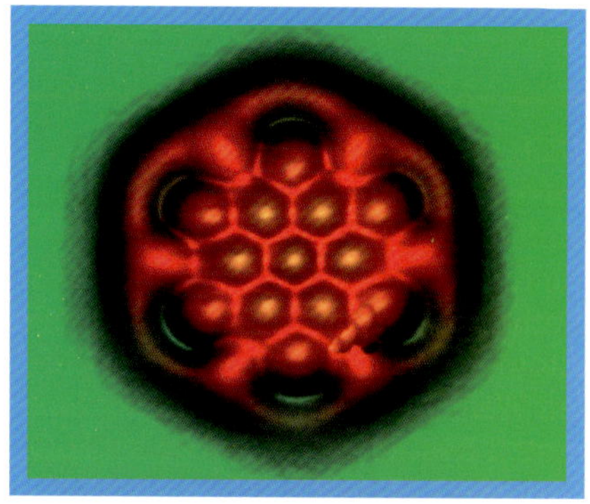

Dieses Bild eines Coronenmoleküls (Hexabenzobenzol) wurde mit einem Rasterkraftmikroskop erzeugt. Das Molekül misst 14 nm im Durchmesser und hat Kohlenstoff-Kohlenstoff-Bindungen verschiedener Länge.

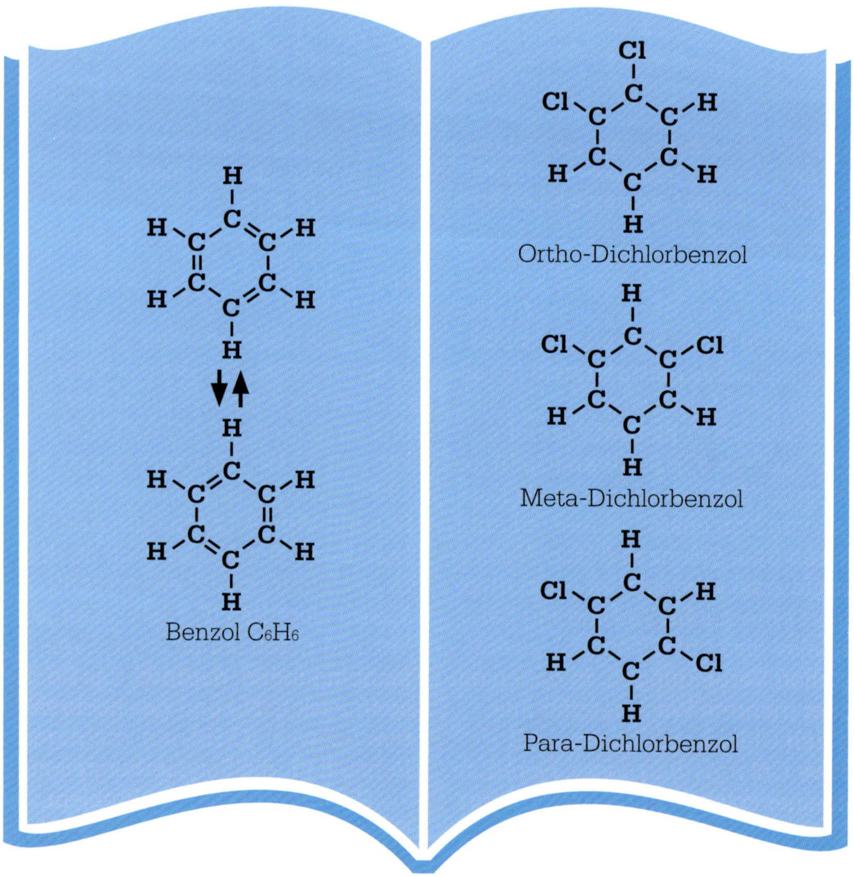

Kekulé schlug vor, dass sich die Doppel- und Einfachbindungen zwischen den Kohlenstoffatomen in einem Benzolring abwechselten (links). Es gibt drei Möglichkeiten, wie zwei Chloratome zwei Wasserstoffatome substituieren können (rechts).

Kekulé beschrieb die Entstehung seiner Theorie des Benzolrings als ein »Traumgesicht« im Halbschlaf, in dem er eine Schlange erblickte, die in ihren eigenen Schwanz beißt. Dieses alte Symbol des Ouroboros ist hier mit einem Drachen dargestellt.

sind: Die C–C-Bindungen sind also weder einfache noch doppelte, sondern 1,5-fache Bindungen (S. 264–269). Erst mit diesen neuen Vorstellungen aus der Physik wurde das Rätsel um den Aufbau des Benzolmoleküls vollständig gelöst.

Inspiration im Traum

Kekulés Traum ist die wohl meistzitierte Darstellung einer blitzartigen Erkenntnis der Wissenschaftsgeschichte. Kekulé war offenbar im Halbschlaf, in dem Realität und Einbildung ineinander übergehen. Doch Kekulé berichtet von zwei verschiedenen solcher Tagträume. Der erste war wohl 1855 in einem Londoner Omnibus: »Da gaukelten vor meinen Augen die Atome. Ich hatte sie immer in Bewegung gesehen, jene kleine Wesen, aber es war mir nie gelungen, die Art ihrer Bewegung zu erlauschen. Heute sah ich, wie vielfach zwei kleinere sich zu Pärchen zusammenfügten; wie größere zwei kleine umfassten, noch größere drei und selbst vier der kleinen festhielten.«

Den zweiten dieser Tagträume hatte Kekulé während eines Aufenthalts im belgischen Gent. Er wurde möglicherweise durch das alte Ouroboros-Symbol einer Schlange, die sich selbst verzehrt, inspiriert: »Ähnlich ging es mit der Benzoltheorie. … Ich drehte den Stuhl nach dem Kamin und versank in Halbschlaf. Wieder gaukelten die Atome vor meinen Augen. … Lange Reihen, vielfach dichter zusammengefügt, alles in Bewegung, schlangenartig sich windend und drehend. Und siehe, was war das? Eine der Schlangen erfasste den eigenen Schwanz und höhnisch wirbelte das Gebilde vor meinen Augen.« ■

Friedrich A. Kekulé

Friedrich August Kekulé, der sich selbst nur August nannte, wurde am 7. September 1829 in Darmstadt geboren. Er studierte in Gießen Architektur, wechselte aber zur Chemie, als er Vorlesungen von Justus von Liebig gehört hatte. Er arbeitete in London und erhielt dann eine Professur für Chemie zunächst in Gent, dann in Bonn.

1857 und in den Folgejahren schrieb Kekulé eine ganze Reihe von Aufsätzen in deutscher und (während der Jahre in Gent) französischer Sprache über die Tetravalenz von Kohlenstoff, die Bindungen in einfachen organischen Molekülen und die Struktur von Benzol, die ihn zum Hauptrepräsentanten der molekularen Strukturtheorie machten. 1895 wurde er geadelt und hieß fortan August Kekulé von Stradonitz. Drei der ersten fünf Chemienobelpreise wurden an Studenten von ihm vergeben.

Hauptwerke

1859 *Lehrbuch der organischen Chemie*
1866 *Untersuchungen über aromatische Verbindungen*

IN DEM ENTSCHIEDEN AUSGESPROCHENEN DURCHSCHNITTS-VERHÄLTNISSE DREI ZU EINS

GREGOR MENDEL (1822–1884)

IM KONTEXT

GEBIET
Biologie

FRÜHER
1760 Joseph Kölreuter beschreibt Zuchtversuche mit Tabakpflanzen, kann die Ergebnisse aber nicht erklären.

1842 Carl von Nägeli studiert die Zellteilung und beschreibt fadenähnliche Körper, die Chromosomen.

1859 Charles Darwin veröffentlicht seine Evolutionstheorie.

SPÄTER
1900 Die Botaniker Hugo de Vries, Carl Correns und William Bateson »entdecken« unabhängig voneinander die Mendel'schen Regeln erneut.

1910 Thomas Hunt Morgan bestätigt Mendels Theorie.

1918 Ronald Fisher bringt die Mendel'sche Vererbungstheorie mit Darwins Evolutionstheorie in Verbindung.

Eines der größten Geheimnisse der Naturgeschichte war der Vererbungsmechanismus. Die Vererbung als solche war schon bekannt, seit Menschen die Familienzugehörigkeit erkennen konnten. Praktische Folgerungen traten überall auf – von der Tier- und Pflanzenzucht in der Landwirtschaft bis hin zu dem Wissen, dass bestimmte Krankheiten wie die Bluterkrankheit vererbt werden. Aber wie das vor sich ging, war unbekannt.

Die griechischen Philosophen dachten, eine Art von »Essenz« oder materiellem »Prinzip« würde von den Eltern an den Nachwuchs weitergegeben. Die Eltern übertrugen das Prinzip während des Geschlechtsverkehrs an die nächste Generation. Es saß angeblich im Blut und die Mischung der Prinzipien beider biologischen Eltern ergab dann die neue Person. Diese Idee hielt sich jahrhundertelang – hauptsächlich weil es keine bessere gab –, doch spätestens zur Zeit von Charles Darwin traten ihre Schwächen klar zutage. Darwins Theorie der Evolution durch natürliche Auswahl besagte, dass die Arten sich über viele Generationen hinweg änderten und dass auf diese Weise die biologische Vielfalt entstanden war. Doch wenn die Vererbung mit der Mischung chemischer Prinzipien zusammenhing, dann musste die Vielfalt irgendwann aufhören – so, wie die wiederholte Mischung verschiedener Farben am Ende nur zu Grau führt. Die Anpassungen und Neubildungen, die Darwins Theorie vorhersagte, konnten nicht bestehen.

Vererbte Merkmale waren schon Jahrtausende vor Mendel beobachtet worden, doch die biologischen Mechanismen für Phänomene wie eineiige Zwillinge waren unbekannt.

Gregor Mendel

Johann Mendel wurde 1822 in Österreichisch-Schlesien geboren. Er studierte Mathematik und Philosophie, musste aber nach einem Unfall seines Vaters in einen Orden eintreten, da es der Familie an Geld mangelte. Als Augustinermönch gab er sich den Namen Gregor. Er schloss seine Studien an der Universität Wien ab und lehrte im mährischen Brünn. Im Kloster entwickelte Mendel Interesse an Vererbungslehre und untersuchte Mäuse, Bienen und Erbsen. Unter Druck des Bischofs stellte er seine Arbeiten an den Tieren ein und konzentrierte sich auf die Erbsen. Sie führten ihn zur Formulierung der Vererbungsregeln und zu der entscheidenden Erkenntnis, dass vererbte Merkmale durch diskrete Teilchen (später als Gene bezeichnet) festgelegt werden. 1868 wurde er Abt des Klosters und stellte die Forschungen ein. Mendels wissenschaftliche Aufsätze wurden nach seinem Tod von dem neuen Abt verbrannt.

Hauptwerk

1866 *Versuche über Pflanzen-Hybriden*

Siehe auch: Charles Darwin 144–151 ▪ Thomas Hunt Morgan 230–231 ▪ James Watson und Francis Crick 288–295 ▪ Michael Syvanen 322–323 ▪ William French Anderson 326–327 ▪ Jennifer Doudna und Emmanuelle Charpentier 332–333

Mendels Entdeckung

Die entscheidende Erkenntnis ergab sich bereits fast hundert Jahre, bevor der Aufbau der DNA klar wurde, und knapp ein Jahrzehnt nach dem Erscheinen von Darwins *Entstehung der Arten*. Dem Augustinermönch Gregor Mendel in Brünn – Lehrer, Forscher und Mathematiker – glückte, woran viele bekanntere Naturforscher vor ihm gescheitert waren. Dass es ausgerechnet Mendel gelang, könnte an seinen Kenntnissen in Mathematik, insbesondere der Wahrscheinlichkeitsrechnung gelegen haben.

Mendel führte seine Experimente mit der Gemeinen Erbse (*Pisum sativum*) durch. Die Pflanzen unterscheiden sich beispielsweise durch Höhe, Blütenfarbe, Samenfarbe und Samenform. Mendel betrachtete die Vererbung jeweils eines Merkmals und wandte dann seine Mathematik auf die Ergebnisse an. Beim Züchten der Erbsenpflanzen im Klostergarten konnte er eine Reihe von Versuchen mit aussagekräftigen Daten durchführen.

Dazu waren einige Vorkehrungen nötig. Mendel hatte erkannt, dass bestimmte Merkmale über die Generationen verborgen sein können, und begann daher mit »reinrassigen« Erbsenpflanzen, etwa mit weißblütigen Pflanzen, die nur weißfarbige Nachkommen erzeugten. Er kreuzte solche weißen Pflanzen mit rein rosafarbenen, hohe mit niedrigen usw. In jedem Fall kontrollierte er die Befruchtung genau: Mit Pinzetten übertrug er die Pollen der geschlossenen Blütenknospen, um die wahllose Verbreitung zu verhindern. Diese Kreuzungsversuche führte er viele Male durch und dokumentierte die Anzahl und Merkmale der Pflanzen in der nächsten und übernächsten Generation. Er fand heraus, dass abweichende Varietäten (etwa rosafarbene und weiße Blüten) in festen Anteilen vererbt wurden. In der ersten Generation zeigte sich nur eine Varietät, etwa die mit rosafarbenen Blüten. In der zweiten Generation sorgte diese Varietät für drei Viertel des Nachwuchses. Er nannte diese Varietät dominant und die andere Varietät rezessiv. In diesem Fall waren die weißen Blüten rezessiv und stellten nur ein Viertel der Pflanzen in der zweiten Generation. Für jedes solche Merkmal – Höhe, Samenfarbe, Blütenfarbe und Samenform – war es möglich, die dominanten und rezessiven Varietäten entsprechend dieser Anteile zu erkennen.

Der wichtige Schluss

Mendel ging noch weiter und prüfte die gleichzeitige Vererbung von zwei Merkmalen, etwa von Blüten- und Samenfarbe. Der Nachwuchs bildete hier verschiedene Kombinationen der Merkmale aus, ebenfalls wieder in festen Anteilen. In der ersten Generation zeigten alle Pflanzen dominante Merkmale (rosafarbene Blüten, gelbe Samen), doch in der zweiten Generation gab es eine Mischung dieser Kombinationen. Beispielsweise trug $^{1}/_{16}$ der ››

Pflanzen die Kombination der beiden rezessiven Merkmale (weiße Blüten, grüne Samen). Mendel schloss daraus, dass die beiden Merkmale unabhängig voneinander vererbt wurden. Mit anderen Worten: Die Vererbung der Blütenfarbe hatte keine Wirkung auf die Vererbung der Samenfarbe und umgekehrt. Dass bei der Vererbung stets solche festen Verhältnisse auftraten, führte Mendel zu dem Schluss, dass sie nicht durch die Mischung unklarer chemischer »Prinzipien«, sondern durch bestimmte »Teilchen« verursacht wurde. Es musste also Teilchen zur Festlegung der Blütenfarbe, der Samenfarbe usw. geben, die vollständig von den Eltern auf ihre Nachkommen übertragen wurden. Das erklärte auch, warum es vorkommen konnte, dass rezessive Merkmale sich nicht ausprägten und eine Generation übersprangen: Rezessive Merkmale zeigen sich nur dann, wenn eine Pflanze zweimal dieselbe Form des Partikels erbt. Heute werden diese »Teilchen« als Gene bezeichnet.

Würdigung eines Genies

1866 veröffentlichte Mendel seine Ergebnisse in der Zeitschrift des Naturforschenden Vereines in Brünn, wurde aber kaum beachtet. Der geheimnisvolle Titel – *Versuche über Pflanzen-Hybriden* – dürfte die Leserschaft zusätzlich eingeschränkt haben. Auf jeden Fall dauerte es über dreißig Jahre, bis Mendel für seine Erkenntnisse gebührend geehrt wurde. Der niederländische Botaniker Hugo de Vries veröffentlichte die Ergebnisse von Zuchtversuchen ganz ähnlich denen von Mendel, und auch er kam auf das Verhältnis drei zu eins. In einer Anmerkung erkannte de Vries die Priorität von Mendel an. Einige Monate später beschrieb der deutsche Botaniker Carl Correns explizit den Mendel'schen Vererbungsmechanismus. Mittlerweile hatte in Cambridge – angeregt durch die Aufsätze von de Vries und Correns – der Biologe William Bateson Mendels Originalarbeit erstmals gelesen und er erkannte sofort ihre Bedeutung. Bateson wurde ein Verfechter der Mendel'schen Ideen und prägte schließlich den Begriff »Genetik« für dieses neue Feld der Biologie. Posthum wurde der Augustinermönch so endlich gewürdigt.

Bis dahin hatten andere Arbeiten auf den Gebieten der Zellbiologie und Biochemie den Biologen neue Wege gewiesen. Mikroskope ersetzten Zuchtversuche und die Forscher blickten direkt ins Innere der Zellen. Die Biologen ahnten damals bereits, dass der Schlüssel für die Vererbungsgesetze im Zellkern liegen müsse. Ohne Kenntnis von Mendels Werk hatte der Deutsche Walther Flemming 1878 die fadenartigen Strukturen im Zellkern erkannt, die sich während einer Zellteilung bewegten. Er nannte sie Chromosomen, nach dem griechischen Wort für »farbiger Körper«. Innerhalb weniger Jahre nach der Wiederentdeckung von Mendels Arbeiten hatten die Biologen

> »Die Merkmale treten an den Hybriden zurück oder verschwinden ganz, kommen jedoch unter den Nachkommen derselben wieder unverändert zum Vorscheine.«
>
> **Gregor Mendel**

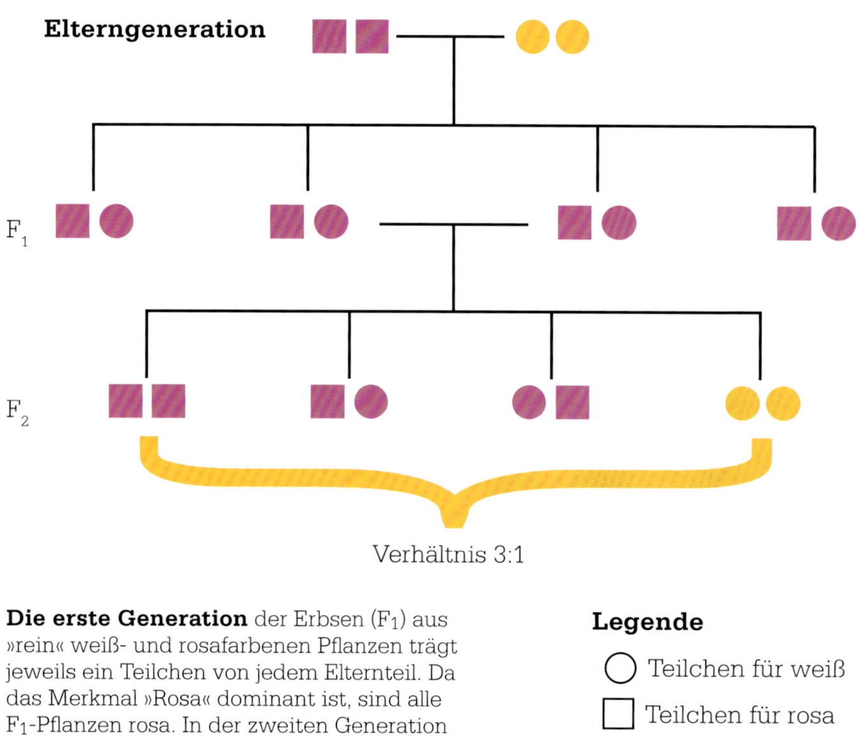

Die erste Generation der Erbsen (F_1) aus »rein« weiß- und rosafarbenen Pflanzen trägt jeweils ein Teilchen von jedem Elternteil. Da das Merkmal »Rosa« dominant ist, sind alle F_1-Pflanzen rosa. In der zweiten Generation (F_2) erbt eine von vier Pflanzen zwei »weiße« Teilchen und entwickelt weiße Blüten.

Hugo de Vries entdeckte in den 1890er-Jahren das Verhältnis 3:1 in Versuchen mit einer Reihe von Pflanzen. Später erkannte er die Priorität von Mendel an dieser Entdeckung.

demonstriert, dass Mendels »Vererbungsteilchen« real waren und auf den Chromosomen lagen.

Verbesserung der Regeln

Mendel hatte zwei Regeln für die Vererbung entdeckt. Aus dem festen Verhältnis der Merkmale bei den Nachkommen schloss er, dass die Vererbungsteilchen paarweise auftreten. Es gab also ein Teilchenpaar für die Blütenfarbe, eines für die Samenfarbe usw. Die Paare bildeten sich bei der Befruchtung, weil je ein Teilchen von je einem Elternteil kam, und sie wurden wieder getrennt, wenn die neue Generation sich fortpflanzte und ihre eigenen Keimzellen bildete. Wenn die zusammenkommenden Teilchen zu verschiedenen Varietäten gehörten (etwa Blüten in rosa und weiß), prägte sich nur das dominante Teilchen aus.

Heute nennen wir die verschiedenen Varietäten der Gene »Allele«. Diese Mendel'sche Regel wird heute als »Spaltungsregel« oder »Segregationsregel« bezeichnet, weil die Allele bei der Bildung der Keimzellen gespalten werden. Eine weitere Regel ist die »Unabhängigkeitsregel«; sie besagt, dass die Gene für jedes Merkmal unabhängig voneinander vererbt werden.

Im Nachhinein muss man Mendels Wahl der Versuchspflanzen als glücklich bezeichnen. Heute wissen wir, dass die Merkmale von *Pisum sativum* sich nach dem einfachsten Schema vererben, denn jedes Merkmal wird durch ein einziges Gen gesteuert, das in verschiedenen Varietäten (Allelen) auftritt. Oft hingegen entstehen biologische Merkmale, etwa die Körpergröße des Menschen, durch die Wechselwirkung vieler verschiedener Gene.

Außerdem werden die von Mendel untersuchten Gene unabhängig voneinander vererbt. Später fand man auch Beispiele dafür, dass Gene nebeneinander auf demselben Chromosom sitzen können. Jedes Chromosom trägt Hunderte oder gar Tausende von Genen auf einem DNA-Faden. Chromosomenpaare trennen sich bei der Bildung der Keimzellen, und ein Chromosom wird dann im Ganzen weitergegeben. Die Vererbung von Merkmalen, die durch verschiedene Gene auf demselben Chromosom gesteuert werden, ist also nicht unabhängig. Bei den Erbsen, die Mendel untersucht hatte, sitzen die Gene der untersuchten Merkmale aber auf verschiedenen Chromosomen, sonst wären die Ergebnisse viel komplizierter und schwerer zu interpretieren gewesen.

Im 20. Jahrhundert zeigten sich auch die Ausnahmen der Mendel'schen Regeln. Bei immer genaueren Untersuchungen ergab sich, dass Vererbung auch auf kompliziertere Weise auftreten kann. Die Entdeckungen bedeuten aber keinen Widerspruch, sondern eine Ergänzung von Mendels Werk, das die Grundlage der Genetik bildet. ■

» Ich schlage … den Begriff Genetik vor, der hinreichend anzeigt, dass unsere Arbeiten der Erhellung der Phänomene von Vererbung und Variation dienen. «

William Bateson

EINE EVOLUTIONÄRE VERBINDUNG ZWISCHEN DEN VÖGELN UND DEN DINOSAURIERN

THOMAS HENRY HUXLEY (1825–1895)

IM KONTEXT

GEBIET
Biologie

FRÜHER
1859 Charles Darwin beschreibt in *Entstehung der Arten* seine Evolutionstheorie.

1861 Der erste vollständige *Archaeopteryx*, gefunden in der Nähe von Solnhofen, wird an das Naturhistorische Museum in London verkauft.

SPÄTER
1875 Das »Berliner Exemplar« des *Archaeopteryx*, das Zähne aufweist, wird gefunden.

1969 Eine Untersuchung des Paläontologen John Ostrom zeigt neue Ähnlichkeiten der Mikroraptoren mit Vögeln.

1996 In China wird der erste bekannte Saurier mit Federn gefunden, der *Sinosauropteryx*.

2005 Der Biologe Chris Organ zeigt die Ähnlichkeit zwischen der DNA von Vögeln und dem *Tyrannosaurus Rex*.

Als Charles Darwin 1859 seine Theorie der Evolution durch natürliche Auslese vorstellte, kam es zu hitzigen Debatten, in denen sich der britische Biologe Thomas Henry Huxley als profiliertester Streiter für Darwins Ideen hervortat. Wichtiger aber war noch, dass er Belege für einen Hauptpunkt in Darwins Theorien erbrachte – die Behauptung, Vögel und Dinosaurier seien eng miteinander verwandt.

Sollte Darwins Theorie, die Arten hätten sich allmählich zu anderen Arten entwickelt, wahr sein, dann musste an Fossilien erkennbar sein, wie sich völlig verschiedene Arten aus ähnlichen Vorfahren entwickelten. 1860 wurde in einem Kalksteinbruch bei Solnhofen in Mittelfranken ein bemerkenswertes Fossil aus dem Jura gefunden. Der *Archaeopteryx lithographica* hatte Flügel und Federn wie ein Vogel, stammte aber aus der Zeit der Dinosaurier und schien ein Beispiel für die »Missing Links« zwischen den Arten zu sein, die Darwins Theorie vorhersagte.

Ein solcher Fund reichte natürlich als Beweis für die Verbindung von Vögeln und Dinosauriern nicht aus – *Archaeopteryx* konnte ja auch einer der ersten Vögel sein und kein gefiederter Dinosaurier. Doch als Huxley die Anatomie von Vögeln und Dinosauriern genauer untersuchte, fand er bestechende Belege.

Bislang wurden elf Fossilien des *Archaeopteryx* gefunden. Der vogelähnliche Dinosaurier lebte im späten Jura vor etwa 150 Mio. Jahren im heutigen Süddeutschland.

Fossil des Übergangs

Huxley verglich *Archaeopteryx* mit einigen anderen Dinosauriern und fand starke Ähnlichkeiten zu den kleinen Sauriern *Hypsilophodon* und *Compsognathus*. Der Fund eines weiteren *Archaeopteryx* 1875, diesmal mit saurierähnlichen Zähnen, schien die Verbindung zu bestätigen. Huxley gelangte zu der Überzeugung, dass es eine

Siehe auch: Mary Anning 116–117 ▪ Charles Darwin 144–151

Genaue Untersuchungen der **Fossilien von kleinen Dinosauriern** zeigen viele Gemeinsamkeiten mit **Vögeln.**

↓

Der vogelähnliche *Archaeopteryx* hatte **Zähne,** so wie die Dinosaurier.

↓

Die anatomischen Ähnlichkeiten von **Vögeln und Dinosauriern** sind zu groß, um Zufall zu sein.

↓

Es gibt eine evolutionäre Verbindung zwischen Vögeln und Dinosauriern.

evolutionäre Verbindung zwischen Vögeln und Dinosauriern gab, er glaubte aber nicht, dass man je einen gemeinsamen Vorfahren finden würde. Für ihn waren die offensichtlichen Ähnlichkeiten wichtig: Wie Reptilien haben auch Vögel Schuppen – Federn sind ihre einfache Weiterentwicklung –, und sie legen Eier. Außerdem gibt es Ähnlichkeiten im Knochenbau.

Dennoch blieb die Verbindung zwischen Sauriern und Vögeln noch 100 Jahre lang umstritten. Erst in den 1960er-Jahren überzeugten Untersuchungen des schlanken, flinken Raubsauriers *Deinonychus* viele Paläontologen von der Verbindung zwischen Vögeln und den kleinen, fleischfressenden Raubsauriern. In den letzten Jahren bestärkten etliche Funde von fossilen Vögeln und vogelähnlichen Dinosauriern in China die Verbindung noch, darunter 2005 die Entdeckung des kleinen Dinosauriers *Pedopenna* mit gefiederten Beinen. Ebenfalls 2005 zeigte eine bahnbrechende Untersuchung der DNA aus versteinertem Gewebe eines *Tyrannosaurus Rex*, dass Dinosaurier genetisch den Vögeln sogar stärker ähneln als anderen Reptilien. ▪

» Vögel sind im Wesentlichen den Reptilien ähnlich … Man könnte diese Tiere als eine nur extrem veränderte, abnorme Reptilienart bezeichnen. «

Thomas Henry Huxley

Thomas Henry Huxley

Der Londoner Huxley begann im Alter von 13 Jahren als Chirurgengehilfe. Mit 21 war er dann Schiffsarzt auf einer Mission, die die Meere um Australien und Neuguinea kartieren sollte. Während seiner Reise sammelte er wirbellose Meerestiere und beeindruckte mit seinen Schriften die Royal Society. Nach seiner Rückkehr 1854 lehrte Huxley Naturgeschichte an der Königlichen Bergbauschule.

Nach einer Begegnung mit Charles Darwin 1856 wurde Huxley ein entschiedener Vertreter von Darwins Theorie. In einer Debatte über die Evolution 1860 setzte er sich gegen Samuel Wilberforce durch, den Bischof von Oxford, der die göttliche Schöpfung verteidigte. Neben seinen Arbeiten zur Ähnlichkeit von Vögeln und Dinosauriern sammelte er auch Belege zu den Ursprüngen des Menschen.

Hauptwerke

1863 *Zeugnisse für die Stellung des Menschen in der Natur* (dt. 1863)
1871 *Handbuch der Anatomie der Wirbeltiere* (dt. 1871)
1880 *The Coming of Age of the Origin of Species*

EINE OFFENBARE PERIODIZITÄT DER EIGENSCHAFTEN

DMITRI MENDELEJEW (1834–1907)

IM KONTEXT

GEBIET
Chemie

FRÜHER
1803 John Dalton führt die Idee des Atomgewichts ein.

1828 Johann Döbereiner liefert die erste Klassifizierung.

1860 Stanislao Cannizzaro stellt eine Tabelle mit Atom- und Molekülgewichten auf.

SPÄTER
1870 Lothar Meyer zeigt die Periodizität der Elemente, indem er das Atomgewicht gegen das Volumen aufträgt.

1913 Henry Moseley definiert das Periodensystem anhand der Ordnungszahl (Anzahl der Protonen im Atomkern) neu.

1913 Niels Bohr schlägt ein Modell für den Atomaufbau vor. Mithilfe der Elektronenschalen erklärt er die unterschiedliche Reaktivität der verschiedenen Elementgruppen.

Der irische Physiker Robert Boyle definierte 1661 die Elemente als »grundlegend einfache, völlig unvermischte Körper. Sie bestehen weder aus anderen Körpern noch auseinander, und sind somit die Bestandteile von allen perfekt gemischten Körpern, die fest verbunden sind und in die sie letztlich aufgelöst werden.« Anders gesagt: Ein Element lässt sich mit chemischen Mitteln nicht in einfachere Substanzen zerlegen. 1803 führte dann der britische Chemiker John Dalton die Idee des Atomgewichts (heute als relative Atommasse bezeichnet) für diese Elemente ein. Wasserstoff ist das leichteste Element, ihm gab er den Wert eins, den wir heute noch verwenden.

Die Oktavregel

In der ersten Hälfte des 19. Jahrhunderts isolierten die Chemiker immer mehr Elemente und erkannten, dass bestimmte Gruppen von Elementen ähnliche Eigenschaften haben. Beispielsweise sind Natrium und Kalium silberglänzende, sogenannte Alkalimetalle, die heftig mit Wasser reagieren und dabei Wasserstoffgas freisetzen. Sie sind so ähnlich, dass Humphrey Davy sie nicht voneinander unterschied, als er sie erstmals entdeckte. Die Halogene Chlor und Brom sind beide stechend riechende, giftige Oxidiermittel, auch wenn Chlor ein Gas und Brom flüssig ist. Der britische Chemiker John Newlands bemerkte, dass in einer Liste, in der die Elemente nach wachsendem Atomgewicht aufgeführt sind, auf

Als Erster versuchte der deutsche Chemiker Johann Döbereiner, die Elemente zu klassifizieren. 1828 erkannte er, dass einige Elemente Dreiergruppen mit ähnlichen Eigenschaften bilden.

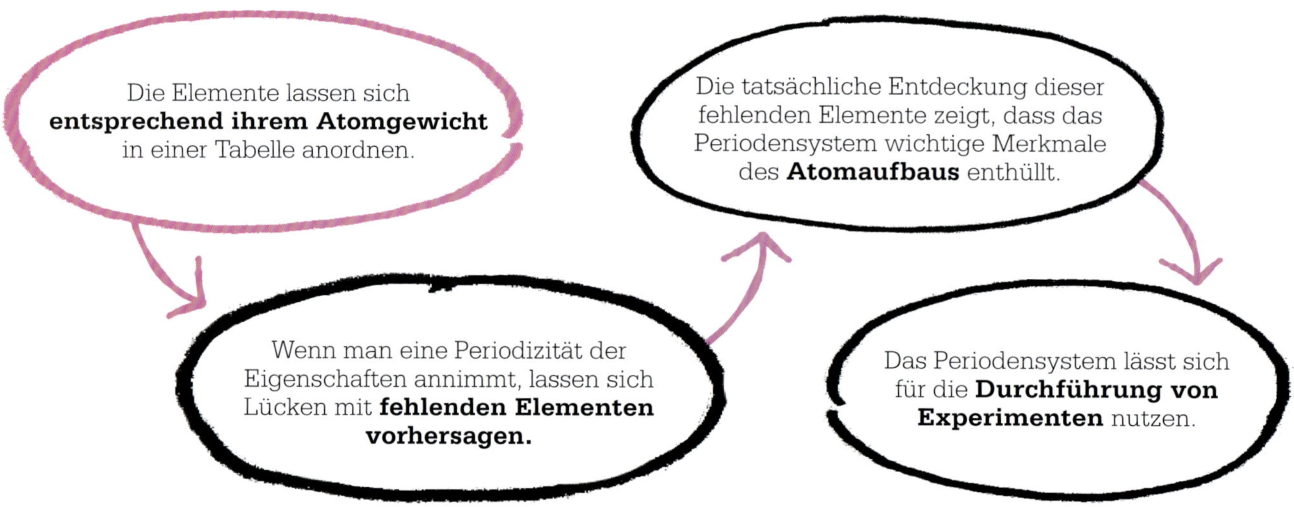

Siehe auch: Robert Boyle 46–49 ▪ John Dalton 112–113 ▪ Humphry Davy 114 ▪ Marie Curie 194–199 ▪ Ernest Rutherford 210–217 ▪ Linus Pauling 264–269

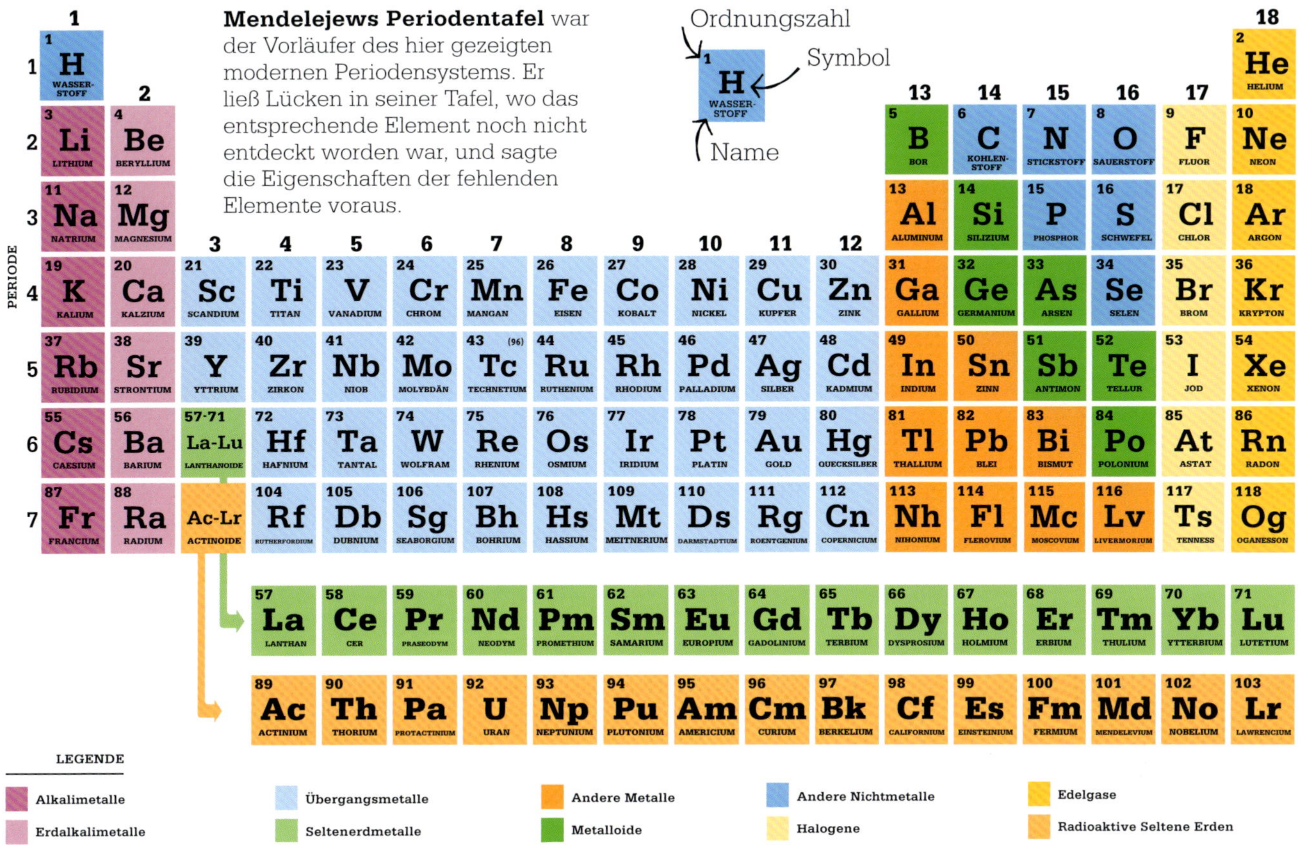

Mendelejews Periodentafel war der Vorläufer des hier gezeigten modernen Periodensystems. Er ließ Lücken in seiner Tafel, wo das entsprechende Element noch nicht entdeckt worden war, und sagte die Eigenschaften der fehlenden Elemente voraus.

jedem achten Platz ähnliche Elemente auftraten. Diese Erkenntnis veröffentlichte er im Jahr 1864.

Er schrieb: »Elemente aus derselben Gruppe erscheinen auf derselben Zeile. Und die Nummern der ähnlichen Elemente unterscheiden sich jeweils um sieben oder um Vielfache davon … Ich schlage vor, diesen besonderen Zusammenhang als ›Oktavregel‹ zu bezeichnen.« Die Muster in seiner Tabelle waren bis Kalzium sinnvoll, danach wurde es unübersichtlich. Bei einem Vortrag 1865 wurde Newlands verspottet – es hieß, mit gleichem Effekt könne er die Elemente auch in alphabetischer Reihenfolge aufführen. Sein Aufsatz wurde abgelehnt. Erst viele Jahre später wurde die Bedeutung seiner Entdeckung erkannt. Etwa zeitgleich hatte auch der französische Mineraloge Alexandre-Émile Béguyer de Chancourtois die Muster entdeckt, doch nur wenige nahmen davon Kenntnis.

Kartenlegen

Zur gleichen Zeit beschäftigte sich der russische Chemiker Dmitri Mendelejew in Sankt Petersburg mit demselben Problem, als er sein Buch *Grundlagen der Chemie* schrieb. 1863 waren 56 Elemente bekannt und jedes Jahr kam etwa ein neues hinzu. Mendelejew war sich sicher, dass es ein Muster geben musste. Um das Rätsel zu lösen, fertigte er 56 Spielkarten, jede mit dem Namen und den wichtigsten Eigenschaften jeweils eines Elements versehen.

Es heißt, Mendelejew habe den Durchbruch 1868, kurz vor dem Aufbruch zu einer Winterreise erzielt. Vor der Abfahrt legte er die 56 Karten auf den Tisch und bewegte sie wie bei einer Patience. Als der Kutscher das Gepäck holen wollte, scheuchte Mendelejew ihn fort, er sei beschäftigt. Hin und her schob er seine Karten, bis es ihm gelang, alle 56 Elemente zu seiner Zufriedenheit anzuordnen, mit den ähnlichen Gruppen vertikal übereinander. Er schrieb einen Aufsatz und trug ihn im nächsten Jahr vor der Russischen Chemischen ››

Gesellschaft vor: »Die Elemente zeigen, wenn sie nach dem Atomgewicht angeordnet sind, eine offenbare Periodizität der Eigenschaften.« Er erklärte, bei Elementen mit ähnlichen chemischen Eigenschaften habe das Atomgewicht etwa denselben Wert (so wie Platin, Iridium und Osmium) oder nehme gleichmäßig zu (so wie Kalium, Rubidium und Caesium). Die Ordnung der Elemente in Gruppen nach Atomgewicht entspräche ihrer Valenz, also der Anzahl von Bindungen, die ein Atom mit anderen Atomen eingehen kann.

Vorhersage neuer Elemente

In seinem Aufsatz wagte Mendelejew die kühne Behauptung: »Wir haben die Entdeckung vieler noch unbekannter Elemente zu erwarten, beispielsweise zwei Elemente entsprechend Aluminium und Silizium, deren Atomgewicht zwischen 65 und 75 liegt.«

> »Es ist die Funktion der Wissenschaft, die Existenz einer allgemeinen Ordnungsregel in der Natur zu finden und die Gründe dieser Ordnungsregel aufzudecken.«
>
> **Dmitri Mendelejew**

Mendelejews Anordnung bot gegenüber Newlands' Oktaven wichtige Vorteile. Newlands hatte – wenig sinnvoll – Chrom unterhalb von Bor und Aluminium platziert. Mendelejew überlegte, dass es ein noch unentdecktes Element geben müsse, und sagte vorher, es werde ein Atomgewicht (AG) von etwa 68 haben und Oxide (Verbindungen mit Sauerstoff) nach der chemischen Formel M_2O_3 bilden. Dabei war »M« das Symbol für das neue Element. Die Formel besagt, dass zwei Atome des neuen Elements sich mit drei Sauerstoffatomen zu dem Oxid verbinden. Zudem sagte er zwei weitere Elemente vorher, die andere Lücken auffüllen würden: eines mit einem Atomgewicht von etwa 45 und dem Oxid M_2O_3 und ein weiteres mit einem Atomgewicht von 72 und dem Oxid MO_2.

Die Kritiker waren zwar skeptisch, doch Mendelejew hatte sehr detaillierte Angaben gemacht und wissenschaftliche Theorien lassen sich am besten dadurch untermauern, dass sich ihre Vorhersagen als wahr herausstellen. Als 1875 das Element Gallium (AG 70, Oxid Ga_2O_3) gefunden wurde, 1879 Scandium (AG 45, Sc_2O_3) und schließlich 1886 noch Germanium (AG 73, GeO_2), wurde Mendelejew berühmt.

Die sechs Alkalimetalle sind allesamt weiche, hochreaktive Metalle. Die Außenschicht dieses Natriumstücks reagiert mit dem Luftsauerstoff, sodass sich eine Natriumoxidschicht bildet.

Fehler in der Tabelle

Mendelejew hatte allerdings auch einige Fehler gemacht. In seinem Aufsatz von 1869 hatte er behauptet, das Atomgewicht von Tellur müsse falsch sein: Es müsse zwischen 123 und 126 liegen, weil das Atomgewicht von Jod 127 ist, und Jod müsse wegen seiner Eigenschaften in der Tabelle hinter Tellur folgen. Doch er irrte sich – das Atomgewicht von Tellur ist tatsächlich 127,6, also größer als das

Die sechs natürlich vorkommenden Edelgase (Gruppe 18 im Periodensystem) sind Helium, Neon, Argon, Krypton, Xenon und Radon. Sie sind chemisch sehr träge, weil ihre Valenzschale voll ist. Die Valenzschale ist die äußerste der Elektronenschalen, die den Atomkern umgeben. Helium hat nur eine Schale mit zwei Elektronen, die anderen Elemente haben äußere Schalen mit acht Elektronen. Das radioaktive Radon ist instabil.

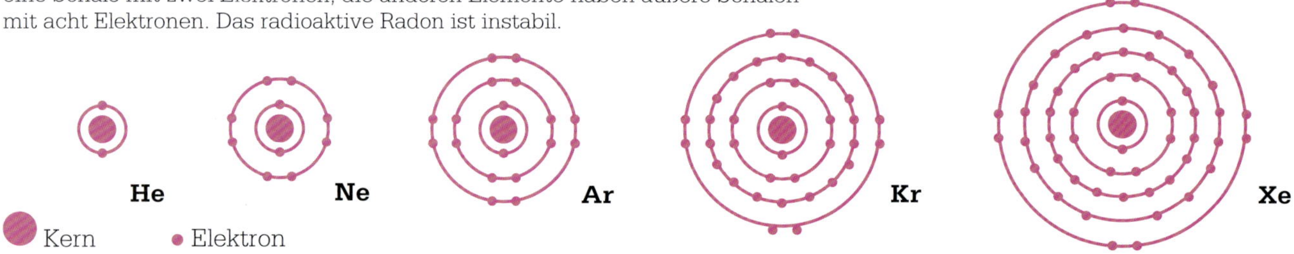

von Jod. Eine ähnliche Anomalie tritt zwischen Kalium (AG 39) und Argon (AG 40) auf, wobei Argon in der Tabelle aber deutlich vor Kalium liegt.

Mendelejew konnte diese Probleme 1869 noch nicht erkennen, weil Argon erst 1894 entdeckt wurde. Argon ist eines der Edelgase, die farb- und geruchlos sind und kaum mit anderen Elementen reagieren. Da sie so schwierig nachzuweisen sind, war zu jener Zeit keines der Edelgase bekannt, und daher gab es für sie in Mendelejews Tabelle auch keine Lücken. Als Argon dann aber entdeckt war, taten sich wieder neue Lücken auf: Bis 1898 hatte der schottische Chemiker William Ramsay Helium, Neon, Krypton und Xenon isoliert. 1902 fügte Mendelejew die Edelgase als Gruppe 18 in seine Tabelle ein, und diese spätere Version der Tabelle liegt bis heute dem Periodensystem zugrunde.

Die Anomalie der »falschen« Atomgewichte wurde 1913 von dem britischen Chemiker Henry Moseley gelöst, der mithilfe von Röntgenstrahlen die Anzahl der Protonen im Kern eines jeden Elements bestimmte. Diese Anzahl nennt man heute Ordnungszahl des Elements, und nach ihrem Wert richtet sich die Position der Elemente im Periodensystem. Allerdings gibt das Atomgewicht eine ziemlich gute Näherung ab, denn bei den leichten Elementen ist das Atomgewicht ungefähr doppelt so groß wie die Ordnungszahl.

»Wir haben die Entdeckung von Elementen entsprechend Aluminium und Silizium zu erwarten, deren Atomgewicht zwischen 65 und 75 liegt.«

Dmitri Mendelejew

Anwendung der Tabelle

Das Periodensystem der Elemente mag wie eine belanglose Auflistung der Elemente erscheinen, doch es hat in Chemie und Physik weit größere Bedeutung. Man kann damit Eigenschaften eines Elements vorhersagen und Variationen in den Prozessen ausprobieren: Wenn etwa eine bestimmte Reaktion mit Chrom nicht funktioniert, kann man es mit Molybdän versuchen, das in der Tabelle direkt unter Chrom liegt.

Die Tabelle war auch wichtig für die Erforschung des Aufbaus von Atomen. Warum spiegelten sich die Eigenschaften der Elemente in den Mustern? Warum waren die Elemente der Gruppe 18 so reaktionsträge, die Elemente in den Gruppen rechts und links daneben aber die reaktivsten überhaupt? Solche Fragen führten direkt zu der bis heute akzeptierten Vorstellung vom Aufbau der Atome.

Für Mendelejew war es in gewisser Weise ein Glücksfall, dass das Periodensystem bis heute mit ihm in Verbindung gebracht wird, denn er hatte seine Ideen erst nach Béguyer und Newlands veröffentlicht. Auch der deutsche Chemiker Lothar Meyer kam ihm 1864 zuvor mit einer Darstellung der Periodizität der Elemente anhand der Atomgewichte und Atomvolumen. Aber wie so oft in der Wissenschaft war die Zeit reif für eine Entdeckung, die dann mehrere Forscher unabhängig voneinander machten. In solchen Fällen bestimmt oft der Zufall, wer den Ruhm dafür erhält. ■

Dmitri Mendelejew

Dmitri Iwanowitsch Mendelejew wurde 1834 als jüngstes von mindestens zwölf Kindern in einem sibirischen Dorf geboren. Nach der Erblindung und dem Tod seines Vaters zog die verarmte Familie mit dem nun 15-Jährigen nach Sankt Petersburg, um ihm eine höhere Bildung zu ermöglichen. 1862 heiratete Mendelejew, verliebte sich aber 1876 neu und heiratete ein zweites Mal, bevor er von seiner ersten Frau geschieden war.

Seine Doktorarbeit schrieb er über die Verbesserung des Wodkabrennens. Anschließend arbeitete er zur Petrochemie, betrieb die Gründung der ersten russischen Ölraffinerie und führte in den 1890er-Jahren die metrischen Einheiten in Russland ein. 1905 wurde er zum Mitglied der Königlich Schwedischen Akademie der Wissenschaften gewählt und für den Nobelpreis vorgeschlagen. Er erhielt ihn aber nicht, möglicherweise wegen seiner Bigamie. Das radioaktive Element 101 heißt zu seinen Ehren Mendelevium.

Hauptwerk

um 1870 *Grundlagen der Chemie*

LICHT

UND MAGNETISMUS SIND ERSCHEINUNGEN DERSELBEN SUBSTANZ

JAMES CLERK MAXWELL (1831–1879)

IM KONTEXT

GEBIET
Physik

FRÜHER
1803 Das Doppelspalt-Experiment von Thomas Young zeigt, dass Licht eine Welle ist.

1820 Hans Christian Ørsted zeigt die Verbindung zwischen Elektrizität und Magnetismus.

1831 Laut Michael Faraday erzeugt ein sich änderndes Magnetfeld ein elektrisches Feld.

SPÄTER
1900 Max Planck zufolge lässt sich Licht unter bestimmten Umständen so behandeln, als bestehe es aus winzigen »Wellenpaketen«, den Quanten.

1905 Albert Einstein zeigt, dass die Lichtquanten, heute Photonen genannt, real sind.

um 1940 Richard Feynman und andere beschreiben das Verhalten von Licht mit der Quantenelektrodynamik (QED).

Ein **Magnetfeld** kann die **Polarisation** von Licht verändern.

Das deutet darauf hin, dass **Licht** eine **elektromagnetische** Welle ist.

Unter der Annahme, dass Licht eine elektromagnetische Welle ist, lassen sich **Gleichungen formulieren,** die das Verhalten von Licht mathematisch beschreiben.

Die **Entdeckung** der langwelligen **Radiowellen** (ebenfalls ein Teil des elektromagnetischen Spektrums) bestätigt die Gleichungen.

Licht und Magnetismus sind Erscheinungen derselben Substanz.

Die vier Differenzialgleichungen zum Verhalten elektromagnetischer Felder, die der schottische Physiker James Clerk Maxwell zwischen etwa 1860 und 1880 entwickelte, gelten zu Recht als eine der überragenden Leistungen in der Physikgeschichte. Die bahnbrechenden Gleichungen revolutionierten nicht nur den physikalischen Blick auf Elektrizität, Magnetismus und Licht, sondern bahnten auch dem ganz neuen Stil der mathematischen Physik den Weg, mit weitreichenden Konsequenzen im 20. Jahrhundert. Heute geben sie Anlass zu der Hoffnung, dass wir zu einem zukünftigen Zeitpunkt unser Wissen über das Universum in einer allumfassenden »Weltformel« vereinen werden.

Der Faraday-Effekt

Als der dänische Physiker Hans Christian Ørsted 1820 entdeckte, dass es eine Verbindung zwischen Elektrizität und Magnetismus gibt, stieß er damit zahlreiche Bemühungen an, Verbindungen zwischen scheinbar unzusammenhängenden Phänomenen zu finden, die sich durch das 19. Jahrhundert zogen. Auch ein wichtiger Durchbruch von Michael Faraday war darunter. Faraday ist heute für die Erfindung des Elektromotors und die Entdeckung der elektromagnetischen Induktion bekannt, doch Maxwells Ausgangspunkt war eine seiner unbedeutenderen Entdeckungen.

Zwei Jahrzehnte lang hatte Faraday immer wieder versucht, den Zusammenhang zwischen Licht und Elektromagnetismus zu finden. Dann, 1845, entwarf er ein geistreiches Experiment, das die Frage ein für alle Mal beantwortete. Er schickte einen Strahl von pola-

Siehe auch: Alessandro Volta 90–95 ▪ Hans Christian Ørsted 120 ▪ Michael Faraday 121 ▪ Max Planck 206–209 ▪ Albert Einstein 218–225 ▪ Richard Feynman 284–285 ▪ Sheldon Glashow 300–301

» Die spezielle Relativitätstheorie verdankt ihren Ursprung den Maxwell'schen Gleichungen des elektromagnetischen Feldes. «

Albert Einstein

risiertem Licht (in dem alle Wellen in einer Richtung schwingen, z. B. weil der Lichtstrahl von einer glatten Oberfläche reflektiert wird) durch ein starkes Magnetfeld und überprüfte den Polarisationswinkel auf der anderen Seite. Dabei ließ sich der Polarisationswinkel des Lichts ändern, indem er die Orientierung des Magnetfelds drehte. Aufgrund dieser Entdeckung behauptete Faraday, dass Lichtwellen eine Art »Undulation« der Feldlinien seien, mit denen er die elektromagnetischen Phänomene interpretierte.

Theorien des Elektromagnetismus

Faraday war zwar ein brillanter Experimentator, doch erst das Genie Maxwell stellte diese intuitive Idee auf eine solide theoretische Grundlage. Maxwell ging das Problem von der entgegengesetzten Seite an und entdeckte die Verbindung zwischen Elektrizität, Magnetismus und Licht fast durch Zufall.

Maxwells Anliegen war es, zu erklären, wie die elektromagnetischen Kräfte in Erscheinungen wie der Faraday'schen Induktion – ein bewegter Magnet induziert einen elektrischen Strom – funktionieren. Faraday hatte dazu die Idee der »Kraftlinien« entwickelt, die sich in konzentrischen Ringen um fließende elektrische Ströme bilden oder die beiden Pole von Magneten verbinden. Wenn ein elektrischer Leiter sich bezüglich dieser Linien bewegt, fließt ein Strom in ihm. Die Stromstärke hängt von der Dichte der Kraftlinien und der Geschwindigkeit der Relativbewegung ab.

Doch obwohl diese Kraftlinien eine nützliche Hilfe beim Verständnis solcher Phänomene waren, gab es für sie keine physikalische Grundlage, denn elektrische und magnetische Felder sind an jedem Punkt innerhalb ihres Einflussbereichs zu spüren, nicht nur dort, wo bestimmte Linien verlaufen. Die Forscher, die die Physik des Elektromagnetismus beschreiben wollten, teilten sich auf zwei Schulen auf: Die einen sahen den Elektromagnetismus als eine Form der »Fernwirkung« ähnlich der Newton'schen Gravitation, die anderen glaubten, der Elektromagnetismus breite sich in Form von Wellen durch den Raum aus. Im Großen und Ganzen stammten die Anhänger der Fernwirkungstheorie aus Kontinentaleuropa und folgten den Theorien des Pioniers André-Marie Ampère (S. 120). Die Wellenbefürworter waren dagegen meist Briten. Ein wichtiger Unterschied der beiden Theorien war, dass die Fernwirkung instantan (ohne zeitliche Verzögerung) stattfindet, Wellen aber für ihre Ausbreitung eine gewisse Zeit benötigen. »

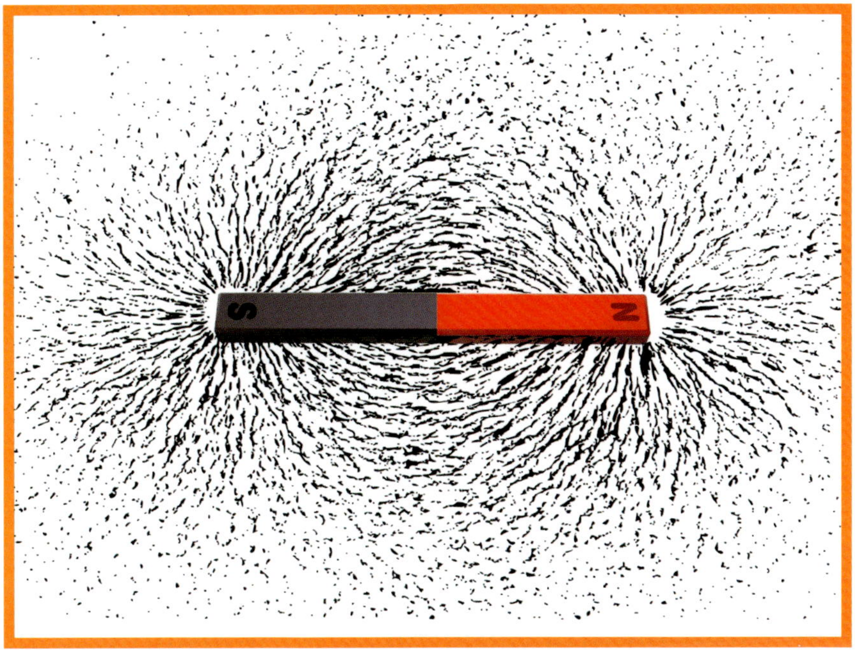

Das Muster der Eisenspäne scheint Faradays Kraftlinien zu bestätigen. Es zeigt tatsächlich die Richtung der Kraft, die eine Ladung an einem gegebenen Punkt in dem elektromagnetischen Feld erfährt und die in den Maxwell'schen Gleichungen beschrieben wird.

Maxwells Modelle

Maxwell entwickelte seine Theorie des Elektromagnetismus in zwei Aufsätzen von 1855 und 1856. Er versuchte darin, die Faraday'schen Kraftlinien geometrisch durch den Fluss in einem (hypothetischen) kompressiblen Fluidum zu erklären – mit begrenztem Erfolg. Später beschrieb er in einem anderen Ansatz das Feld als eine Reihe von Teilchen und rotierenden Wirbeln. Durch Analogie konnte er damit das Ampère'sche Gesetz demonstrieren, das die Verbindung zwischen dem elektrischen Strom in einer Drahtschleife und dem umgebenden Magnetfeld herstellt. Maxwell zeigte in diesem Modell auch, dass Änderungen eines magnetischen Feldes sich mit begrenzter (wenn auch sehr hoher) Geschwindigkeit ausbreiten.

Maxwell leitete einen Näherungswert von etwa 310 700 km/s für diese Geschwindigkeit her. Das lag so verdächtig nah an der in zahllosen Experimenten bestimmten Lichtgeschwindigkeit, dass er Faradays intuitive Ansicht über das Wesen des Lichts sofort als richtig erkannte. Im letzten Aufsatz seiner Reihe beschrieb Maxwell, wie Magnetismus die Orientierung einer elektromagnetischen Welle entsprechend des Faraday-Effekts beeinflusst.

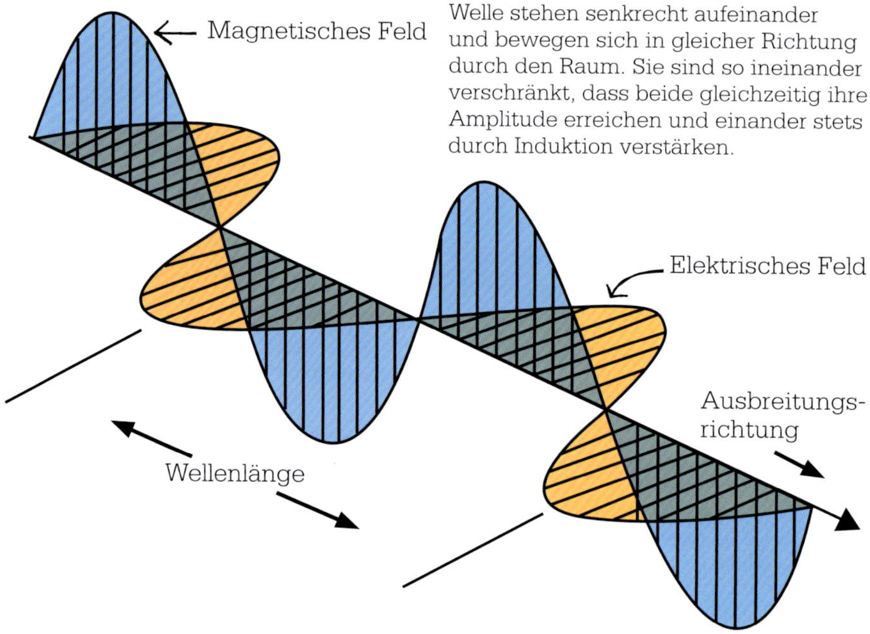

Elektrische und magnetische Komponente einer elektromagnetischen Welle stehen senkrecht aufeinander und bewegen sich in gleicher Richtung durch den Raum. Sie sind so ineinander verschränkt, dass beide gleichzeitig ihre Amplitude erreichen und einander stets durch Induktion verstärken.

> »Bei einem Blick auf die Menschheitsgeschichte … kann es kaum einen Zweifel geben, dass Maxwells Entdeckung der Gesetze des Elektromagnetismus als wichtigstes Ereignis des 19. Jahrhunderts gelten muss.«
>
> **Richard Feynman**

Herleitung der Gleichungen

Sehr zufrieden damit, dass die wesentlichen Aussagen seiner Theorie richtig waren, begann Maxwell 1864 damit, sie auf eine mathematische Grundlage zu stellen. In dem Aufsatz *A Dynamical Theory of the Electromagnetic Field* beschrieb er Licht als ein Paar von elektrischen und magnetischen Transversalwellen, die senkrecht aufeinander stehen und so ineinander verschränkt sind, dass Änderungen des elektrischen Feldes das Magnetfeld verstärken und umgekehrt (die Orientierung der elektrischen Welle gibt dabei die Polarisation an). Im letzten Teil dieses Aufsatzes gab er 20 Gleichungen für eine vollständige mathematische Beschreibung der elektromagnetischen Phänomene durch elektrische und magnetische Potenziale an – d. h. einen Betrag für die elektrische oder magnetische potenzielle Energie, die eine Ladung an einem speziellen Punkt des elektromagnetischen Feldes erfahren würde.

Danach zeigte Maxwell, wie sich aus den Gleichungen ergibt, dass sich elektromagnetische Wellen mit Lichtgeschwindigkeit ausbreiten. Damit hatte er den Streit um das Wesen des Elektromagnetismus ein für alle Mal geklärt.

Er fasste seine Forschungen zu diesem Thema 1873 in dem *Lehrbuch der Elektrizität und des Magnetismus* (dt. Ausgabe 1883) zusammen. Doch so überzeugend seine Theorie war, sie blieb bis zum Tod Maxwells unbewiesen, weil die Eigenschaften der Lichtwellen wegen der kurzen Wellenlängen und hohen Frequenzen nicht messbar waren. Erst acht Jahre später fand der deutsche Physiker Hein-

»Die Maxwell'schen Gleichungen haben einen größeren Einfluss auf die Menschheitsgeschichte als zehn beliebige Präsidenten.«

Carl Sagan

rich Hertz eine technische Lösung: Es gelang ihm, eine ganz andere Form elektromagnetischer Wellen mit niedrigen Frequenzen und langen Wellenlängen, aber derselben Ausbreitungsgeschwindigkeit zu erzeugen – die Radiowellen.

Heaviside schaltet sich ein

Eine andere wichtige Entwicklung brachte endlich die Maxwell'schen Gleichungen auf die heute bekannte Form.

1884 fand der britische Elektroingenieur, Mathematiker und Physiker Oliver Heaviside – ein autodidaktisches Genie, das bereits das Koaxialkabel für die effiziente Übertragung elektrischer Signale entwickelt hatte – einen Weg, die Potenziale in den Maxwell'schen Gleichungen als Vektoren zu schreiben. Vektoren geben sowohl den Wert als auch die Richtung einer Kraft an, die eine elektrische Ladung an einem bestimmten Punkt eines elektromagnetischen Feldes erfährt. Heaviside gab nun nicht mehr die Feldstärke an einzelnen Punkten an, sondern die jeweilige Richtung der Ladungen entlang des Feldes. So wurden aus den ursprünglich zwölf Gleichungen nur noch vier, die für praktische Anwendungen weit besser geeignet waren. Heavisides Beitrag ist heute großteils vergessen, doch die vier eleganten Gleichungen, die heute Maxwells Namen tragen, gehen eigentlich auf ihn zurück.

Maxwells Arbeiten klärten viele Fragen über Elektrizität, Magnetismus und Licht, doch etliche blieben weiterhin offen. Die vielleicht wichtigste war, in welchem Medium sich elektromagnetische Wellen ausbreiten. Man war sich sicher, dass Lichtwellen, wie alle anderen Wellen auch, ein Medium benötigten. Die Suche nach dem sogenannten »Äther« war eine Hauptaufgabe der Physik im späten 19. Jahrhundert, doch trotz etlicher geistreicher Experimente wurde er nicht nachgewiesen. Die daraus entstehende Krise der Physik wurde erst im 20. Jahrhundert durch die doppelte Revolution der Quantenmechanik und der Relativitätstheorie gelöst. ■

Die Maxwell-Heaviside-Gleichungen sind zwar in der schwer verständlichen mathematischen Sprache der Differenzialgleichungen verfasst, doch sie beschreiben Aufbau und Wirkung der elektrischen und magnetischen Felder genau.

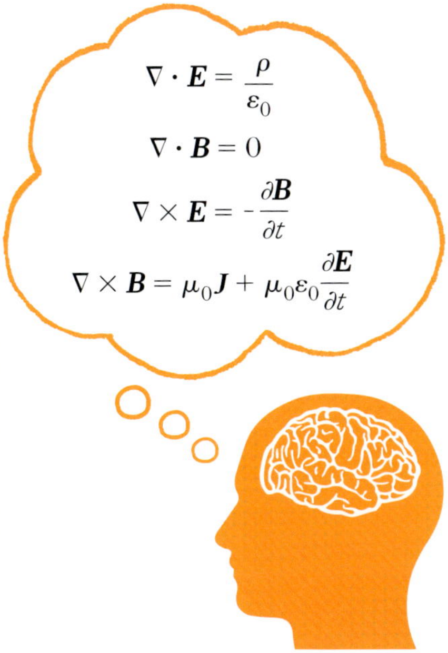

$$\nabla \cdot \boldsymbol{E} = \frac{\rho}{\varepsilon_0}$$

$$\nabla \cdot \boldsymbol{B} = 0$$

$$\nabla \times \boldsymbol{E} = -\frac{\partial \boldsymbol{B}}{\partial t}$$

$$\nabla \times \boldsymbol{B} = \mu_0 \boldsymbol{J} + \mu_0 \varepsilon_0 \frac{\partial \boldsymbol{E}}{\partial t}$$

James Clerk Maxwell

Der 1831 in Edinburgh geborene Maxwell offenbarte sein Genie schon in jungen Jahren: Mit 14 veröffentlichte er einen wissenschaftlichen Aufsatz zur Geometrie. Er studierte in Edinburgh und Cambridge und wurde dann mit 25 Jahren Professor in Aberdeen. Dort begann er seine Forschungen über Elektromagnetismus.

Maxwell interessierte sich für viele andere wissenschaftliche Probleme seiner Zeit: 1859 erklärte er als Erster die Struktur der Saturnringe, zwischen 1855 und 1872 arbeitete er über die Theorie des Farbensehens, und von 1859 bis 1866 entwickelte er ein mathematisches Modell für die Verteilung der Teilchengeschwindigkeiten in einem Gas.

Der sehr zurückhaltende Maxwell verfasste auch Gedichte und war zeitlebens tiefreligiös. Im Alter von 48 Jahren starb er an Krebs.

Hauptwerke

1861 *Über physikalische Kraftlinien* (dt. 1898)
1864 *A Dynamical Theory of the Electromagnetic Field*
1872 *Theorie der Wärme* (1878)
1873 *Lehrbuch der Elektrizität und des Magnetismus* (1883)

AUS DER RÖHRE TRATEN STRAHLEN AUS

WILHELM CONRAD RÖNTGEN (1845–1923)

IM KONTEXT

GEBIET
Physik

FRÜHER
1838 Michael Faraday schickt einen elektrischen Strom durch eine fast luftleere Glasröhre und erzeugt eine Glimmentladung.

1869 Johann Hittorf beobachtet Kathodenstrahlen.

SPÄTER
1896 Erster klinischer Einsatz von Röntgenstrahlen zur Diagnose eines Knochenbruchs.

1896 Erster klinischer Einsatz bei der Krebsbehandlung.

1897 J. J. Thomson erkennt, dass Kathodenstrahlen aus Elektronen bestehen. Röntgenstrahlen werden dagegen erzeugt, wenn ein Elektronenstrahl auf Metall trifft.

1953 Rosalind Franklin und ihr Student Raymond Gosling tragen durch Röntgenbeugung an DNA zur Aufklärung der Doppelhelixstruktur bei.

Wenn ein elektrischer Strom durch eine luftdichte Glasröhre fließt, beginnen Teile der Röhre aufgrund von **Kathodenstrahlen** zu leuchten.

Fluoreszenzschirme nahe der Röhre **leuchten** ebenfalls, selbst wenn sie mit schwarzer Pappe abgedeckt sind.

Eine **unbekannte Art von Strahlen** muss die **Pappe durchdringen,** sodass die Scheibe leuchtet.

Aus der Röhre treten unsichtbare Strahlen aus.

Wie so vieles in der Wissenschaft wurden auch die Röntgenstrahlen entdeckt, als die Forscher eigentlich etwas ganz anderes untersuchten, nämlich eine Glimmentladung (eine leuchtende Gasentladung zwischen zwei Elektroden). Sie wurde 1838 von Michael Faraday entdeckt, als er einen elektrischen Strom durch eine fast luftleer gepumpte Glasröhre leitete. Der Bogen erstreckte sich von der negativen Elektrode (der Kathode) bis zur positiven Elektrode (der Anode).

Kathodenstrahlen

Eine solche Anordnung von Elektroden innerhalb eines luftdichten Gefäßes heißt Entladungsröhre. In den 1860er-Jahren hatte der britische Physiker William Crookes beinahe luftleere Entladungsröhren entwickelt. Der deutsche Physiker Johann Hittorf maß damit, wie viel Elektrizität geladene Atome und Moleküle tragen konnten. Bei ihm gab es keine Glimmentladung zwischen den Elektroden, doch die Glasröhren selbst leuchteten. Hittorf schloss, dass die »Strahlen«

Siehe auch: Michael Faraday 121 ▪ Ernest Rutherford 210–217 ▪ James Watson und Francis Crick 288–295

aus der Kathode, der negativen Elektrode, austraten. Man sprach daher von »Kathodenstrahlen«, bis der britische Physiker J. J. Thomson zeigte, dass es sich um Elektronenstrahlen handelte.

X-Strahlen

Während seiner Experimente hatte Hittorf zwar bemerkt, dass sich auf Fotoplatten im selben Raum Schleier bildeten, er untersuchte den Effekt aber nicht näher. Andere Forscher beobachteten Ähnliches, doch erst Wilhelm Conrad Röntgen erforschte die Ursache: Es mussten Strahlen sein, die undurchsichtige Substanzen durchdrangen. Da das Laborbuch nach seinem Tod verbrannt wurde, wissen wir nicht genau, wie er diese »X-Strahlen« entdeckte. Möglicherweise fand er sie bei der Beobachtung, dass eine Mattscheibe in der Nähe der Entladungsröhre glühte, obwohl die Röhre selbst mit schwarzer Pappe abgedeckt war. Röntgen brach sein ursprüngliches Experiment ab und untersuchte während der nächsten zwei Monate die Eigenschaften dieser unsichtbaren Strahlen, die daher nun in vielen Ländern Röntgenstrahlen heißen. Man weiß heute, dass es sich um eine kurzwellige elektromagnetische Strahlung handelt. Sie haben eine Wellenlänge zwischen 0,01 und 10 Nanometer (Milliardstel Meter). Sichtbares Licht liegt im Bereich zwischen 400 und 700 nm.

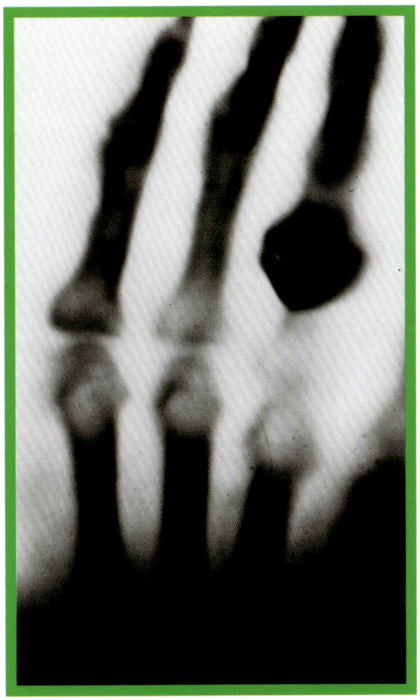

Das erste Röntgenbild zeigt die Hand von Röntgens Frau Anna. Der dunkle Kreis ist ihr Ehering. Als Anna das Bild sah, soll sie gerufen haben: »Ich habe meinen Tod gesehen!«

Röntgenstrahlen heute

Röntgenstrahlen werden heute erzeugt, indem man einen Elektronenstrahl auf ein Metalltarget schießt. Sie durchdringen einige Materialien besser als andere und dienen daher u. a. dazu, Bilder des Körperinneren zu erzeugen. Bei der Computertomografie erstellt ein Computer aus einer Reihe von Röntgenbildern sogar ein dreidimensionales Bild.

Röntgenstrahlen dienen auch zur Abbildung extrem kleiner Objekte. Die ersten Röntgenmikroskope wurden in den 1940er-Jahren entwickelt. Die mögliche Bildauflösung bei Lichtmikroskopen ist durch die Wellenlänge des sichtbaren Lichts begrenzt. Da Röntgenstrahlen sehr viel kurzwelliger sind, kann man mit ihnen auch viel kleinere Objekte abbilden. Durch Röntgenstrahlbeugung lässt sich sogar herausfinden, wie Atome in Kristallen angeordnet sind – so wurde z. B. der Aufbau des DNA-Moleküls aufgeklärt. ■

Wilhelm Conrad Röntgen

Röntgen stammte aus Remscheid, lebte als Kind aber in den Niederlanden. Ohne Abitur studierte er Maschinenbau in Zürich, promovierte und wurde 1874 Physikdozent in Straßburg. Anschließend lehrte er an mehreren Universitäten.

Röntgen arbeitete unter anderem über Gase, Wärmeübertragung und Licht. Am bekanntesten sind seine Untersuchungen der nach ihm benannten Strahlen, für die er 1901 den ersten Physik-Nobelpreis erhielt. Er wollte die Nutzung der Strahlen nicht durch Patente behindern – seine Entdeckungen sollten der Allgemeinheit zugute kommen. Das Preisgeld stiftete er der Universität Würzburg. Obwohl er sich, anders als viele seiner Zeitgenossen, bei seiner Arbeit mit Bleiabdeckungen schützte, erkrankte er an Krebs und starb 1923 im Alter von 77 Jahren.

Hauptwerke

1895 *Über eine neue Art von Strahlen*
1897 *Weitere Beobachtungen über die Eigenschaften der X-Strahlen*

DER BLICK INS INNERE DER ERDE

RICHARD DIXON OLDHAM (1858–1936)

IM KONTEXT

GEBIET
Geologie

FRÜHER
1798 Henry Cavendish berechnet die Erddichte. Da der Wert größer ist als die Dichte des Oberflächengesteins, muss die Erde dichtere Materialien enthalten.

1880 Der britische Geologe John Milne erfindet den modernen Seismografen.

1887 Die britische Royal Society gründet weltweit 20 Erdbebenobservatorien.

SPÄTER
1909 Der Seismologe Andrija Mohorovičić entdeckt die seismische Grenze zwischen der Erdkruste und dem Mantel.

1926 Harold Jeffreys behauptet, der Erdkern sei flüssig.

1936 Nach Inge Lehmann hat die Erde einen festen inneren und einen geschmolzenen äußeren Kern.

Es gibt verschiedene Arten von **seismischen Wellen.**

P-Wellen sind in bestimmten Entfernungen von einem Erdbeben **nicht nachzuweisen …**

… daher muss **Gestein im Innern der Erde die Wellen ablenken.**

Der Erdkern hat ganz andere Eigenschaften als die Gesteine in den oberen Schichten.

Erdbeben breiten sich in Form von seismischen Wellen aus, die sich mithilfe von Seismografen nachweisen lassen. Während der geologischen Landvermessung von Indien zwischen 1879 und 1903 verfasste Richard Dixon Oldham einen Bericht über das Erdbeben in Assam von 1897. Darin findet sich sein bedeutendster Beitrag zur Plattentektonik. Oldham hielt fest, dass das Erdbeben drei Phasen hatte, die er auf drei verschiedene Arten von Wellen zurückführte. Zwei davon waren »Raumwellen«, die durch die Erde gingen, die dritte war eine Welle, die sich entlang der Erdoberfläche ausbreitete.

Welleneffekte

Oldhams Raumwellen werden heute nach der Reihenfolge, in der sie den Seismografen erreichen, als P- und S-Wellen (Primär- und Sekundärwellen) bezeichnet. P-Wellen sind longitudinal. Wenn die Welle kommt, wird das Gestein in der Ausbreitungsrichtung der Welle vor- und rückwärts bewegt. S-Wellen sind transversal (wie Wellen auf einem Teich). Bei ihnen bewegt sich das Gestein aus der Ausbreitungsrichtung zur Seite.

Siehe auch: James Hutton 96–101 ▪ Nevil Maskelyne 102–103 ▪ Alfred Wegener 228–229

P-Wellen sind schneller als S-Wellen und breiten sich in Gestein, Flüssigkeiten und Gasen aus. S-Wellen gehen nur durch feste Materialien.

Schattenzonen

Später untersuchte Oldham Seismografenaufzeichnungen von Erdbeben auf der ganzen Welt und fand für die P-Wellen eine »Schattenzone«, die sich in einiger Entfernung vom Erdbebenort erstreckte. In ihr waren kaum P-Wellen nachzuweisen. Da die Ausbreitungsgeschwindigkeit der seismischen Wellen im Erdinneren von der Dichte des Gesteins abhängt, schloss Oldham, dass sich die Gesteinseigenschaften mit der Tiefe ändern. Dies führt zu einer Geschwindigkeitsänderung und damit zu einer Brechung der Welle. Die Schattenzone wird also durch einen plötzlichen Wechsel der Gesteinseigenschaften tief im Erdinneren verursacht.

Eine noch größere Schattenzone gibt es für die S-Wellen. Sie erstreckt sich über den größten Teil der Erdhalbkugel gegenüber dem Erdbeben. Das Erdinnere muss also ganz andere Eigenschaften haben als der Erdmantel. 1926 behauptete der amerikanische Geophysiker Harold Jeffreys, dass der Erdkern flüssig sei, weil S-Wellen sich in Flüssigkeiten nicht ausbreiten. Die Schattenzone der P-Wellen ist nicht vollständig »abgeschattet«, da dort einige P-Wellen auftreten. Im Jahr 1936 interpretierte die dänische Seismologin Inge Lehmann diese P-Wellen als Reflexionen an einem inneren, festen Kern. So entstand das noch heute verbreitete Modell des Erdaufbaus: ein fester innerer Kern, umgeben von Flüssigkeit, dann der Erdmantel und ganz außen die Erdkruste. ▪

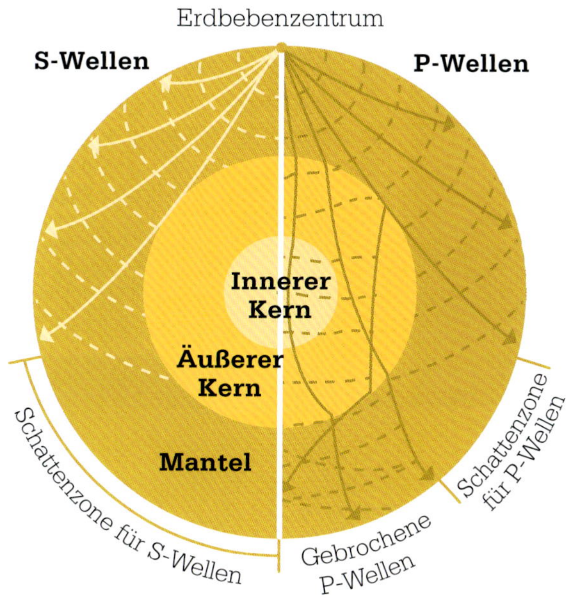

Dieses Modell eines Erdbebens zeigt die Ausbreitung der seismischen Wellen im Erdinneren und die »Schattenzonen« der primären und der sekundären Wellen (P- und S-Wellen).

Richard Dixon Oldham

Oldham wurde 1858 als Sohn des Direktors der indischen Geologiebehörde GSI in Dublin geboren. Nach dem Geologiestudium trat er ebenfalls in die GSI ein und wurde später ihr Direktor.

Die GSI sollte die Gesteinsschichten bestimmen sowie genaue Berichte über Erdbeben in Indien abgeben. Für diesen Teil seiner Arbeit ist Oldham am bekanntesten geworden. 1903 ließ er sich aus Gesundheitsgründen pensionieren, kehrte zurück nach Großbritannien und veröffentlichte 1906 seine Gedanken über den Erdkern. Er wurde mit der Lyell-Medaille der Londoner Geologischen Gesellschaft ausgezeichnet und zum Mitglied der Royal Society gewählt.

Hauptwerke

1899 *Report of the Great Earthquake of 12th June 1897*
1900 *On the Propagation of Earthquake Motion to Great Distances*
1906 *The Constitution of the Interior of the Earth*

» Der Seismograf, der die unmerkliche Bewegung weit entfernter Erdbeben aufzeichnet, ermöglicht es uns, ins Innere der Erde hinein zu sehen und ihren Aufbau zu bestimmen. «

Richard Dixon Oldham

WECHSELSTRÖME FLIESSEN MIT ERSTAUNLICHER FREIHEIT

NIKOLA TESLA (1856–1943)

IM KONTEXT

GEBIET
Physik

FRÜHER
1767 Der englische Physiker Joseph Priestley beschreibt die statische Elektrizität.

1799 Der Italiener Alessandro Volta entwickelt die erste elektrische Batterie.

1820 Der dänische Physiker Hans Christian Ørsted bemerkt den Zusammenhang zwischen Magnetismus und Elektrizität.

1831 Der Brite Michael Faraday erfindet den ersten Elektromotor und den ersten Dynamo (Generator).

SPÄTER
1892 Durch eine Unternehmensfusion entsteht General Electric; damit gewinnt das Wechselstromsystem den sogenannten Stromkrieg.

2007 Das weltweit letzte Gleichstrom-Verteilnetz (in New York) wird abgeschaltet.

Zwar kannte man statische Elektrizität, etwa in Form des Blitzes, schon seit Jahrhunderten, doch erst 1799 erfand der italienische Physiker Alessandro Volta die elektrische Batterie (»Volta'sche Säule«). Sie lieferte einen elektrischen Strom, sodass man seine Eigenschaften erforschen konnte. In der ersten Hälfte des 19. Jahrhunderts nutzten Wissenschaftler wie Jöns Jakob Berzelius und Michael Faraday die Batterie für Experimente. Erst gegen Ende des Jahrhunderts konnte man Elektrizität auch außerhalb des Labors nutzbar machen und Elektromotoren wurden entwickelt, um Maschinen anzutreiben.

Tesla betritt die Bühne

Nikola Tesla war 1884 aus Kroatien (damals Kaisertum Österreich) nach New York City gezogen, um in der Industrie zu arbeiten. Nur wenige Jahre später, im Jahr 1887,

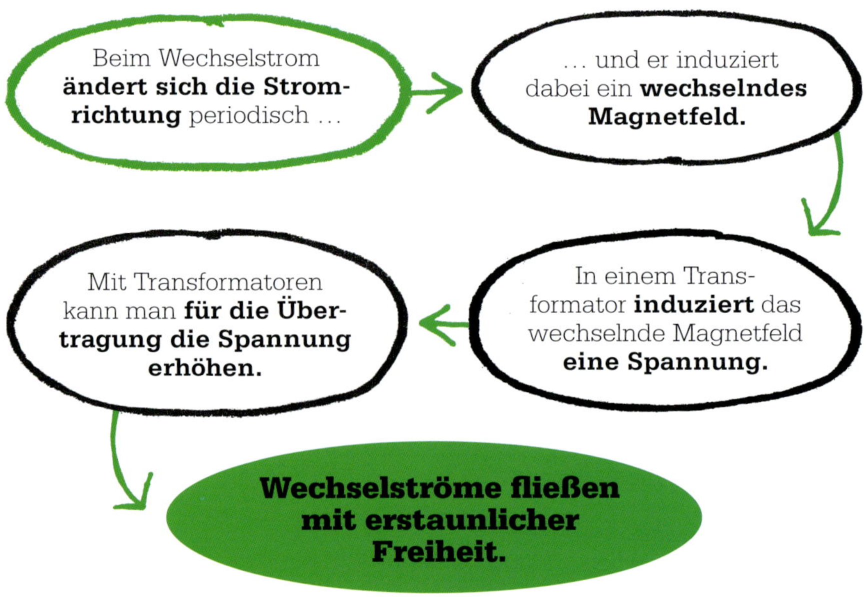

Siehe auch: Alessandro Volta 90–95 ▪ Jöns Jakob Berzelius 119 ▪ Michael Faraday 121 ▪ James Clerk Maxwell 182–187

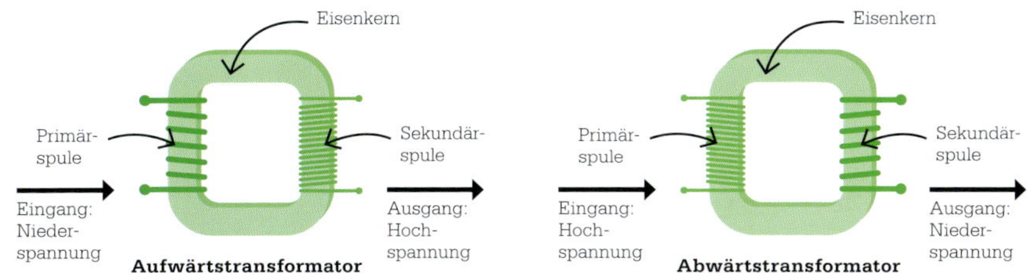

Ein Aufwärts- oder Aufspanntrafo erhöht die Spannung, damit man den Strom verlustarm über weite Strecken leiten kann, und ein Abwärts- oder Abspanntrafo verringert die Spannung wieder für die Nutzung in Haushalten und Betrieben.

entwickelte der serbischstämmige Erfinder einen Induktionsmotor, der mit Wechselstrom funktionierte. Wechselstrom ist ein elektrischer Strom, der mehrmals pro Sekunde seine Richtung ändert – anders als Gleichstrom, der stets in eine Richtung fließt. In Teslas Motor erzeugte der Wechselstrom ein rotierendes Magnetfeld, das einen Rotor drehte und so elektrische Energie in kinetische Energie umwandelte.

1888 patentierte er den Wechselstrommotor und nachdem er bei einem Vortrag am American Institute of Electrical Engineers auf sich aufmerksam gemacht hatte, einigte er sich mit dem Industriellen George Westinghouse auf den Abschluss eines Lizenzvertrags.

Der »Stromkrieg«

Damals herrschte starke Rivalität zwischen den Chefs der größten Elektrizitätsunternehmen in den USA. Die bekanntesten Kontrahenten waren Westinghouse und der Erfinder Thomas Edison. Sie führten einen »Stromkrieg« um die öffentliche Meinung. Edison hatte auf Gleichstrom gesetzt und wollte Wechselstrom gefährlich und sogar tödlich erscheinen lassen. So setzte er sich dafür ein, dass der erste elektrische Stuhl mit Wechselstrom betrieben wurde – und dass dies jeder wusste.

Wechselstrom hat jedoch einen entscheidenden Vorteil. Dank des wechselnden Magnetfelds lässt sich seine Spannung durch einen Transformator (Trafo) verändern. So kann man die Spannung hochtransformieren, um den Strom durch Hochspannungsleitungen an Masten über weite Strecken zu transportieren. Dann wird er wieder auf eine niedrigere Spannung heruntertransformiert, die für den Gebrauch im Haus geeignet ist. Hochspannung ist effizienter zu transportieren, da die Wärmeverluste durch den Widerstand des Kabels proportional zum Quadrat der Stromstärke sind. Die Stromstärke ist aber umso kleiner, je höher die Spannung ist: Bei doppelter Spannung betragen die Verluste also nur ein Viertel.

Westinghouse errang 1893 zwei große Siege über Edison: Er gewann den Auftrag zur Stromversorgung der Weltausstellung in Chicago und für ein Stromnetz von den Niagarafällen nach Buffalo. Heute gilt der Wechselstrom als Sieger des Stromkrieges – heutige Stromnetze nutzen den leichter übertragbaren Wechselstrom. ▪

Nikola Tesla

Nikola Tesla wurde 1856 in eine serbisch-orthodoxe Priesterfamilie in Smiljan (heutiges Kroatien) geboren und zog 1884 in die USA. Er arbeitete bei den Edison Machine Works, bevor er eigene Firmen gründete, um elektrische und mechanische Geräte zu erfinden, etwa den Wechselstrom-Induktionsmotor (1888 von Westinghouse lizenziert).

Tesla war vielfältig interessiert. Er arbeitete an verschiedensten Projekten, darunter Röntgengeräte, ferngesteuerte Boote und eine Teilchenstrahlwaffe (die er »Friedensstrahl« nannte). Seine Erfindungen brachten ihm zwar dauerhaften Ruhm, aber keinen Reichtum. In seinen letzten Jahren lebte er in verschiedenen Hotels in New York City. Er starb 1943 verschuldet.

1960 wurde die internationale Standardeinheit der magnetischen Flussdichte zu seinen Ehren »Tesla« genannt.

HAUPTWERKE

1891 *Experiments With Alternating Currents of Very High Frequency*
1900 *The Problem of Increasing Human Energy*
1919 *My Inventions*

STRAHLUNG IST EINE ATOMARE EIGENSCHAFT DER ELEMENTE

MARIE CURIE (1867–1934)

IM KONTEXT

GEBIET
Physik

FRÜHER
1895 Wilhelm Conrad Röntgen erforscht »X-Strahlen«.

1896 Henri Becquerel entdeckt eine durchdringende Strahlung von Uransalzen.

1897 J. J. Thomson entdeckt das Elektron.

SPÄTER
1904 Thomson entwirft das »Rosinenkuchenmodell« des Atoms.

1911 Ernest Rutherford und Ernest Marsden stellen das Atommodell mit Kern vor.

1932 James Chadwick weist das Neutron nach.

1932 Irène Joliot-Curie und ihr Mann Frédéric erhalten zusammen den Nobelpreis für Chemie, sodass die Familie nun vier Nobelpreise hat.

Wie viele wissenschaftliche Entdeckungen wurde auch die Radioaktivität durch Zufall gefunden. Der französische Physiker Henri Becquerel untersuchte 1896 die Phosphoreszenz, die auftritt, wenn Licht auf eine Substanz fällt und diese dann Licht einer anderen Farbe ausstrahlt. Becquerel wollte wissen, ob phosphoreszierende Minerale auch Röntgenstrahlen aussenden. Dazu legte er eine seiner Proben auf eine in schwarzes Papier eingewickelte Fotoplatte und legte beides in die Sonne. Der Versuch funktionierte: Da die Platte dunkel wurde, hatte das Mineral wohl Röntgenstrahlen emittiert. Becquerel zeigte auch, dass Metalle die »Strahlen«, die die Schwärzung verursachten, abblocken. Am nächsten Tag war es so wolkig, dass er den Versuch nicht wiederholen konnte. Er packte das Mineral und eine neue Fotoplatte in die Schublade, doch auch ohne Sonnenlicht wurde die Platte dunkel. Er erkannte, dass das Mineral eine innere Energiequelle haben musste. Es stellte sich heraus, dass die Ursache der Zerfall von Uranatomen in dem verwendeten Mineral war. Er hatte die Radioaktivität entdeckt.

» An diesem Punkt war es notwendig, einen neuen Begriff für diese neue Eigenschaft der Materie zu finden, die sich an den Elementen Uran und Thorium gezeigt hatte. Ich schlug das Wort Radioaktivität vor. «

Marie Curie

Atome erzeugen Strahlen

Becquerels polnische Doktorandin Marie Curie entschloss sich daraufhin, diese neuen »Strahlen« zu untersuchen. Mit einem Elektrometer – einem Messgerät für elektrische Ströme – fand sie, dass die Luft um ein uranhaltiges Mineral elektrisch leitend war. Wie stark die Leitfähigkeit war, hing nur von der vorliegenden Uranmenge ab, nicht von der Gesamtmasse des Minerals (das auch andere Elemente als Uran enthielt). Das führte sie zu der

Marie Curie

Maria Salomea Skłodowska wurde 1867 in Warschau geboren. Da Frauen in Polen das Studium verboten war, arbeitete sie als Hauslehrerin, um ihrer Schwester ein Medizinstudium in Paris zu ermöglichen. 1891 ging sie selbst nach Paris und studierte Mathematik, Physik und Chemie. Dort heiratete sie 1895 ihren Kollegen Pierre Curie. Nach der Geburt ihrer Tochter Irène 1897 unterrichtete sie an einer Mädchenschule, arbeitete aber zusammen mit Pierre in einem umgebauten Schuppen weiter an physikalischen Experimenten. Nach dem Unfalltod von Pierre 1906 lehrte sie als erste Frau an der Sorbonne und erhielt später seine Professur. Sie war die erste Frau mit einem Nobelpreis und die erste Person, die einen zweiten Nobelpreis erhielt. Während des Ersten Weltkriegs half sie bei der Gründung von radiologischen Zentren. Später litt sie an Symptomen der Strahlenkrankheit und starb 1934 an Anämie.

Hauptwerke

1903 *Untersuchungen über die radioaktiven Substanzen*
1935 *(posthum) Radioactivité*

Siehe auch: Wilhelm Conrad Röntgen 188–189 ▪ Ernest Rutherford 210–217 ▪ J. Robert Oppenheimer 270–275

Überzeugung, dass die Radioaktivität aus den Uranatomen selbst kam, nicht aus Reaktionen zwischen dem Uran und anderen Elementen.

Curie fand bald heraus, dass einige uranhaltige Minerale stärker radioaktiv waren als Uran selbst, und sie fragte sich, ob diese Minerale vielleicht noch andere Substanzen enthielten, die sogar noch aktiver waren als Uran. Bis 1898 hatte sie mit Thorium ein weiteres radioaktives Element entdeckt. Sie beeilte sich, ihre Entdeckungen in einem Aufsatz vor der Académie des Sciences vorzustellen, doch es war bereits eine Arbeit zur Radioaktivität von Thorium erschienen.

Uranminerale emittieren Strahlung, die Fotoplatten schwärzt, **selbst wenn kein Licht einfällt.**

↓

Die **Menge der Strahlung** aus den Uranmineralen **hängt von der Menge des vorliegenden Urans ab.**

↓

Die **Strahlung** kommt also aus den **Uranatomen.**

↓

Strahlung ist eine atomare Eigenschaft der Elemente.

Wissenschaftliches Doppel

Marie Curie und ihr Mann Pierre entdeckten zusammen die weiteren radioaktiven Elemente, die für die hohe Aktivität der uranreichen Minerale Pechblende und Chalkolith verantwortlich waren. Bis Ende 1898 entdeckten sie zwei weitere neue Elemente, die sie Polonium (nach ihrem Heimatland Polen) und Radium nannten. Sie versuchten, ihre Entdeckungen mit reinen Proben dieser beiden Elemente zu belegen, doch erst 1902 konnten sie aus einer Tonne Pechblende 0,1 g Radiumchlorid gewinnen.

In dieser Zeit veröffentlichten die Curies Dutzende von wissenschaftlichen Aufsätzen. In einem davon erwähnten sie, dass Radium möglicherweise bei der Tumorbehandlung helfen konnte. Sie ließen ihre Entdeckungen nicht patentieren, doch 1903 erhielten sie gemeinsam mit Becquerel den Nobelpreis für Physik. Nach dem Tod ihres Mannes 1906 führte Marie die wissenschaftliche Arbeit weiter. 1910 isolierte sie eine Probe von reinem Radium. 1911 wurde sie mit dem Nobelpreis für Chemie ausgezeichnet und war somit die erste Person, die zwei Preise erhielt.

Das neue Atommodell

Die Entdeckungen der Curies bahnten den beiden aus Neuseeland stammenden Physikern Ernest Rutherford und Ernest Marsden den Weg zur Formulierung ihres neuen Atommodells 1911, doch erst 1932 wies der englische Physiker James Chadwick das Neutron nach, mit dem man endlich den Strahlungsprozess erklären konnte. Neutronen und die positiv geladenen Protonen sind die subatomaren Teilchen, aus denen der Kern besteht, umgeben von den negativ geladenen Elektronen. Die Neutronen und Protonen bilden praktisch die gesamte Masse eines Atoms. Atome eines bestimmten Elements haben immer dieselbe Anzahl von Protonen, können aber verschiedene Anzahlen von Neutronen haben. Atome mit unterschiedlich vielen Neutronen heißen Isotope des Elements. Beispielsweise hat ein Uranatom immer 92 Protonen im Kern, aber die Neutronenzahl liegt zwischen 140 und 146. Diese Isotope »

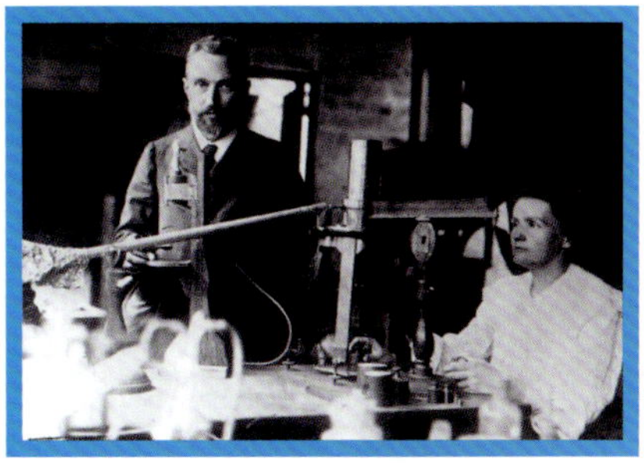

Marie und Pierre Curie hatten kein eigenes Labor. Den größten Teil ihrer Arbeit leisteten sie in einem zugigen Schuppen in der Nähe der Universität.

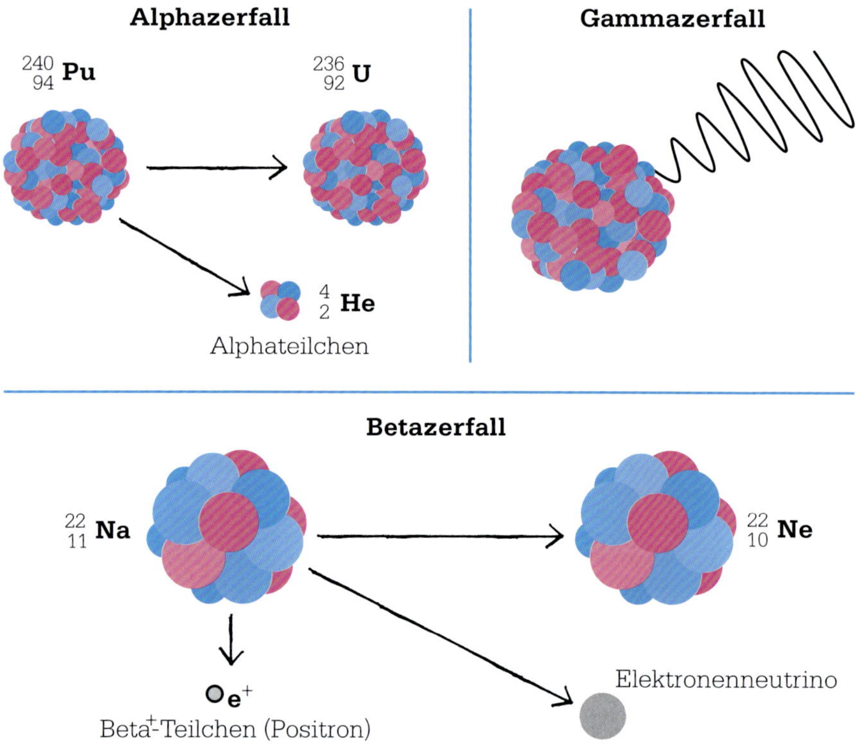

Radioaktiver Zerfall ist auf drei Arten möglich. Beim Zerfall von Plutonium-240 (oben links) entstehen Uran und Alphateilchen. Dies ist ein Beispiel für den Alphazerfall. Beim Betazerfall entstehen aus einem Natrium-22-Atom ein Atom des Elements Neon, ein Betateilchen (in diesem Fall ein Positron) und ein Neutrino. Beim Gammazerfall gibt ein hochenergetischer Kern keine Teilchen, sondern Gammastrahlung ab.

werden nach der Gesamtzahl der Protonen und Neutronen benannt. Das verbreitetste Isotop von Uran mit 146 Neutronen wird geschrieben als Uran-238 (d. h. 92 + 146).

Viele schwere Elemente wie Uran haben instabile Kerne und das führt zu spontanem radioaktivem Zerfall. Rutherford nannte die Emissionen der radioaktiven Elemente Alpha-, Beta- und Gammastrahlung. Bei Emission eines Alpha-, Beta- oder Gammateilchens wird der Kern stabiler. Ein Alphateilchen besteht aus zwei Protonen und zwei Neutronen. Betateilchen sind Elektronen oder ihr Gegenstück, Positronen. Sie werden vom Kern emittiert, wenn ein Proton sich in ein Neutron umwandelt oder umgekehrt. Beim Alpha- und Betazerfall ändert sich die Zahl der Protonen im Kern des zerfallenden Atoms und daher entsteht dabei ein Atom eines anderen Elements. Gammastrahlen sind eine Form hochenergetischer, kurzwelliger, elektromagnetischer Strahlung und ändern das Element nicht.

Der radioaktive Zerfall ist etwas anderes als die Kernspaltung in einem Reaktor oder auch die Kernfusion im Inneren der Sonne. Bei der Spaltung werden instabile Kerne wie Uran-235 mit Neutronen beschossen. Dabei zerbricht der Kern in wesentlich kleinere Atome und setzt viel Energie frei. Bei der Fusion werden zwei kleine Kerne zu einem großen verschmolzen. Auch bei der Fusion wird Energie frei, aber die dazu erforderlichen Temperaturen und Drücke sind so hoch, dass Fusionsprozesse bislang nur in Kernwaffen realisiert wurden. Versuche, die Kernfusion zur Erzeugung von Elektrizität einzusetzen, haben bislang mehr Energie verbraucht als freigesetzt.

Halbwertszeit

Die Atome eines radioaktiv zerfallenden Elements wandeln sich in Atome eines anderen Elements um, sodass sich mit der Zeit die Anzahl der instabilen Atome verringert. Je weniger instabile Atome vorliegen, umso weniger Radioaktivität entsteht. Der Rückgang der Aktivität eines radioaktiven Isotops wird durch die Halbwertszeit angegeben: Das ist die Zeit, in der sich die Aktivität halbiert, d. h. in der sich die Anzahl der instabilen Atome in einer Probe halbiert. Beispielsweise hat das häufig in der Medizin eingesetzte Isotop Technetium-99 eine Halbwertszeit von sechs Stunden. Nach dieser Zeit hat eine dem Patienten injizierte Dosis nur noch die Hälfte der ursprünglichen Aktivität. Zwölf Stunden nach der Injektion ist es nur noch ein Viertel usw. Zum Vergleich: Uran-235 hat eine Halbwertszeit von über 700 Mio. Jahren.

Radioaktive Datierung

Viele radioaktive Elemente mit bekannter Halbwertszeit können zur Datierung von Mineralen oder anderen Stoffen verwendet werden. Am einfachsten geht es mit Kohlenstoff. Das häufigste Isotop ist Kohlenstoff-12 (C-12) mit 6 Protonen und 6 Neutronen in jedem Atom, der Kern ist stabil. 99 Prozent des Kohlenstoffs auf der Erde sind C-12, doch ein winziger Bruchteil ist Kohlenstoff-14 (C-14) mit zwei zusätzlichen Neutronen. Dieses instabile Isotop hat eine Halbwertszeit von 5730 Jahren. C-14 entsteht permanent in der oberen Atmosphäre, wo Stickstoffatome mit kosmischer Strahlung beschossen werden. Das Verhältnis von C-12 zu C-14 in der Atmosphäre ist relativ konstant. Durch die Fotosynthese nehmen die Pflanzen Kohlendioxid aus der Atmosphäre auf, und da alle Tiere Pflanzen fressen (oder andere Tiere, die Pflanzen gefressen haben), hat jeder lebende Organismus einen relativ konstanten Anteil an C-14, obwohl das Isotop permanent zerfällt. Wenn der Organismus stirbt, nimmt er kein C-14 mehr auf und das vorhandene C-14 zerfällt. Aus dem Verhältnis von C-12 zu C-14 in toten Organismen lässt sich daher berechnen, wann sie gestorben sind.

Diese radiometrische Methode (»C-14-Methode«) wird zur Datierung von Holz, Holzkohle, Knochen und Muschelschalen verwendet. Zwar gibt es natürliche Variationen im Verhältnis der Kohlenstoffisotope, doch man kann die erhaltenen Daten durch andere Methoden wie die Zählung der Baumringe überprüfen und die Korrekturen auf ähnlich alte Objekte übertragen.

> »Das Labor der Curies … war eine Kreuzung zwischen Stall und Kartoffelkeller, und wenn ich nicht die chemischen Apparate auf dem Arbeitstisch gesehen hätte, hätte ich das Ganze für einen Witz gehalten.«
>
> **Wilhelm Ostwald**

Eine Wunderkur

Curie erkannte den medizinischen Nutzen der Radioaktivität: Im Ersten Weltkrieg füllte sie Radon (ein Gas, das beim Zerfall von Radium entsteht) in versiegelte Glasröhrchen, die in den Körper der Patienten eingeführt wurden, um infiziertes Gewebe abzutöten. Radon galt als Wunderkur und wurde sogar für kosmetische Anwendungen empfohlen. Erst später wurde klar, dass für medizinische Zwecke Materialien mit kurzer Halbwertszeit besser geeignet sind.

Radioaktive Isotope werden häufig zur medizinischen Bildgebung in der Diagnostik sowie zur Krebsbehandlung verwendet. Mit Gammastrahlung kann man chirurgische Instrumente sterilisieren oder auch die Haltbarkeit von Lebensmitteln verlängern. Gammasonden werden zur Materialprüfung verwendet, zum Nachweis von Rissen in Metallkörpern oder auch zur Durchleuchtung von Containern bei Kontrollen gegen Schmuggel. ■

Die Steine von Ale bei Ystad in Schweden wurden um 600 n. Chr. errichtet. Man weiß das aus einer radiometrischen Datierung der vor Ort gefundenen Holzwerkzeuge. (Die Steine selbst sind einige 100 Mio. Jahre alt.)

EINE ANSTECKENDE LEBENDIGE FLÜSSIGKEIT

MARTINUS BEIJERINCK (1851–1931)

IM KONTEXT

GEBIET
Biologie

FRÜHER
ab 1870 Robert Koch und andere erkennen Bakterien als Erreger von Krankheiten wie Tuberkulose und Cholera.

1886 Der deutsche Pflanzenbiologe Adolf Mayer zeigt, dass die Tabakmosaikkrankheit übertragbar ist.

1892 Dmitri Iwanowski zeigt, dass selbst ein mit den besten Filtern gereinigter Saft aus Tabakblättern infektiös ist.

SPÄTER
1903 Iwanowski berichtet von mikroskopisch kleinen »Kristalleinschlüssen« in infizierten Pflanzen, hält sie aber für sehr kleine Bakterien.

1935 Der amerikanische Biochemiker Wendell Stanley untersucht die Struktur des Tabakmosaikvirus und beschreibt Viren als große chemische Moleküle.

Die Tabakmosaikkrankheit zeigt **Merkmale einer Infektion,** aber …

… **Filter** für Bakterien **können die Erreger nicht ausfiltern.** Es handelt sich also nicht um Bakterien.

Anders als Bakterien **wächst dieser Erreger nur auf einem lebenden Wirt,** nicht auf Nährböden oder anderen Kulturen.

Die Erreger müssen also etwas anderes und noch kleiner als Bakterien sein. Sie verdienen einen neuen Namen – **Virus.**

Heute ist das Wort »Virus« ein nur allzu vertrauter medizinischer Begriff, und die meisten Leute wissen, dass Viren die kleinsten Krankheitserreger bei Menschen, Tieren, Pflanzen und Pilzen sind.

Ende des 19. Jahrhunderts hingegen war der Begriff Virus in der Wissenschaft und Medizin noch ganz neu. Er wurde 1898 von dem niederländischen Mikrobiologen Martinus Beijerinck für eine neue Art von ansteckenden, krankheitserregenden Stoffen vorgeschlagen. Beijerinck interessierte sich besonders für Pflanzen und war sehr gut im Mikroskopieren. Er experimentierte mit Tabakpflanzen, die an der Mosaikkrankheit litten, bei der die Blätter fleckig und für die Tabakindustrie unbrauchbar wurden.

Siehe auch: Friedrich Wöhler 124–125 ▪ Louis Pasteur 158–161 ▪ Lynn Margulis 308–309 ▪ Craig Venter 328

Seine Ergebnisse führten ihn dazu, den Begriff Virus, der bis dahin gelegentlich für giftige Substanzen verwendet worden war, auf diese Krankheitserreger anzuwenden.

Die meisten von Beijerincks Zeitgenossen in Forschung und Medizin waren noch dabei, sich mit Bakterien vertraut zu machen. Louis Pasteur und der deutsche Arzt Robert Koch hatten diese Krankheitserreger in den 1870er-Jahren erstmals isoliert, und laufend wurden neue entdeckt.

In einer damals verbreiteten Methode zum Nachweis von Bakterien ließ man eine Flüssigkeit mit den verdächtigen Erregern durch verschiedene Filter laufen. Am häufigsten wurde der Chamberland-Filter verwendet, den Pasteurs Kollege Charles Chamberland 1884 erfunden hatte. In den winzigen Poren von unglasiertem Porzellan wurden die Bakterien festgehalten.

Zu klein zum Filtern

Einige Forscher hatten vermutet, dass es eine weitere Art von Krankheitserregern gab, die noch kleiner waren als Bakterien. 1892 führte der russische Botaniker Dmitri Iwanowski Untersuchungen zur Tabakmosaikkrankheit durch und zeigte, dass ihr Erreger die Filter passierte. Damit konnte es sich nicht um Bakterien handeln, er untersuchte die Sache aber nicht näher.

Beijerinck wiederholte Iwanowskis Experiment. Auch er stellte fest, dass die Tabakmosaikkrankheit noch auftrat, selbst wenn er den ausgepressten Saft der Blätter gefiltert hatte. Zunächst dachte er, die Ursache sei die Flüssigkeit selbst, und nannte sie *contagium vivum fluidium* (ansteckende lebendige Flüssigkeit). Er zeigte weiter, dass der Erreger in der Flüssigkeit weder auf den üblichen Nährböden noch in Brühe und auch nicht in irgendeinem Wirtsorganismus gezüchtet werden konnte. Er musste seinen spezifischen Wirt infizieren, um sich zu vermehren und die Krankheit zu verbreiten.

Obwohl man Viren weder unter dem Lichtmikroskop sehen noch in Kulturen züchten und auch nicht mit anderen Standardtechniken der Mikrobiologie nachweisen konnte, zeigte Beijerinck, dass sie wirklich existierten. Mit seinem Beharren darauf, dass sie Krankheitserreger waren, führte er die Mikrobiologie und die Medizin in eine neue Ära. Erst 1939 wurde das Tabakmosaikvirus als erstes Virus überhaupt mithilfe eines Elektronenmikroskops fotografiert. ■

Diese elektronenmikroskopische Aufnahme zeigt Tabakmosaikviren in 160 000-facher Vergrößerung. Die Viren sind gefärbt, um den Kontrast zu erhöhen.

Martinus Beijerinck

Wie ein Einsiedler verbrachte Martinus Beijerinck zahlreiche einsame Stunden in seinem Labor. Er wurde 1851 in Amsterdam geboren, studierte Chemie und Biologie in Delft und schloss 1872 an der Universität Leiden ab. In Delft konzentrierte er sich auf Boden- und Pflanzenmikrobiologie und führte ab 1890 seine berühmten Filterexperimente zur Isolierung des Tabakmosaikvirus durch. Er untersuchte auch, wie Pflanzen Stickstoff aus der Luft aufnehmen und verwenden – eine Art von Naturdünger. Weitere Arbeiten behandelten Pflanzengallen, Fermentierung durch Hefe und andere Mikroben, die Ernährung von Mikroben sowie Schwefelbakterien. Gegen Ende seines Lebens war er international anerkannt. Der 1965 gestiftete Beijerinck-Preis wird alle zwei Jahre für Erkenntnisse im Bereich der Virologie vergeben.

Hauptwerke

1895 *On Sulphate Reduction by* Spirillum desulfuricans
1898 *Concerning a* contagium vivum fluidium *as a Cause of the Spot-disease of Tobacco Leaves*

EIN PARA
WECHSEL
1900–1945

DIGMEN-

1900
Max Planck beschreibt **diskrete Energiepakete,** die Quanten.

1905
Albert Einstein schreibt den Aufsatz, in dem er die **Relativitätstheorie** darstellt.

1906
J. J. Thomson erhält den Physik-Nobelpreis für die **Entdeckung des Elektrons.**

1912
Alfred Wegener entwickelt die Theorie der **Kontinentalverschiebung.**

1915
Thomas Hunt Morgan führt die **Chromosomentheorie** in die Vererbung ein.

1926
Erwin Schrödinger begründet die **Wellenmechanik.**

1927
Werner Heisenberg entwickelt die **Unschärferelation.**

1928
Paul Dirac führt die **Quantenelektrodynamik** ein.

Im 19. Jahrhundert waren grundlegende neue Erkenntnisse über Lebensprozesse gewonnen worden, doch die erste Hälfte des 20. Jahrhunderts brachte noch größere Umwälzungen. Die alten Gewissheiten der klassischen Physik – seit Newton im Wesentlichen unverändert – gingen über Bord, und revolutionäre neue Konzepte von Raum, Zeit und Materie traten an ihre Stelle. Bis 1930 war die alte Vorstellung eines berechenbaren Universums zerstört.

Eine neue Physik

Die Gleichungen der klassischen Mechanik führten manchmal zu unsinnigen Ergebnissen. Es musste also etwas grundlegend falsch daran sein. 1900 löste Max Planck das Rätsel um das Spektrum eines »Schwarzen Körpers«, das den klassischen Gleichungen hartnäckig widerstand, durch die Vorstellung, dass elektromagnetische Energie nicht in stetigen Wellen, sondern in festen Paketen (»Quanten«) transportiert wird. Fünf Jahre später brachte Albert Einstein, damals Anwalt am Schweizer Patentamt, seinen Aufsatz zur Speziellen Relativitätstheorie heraus. Ihr zufolge war die Lichtgeschwindigkeit eine Konstante und hing nicht von der Bewegung von Quelle oder Beobachter ab. Dafür war die Vorstellung von absoluter Zeit und Raum (unabhängig vom Beobachter) nicht haltbar. Stattdessen gab es eine gemeinsame »Raumzeit«. Außerdem waren Masse und Energie zwei Ausprägungen derselben Sache und ließen sich ineinander umwandeln. Gemäß der Gleichung $E = mc^2$ steckte im Inneren des Atoms eine Unmenge an Energie. Bis 1916 erweiterte Einstein die Theorie zur Allgemeinen Relativitätstheorie und zeigte, dass die Gravitation bei Anwesenheit einer Masse durch Krümmung der Raumzeit erzeugt wird.

Welle-Teilchen-Dualismus

Noch schlimmer sollte es für das alte Bild des Universums kommen. Der englische Physiker J. J. Thomson entdeckte das Elektron, ein negativ geladenes Teilchen, das über tausendmal kleiner und leichter war als jedes Atom. Seine Eigenschaften warfen neue Fragen auf. Nicht nur, dass Licht teilchenartige Eigenschaften hatte – Teilchen konnten auch wellenartige Eigenschaften haben. Der Österreicher Erwin Schrödinger formulierte eine Reihe von Gleichungen für die

1929

Edwin Hubble belegt, dass das **Universum sich ausdehnt.**

1930

Subrahmanyan Chandrasekhar beschreibt **Schwarze Löcher.**

1931

Nach Georges Lemaître entstand das Universum aus einem **Uratom.**

1934

Fritz Zwicky postuliert die Existenz von **Dunkler Materie.**

1935

Konrad Lorenz erklärt die Grundlagen des **tierischen Instinktverhaltens.**

1936

Alan Turing beschreibt mit der theoretischen **Universellen Turing-Maschine** einen programmierbaren Computer.

1939

Linus Pauling verfasst *Die Natur der chemischen Bindung*. Darin erläutert er die **Chemie** anhand **quantenmechanischer** Vorstellungen.

1942

J. Robert Oppenheimer übernimmt die Leitung des **Manhattan-Projekts** zur Entwicklung der Atombombe.

Wahrscheinlichkeit, ein Teilchen an einem bestimmten Ort und Zustand zu finden. Sein deutscher Kollege Werner Heisenberg zeigte, dass sich Ort und Impuls nicht genau angeben ließen. Anfangs hielt man das für ein Messproblem, doch es stellte sich als grundlegend für den Aufbau des Universums heraus, für das sich nun ein merkwürdiges Bild herausschälte: Es war eine gekrümmte, relativistische Raumzeit, in der Teilchen in Form von Wahrscheinlichkeitswellen herumschwirrten.

Spaltung des Atoms

Der Neuseeländer Ernest Rutherford zeigte als Erster, dass ein Atom hauptsächlich aus Leere besteht: Ein dichter Kern wird von Elektronen umkreist. Er erklärte bestimmte Formen der Radioaktivität mit einem Zerfall des Kerns. Der Chemiker Linus Pauling griff dieses neue Bild des Atoms auf und übertrug die Ideen der Quantenmechanik auf die Bindungen der Atome. Damit machte er die Chemie zu einem Teil der Physik. Seit 1938 die Spaltung des Atomkerns entdeckt worden war, arbeiteten Physiker daran, die dabei freiwerdende Energie nutzbar zu machen. Im amerikanischen »Manhattan-Projekt« unter Leitung von J. Robert Oppenheimer wurde die erste Atombombe gebaut.

Das Universum dehnt sich aus

Bis in die 1920er-Jahre hielt man die Nebel für Gas- oder Staubwolken innerhalb unserer eigenen Galaxis, der Milchstraße. Sie umfasste das gesamte bekannte Universum. Dann entdeckte der amerikanische Astronom Edwin Hubble, dass diese Nebel weit entfernte Galaxien waren. Das Universum war also auf einmal weit größer als gedacht – und es dehnte sich in alle Richtungen aus. Der belgische Priester und Physiker Georges Lemaître behauptete, das Universum habe sich aus einem »Uratom« entwickelt. Dieser Gedanke wurde später zur Urknalltheorie ausgebaut. Ein weiteres Rätsel stellte sich, als der Astronom Fritz Zwicky den Begriff »Dunkle Materie« prägte, um zu erklären, warum der Coma-Galaxienhaufen, gemessen an seiner Gravitationswirkung, über 400-mal mehr Masse zu enthalten schien, als anhand der sichtbaren Sterne herzuleiten war. Masse war also offenbar nicht nur ganz anders als gedacht, sondern nicht einmal mehr direkt nachweisbar. Es gab offenkundig noch große Lücken im Weltverständnis. ■

QUANTEN SIND DISKRETE ENERGIEPAKETE

MAX PLANCK (1858–1947)

IM KONTEXT

GEBIET
Physik

FRÜHER
1860 Das Strahlungsspektrum Schwarzer Körper ist mit den gängigen theoretischen Modellen nicht vorhersagbar.

um 1870 Ludwig Boltzmann untersucht Entropie (Unordnung) als statistische Größe und führt eine wahrscheinlichkeitstheoretische Interpretation physikalischer Größen ein.

SPÄTER
1905 Albert Einstein greift Plancks Idee des quantisierten Lichts auf und führt das Photon (Lichtquant) ein.

1924 Louis de Broglie beweist, dass sich Materie wellen- und teilchenartig verhalten kann.

1926 Erwin Schrödinger findet die Gleichung für das wellenartige Verhalten von Teilchen.

Ende 1900 präsentierte der deutsche theoretische Physiker Max Planck seine Lösung eines lange bekannten theoretischen Problems und machte damit einen der wichtigsten begrifflichen Sprünge der Physikgeschichte. Sein Vortrag markiert den Wendepunkt von der klassischen Mechanik nach Newton zur Quantenmechanik. Die definitiven, präzisen Aussagen der Newton'schen Mechanik wichen einer unsicheren, statistischen Beschreibung des Universums.

Die Quantentheorie wurzelt in der Untersuchung der Wärmestrahlung – der Ursache dafür, dass wir z. B. die Wärme eines Feuers spü-

Siehe auch: Ludwig Boltzmann 141 ▪ Albert Einstein 218–225 ▪ Erwin Schrödinger 232–239

Die **klassische Physik** behandelt Strahlung so, als ob sie über einen **kontinuierlichen Bereich** emittiert würde.

↓

Mit dieser Annahme erhält man aber **unsinnige Ergebnisse für das Spektrum** (die Verteilung) der **Strahlung eines Schwarzen Körpers.**

↓

Das **Problem lässt sich lösen,** indem man Strahlung so behandelt, als würde sie in bestimmten **»Quanten«** entstehen.

↓

Strahlung ist nicht kontinuierlich, sondern wird in diskreten Energiequanten emittiert.

ren, auch wenn die Umgebungsluft kalt ist. Jeder Körper absorbiert und emittiert elektromagnetische Strahlung. Wenn die Temperatur steigt, nimmt die Wellenlänge der Strahlung ab (und die Frequenz nimmt zu). Beispielsweise emittiert ein Stück Kohle bei Raumtemperatur Energie im Infrarotbereich, unterhalb der Frequenz des sichtbaren Lichts. Da wir diese Strahlung nicht sehen können, erscheint die Kohle schwarz. Wird die Kohle aber angebrannt, emittiert sie Strahlung höherer Frequenz. Wenn die Emission in das sichtbare Spektrum gelangt, glüht sie erst rötlich, dann weiß und schließlich leuchtend blau. Extrem heiße Körper wie Sterne geben noch kurzwelligere Strahlung im Ultraviolett- oder Röntgenbereich ab, die wir erneut nicht sehen können. Zudem reflektiert jeder Körper auch noch die Strahlung von außen. Dieses reflektierte Licht gibt dem Körper seine Farbe, selbst wenn er nicht glüht.

1860 ließ sich der deutsche Physiker Gustav Kirchhoff eine idealisierte Vorstellung einfallen, den sogenannten »Schwarzen Körper«. Es handelt sich dabei um eine theoretische Oberfläche, die im thermischen Gleichgewicht (kein Aufheizen, kein Abkühlen) jede Frequenz der auftreffenden elektromagnetischen Strahlung absorbiert und selbst keinerlei Strahlung reflektiert. Das Spektrum der thermischen Strahlung eines solchen Körpers ist »rein«, da es keine reflektierten Anteile enthält – es hängt allein von der Temperatur des Körpers ab. Kirchhoff hielt diese »Schwarzkörperstrahlung« für etwas ganz Grundlegendes in der Natur – die Sonne beispielsweise ist näherungsweise ein Schwarzer Körper, da ihr Emissionsspektrum fast ausschließlich von der Temperatur abhängt. Die Verteilung des Schwarzkörperlichts zeigt, dass die Strahlungsemission nur von der Temperatur des Körpers abhängt, nicht von dessen Form oder chemischer Zusammensetzung. Mit Kirchhoffs Hypothese begannen die Versuche, den theoretischen Rahmen zur Beschreibung der Schwarzkörperstrahlung zu finden.

Entropie und Schwarze Körper

Planck gelangte zu seiner neuen Quantentheorie, weil die klassische Physik die experimentellen Ergebnisse für die Verteilung der Schwarzkörperstrahlung nicht erklären konnte. Planck ging das Problem mit dem zweiten Hauptsatz der Thermodynamik an, den er als »absolut« erkannt hatte. Er besagt, dass ein isoliertes System mit der Zeit ein »

»Eine neue wissenschaftliche Wahrheit pflegt sich nicht in der Weise durchzusetzen, dass ihre Gegner überzeugt werden und sich als belehrt erklären, sondern vielmehr dadurch, dass … die heranwachsende Generation von vornherein mit der Wahrheit vertraut gemacht ist.«

Max Planck

thermodynamisches Gleichgewicht erreicht (in dem alle Teile des Systems dieselbe Temperatur haben). Planck versuchte nun, die thermische Strahlungsverteilung eines Schwarzen Körpers mithilfe der Entropie des Systems zu erklären. Entropie ist ein Maß für die Unordnung. Formal definiert man sie als die Anzahl der Möglichkeiten eines Systems, sich zu organisieren. Je höher die Entropie, umso mehr Möglichkeiten hat das System, dieselben Zustände einzunehmen. Ein Beispiel wäre ein Raum, in dem alle Luftmoleküle in einer Ecke konzentriert sind. Es gibt viel mehr Möglichkeiten für die Anordnung der Moleküle, wenn sich in jedem Kubikzentimeter die gleiche Anzahl befindet, als wenn sie alle in einer Ecke sind. Mit der Zeit verteilen sich die Moleküle gleichmäßig im Raum und die Entropie steigt.

Ein Eckpfeiler des zweiten Hauptsatzes ist, dass die Entropie sich nur in eine Richtung ändert. Auf dem Weg zum thermischen Gleichgewicht nimmt die Entropie immer nur zu oder bleibt konstant. Planck argumentierte, dass dieses Prinzip sich in jedem theoretischen Modell für einen Schwarzen Körper zeigen müsste.

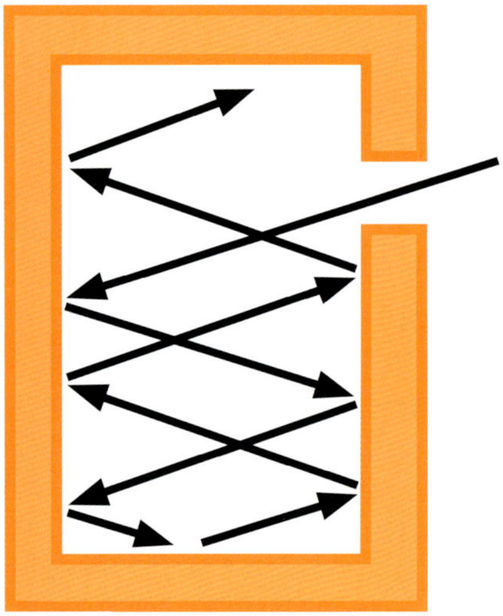

Ein Hohlraum mit nur einem kleinen Loch fängt fast die gesamte eindringende Strahlung auf. Er ist eine gute Näherung für einen Schwarzen Körper.

Das Planck'sche Strahlungsgesetz

Anfang der 1890er-Jahre experimentierte Planck mit der sogenannten Hohlraumstrahlung: Betrachtet man ein kleines Loch in einem Kasten, der auf konstanter Temperatur gehalten wird, dann wird die in den Kasten gelangende Strahlung dort gefangen, und die von dem Loch ausgehende Strahlung hängt nur von der Temperatur ab – das ist genau das entscheidende Merkmal eines Schwarzen Körpers.

Die Versuchsergebnisse stimmten für niedrige Frequenzen nicht mit dem Strahlungsgesetz von Plancks Kollegen Wilhelm Wien überein. Irgendwo musste ein Fehler sein. 1899 legte Planck eine verbesserte Version des Gesetzes vor: das Planck'sche Strahlungsgesetz, das das Spektrum besser beschrieb.

Die Ultraviolettkatastrophe

Ein Jahr später ergab sich ein weiteres Problem: Die britischen Physiker Lord Rayleigh und Sir James Jeans zeigten, dass die klassische Physik zu völlig absurden Aussagen über das Spektrum von Schwarzen Körpern kam. Ihr Rayleigh-Jeans-Gesetz sagte voraus, dass die abgegebene Energie bei steigender Frequenz der Strahlung exponentiell wachsen müsse. Diese »Ultraviolettkatastrophe« gibt es aber nicht, denn sonst würde jedes Mal beim Einschalten einer Glühbirne eine tödliche Dosis Ultraviolettstrahlung abgegeben.

Doch das Rayleigh-Jeans-Gesetz kümmerte Planck nur wenig. Größere Sorgen bereitete ihm das Wien'sche Gesetz, das selbst in der von ihm revidierten Form nicht zu den Daten passte. Es beschrieb zwar den kurzwelligen (hochfrequenten) Teil des Spektrums der Wärmestrahlung, aber nicht den langwelligen (niederfrequenten) Teil. An diesem Punkt brach Planck mit seiner konservativen Einstellung und griff auf den statistischen Ansatz von Ludwig Boltzmann zurück.

Boltzmann hatte einen neuen Zugang zur Entropie formuliert, indem er ein System als eine Sammlung von unabhängigen Atomen und Molekülen betrachtete. Dabei blieb der zweite Hauptsatz der Thermodynamik zwar gültig,

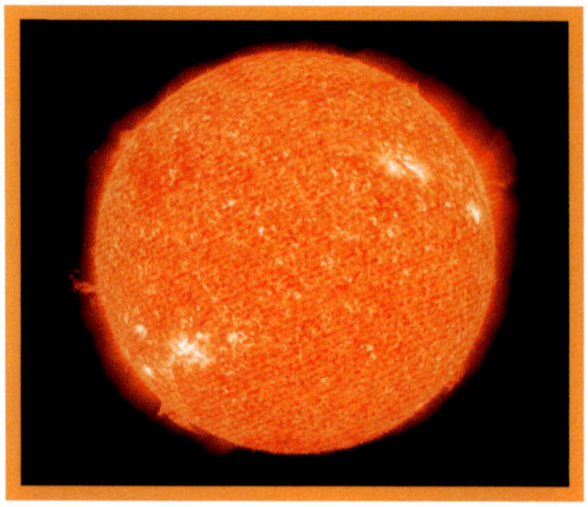

Kein reales Objekt ist ein perfekter Schwarzer Körper, doch die Sonne, schwarzer Samt oder eine rußbedeckte Oberfläche kommen ihm ziemlich nahe.

» Das letzte Geheimnis der Natur kann die Wissenschaft nicht lösen. Und zwar darum nicht, weil wir selbst ein Teil der Schöpfung, also der Natur sind und somit ein Teil des Geheimnisses, das wir lösen wollen. «

Max Planck

doch Boltzmanns Lesart führte nur zu statistischen, nicht zu absoluten Aussagen. Demnach beobachten wir Entropie nur, weil sie unermesslich wahrscheinlicher ist als die Alternative: Wenn ein Teller in 1000 Scherben zerspringt, gibt es kein physikalisches Gesetz, das verbieten würde, dass er sich von allein wieder zusammenfügt, doch die Wahrscheinlichkeit dafür ist verschwindend gering.

Das Wirkungsquantum

Mit Boltzmanns statistischer Interpretation der Entropie gelangte Planck zu einem neuen Ausdruck für das Strahlungsgesetz. Ausgehend von der Annahme, die thermische Strahlung werde durch einzelne »Oszillatoren« erzeugt, musste er die Anzahl der Möglichkeiten bestimmen, eine gegebene Energie zwischen ihnen aufzuteilen.

Er teilte die Gesamtenergie in eine endliche Anzahl von diskreten Energiepaketen auf – das ist die sogenannte Quantisierung. Planck als begabter Cellist und Klavierspieler stellte sich die »Quanten« vielleicht ähnlich vor wie die feste Anzahl der Oberschwingungen, die die schwingende Saite eines Instruments annehmen kann. Er erhielt eine einfache Gleichung, die gut zu den Versuchsdaten passte.

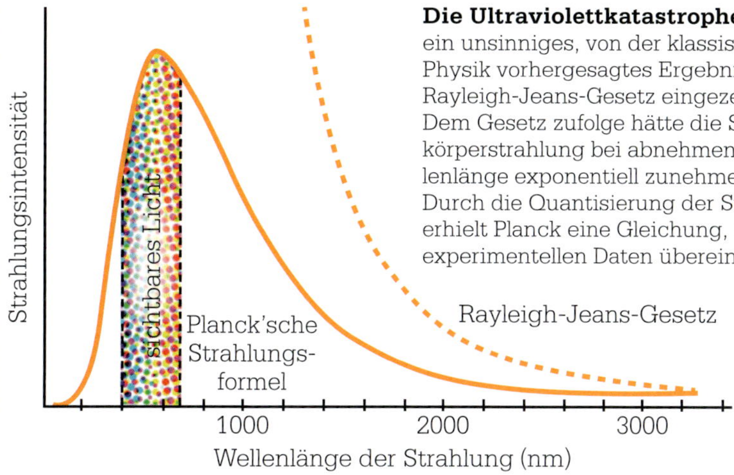

Die Ultraviolettkatastrophe war ein unsinniges, von der klassischen Physik vorhergesagtes Ergebnis (hier als Rayleigh-Jeans-Gesetz eingezeichnet). Dem Gesetz zufolge hätte die Schwarzkörperstrahlung bei abnehmender Wellenlänge exponentiell zunehmen müssen. Durch die Quantisierung der Strahlung erhielt Planck eine Gleichung, die mit den experimentellen Daten übereinstimmte.

Die Einführung der »Energiequanten« reduzierte die Anzahl der Energiezustände, die das System annehmen konnte. So löste Planck ganz unbeabsichtigt auch die Ultraviolettkatastrophe. Er stellte sich seine Quanten jedoch nur als einen mathematischen »Trick« vor, nicht als etwas Reales. Erst Einstein, der 1905 mit dem Quantenansatz den fotoelektrischen Effekt erklärte, behandelte die Quanten als eine reale Eigenschaft des Lichtes.

Planck ging es wie vielen Pionieren der Quantenmechanik: Den ganzen Rest seines Lebens kämpfte er mit den Folgerungen aus seinen eigenen Arbeiten. Er zweifelte zwar nie daran, dass er eine Revolution eingeleitet hatte, aber seinem Physikerkollegen James Franck zufolge war er »Revolutionär wider Willen«. Die Konsequenzen seiner Gleichungen gefielen ihm nicht, weil ihre Beschreibungen oft unseren Alltagserfahrungen widersprechen. Doch wie auch immer: Nach Planck war die physikalische Welt nie mehr dieselbe. ■

Max Planck

Der 1858 in Kiel geborene Planck war ein sehr begabter Schüler und machte schon im Alter von 17 Jahren Abitur. Er studierte Physik in München und Berlin und wurde 1889 in Berlin auf eine Professur für theoretische Physik berufen. Hier entwickelte er die Idee der Lichtquanten. Dafür erhielt er 1918 den Physik-Nobelpreis, auch wenn er die Quanten zeitlebens nicht als physikalische Realität anerkennen wollte.

Plancks Privatleben war tragisch überschattet. Seine erste Frau starb 1909, sein ältester Sohn fiel im Ersten Weltkrieg. Beide Töchter starben im Wochenbett. Während des Zweiten Weltkriegs wurde sein Haus von Bomben zerstört und seine Bibliothek verbrannte. Gegen Kriegsende wurde sein letzter Sohn wegen Beteiligung am Attentat des 20. Juli 1944 hingerichtet. Planck selbst starb kurz nach dem Krieg.

Hauptwerke

1887 *Über das Prinzip der Vermehrung der Entropie*
1901 *Über das Gesetz der Energieverteilung im Normalspektrum*

JETZT WEISS ICH, WIE DAS ATOM AUSSIEHT

ERNEST RUTHERFORD (1871–1937)

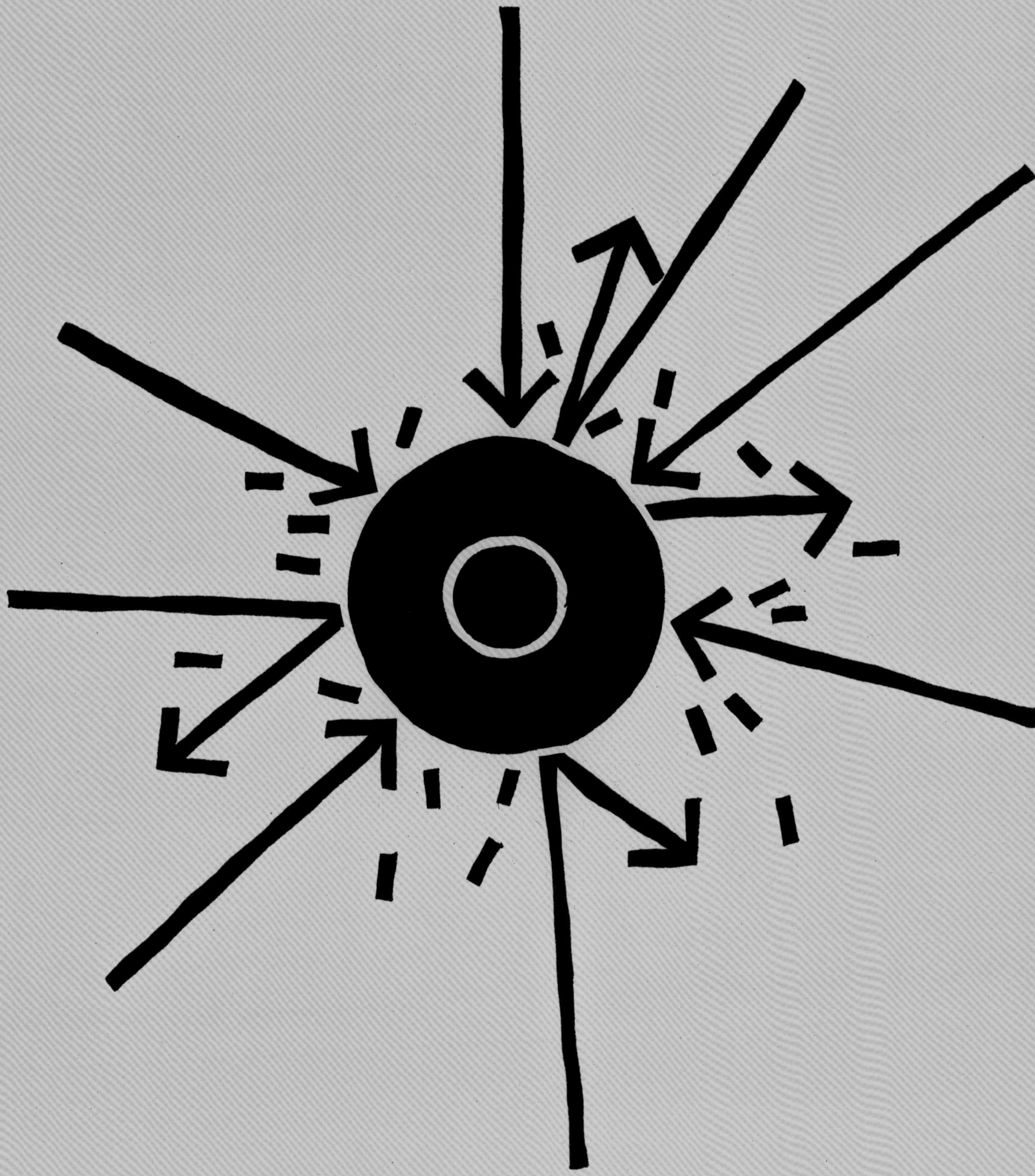

IM KONTEXT

GEBIET
Physik

FRÜHER
um 400 v. Chr. Der griechische Philosoph Demokrit stellt sich Atome als feste, unzerstörbare Bausteine der Materie vor.

1805 John Daltons Atomtheorie verbindet chemische Prozesse mit der physikalischen Realität und erlaubt es, Atomgewichte zu berechnen.

1896 Henri Becquerel entdeckt die radioaktive Strahlung und enthüllt mit ihr den inneren Aufbau des Atoms.

SPÄTER
1938 Otto Hahn, Fritz Straßmann und Lise Meitner spalten den Atomkern.

1964 Murray Gell-Mann und George Zweig entwickeln unabhängig das Quarkmodell. Protonen und Neutronen sind also nicht elementar.

Die Entdeckung zu Beginn des 20. Jahrhunderts, dass der Grundbaustein der Materie – das Atom – sich in kleinere Teile zerlegen ließ, war für die Physik äußerst bedeutend. Sie revolutionierte die Vorstellungen über den Aufbau der Materie und die Kräfte, die sie und das Universum zusammenhalten. Sie enthüllte eine völlig neue Welt auf dem subatomaren Niveau, die eine neue Physik zur Beschreibung ihrer Wechselwirkungen benötigte, und dazu noch eine Fülle winziger Teilchen, die den winzig kleinen Raum füllten.

Die Atomtheorien haben eine lange Geschichte. Der griechische Philosoph Demokrit entwickelte vor 2500 Jahren die Vorstellungen früherer Philosophen weiter und behauptete, alles sei aus Atomen zusammengesetzt. Das von ihm geprägte Wort *átomos* (unteilbar) bezog sich auf die Basisbausteine der Materie. Demokrit dachte, dass sich in den Eigenschaften der Stoffe auch die der Atome zeigten – Eisenatome seien also fest und schwer, Wasseratome dagegen weich und glitschig.

Zu Beginn des 19. Jahrhunderts entwickelte der englische Naturphilosoph John Dalton eine neue Atomtheorie auf Grundlage seines Gesetzes der multiplen Proportionen. Demnach verbinden sich Elemente (einfache, grundlegende Substanzen) immer in einfachen, ganzzahligen Verhältnissen. Für Dalton bedeutete dies, dass eine chemische Reaktion zwischen zwei Substanzen nur das Verschmelzen zweier Bestandteile ist, die unendlich oft wiederholt wird. Dies war die erste moderne Atomtheorie.

Eine abgeschlossene Wissenschaft

Die Physik zeigte gegen Ende des 19. Jahrhunderts große Selbstgewissheit. Bedeutende Physiker wagten die Aussage, alle physikalischen Themen seien erschöpft und alle wichtigen Entdeckungen gemacht. Es komme nun nur noch darauf an, die Genauigkeit der Messungen »bis auf die sechste Stelle nach dem Komma« zu erhöhen. Doch viele Experimentalforscher wussten es besser, denn es war bereits klar, dass einige völlig neue und merkwürdige Phänomene nach Erklärungen verlangten.

1895 hatte Wilhelm Conrad Röntgen rätselhafte »X-Strahlen« entdeckt, im Jahr darauf fand Henri

Siehe auch: John Dalton 112–113 ▪ August Kekulé 162–167 ▪ Wilhelm Conrad Röntgen 188–189 ▪ Marie Curie 194–199 ▪ Max Planck 206–209 ▪ Albert Einstein 218–225 ▪ Lise Meitner 240 ▪ Linus Pauling 264–269 ▪ Murray Gell-Mann 310–315

J. J. Thomson bei der Arbeit in seinem Labor in Cambridge. Sein »Rosinenkuchenmodell« des Atoms berücksichtigte erstmals auch das neu entdeckte Elektron.

Becquerel eine weitere unerklärliche Strahlung. Was waren das für Strahlen, und woher kamen sie? Becquerel erkannte richtig, dass seine Strahlung von einem Uransalz ausging. Bei der Erforschung des Zerfalls von Radium stießen Pierre und Marie Curie auf eine konstante, scheinbar unerschöpfliche Energiequelle in den radioaktiven Elementen. Wenn sich das als wahr erweisen sollte, wäre es ein Bruch grundlegender physikalischer Gesetze. Was immer diese Strahlen auch waren, sie deuteten auf große Lücken in den Modellen hin.

Entdeckung des Elektrons

1897 erregte der britische Physiker Joseph John (J. J.) Thomson Aufsehen damit, dass er Teile aus Atomen herausbrechen konnte. Er untersuchte die »Strahlen«, die von einer Hochspannungskathode (einer negativ geladenen Elektrode) ausgingen: Sie bestand aus einzelnen »Korpuskeln«, denn sie erzeugte beim Auftreffen auf einen phosphoreszierenden Leuchtschirm einzelne, punktförmige Lichtblitze. Die Korpuskeln waren elektrisch negativ geladen, denn der Strahl konnte durch ein elektrisches Feld abgelenkt werden. Sie waren zudem außerordentlich leicht: Ihr Gewicht betrug weniger als $1/1000$ des leichtesten Atoms, Wasserstoff. Außerdem war das Gewicht dieser Korpuskeln immer gleich, unabhängig davon, welches Element als Quelle verwendet wurde. Thomson hatte das Elektron entdeckt. Diese Ergebnisse kamen völlig überraschend. Wenn ein Atom geladene Teilchen enthielt, warum sollten die entgegengesetzten Teilchen dann nicht gleiche Massen haben? Nach den bestehenden Atomtheorien waren Atome feste Blöcke. Und als die grundlegenden Bausteine der Materie waren sie vollständig und unteilbar. Aber Thomson zufolge waren sie doch teilbar. Insgesamt kam der Verdacht auf, dass die Wissenschaft einige wichtige Aspekte von Materie und Energie doch nicht vollständig verstand. ››

Das Rosinenkuchenmodell

Die Entdeckung des Elektrons trug Thomson 1906 den Physik-Nobelpreis ein. Doch er war Theoretiker genug zu erkennen, dass seine Ergebnisse nur durch ein radikal neues Atommodell erklärbar waren. Seine Lösung war das 1904 vorgestellte »Rosinenkuchenmodell«. Da Atome insgesamt keine elektrische Ladung haben und sein neues Elektron sehr klein war, sollte nach Thomson eine größere, positiv geladene Kugel den größten Teil der Atommasse enthalten und die Elektronen darin eingebettet sein wie die Rosinen in einem Kuchen. Da es keine anderweitigen experimentellen Belege dafür gab, konnte man annehmen, dass die Punktladungen – so wie die Rosinen im Kuchen – zufällig über das gesamte Atom verteilt waren.

Rutherfords Revolution

Doch die positiv geladenen Teile des Atoms verweigerten sich standhaft einer weiteren Aufklärung. Die Jagd auf das fehlende Teil des Atoms war eröffnet. Die Suche führte zu einer Entdeckung, die ein völlig anderes Bild des Atomaufbaus mit sich brachte.

> »Wissenschaft, das ist entweder Physik oder Briefmarkensammeln.«
>
> **Ernest Rutherford**

Am Physiklabor der Universität Manchester entwarf Ernest Rutherford ein Experiment zur Prüfung von Thomsons Rosinenkuchenmodell. Der charismatische Neuseeländer war ein begnadeter Experimentator mit genauem Gespür dafür, welchen Details nachzugehen war. Rutherford hatte 1908 für seine »Theorie der Atomzerlegung« den Physik-Nobelpreis erhalten.

Nach dieser Theorie war die Strahlung, die von radioaktiven Elementen ausging, ein Ergebnis des Auseinanderbrechens der Atome. Zusammen mit dem Chemiker Frederick Soddy hatte Rutherford gezeigt, dass sich beim Auftreten von Radioaktivität ein Element spontan in ein anderes verwandelt. Ihre Arbeit führte die Erkundung des Inneren der Atome auf neue Wege.

Radioaktivität

Obwohl Radioaktivität erstmals durch Henri Becquerel und das Ehepaar Curie untersucht worden war, erkannte erst Rutherford die drei verschiedenen Arten der Strahlung. Da sind die langsamen, schweren, positiv geladenen »Alphateilchen«, schnelle, negativ geladene »Betateilchen« sowie die hochenergetische, aber ungeladene »Gammastrahlung« (S. 198). Rutherford unterschied diese verschiedenen Formen der Strahlung anhand ihrer Durchdringungskraft – von den sehr wenig durchdringenden Alphateilchen, die sich schon durch ein Blatt Papier abhalten lassen, über die schon wesentlich kleineren und daher durchschlagkräftigeren Betateilchen bis hin zu den Gammastrahlen, die erst von einer dicken Schicht Blei gestoppt werden. Er führte auch die Vorstellung der radioaktiven Halbwertszeit ein und entdeckte, dass die »Alphateilchen« Heliumkerne waren, d. h. Heliumatome ohne ihre Elektronen.

Ernest Rutherford

Rutherford wuchs in der neuseeländischen Provinz auf und studierte Mathematik und Physik in Christchurch. 1895 erhielt er ein Stipendium für ein weiterführendes Studium in England und wurde Forschungsstipendiat am Cavendish-Labor in Cambridge. Dort führte er zusammen mit J. J. Thomson die Experimente durch, die zur Entdeckung des Elektrons führten. 1898, mit 27 Jahren, übernahm er eine Professur an der McGill-Universität im kanadischen Montreal. Hier befasste er sich mit Arbeiten zur Radioaktivität, die ihm 1908 den Chemie-Nobelpreis eintrugen. Rutherford war ein ausgezeichneter Organisator. Im Lauf seiner Karriere leitete er drei führende physikalische Einrichtungen. Ab 1907 war er in Manchester, wo er den Atomkern entdeckte. 1919 kehrte er wieder nach Cambridge zurück.

Hauptwerke

1902 *The Cause and Nature of Radioactivity I & II* (zwei Aufsätze, erschienen im *Philosophical Magazine*)
1913 *Radioaktive Substanzen und ihre Strahlungen*

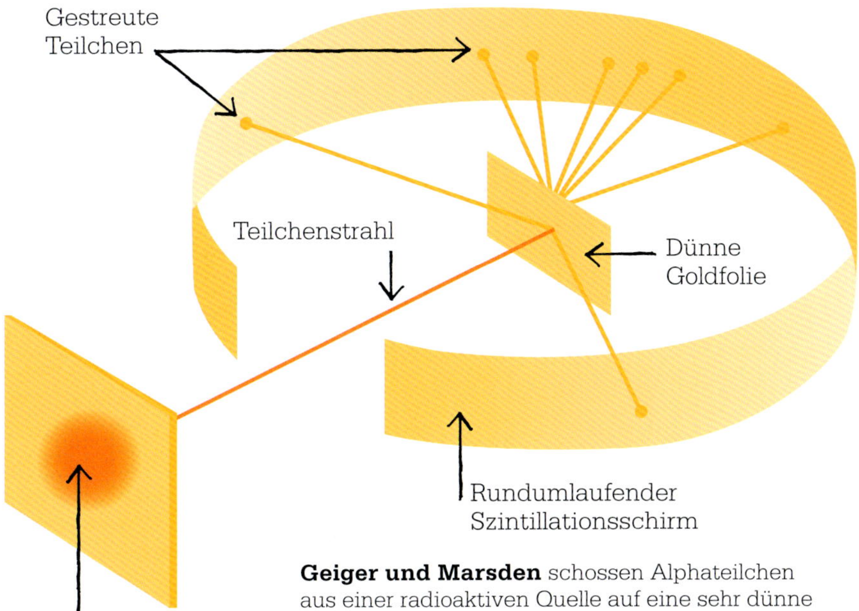

Geiger und Marsden schossen Alphateilchen aus einer radioaktiven Quelle auf eine sehr dünne Goldfolie. Mit dem Szintillationsschirm konnten die in beliebigem Winkel gestreuten Teilchen nachgewiesen werden.

Das Goldfolienexperiment

1909 begann Rutherford, den Aufbau der Materie mithilfe von Alphateilchen zu untersuchen. Im Jahr zuvor hatte er zusammen mit seinem deutschen Doktoranden Hans Geiger sogenannte Szintillationsschirme aus Zinksulfid entworfen, mit denen man jedes einzelne Auftreffen eines Alphateilchens als einen kurzen hellen Lichtblitz (eine Szintillation) zählen konnte. Mit Unterstützung des Studenten Ernest Marsden sollte Geiger diese Schirme einsetzen, um zu bestimmen, ob das Atom immer weiter teilbar war oder doch aus einigen Grundbausteinen bestand.

Sie schossen einen Strahl von Alphateilchen aus einer Radiumquelle auf einen extrem dünnen Streifen Goldfolie, gerade 1000 Atome dick. Nach dem Rosinenkuchenmodell – Atome aus einer Wolke positiver Ladungen mit punktförmigen negativen Ladungen – sollten die schweren, positiv geladenen Alphateilchen die Folie geradewegs durchdringen. Die meisten der Teilchen sollten durch die Wechselwirkung mit den Goldatomen kaum abgelenkt und nur um kleine Winkel gestreut werden.

Geiger und Marsden verbrachten Stunden im abgedunkelten Labor und zählten im Mikroskop die Lichtblitze auf ihren Szintillationsschirmen. Von einer Vorahnung getrieben, trug Rutherford ihnen dann aber auf, die Schirme so aufzustellen, dass sie neben der Kleinwinkelstreuung auch Streuungen um große Winkel erfassen konnten. Zu ihrer Überraschung wurden einige der Alphateilchen um mehr als 90° abgelenkt, andere wurden von der Folie sogar in ihre Ursprungsrichtung zurückgestreut. Rutherford sagte, dies sei so, als schieße man mit einer Granate auf Seidenpapier und das Seidenpapier ließe die Granate abprallen.

> »Es war das unglaublichste Ereignis, das mir in meinem ganzen Leben zugestoßen ist. Es war fast so, als hätte man eine 15-Zoll-Granate auf ein Stück Seidenpapier abgefeuert, und sie kommt zurück und trifft einen selbst.«
>
> **Ernest Rutherford**

Das Atom mit Kern

Das Zurückprallen der schweren Alphateilchen und auch ihre Ablenkung um große Winkel waren nur möglich, wenn die positive Ladung und die Masse des Atoms in einem kleinen Volumen konzentriert war. Im Lichte dieser Erkenntnis veröffentlichte Rutherford 1911 seine Vorstellung des Atomaufbaus. Das »Rutherford-Modell« ist ein Sonnensystem *en miniature*, bei dem die negativ geladenen Elektronen einen kleinen, schweren, positiv geladenen Kern umkreisen. Die größte Neuerung dieses Modells war der unendlich kleine Kern, der zu dem unbequemen Schluss führte, dass das Atom alles andere als massiv ist. Auf atomarer Ebene ist die Materie hauptsächlich leerer Raum, beherrscht von Energie und Kraft – ein Bruch mit bisherigen Atomtheorien.

Thomsons »Rosinenkuchenmodell« war sofort gut aufgenommen worden, das Rutherford-Modell hingegen wurde ignoriert. Seine Mängel waren leicht zu erkennen. Damals galt es als erwiesen, dass eine beschleunigte elektrische Ladung Energie in Form elektromagnetischer Strahlung abgab. »

Wenn also die Elektronen um den Atomkern schwirrten und im Kreis beschleunigt wurden, dann mussten sie kontinuierlich Strahlung abgeben. Ein solcher Energieverlust musste dann aber unausweichlich dazu führen, dass sie in den Kern stürzten. Die Atome mussten also instabil sein – aber das sind sie natürlich nicht.

Ein Quantenatom

Der dänische Physiker Niels Bohr rettete das Rutherford-Modell mit einer neuen Idee zur Quantisierung. Die Quantenrevolution hatte 1900 begonnen, als Max Planck die Quantisierung der Strahlung postuliert hatte, doch auch 1913 steckte das Konzept noch in den Kinderschuhen. Erst in den 1920er-Jahren entstand ein mathematischer Rahmen für die Quantenmechanik. Als Bohr sich mit dem Problem beschäftigte, bestand die Quantentheorie im Wesentlichen nur aus Einsteins Vorstellung von Licht als »Quanten«, d. h. winzigen Energiepaketen. Bohr versuchte, die Absorption und Emission von Licht aus Atomen zu erklären. Er behauptete, jedes Elektron sei auf bestimmte feste Bahnen innerhalb der atomaren »Schalen« beschränkt und die Energieniveaus dieser Bahnen seien »quantisiert«, könnten also nur bestimmte feste Werte annehmen.

In seinem Orbitalmodell ist die Energie jedes einzelnen Elektrons eng verbunden mit dem Abstand zum Atomkern. Je näher ein Elektron dem Kern ist, desto weniger Energie hat es, doch es kann auf höhere Energieniveaus angeregt werden, indem es elektromagnetische Strahlung einer bestimmten Wellenlänge absorbiert. Bei der Absorption von Licht springt ein Elektron auf eine »höhere«, weiter außen liegende Bahn. Nach Erreichen dieses höheren Zustands fällt das Elektron sofort wieder in die niederenergetische Bahn zurück und setzt dabei ein Energiequantum frei, das genau der Energielücke zwischen den beiden Bahnen entspricht.

> » Wenn ihr Experiment Statistik braucht, hätten sie ein besseres Experiment durchführen müssen. «
>
> **Ernest Rutherford**

Bohr gab keine Erklärung dafür – er postulierte einfach, ein Absturz der Elektronen in den Kern sei unmöglich. Sein Modell war rein theoretisch. Trotzdem stimmte es mit den Experimenten überein und löste viele Probleme auf einen Schlag. Die Art und Weise, in der die Elektronen die leeren Schalen in einer strengen Reihenfolge auffüllten, entsprach genau der Änderung der Eigenschaften von den Elementen im Periodensystem bei einer Änderung

Im Rosinenkuchenmodell sind die Elektronen in einem räumlich ausgedehnten Kern verteilt. In Rutherfords Modell umkreisen die Elektronen einen winzigen, dichten Kern. Bohr verfeinerte dieses Modell durch quantisierte Bahnen für die Elektronen. Die Abbildung zeigt ein Kohlenstoffatom.

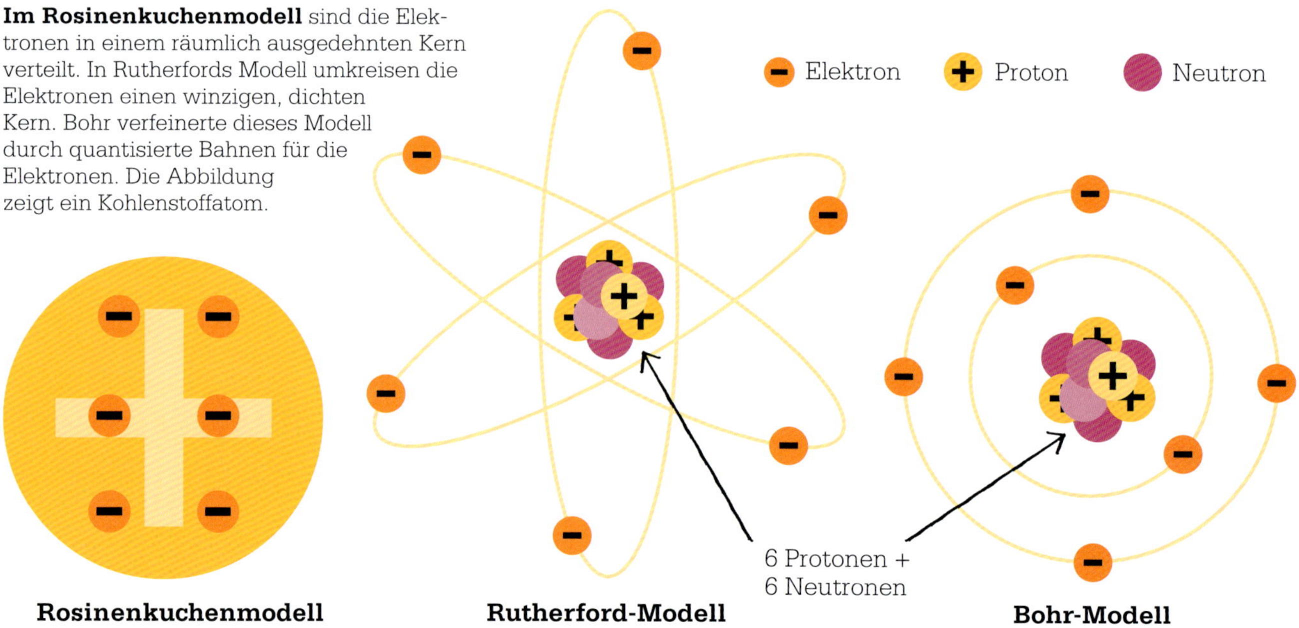

der Ordnungszahl. Noch überzeugender war, dass die theoretischen Energieniveaus der Schalen sehr gut mit den »Spektralserien« übereinstimmten – den Frequenzen des Lichts, die von verschiedenen Atomen absorbiert bzw. emittiert wurden. Ein lange gesuchter Zusammenhang zwischen Elektromagnetismus und Materie war gefunden.

Der Weg in den Kern

Nachdem die Vorstellung eines Atoms mit Kern akzeptiert worden war, lag es nahe zu fragen, was sich im Inneren des Kerns befand. 1919 fand Rutherford heraus, dass seine Alphateilchen aus vielen verschiedenen Elementen Wasserstoffkerne erzeugen konnten. Wasserstoff war schon lange als das einfachste aller Elemente anerkannt, man hielt es für den Baustein aller anderen Elemente. Rutherford behauptete daher, der Wasserstoffkern sei ein eigenes Elementarteilchen, das Proton.

Der nächste Schritt zur Aufklärung der Atomstruktur war 1932 die Entdeckung des Neutrons durch James Chadwick. Auch hier hatte Rutherford seine Finger im Spiel. Rutherford hatte bereits 1920 die Existenz eines Neutrons postuliert, da es eine Möglichkeit bot, die Abstoßung der vielen punktförmigen, positiven Ladungen in dem winzigen Atomkern zu kompensieren. Da gleiche Ladungen einander abstoßen, musste es ein Teilchen geben, das entweder die Ladungen abschwächt oder die auseinanderstrebenden Protonen eng aneinander bindet. Außerdem gab es in den Elementen, die schwerer als Wasserstoff waren, zusätzliche Masse, für die ein drittes, neutrales, aber schweres subatomares Teilchen verantwortlich sein konnte.

Doch das Neutron war sehr schwer nachzuweisen. Chadwick untersuchte, von seinem Mentor Rutherford angeleitet, eine neue Art von Strahlung, die die deutschen Physiker Walther Bothe und Herbert Becker gefunden hatten, als sie Beryllium mit Alphateilchen beschossen. Chadwick wiederholte diese Versuche und erkannte, dass die durchdringende Strahlung eben das Neutron war, das Rutherford so lange gesucht hatte. Ein neutrales Teilchen wie das Neutron ist viel durchdringender als ein geladenes Teilchen wie das Proton, weil es auf seinem Weg durch die Materie keine Abstoßung erfährt. Mit seiner Masse, die etwas größer ist als die des Protons, kann es aber leicht Protonen aus dem Kern herausschlagen, was sonst nur mit extrem energiereicher elektromagnetischer Strahlung möglich ist.

> »Die Schwierigkeiten verschwinden, wenn man annimmt, dass die Strahlung aus Teilchen der Masse 1 und der Ladung 0 besteht – aus Neutronen.«
>
> **James Chadwick**

James Chadwick entdeckte das Neutron, als er Beryllium mit Alphastrahlen aus radioaktivem Polonium beschoss. Die Alphateilchen schlugen Neutronen aus dem Beryllium heraus. Diese Neutronen wurden von einer Paraffinschicht eingefangen und die Protonen ließen sich mit einer Ionisierungskammer nachweisen.

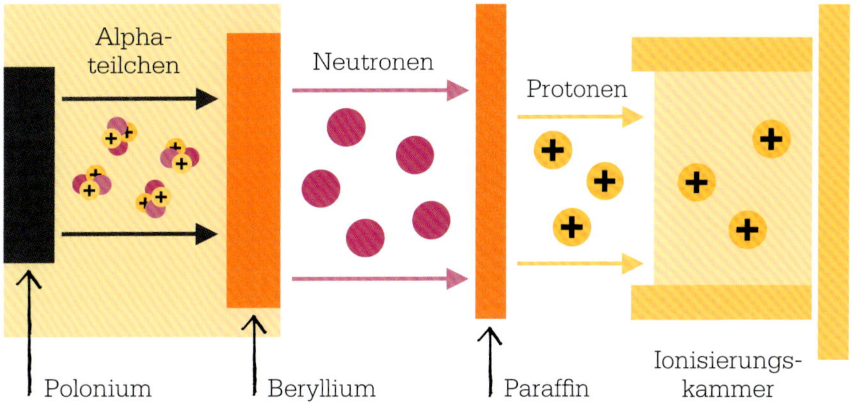

Elektronenwolken

Die Entdeckung des Neutrons vervollständigte das Bild des Atoms als einem massiven Kern, der von Elektronen umkreist wird. Neue Entdeckungen der Quantenphysik verfeinerten dieses Bild. Moderne Atommodelle zeigen »Elektronenwolken«: Sie sind die Gebiete, in denen ein Elektron der Quantenwellenfunktion zufolge mit hoher Wahrscheinlichkeit zu finden ist.

Das Bild wurde verkompliziert durch die Entdeckung, dass Neutronen und Protonen immer noch nicht die letzten Elementarteilchen sind, sondern ihrerseits aus noch kleineren Teilchen bestehen, den sogenannten Quarks. Noch heute sind nicht alle Fragen zum Atomaufbau endgültig geklärt. ■

GRAVITATION IST EINE VERZERRUNG IM RAUM-ZEIT-KONTINUUM

ALBERT EINSTEIN (1879–1955)

IM KONTEXT

GEBIET
Physik

FRÜHER
17. Jh. Newton entwickelt eine Beschreibung von Gravitation und Bewegungen, die noch heute für alle alltäglichen Rechnungen völlig ausreicht.

1900 Max Planck sagt, man könne Licht als aus kleinen Energiepaketen, den »Quanten«, bestehend betrachten.

SPÄTER
1917 Einstein legt mit der Allgemeinen Relativitätstheorie ein Modell des Universums vor.

1971 Mit zwei Atomuhren, die in Düsenjets um die Welt geflogen werden, wird die in der Relativitätstheorie postulierte Zeitdilatation nachgewiesen.

2015 Erster direkter Nachweis von Gravitationswellen, deren Existenz Einsteins Relativitätstheorie vorausgesagt hat.

Die **Lichtgeschwindigkeit** im Vakuum **ändert sich nicht …**

… und die **physikalischen Gesetze** sind **für alle Beobachter gleich …**

… daher kann es **keinen absoluten Raum** und **keine absolute Zeit** geben.

Relativ zueinander bewegte Beobachter nehmen **Raum und Zeit unterschiedlich** wahr.

In der Speziellen Relativitätstheorie gibt es **keine absolute Gleichzeitigkeit.**

Im Jahr 1905 veröffentlichte die Fachzeitschrift *Annalen der Physik* vier Aufsätze eines unbekannten, 26 Jahre alten Physikers namens Albert Einstein, der damals am Patentamt in Bern arbeitete. Diese Aufsätze sind der Unterbau für einen Großteil der modernen Physik.

Einstein löste einige grundlegende Probleme, die gegen Ende des 19. Jahrhunderts im wissenschaftlichen Verständnis der Welt aufgetaucht waren. Einer seiner Aufsätze veränderte unsere Auffassung vom Wesen des Lichts und der Energie. Ein zweiter war ein eleganter Beweis dafür, dass die schon lange bekannte Brown'sche Bewegung die Existenz der Atome belegen konnte. Ein dritter Aufsatz zeigte, dass es eine Art Geschwindigkeitsbegrenzung im Universum gibt, und betrachtete die merkwürdigen Konsequenzen davon – die Spezielle Relativitätstheorie. Der vierte änderte unser Verständnis der Materie, indem er zeigte, dass sie äquivalent (austauschbar) mit der Energie ist. Zehn Jahre später fasste Einstein die Folgerungen dieser Aufsätze in der Allgemeinen Relativitätstheorie zusammen. Sie eröffnete eine neue Sicht auf die Gravitation, den Raum und die Zeit.

Quantisierung des Lichts

Der erste von Einsteins Aufsätzen aus dem Jahr 1905 befasste sich mit dem fotoelektrischen Effekt, der 1887 von Heinrich Hertz entdeckt worden war: Eine Metallelektrode erzeugt einen elektrischen Strom (d. h., sie emittiert Elektronen), wenn sie mit Licht bestimmter Wellenlängen beleuchtet wird, typischerweise mit UV-Licht. Die Elektronenemission lässt sich mit

Siehe auch: Christiaan Huygens 50–51 ▪ Isaac Newton 62–69 ▪ James Clerk Maxwell 182–187 ▪ Max Planck 206–209 ▪ Erwin Schrödinger 232–239 ▪ Edwin Hubble 244–249 ▪ Georges Lemaître 250–253

modernen Begriffen recht einfach beschreiben (die Energie der Strahlung wird von den äußeren Elektronen in den Atomen der Metalloberfläche absorbiert, sodass sie herausgeschlagen werden). Rätselhaft war damals, dass dieselben Materialien keine Elektronen emittierten, wenn man sie mit längeren Wellenlängen bestrahlte, ganz gleich, wie intensiv das Licht war.

Das war in der klassischen Betrachtung ein Problem, denn hier galt die Intensität als entscheidend für die Energie eines Lichtstrahls. Einsteins Aufsatz nahm die Idee des »quantisierten« Lichts auf, die Max Planck kurz zuvor entwickelt hatte. Wenn wir einen Lichtstrahl in einzelne »Lichtquanten« (heute Photonen genannt) aufspalten, so hängt, wie Einstein zeigte, die Energie eines jeden Quants nur von dessen Wellenlänge ab: Je kürzer die Wellenlänge, desto höher die Energie. Wenn der Fotoeffekt auf die Wechselwirkung zwischen einem Elektron und einem einzelnen Photon zurückgeführt wird, dann ist es gleichgültig, wie viele Photonen auf die Oberfläche treffen (d. h., wie hoch die Intensität der Lichtquelle ist) – wenn keines von ihnen genügend Energie hat, werden keine Elektronen frei.

Einsteins Idee wurde zunächst von den führenden Physikern abgelehnt, auch von Planck, doch seine Theorie wurde 1919 durch Experimente des US-amerikanischen Physikers Robert Andrew Millikan bestätigt.

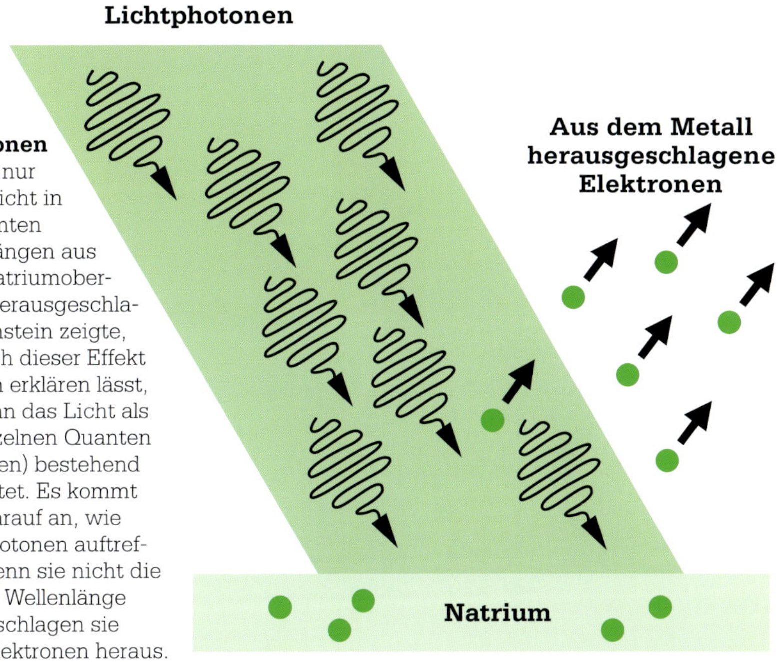

Elektronen werden nur durch Licht in bestimmten Wellenlängen aus einer Natriumoberfläche herausgeschlagen. Einstein zeigte, dass sich dieser Effekt dadurch erklären lässt, dass man das Licht als aus einzelnen Quanten (Photonen) bestehend betrachtet. Es kommt nicht darauf an, wie viele Photonen auftreffen – wenn sie nicht die richtige Wellenlänge haben, schlagen sie keine Elektronen heraus.

Spezielle Relativitätstheorie

Eine weitere enorme Leistung von Einstein geht auf den dritten und vierten Aufsatz von 1905 zurück, die eine neue Bewertung der wahren Natur des Lichts enthalten. Seit dem späten 19. Jahrhundert hatten die Physiker vergebens versucht, die Lichtgeschwindigkeit zu verstehen. Ihr Wert war seit dem 17. Jahrhundert mit wachsender Genauigkeit gemessen und berechnet worden, und die Maxwell'schen Gleichungen hatten gezeigt, dass das sichtbare Licht nur einen Teil des breiten Spektrums aller elektromagnetischen Wellen bildete, die sich alle mit derselben Geschwindigkeit bewegen.

Da man Licht als eine Transversalwelle auffasste, nahm man an, dass es sich durch ein Medium bewegte, so wie Wasserwellen auf einer Teichoberfläche. Die Eigenschaften des hypothetischen Mediums, des »lichttragenden Äthers«, sollten die beobachteten Eigenschaften der elektromagnetischen Wellen zur Folge haben, und da sie sich von Ort zu Ort nicht unterscheiden konnten, würden sie ein absolutes Ruhesystem definieren.

Eine erwartete Folge dieses festen Äthers war, dass sich die Lichtgeschwindigkeit weit entfernter Körper entsprechend der Relativbewegung zwischen »

» Das große Ziel aller Naturwissenschaft … besteht darin, die größtmögliche Anzahl empirischer Fakten durch die logische Ableitung aus der kleinstmöglichen Anzahl von Hypothesen oder Axiomen abzudecken. «

Albert Einstein

Quelle und Beobachter ändern sollte. So sollte die Geschwindigkeit des Lichts von einem weit entfernten Stern davon abhängen, ob man ihn von der einen Seite der Erdbahn betrachtete, wo sich die Erde mit 30 km/s von dem Stern wegbewegte, oder von der entgegengesetzten Seite, wo sie sich ähnlich schnell auf den Stern zubewegte.

Die Messung der Erdbewegung durch den Äther wurde den Physikern im späten 19. Jahrhundert zur fixen Idee. Sie war der einzige Weg, die Existenz der mysteriösen Substanz zu bestätigen, doch es erwies sich als schwierig. Wie genau die Instrumente auch waren, das Licht schien sich immer mit derselben Geschwindigkeit zu bewegen. 1887 entwarfen die Amerikaner Albert Michelson und Edward Morley ein geistreiches Experiment, um den sogenannten »Ätherwind« hochgenau zu messen, doch wieder fanden sie keinen Beweis für seine Existenz. Der negative Ausgang des Michelson-Morley-Experiments erschütterte den Glauben an die Existenz des Äthers, und ähnliche Ergebnisse von Experimenten in den Folgejahren verstärkten das Gefühl der Krise.

» Masse und Energie sind verschiedene Manifestationen von ein und derselben Sache. «

Albert Einstein

Einsteins dritter Aufsatz von 1905, *Zur Elektrodynamik bewegter Körper*, ging frontal auf das Problem zu. Die Spezielle Relativitätstheorie – unter diesem Namen wurde sie dann bekannt – ging von zwei einfachen Postulaten aus: dass Licht sich im Vakuum mit einer festen Geschwindigkeit bewegt, die unabhängig von der Bewegung der Quelle ist, und dass die physikalischen Gesetze für Beobachter in allen »Inertialsystemen« (Bezugssysteme, die keine äußeren Kräfte oder Beschleunigungen erfahren) gleich sein sollten. Beim ersten Postulat half es Einstein sicherlich, dass er zuvor schon die Quantennatur des Lichts erkannt hatte – man stellt sich die Lichtquanten oft als winzige, eigenständige Pakete elektromagnetischer Energie vor, die sich im Vakuum mit teilchenartigen Eigenschaften bewegen können und dabei doch ihre wellenartigen Merkmale behalten.

Von diesen zwei Postulaten ausgehend, bedachte Einstein die Folgerungen für den Rest der Physik und der Mechanik im Besonderen. Damit die physikalischen Gesetze sich in allen Inertialsystemen gleich verhalten, müssen sie beim Blick von einem in ein anderes Inertialsystem anders erscheinen. Nur auf die Relativbewegung kommt es an, und wenn die Relativbewegung zwischen zwei Bezugssystemen sich der Lichtgeschwindigkeit annähert (eine sogenannte relativistische Geschwindigkeit), dann passieren merkwürdige Dinge.

Der Lorentz-Faktor

Obwohl Einstein sich nicht auf andere Arbeiten bezog, erwähnte er einige Forscher, die wie er selbst eine unorthodoxe Lösung für die Ätherkrise suchten. Der vielleicht wichtigste seiner Kollegen war der niederländische Physiker

Albert Einstein

Der 1879 in Ulm geborene Einstein hatte eine etwas holperige schulische Laufbahn. Nur mit einer Sondergenehmigung konnte er schließlich in Zürich studieren, um Mathematiklehrer zu werden. Da er als Lehrer keine Arbeit fand, nahm er eine Stelle im Schweizer Patentamt in Bern an, die ihm viel Zeit für seine 1905 erschienenen Arbeiten ließ. Er selbst schrieb seinen Erfolg dem Umstand zu, dass er sich stets seine kindliche Neugier bewahrt hatte.

Nach dem Nachweis der Allgemeinen Relativitätstheorie wurde Einstein weltberühmt. Er widmete sich der Weiterentwicklung seiner früheren Arbeiten, auch der Quantentheorie. Als 1933 die Nationalsozialisten in Deutschland die Macht ergriffen, kehrte er von einer Auslandsreise nicht zurück und ließ sich an der Universität Princeton (USA) nieder.

Hauptwerke

1905 *Über einen die Erzeugung und Verwandlung des Lichtes betreffenden heuristischen Gesichtspunkt*
1915 *Die Feldgleichungen der Gravitation*

In Einsteins Gedankenexperiment sind für einen stationären Beobachter im Punkt M die beiden Blitze bei A und B gleichzeitig. Für einen Beobachter am Punkt M_1 im Zug hingegen, der sich mit hoher Geschwindigkeit von A nach B bewegt, tritt der Blitz bei B früher ein als der bei A.

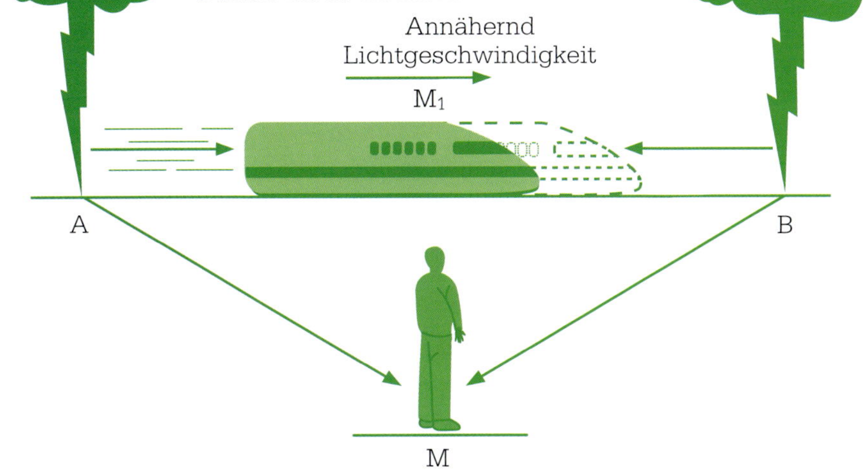

Hendrik Antoon Lorentz, dessen »Lorentz-Faktor« das Herzstück von Einsteins Beschreibung der Physik nahe der Lichtgeschwindigkeit ist. Er ist definiert als:

$$\frac{1}{\sqrt{1 - v^2 / c^2}}$$

Lorentz entwickelte diesen Ausdruck, um die Änderungen der Zeit- und Längenmessungen zu beschreiben, mit denen man die Maxwell-Gleichungen und das Relativitätsprinzip unter einen Hut bringen konnte. Für Einstein war er sehr wichtig, denn mit diesem Faktor konnte man die von einem Beobachter gesehenen Ereignisse in die Form transformieren, in der sie einem anderen, relativ zum ersten bewegten Beobachter erscheinen. In dem oben angegebenen Ausdruck ist v die Relativgeschwindigkeit der beiden Beobachter und c die Lichtgeschwindigkeit. In den meisten Fällen ist v sehr viel kleiner als c. Dann liegt v^2/c^2 nahe bei 0 und der Lorentz-Faktor insgesamt nahe bei 1, sodass er in den Rechnungen fast keinen Unterschied macht. Lorentz' Arbeit war kühl aufgenommen worden, weil sie sich nicht in die bestehenden Äthertheorien integrieren ließ. Einstein ging das Problem von der anderen Seite an und zeigte, dass der Lorentz-Faktor sich als unausweichliche Folge aus dem Relativitätsprinzip und einer Neubewertung dessen ergab, was die Messung einer Zeit oder Entfernung wirklich bedeutet. Dabei ergab sich, dass Ereignisse, die für einen Beobachter in einem Bezugssystem gleichzeitig stattfinden, für einen Beobachter in einem anderen Bezugssystem nicht gleichzeitig sein müssen (das nennt man Relativität der Gleichzeitigkeit). Einstein zeigte auch, wie vom Blickpunkt eines weit entfernten Beobachters aus betrachtet die Länge eines bewegten Körpers in Bewegungsrichtung gestaucht wird, wenn er sich der Lichtgeschwindigkeit annähert – in Übereinstimmung mit einer einfachen Gleichung, die den Lorentz-Faktor enthält. Und merkwürdigerweise scheint auch die Zeit selbst langsamer abzulaufen, wenn man sie im Bezugssystem dieses Beobachters misst (»Zeitdilatation«).

Trainspotting

Einstein illustrierte die Spezielle Relativitätstheorie am Beispiel von zwei relativ zueinander bewegten Bezugssystemen: ein fahrender Zug und der Bahndamm daneben. Zwei Lichtblitze an den Punkten A und B erscheinen einem Beobachter M am Bahndamm, der in der Mitte zwischen den Blitzen steht, gleichzeitig. Ein Beobachter im Zug befindet sich am Punkt M_1 in einem anderen Bezugssystem. Wir nehmen an, dass M_1 sich gerade auf Höhe von M befindet, wenn es blitzt. Bis aber das Licht den Beobachter im Zug erreicht hat, hat sich der Zug in Richtung B und von A weg bewegt. Einstein sagt dazu, der Beobachter fahre »vor dem Lichtstrahl, der von A kommt«. Der Beobachter im Zug schließt daraus, dass der Blitz B vor dem Blitz A eingetreten sei. Einstein folgert: »Eine Zeitangabe hat nur dann einen Sinn, wenn der Bezugskörper angegeben ist, auf den sich die Zeitangabe bezieht.« Zeit und Ort sind also relativ.

Äquivalenz von Masse und Energie

Der letzte Aufsatz Einsteins von 1905 trägt den Titel *Ist die Trägheit eines Körpers von seinem Energieinhalt abhängig*? Auf drei knappen Seiten führte er eine Idee aus, die im Aufsatz zuvor nur kurz berührt worden war – dass die Masse eines Körpers ein Maß für seine Energie sei. »

Einstein zeigte hier, dass ein Körper, der eine bestimmte Menge Energie (E) als elektromagnetische Strahlung abgibt, seine Masse um einen Betrag entsprechend E/c^2 verringert. Man kann diese Gleichung leicht umformen, sodass die Energie eines ruhenden Teilchens in einem bestimmten Bezugssystem angegeben wird durch $E = mc^2$. Dieses Prinzip der »Äquivalenz von Masse und Energie« sollte ein Grundstein der Forschung des 20. Jahrhunderts werden, und seine Anwendungen reichen von der Kosmologie bis hin zur Kernphysik.

Wir **empfinden die Gravitation** so, als würden wir uns in einem **konstant beschleunigten** Bezugssystem befinden.

Die Beschleunigung lässt sich durch eine **Verzerrung der Raum-Zeit-Mannigfaltigkeit** erklären.

Wenn **Körper mit einer Masse** die Raumzeit verzerren, erklärt das ihre Gravitationsanziehung.

Die Allgemeine Relativitätstheorie erklärt Gravitation als eine Verzerrung der Raumzeit.

Gravitationsfelder

Einsteins Aufsätze aus seinem *Annus mirabilis* erschienen viel zu obskur, um breite Wellen zu schlagen. Doch innerhalb der Physikergemeinde brachten sie ihm gewaltigen Ruhm. In den Folgejahren kamen viele Forscher zu dem Schluss, dass die Spezielle Relativitätstheorie das Universum weit besser beschrieb als die Äthertheorie, und sie entwarfen Experimente zum Nachweis relativistischer Effekte. Einstein erweiterte indessen seine relativistischen Prinzipien auch auf »nicht-inertiale« Situationen, also beschleunigte oder abgebremste Bezugssysteme.

Schon 1907 war Einstein eingefallen, dass der »freie Fall« unter dem Einfluss der Gravitation einer inertialen Situation entspricht – das ist das Äquivalenzprinzip. 1911 wurde ihm klar, dass ein ruhendes Bezugssystem unter Einfluss eines Gravitationsfelds äquivalent zu einem konstant beschleunigten System ist. Einstein illustrierte dies mit dem Bild einer Person, die in einem Fahrstuhl im leeren Raum steht. Die Kabine wird durch eine Rakete in eine Richtung beschleunigt. Die Person fühlt vom Fußboden aus eine Kraft nach oben und übt selbst entsprechend dem dritten Newton'schen Gesetz eine entgegengesetzt gleiche Kraft gegen den Boden aus. Laut Einstein spürt die Person im Fahrstuhl genau dasselbe, wie wenn sie in einem Gravitationsfeld stillsteht.

In einem konstant beschleunigten Fahrstuhl würde ein Lichtstrahl quer zur Beschleunigungsrichtung auf eine gebogene Bahn abgelenkt. Laut Einstein geschähe in einem Gravitationsfeld genau dasselbe. Diese Wirkung eines Gravitationsfeldes auf das Licht – man spricht von einer »Gravitationslinse« –

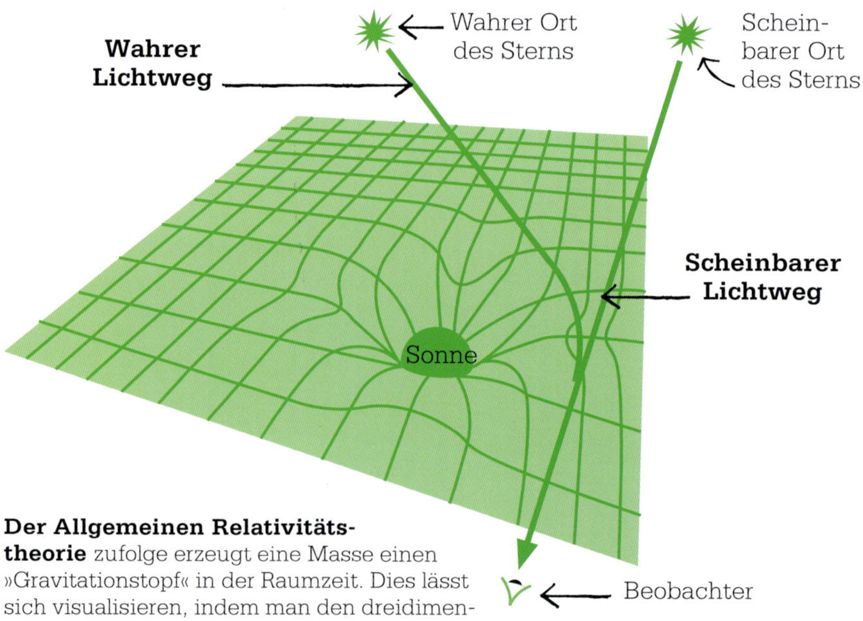

Der Allgemeinen Relativitätstheorie zufolge erzeugt eine Masse einen »Gravitationstopf« in der Raumzeit. Dies lässt sich visualisieren, indem man den dreidimensionalen Raum als eine zweidimensionale Ebene darstellt. Der Gravitationstopf eines schweren Körpers (Sonne) lenkt das Licht entlang einer gekrümmten Bahn ab, sodass sich die Position eines Sterns für einen Beobachter scheinbar ändert. Dieser Effekt heißt Gravitationslinse.

Eddingtons Foto der Sonnenfinsternis von 1919 war der erste Nachweis für die Relativitätstheorie. Die Sterne rund um die Sonne schienen etwas verschoben, genau wie Einstein vorhergesagt hatte.

erlaubte später den ersten Test der Allgemeinen Relativitätstheorie.

Hinsichtlich der Gravitation sagte Einstein insbesondere vorher, dass relativistische Effekte wie die Zeitdilatation auch in starken Gravitationsfeldern auftreten. Je näher eine Uhr sich an einer Gravitationsquelle befindet, desto langsamer läuft sie. Dieser Effekt war lange Zeit nur Theorie, ist aber heute mit Atomuhren nachgewiesen.

Raum-Zeit-Mannigfaltigkeit

Ebenfalls 1907 betrachtete Einsteins früherer Lehrer Hermann Minkowski die gegenseitige Beeinflussung von Raum und Zeit in der Speziellen Relativitätstheorie und fasste die drei räumlichen und die zeitliche Dimension in der »Raum-Zeit-Mannigfaltigkeit« zusammen. In seiner Interpretation konnte man die relativistischen Effekte mit geometrischen Begriffen beschreiben, indem man die Verzerrungen betrachtet, unter denen relativ zueinander bewegte Beobachter die Mannigfaltigkeit in unterschiedlichen Bezugssystemen beobachten.

1915 veröffentlichte Einstein die Allgemeine Relativitätstheorie. In ihrer endgültigen Form lieferte sie eine neue Beschreibung des Wesens von Raum, Zeit, Materie und Gravitation. Einstein hatte Minkowskis Idee aufgenommen und betrachtete das Universum als eine Raum-Zeit-Mannigfaltigkeit, die durch relativistische Bewegungen verzerrt wird, sich aber auch durch große Massen wie Sterne oder Planeten derart krümmen lässt, dass es als Gravitation wahrnehmbar ist. Die Gleichungen sind höllisch komplex, doch Einstein wandte eine Näherung auf die Perihelbewegung von Merkur an: Der Punkt der größten Annäherung von Merkur an die Sonne (das Aphel) rotiert weit schneller, als die Newton'sche Physik vorhersagt. Erst die Allgemeine Relativitätstheorie erklärte dies.

Gravitationslinsen

Einsteins Theorie erschien mitten im Ersten Weltkrieg und die Forschungswelt hatte andere Sorgen. Die Allgemeine Relativitätstheorie ist sehr komplex und wäre wohl lange in der Versenkung verschwunden, hätte sie nicht das Interesse von Arthur Eddington geweckt, einem Kriegsdienstverweigerer und zufällig auch Sekretär der britischen Royal Astronomical Society.

Eddington wurde durch einen Brief des niederländischen Physikers Willem de Sitter auf Einsteins Arbeit aufmerksam gemacht und wurde bald dessen wichtigster Befürworter. 1919, ein paar Monate nach Ende des Krieges, leitete Eddington eine Expedition auf die Insel Principe vor Westafrika, um dort die Allgemeine Relativitätstheorie und ihre Vorhersage zu den Gravitationslinsen zu prüfen. Einstein hatte schon 1911 gemeint, dass eine totale Sonnenfinsternis die Wirkung der Gravitationslinsen erkennbar machen würde: Auf Bildern sollten die Sterne rund um die abgedeckte Sonnenscheibe leicht verschoben erscheinen (weil ihr Licht durch die gekrümmte Raumzeit um die Sonne leicht abgelenkt würde). Eddington gelangen sowohl beeindruckende Bilder der Sonnenfinsternis als auch ein überzeugender Beweis von Einsteins Theorie. Als die Ergebnisse Ende 1919 veröffentlicht wurden, erregten sie weltweites Aufsehen und machten Einstein schlagartig berühmt. Seither ist unsere Vorstellung über das Universum völlig verändert. ■

DIE KOEXISTENZ DER WELLEN- UND TEILCHENASPEKTE

LOUIS DE BROGLIE (1892–1987)

IM KONTEXT

GEBIET
Physik

FRÜHER
1900 Max Planck schlägt vor, dass Licht unter bestimmten Umständen so behandelt werden könne, als würde es aus »Wellenpaketen« bestehen.

1905 Albert Einstein erklärt den fotoelektrischen Effekt (die Freisetzung von Elektronen aus Festkörpern durch elektromagnetische Strahlung) damit, dass sich Licht auch wie Teilchen verhalten kann.

SPÄTER
1926 Erwin Schrödinger veröffentlicht die nach ihm benannte Gleichung, die das Wellenverhalten von Teilchen beschreibt. Sie beruht auf De Broglies Hypothese.

1999 Die Wellennatur des Buckminsterfulleren-Moleküls wird von Forschern der Universität Wien nachgewiesen.

Vor der Entwicklung der Quantenphysik sah man Wellen und Materie als völlig verschiedene Phänomene an. Der fotoelektrische Effekt durchbrach diese Trennung und zeigte, dass sich Licht, das zuvor ausschließlich als Welle galt, wie ein Teilchen verhalten kann. Genauso schockierend war, dass sich Teilchen wie Wellen verhalten können.

Louis de Broglie, ein französischer Aristokrat, der sich für eine Karriere in der Physik entschieden hatte, versuchte in seiner Dissertation von 1924 »eine echte, für alle Teilchen gültige physikalische Synthese der Koexistenz der Welle und der korpuskularen Aspekte, die Einstein für das Photon in seiner Theorie der Lichtquanten eingeführt hatte«. Er wollte also zeigen, dass Teilchen (hier: Elektronen) wellenartige Eigenschaften haben. Dies nennt man De-Broglie-Hypothese.

Die De-Broglie-Hypothese

Die einem Teilchen zugeordnete Wellenlänge nennt man De-Broglie-Wellenlänge. Sie ist proportional zum Teilchenimpuls. Forschende in den USA und Großbritannien wiesen 1927 nach, dass Elektronen – ebenso wie Wellen – Beugung und Interferenz zeigen, und bestätigten so die Hypothese. 1929 erhielt de Broglie den Nobelpreis für Physik.

Seit der damaligen Zeit gelang es, das wellenartige Verhalten von immer größeren Teilchen (sogar Molekülen) nachzuweisen, und die De-Broglie-Hypothese wurde durch die Schrödingergleichung verallgemeinert. Die De-Broglie-Hypothese bleibt jedoch bis heute ein Grundpfeiler der Quantenphysik. ■

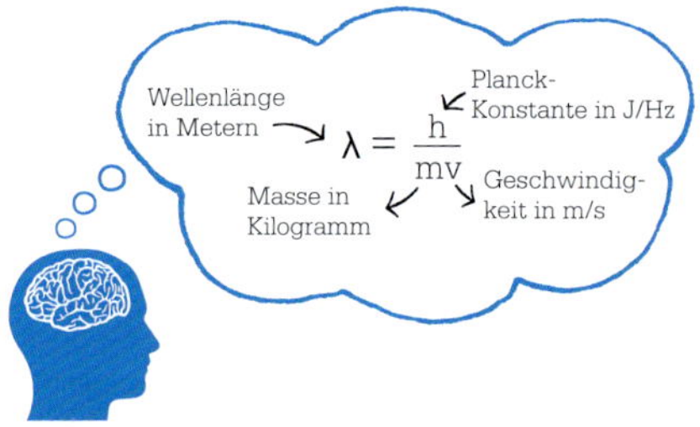

Die De-Broglie-Gleichung beschreibt die Wellennatur der Materie. Sie ist eine modifizierte Form der Planck-Einstein-Relation.

Siehe auch: Max Planck 206–209 ▪ Erwin Schrödinger 232–239 ▪ Richard Feynman 284–285

EIN ENERGIENIVEAU IST SCHON ABGESCHLOSSEN, WENN ES VON EINEM ELEKTRON BESETZT IST

WOLFGANG PAULI (1900–1958)

IM KONTEXT

GEBIET
Physik

FRÜHER
1897 Der britische Physiker John Joseph (J. J.) Thomson entdeckt das Elektron und zeigt damit, dass das Atom nicht unteilbar ist.

1913 Der dänische Physiker Niels Bohr stellt ein neues Atommodell vor, in dem die Elektronen auf verschiedenen Schalen (Energieniveaus) angeordnet sind.

SPÄTER
1926 Der österreichische Physiker Erwin Schrödinger stellt eine Wellengleichung auf, die Energieniveaus als Wahrscheinlichkeitswolken auffasst, in denen Teilchen am wahrscheinlichsten zu finden sind.

1945 Der britische Physiker Paul Dirac prägt den Begriff »Fermionen« für diejenigen Teilchen, die dem Ausschlussprinzip gehorchen.

Einen der bedeutendsten Fortschritte der Quantenphysik erzielte der österreichische theoretische Physiker Wolfgang Pauli, nachdem Niels Bohr entdeckt hatte, dass Elektronen im Atom diskrete Energieniveaus (»Zustände«) annehmen.

Das Bohr'sche Atommodell nahm einen positiv geladenen Kern an, um den Elektronen in Schalen angeordnet sind, deren Energie mit zunehmendem Abstand größer wird. Doch warum fallen die Elektronen dann nicht einfach alle in die niedrigste mögliche Schale?

Das Ausschlussprinzip

1925 erklärte Pauli dies mit dem Ausschlussprinzip. Der Zustand eines Teilchens ist durch eine Reihe von Eigenschaften (»Quantenzahlen«) definiert, von denen jede eine feste Anzahl möglicher Werte hat. Nach dem Ausschlussprinzip können zwei Teilchen im selben System nicht denselben Zustand haben. Sobald ein Zustand besetzt ist, sind andere Teilchen von diesem Zustand ausgeschlossen.

Da aber die Schalen doppelt so viele Elektronen enthielten wie erwartet, fehlte noch ein Puzzleteil – das Pauli bereits im Jahr zuvor gefunden hatte. Er hatte eine vierte, bis dahin unbekannte Quantenzahl vermutet: den Spin (oder intrinsischen Drehimpuls), der die Werte »aufwärts« oder »abwärts« haben kann. Damit können zwei Elektronen, die ansonsten gleiche Quantenzahlen haben, die gleiche Position um einen Kern besetzen, solange ihr Spin verschieden ist. ■

» Das Beste, das die meisten von uns in der Physik zu erreichen hoffen können, ist, sie einfach auf einer tieferen Ebene misszuverstehen. «

Wolfgang Pauli

Siehe auch: Ernest Rutherford 210–217 ▪ Erwin Schrödinger 232–239 ▪ Satyendra Nath Bose 241 ▪ Subrahmanyan Chandrasekhar 256

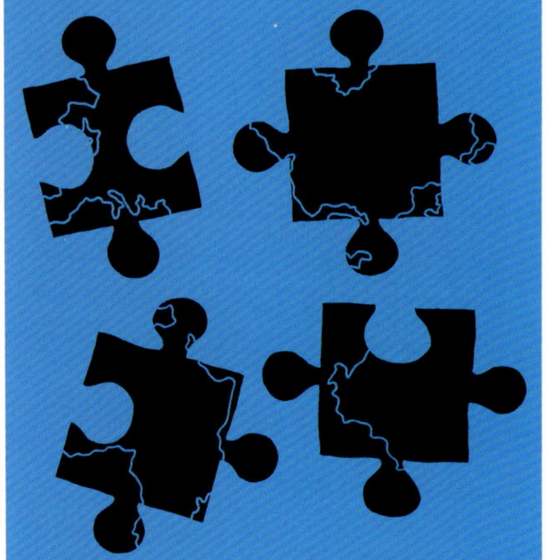

DIE SICH VERSCHIEBENDEN KONTINENTE SIND RIESIGE TEILE EINES SICH STETS ÄNDERNDEN PUZZLES

ALFRED WEGENER (1880–1930)

IM KONTEXT

GEBIET
Geowissenschaften

FRÜHER
1858 Antonio Snider-Pellegrini zeichnet eine Karte, auf der Amerika, Europa und Afrika verbunden sind, um die identischen Fossilien zu beiden Seiten des Atlantiks zu erklären.

1872 Der französische Geograf Élisée Reclus behauptet, die Bewegung der Kontinente verursache die Bildung der Ozeane und Bergketten.

1885 Laut Eduard Suess waren die Südkontinente einst durch Landbrücken verbunden.

SPÄTER
1944 Arthur Holmes hält Konvektionsströme im Erdmantel für den Mechanismus, der die Erdkruste bewegt.

1960 Der amerikanische Geologe Harry Hess behauptet, die Meeresbodenspreizung drücke die Kontinente auseinander.

Der deutsche Meteorologe Alfred Wegener entwickelte 1912 aus dünnen Spuren die Theorie der Kontinentalverschiebung, nach der die Kontinente der Erde einst verbunden gewesen waren, sich aber über die Jahrmillionen auseinander bewegt hatten. Seine Theorie wurde jedoch erst akzeptiert, als klar war, warum sich die Landmassen bewegen.

Schon 1620 hatte Francis Bacon bemerkt, dass die Ostküste Amerikas ungefähr parallel zu den Westküsten Europas und Afrikas verläuft. Das führte zu der Spekulation, diese Landmassen seien einst verbunden gewesen, und stellte die konventionelle Vorstellung eines unveränderlichen Planeten infrage.

1858 zeigte der Geograf Antonio Snider-Pellegrini in Paris, dass auf beiden Seiten des Atlantiks ähnliche Fossilien aus der Karbonzeit gefunden worden waren. Er fertigte Karten, die zeigten, wie der ameri-

Die südamerikanische Ostküste und die afrikanische Westküste **passen** zueinander **wie zwei Puzzleteile.**

In Südamerika und in Afrika findet man **ähnliche pflanzliche und tierische Fossilien.**

In Südamerika und in Afrika findet man **zueinander passende Gesteinsformationen.**

Die Kontinente müssen einst eine **einzige, gewaltige Landmasse** gebildet haben.

Die sich verschiebenden Kontinente sind riesige Teile eines sich stets ändernden Puzzles.

Siehe auch: Francis Bacon 45 ▪ Nicolaus Steno 55 ▪ James Hutton 96–101 ▪ Louis Agassiz 130–131 ▪ Charles Darwin 144–151

kanische und der afrikanische Kontinent einst zusammengehangen haben könnten, und führte ihre Trennung auf die Sintflut zurück. Als man in Südamerika, Indien und Afrika Fossilien des Farns *Glossopteris* fand, behauptete der österreichische Geologe Eduard Suess, sie müssten sich aus einer einzigen Landmasse entwickelt haben. Die Südkontinente seien durch Landbrücken verbunden gewesen und hätten zusammen den Superkontinent Gondwana gebildet.

Wegener fand weitere Beispiele für ähnliche Organismen, Gebirgszüge und glaziale Ablagerungen auf beiden Seiten der Meere. Es waren aber wohl nicht Teile des Superkontinents im Meer versunken, wie früher angenommen, sondern er war wohl auseinandergebrochen. Zwischen 1912 und 1929 erweiterte er seine Theorie. Sein Superkontinent Pangäa verband Suess' Gondwana mit Nordamerika und Eurasien.

Wegener datierte die Trennung der Landmasse auf das Ende des Mesozoikums vor etwa 150 Mio. Jahren und deutete den Großen Afrikanischen Grabenbruch als Zeichen für einen noch immer stattfindenden Kontinentalzerfall.

Mechanismus gesucht

Geophysiker bemängelten, dass Wegeners Theorie nicht erkläre, wie sich die Kontinente bewegen. Ab etwa 1950 ergaben aber neue geophysikalische Techniken eine Fülle an neuen Daten. Untersuchungen des Erdmagnetfelds der Vergangenheit zeigten, dass die alten Kontinente relativ zu den Polen anders gelegen hatten. Echolotbilder des Meeresbodens zeigten, dass sich an den mittelozeanischen Meeresrücken ständig neuer Meeresboden bildet, wo geschmolzener Fels durch die Erdkruste dringt.

1960 erkannte Harry Hess, dass diese Meeresbodenspreizung den Mechanismus für die Kontinentalverschiebung bot, und präsentierte seine Theorie der Plattentektonik: Die Erdkruste besteht aus riesigen Platten, die sich ständig bewegen, wenn die Konvektionsströme im darunterliegenden Erdmantel neues Gestein an die Oberfläche bringen. Diese Bildung und Zerstörung von Meeresboden führt zur Verschiebung der Kontinente. Die Theorie belegte nicht nur Wegener, sondern ist eine Grundlage der modernen Geologie. ■

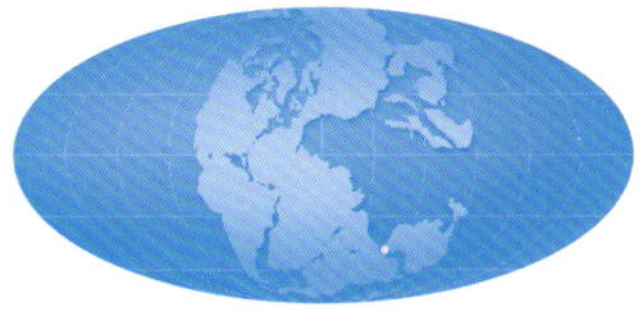

Pangäa, vor 200 Mio. Jahren

vor 75 Mio. Jahren

heute

Wegeners Superkontinent ist nur einer von vielen. Geologen meinen, dass sich die Kontinente einander wieder nähern und in 250 Mio. Jahren einen neuen Superkontinent bilden.

Alfred Wegener

Der gebürtige Berliner Alfred Lothar Wegener promovierte in Astronomie, wandte sich aber den Geowissenschaften zu. Zwischen 1906 und 1930 unternahm er vier Reisen nach Grönland. Bei seinen bahnbrechenden meteorologischen Untersuchungen der arktischen Luftmassen mit Wetterballons verfolgte er die Luftströmungen und nahm Eisproben als Belege für das Klima der Vergangenheit.

Zwischen seinen Expeditionen entwickelte Wegener 1912 die Theorie der Kontinentalverschiebung, die er 1915 in einem Buch zusammenfasste. Weitere überarbeitete Auflagen erschienen 1920, 1922 und 1929, doch seine Arbeiten fanden keine Beachtung.

1930 leitete Wegener eine vierte Expedition nach Grönland, wo er Belege für seine Theorie sammeln wollte. Am 1. November, seinem 50. Geburtstag, machte er sich auf den Weg über das Eis, um für Nachschub zu sorgen, doch er starb, bevor er das Camp erreichte.

Hauptwerk

1915 *Die Entstehung der Kontinente und Ozeane*

CHROMOSOMEN SPIELEN EINE ROLLE IN DER VERERBUNG

THOMAS HUNT MORGAN (1866–1945)

IM KONTEXT

GEBIET
Biologie

FRÜHER
1866 Gregor Mendel erklärt die Vererbungsregeln und schließt, dass die Vererbung von Teilchen gesteuert wird – später als Gene bezeichnet.

1902 Theodor Boveri und Walter Sutton schließen, dass Chromosomen bei der Vererbung eine Rolle spielen.

SPÄTER
1913 Alfred Sturtevant erstellt die »Genkarte« der Fruchtfliege.

1930 Barbara McClintock entdeckt, dass Gene die Position am Chromosom ändern können.

1953 Das DNA-Modell von James Watson und Francis Crick erklärt, wie genetische Informationen bei der Fortpflanzung weitergegeben werden.

2003 Ein Projekt zur Kartierung des menschlichen Genoms ist vollendet: 92 % sind kartiert.

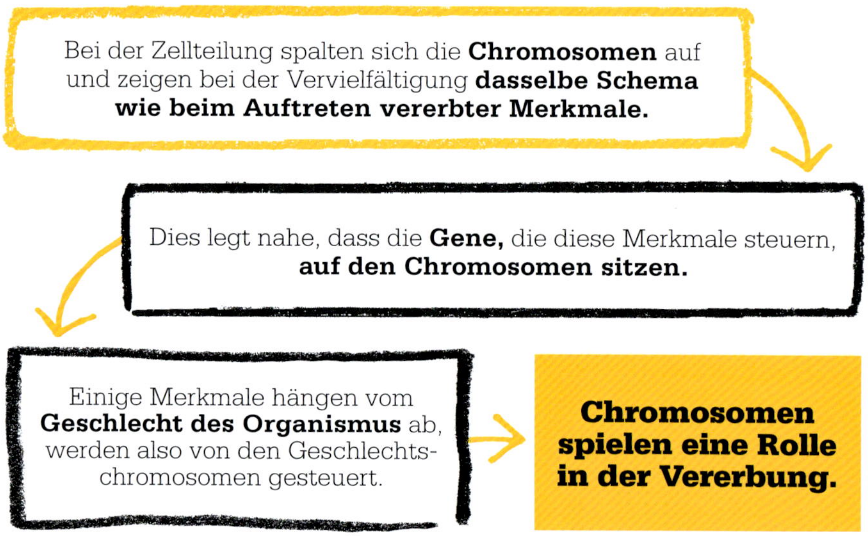

Im 19. Jahrhundert beobachteten Biologen unter dem Mikroskop bei Zellteilungen winzige Fädchenpaare in jedem Zellkern. Da diese Fädchen oft für besseren Kontrast eingefärbt wurden, nannte man sie Chromosomen (Griechisch für »Farbkörper«). Und bald begannen die Biologen sich zu fragen, ob die Chromosomen etwas mit der Vererbung zu tun hatten.

1910 bestätigte der amerikanische Genetiker Thomas Hunt Morgan in Versuchen die Rolle der Chromosomen und Gene bei der Vererbung. Damit war die Evolution auf molekularer Ebene erklärbar.

Vererbungsteilchen

Zu Beginn des 20. Jahrhunderts hatten Forscher die Bewegung der Chromosomen bei der Zellteilung aufgezeichnet. Die Zahl der Chromosomen variierte zwischen den Arten, doch in den Körperzellen derselben Art war sie immer gleich. 1902 hatte der deutsche Biologe Theodor Boveri bei Untersuchungen zur Befruchtung von Seeigeln erkannt, dass der Chromosomen-

Siehe auch: Gregor Mendel 168–173 ▪ Barbara McClintock 283 ▪ James Watson und Francis Crick 288–295 ▪ Michael Syvanen 322–323

satz vollständig vorliegen muss, damit sich ein Embryo richtig entwickelt. Im selben Jahr schloss der amerikanische Student Walter Sutton bei Studien an Grashüpfern, die Chromosomen könnten etwas mit den theoretischen »Vererbungsteilchen« zu tun haben, die Gregor Mendel 1866 eingeführt hatte.

Mendel hatte zahllose Kreuzungsversuche mit Erbsen durchgeführt und 1866 behauptet, die vererbten Merkmale würden durch diskrete Teilchen bestimmt. Vier Jahrzehnte später begann Morgan mit Versuchen, in denen er die Verbindung zwischen Chromosomen und Mendels Theorie belegen wollte. Er kombinierte Kreuzungsversuche mit moderner Mikroskopie und richtete an der Columbia-Universität in New York einen »Fliegenraum« ein.

Erbsen und Fruchtfliegen

An der Fruchtfliege (*Drosophila*) lässt sich die Vererbung sehr gut untersuchen, weil sie leicht zu halten und jede neue Generation nach nur zehn Tagen ausgewachsen ist. Morgans Team kreuzte Fliegen mit bestimmten Merkmalen und untersuchte, in welchem Verhältnis Variationen bei den Nachkommen auftraten – genauso wie Mendel mit seinen Erbsen gearbeitet hatte.

Morgan konnte Mendels Ergebnisse schließlich bestätigen, als er ein Männchen mit weißen Augen entdeckte (normal sind sie rot). Er kreuzte ein weißäugiges Männchen mit einem rotäugigen Weibchen. Da der Nachwuchs rote Augen hatte, war rot offenbar die dominante und weiß die rezessive Eigenschaft. Kreuzte er diesen Nachwuchs nun untereinander, war in der nächsten Generation eines von vier Tieren weißäugig und immer männlich. Das »weiße Gen« hatte also mit dem Geschlecht zu tun. Als weitere mit dem Geschlecht verbundene Merkmale auftauchten, schloss Morgan, sie alle würden gemeinsam vererbt und die entsprechenden Gene säßen auf den Geschlechtschromosomen. Weibchen hatten zwei X-Chromosomen, Männchen ein X und ein Y. Die Jungen erbten ein X von der Mutter und ein X oder ein Y vom Vater. Das »weiße Gen« saß auf dem X, das Y trug kein entsprechendes Gen.

Weitere Arbeiten ließen Morgan erkennen, dass gewisse Gene nicht nur auf bestimmten Chromosomen saßen, sondern dort auch auf einer ganz bestimmten Position. Das bereitete den Weg für den Gedanken, man könne für jeden Organismus eine »Genkarte« erstellen. ■

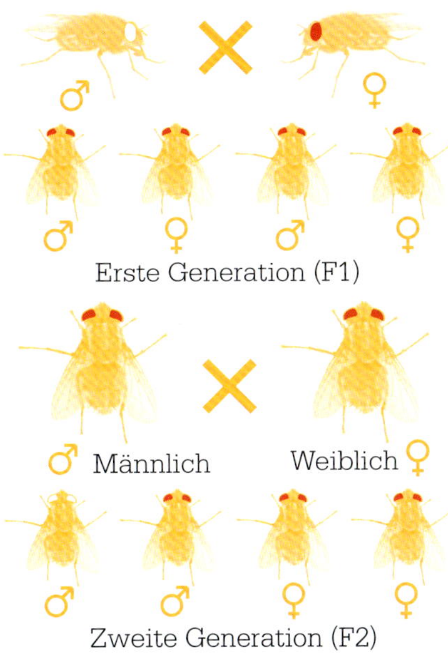

Kreuzung von Fruchtfliegen: Das Merkmal »weiße Augen«, das auf dem Geschlechtschromosom liegt, wird nur an einige Männchen vererbt.

Thomas Hunt Morgan

Morgan stammte aus Kentucky und studierte Zoologie. Zunächst untersuchte er die Embryonalentwicklung. Nachdem er 1904 nach New York gegangen war, konzentrierte er sich auf die Vererbungsmechanismen. Anfangs stand er Mendels (und selbst Darwins) Erkenntnissen skeptisch gegenüber, und er wollte durch Zuchtversuche mit Fruchtfliegen seine eigenen Ideen zur Genetik prüfen. Dank seiner Erfolge werden diese Tiere noch heute sehr häufig in genetischen Experimenten verwendet.

Morgans Beobachtung von stabilen, vererbbaren Mutationen bei den Fruchtfliegen ließen ihn nach und nach erkennen, dass Darwin und Mendel recht hatten. Ab 1928 führte er seine Forschungen am California Institute of Technology (Caltech) in Pasadena fort. 1933 erhielt er den Medizin-Nobelpreis für seine Beiträge zur Genetik.

Hauptwerke

1915 *The Mechanism of Mendelian Heredity*
1921 *Die stoffliche Grundlage der Vererbung*
1926 *The Theory of the Gene*

TEILCHEN HABEN WELLENARTIGE EIGENSCHAFTEN

ERWIN SCHRÖDINGER (1887–1961)

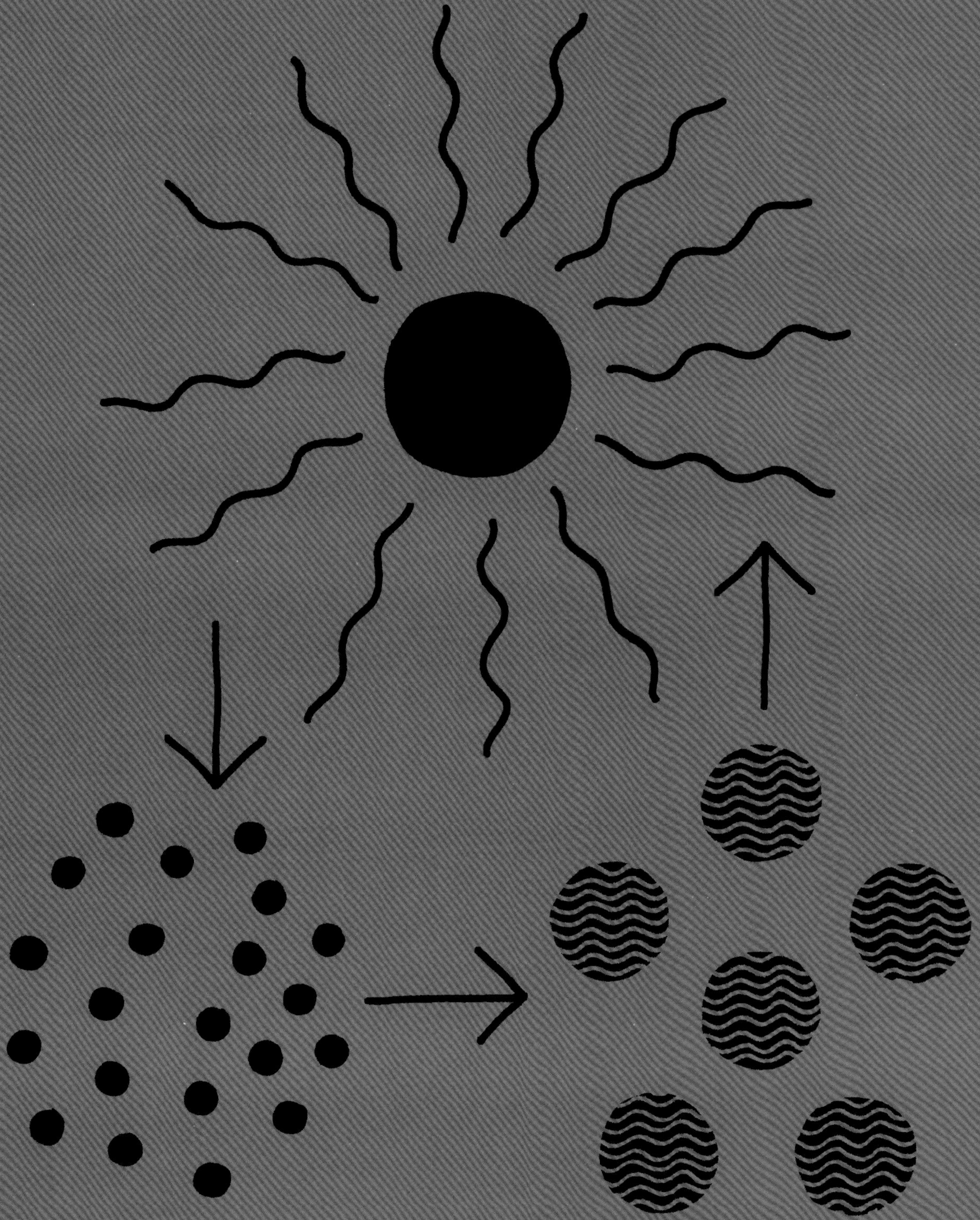

IM KONTEXT

GEBIET
Physik

FRÜHER
1900 Eine Krise im Verständnis von Licht führt Max Planck zu einer theoretischen Lösung, in der er Licht als quantisierte Energiepakete behandelt.

1905 Albert Einstein zeigt die Realität von Plancks quantisiertem Licht, indem er damit den fotoelektrischen Effekt erklärt.

1913 Niels Bohrs Atommodell beruht u. a. auf der Idee, dass Elektronen beim Sprung zwischen den Energieniveaus einzelne Lichtquanten (Photonen) emittieren oder absorbieren.

SPÄTER
um 1930 Schrödingers Arbeiten bilden zusammen mit denen von Paul Dirac und Werner Heisenberg die Grundlage der modernen Teilchenphysik.

Erwin Schrödinger ist eine Schlüsselfigur in der Entwicklung der Quantenphysik. Sein wichtiger Beitrag ist eine berühmte Gleichung, die zeigt, wie Teilchen sich wellenartig verhalten. Sie bildet die Basis der heutigen Quantenmechanik und revolutionierte damals das Verständnis der Welt. Doch die Revolution trat nicht plötzlich ein und der Erfolg hat viele Väter.

Ursprünglich war die Quantentheorie nur auf Licht bezogen. Im Jahr 1900 hatte der deutsche Physiker Max Planck zur Lösung eines theoretischen Problems, der sogenannten Ultraviolettkatastrophe, Licht so behandelt, als bestünde es aus diskreten Energiepaketen, den Quanten. Albert Einstein tat den nächsten Schritt und behauptete, die Lichtquanten seien real.

Der dänische Physiker Niels Bohr erkannte, dass Einsteins Idee eine grundlegende Aussage über die Natur des Lichts und der Atome traf. 1913 wandte er diese Idee zur Lösung eines alten Problems an – zur Erklärung der genauen Wellenlängen des Lichts, die bestimmte Elemente beim Erhitzen abgeben. Er entwarf ein Atommodell, in dem sich die Elektronen in bestimmten »Schalen« um den Kern bewegen. Ihre Energie ist durch den Abstand vom Kern bestimmt. Damit konnte Bohr die Emissionsspektren (die Verteilung der Lichtwellenlängen) der Atome mithilfe der Energie der Photonen erklären, die beim Sprung von einer Schale zur anderen abgegeben wurden. Sein Modell hatte allerdings keine theoretische Grundlage und konnte nur die Lichtemission von Wasserstoff, dem einfachsten Atom, erklären.

Wellenartige Atome?

Einsteins Idee hauchte der alten Idee, Licht sei ein Teilchenstrom, neues Leben ein, obwohl Thomas Youngs Doppelspaltexperiment doch gezeigt hatte, dass es sich wie eine Welle verhält. Die Frage, wie Licht sich gleichzeitig als Teilchen und als Welle verhalten konnte, erhielt 1924 durch den französischen Doktoranden Louis

Bei der Solvay-Konferenz trafen sich 1927 in Brüssel viele Größen der Physik. Darunter waren: **1** Schrödinger, **2** Pauli, **3** Heisenberg, **4** Dirac, **5** de Broglie, **6** Born, **7** Bohr, **8** Planck, **9** Curie, **10** Lorentz, **11** Einstein.

Siehe auch: Thomas Young 110–111 ▪ Albert Einstein 218–225 ▪ Werner Heisenberg 242–243 ▪ Paul Dirac 254–255 ▪ Richard Feynman 284–285 ▪ Hugh Everett III 296–297

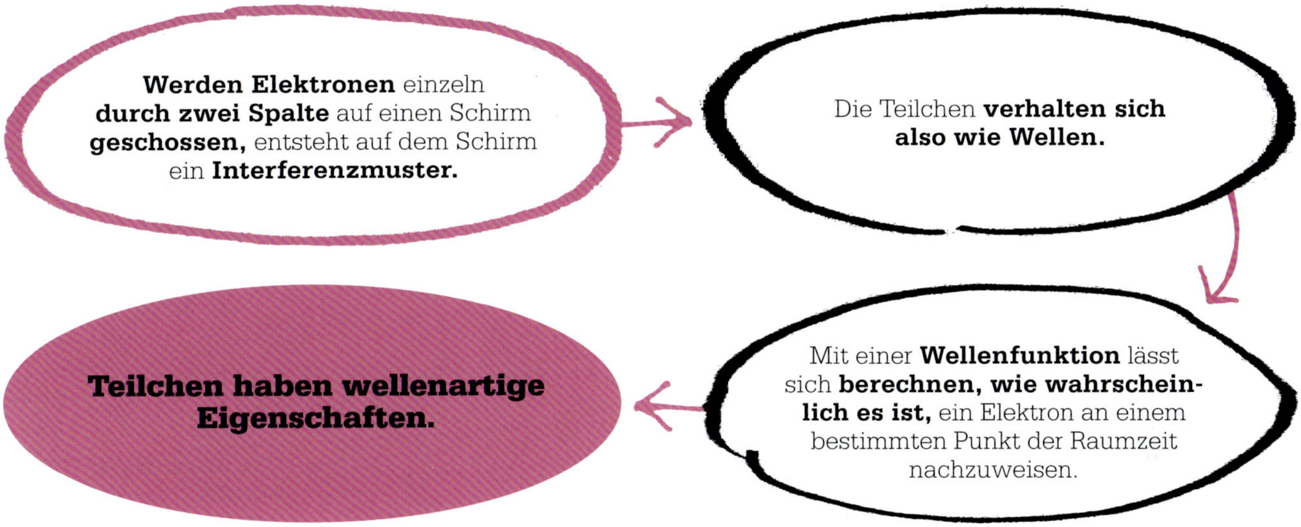

de Broglie eine neue Wendung. Er zeigte anhand einer einfachen Gleichung nicht nur, wie Teilchen in der subatomaren Welt ebenso auch Wellen sein können, sondern er zeigte auch, wie jeder Körper beliebiger Masse sich in gewisser Hinsicht wie eine Welle verhält. Mit anderen Worten: Wenn Lichtwellen teilchenähnliche Eigenschaften haben, dann müssen Materieteilchen wie Elektronen auch wellenartige Eigenschaften haben.

Planck hatte die Energie eines Photons mit der einfachen Gleichung $E = h \cdot \nu$ beschrieben. Darin ist E die Energie der elektromagnetischen Quanten, ν ist die Frequenz der Strahlung und h ist eine »Hilfskonstante«, das Planck'sche Wirkungsquantum. De Broglie zeigte, dass Photonen auch einen Impuls haben, den man normalerweise nur Teilchen mit Masse zuschreibt und der sich als Produkt aus Teilchenmasse und Geschwindigkeit ergibt. Nach de Broglie hat das Lichtphoton den Impuls h, geteilt durch die Wellenlänge. Da er allerdings mit Teilchen arbeitete, deren Energie und Masse manchmal durch die Bewegung nahe der Lichtgeschwindigkeit beeinflusst war, baute de Broglie den Lorentz-Faktor (S. 226) ein, um relativistische Effekte zu berücksichtigen.

De Broglies Hypothese war radikal und kühn, hatte aber bald einflussreiche Unterstützer, darunter auch Einstein. Außerdem war sie relativ einfach zu testen. Bis 1927 hatten Forscher in zwei verschiedenen Laboratorien entsprechende Experimente durchgeführt und gezeigt, dass Elektronen gebeugt wurden und miteinander in genau derselben Weise interferierten wie Photonen. Damit war de Broglies Hypothese bewiesen.

» Zwei anscheinend inkompatible Vorstellungen können jeweils einen Aspekt der Wahrheit darstellen. «

Louis de Broglie

Wachsende Bedeutung

Mittlerweile waren einige theoretische Physiker von de Broglies Hypothese so angetan, dass sie sie näher untersuchten. Insbesondere wollten sie wissen, wie die Eigenschaften solcher Materiewellen die Reihe der spezifischen Energieniveaus zwischen den Elektronenorbitalen im Wasserstoffatom verursachen konnten, die das Bohr'sche Atommodell forderte. De Broglie selbst hatte behauptet, diese Reihen entstünden, weil der Umfang eines jeden Orbitals ein ganzzahliges Vielfaches der Wellenlängen der Materiewellen sein müsse. Da die Energieniveaus der Elektronen vom Abstand zum positiv geladenen Kern abhingen, konnten nur bestimmte Abstände und bestimmte Energieniveaus ›› stabil sein. De Broglies Lösung behandelte die Materiewelle jedoch als eindimensionale, im Orbit um den Kern eingeschlossene Welle. Für eine vollständige Beschreibung musste man die Welle aber in drei Dimensionen betrachten.

Die Wellengleichung

1925 versuchten die drei deutschen Physiker Werner Heisenberg, Max Born und Pascual Jordan, die Quantensprünge im Bohr'schen Atommodell zu erklären. Sie entwickelten dazu ein mathematisches Verfahren, die sogenannte Matrizenmechanik, die die Eigenschaften eines Atoms als ein sich zeitlich änderndes mathematisches System behandelte. Sie konnte aber nicht erklären, was tatsächlich im Inneren des Atoms passierte, und die verworrene mathematische Notation machte sie auch nicht sonderlich populär.

Ein Jahr später stieß der österreichische Physiker Erwin Schrödinger auf einen besseren Ansatz. Er führte de Broglies Welle-Teilchen-Dualismus einen Schritt weiter und überlegte, ob es eine mathematische Gleichung für Wellenbewegungen gäbe, die die Bewegung eines subatomaren Teilchens beschreiben könnte. Zur Formulierung seiner Wellengleichung ging er von den Gesetzen aus, die Energie und Impuls in der gewöhnlichen Mechanik bestimmten. Dann passte er sie so an, dass sie die Planck-Konstante und de Broglies Gesetz zur Verbindung von Impuls und Wellenlänge eines Teilchens berücksichtigten.

Die sich ergebende Gleichung war ein voller Erfolg: Als er sie auf das Wasserstoffatom anwandte, sagte sie genau die experimentell beobachteten Energieniveaus vorher. Doch es blieb ein gewisses Unbehagen, weil niemand – auch Schrödinger nicht – wusste, was die Wellengleichung eigentlich beschrieb. Schrödinger versuchte ohne rechten Erfolg, sie als die Dichte der elektrischen Ladung zu interpretieren. Erst Max Born fand die richtige Deutung als Wahrscheinlichkeitsamplitude: Sie gab an, wie wahrscheinlich es war, bei einer Messung das Elektron an einem bestimmten Ort zu finden. Anders als die Matrizenmechanik wurde die Schrödinger-Gleichung, trotz ihrer unklaren Interpretation, von den Physikern begeistert aufgenommen.

In der klassischen Darstellung des Welle-Teilchen-Dualismus werden Elektronen durch eine Blende mit zwei Spalten geschossen. Beobachtet man die Elektronen über längere Zeit, bildet sich ein Interferenzmuster, genauso wie bei Lichtwellen.

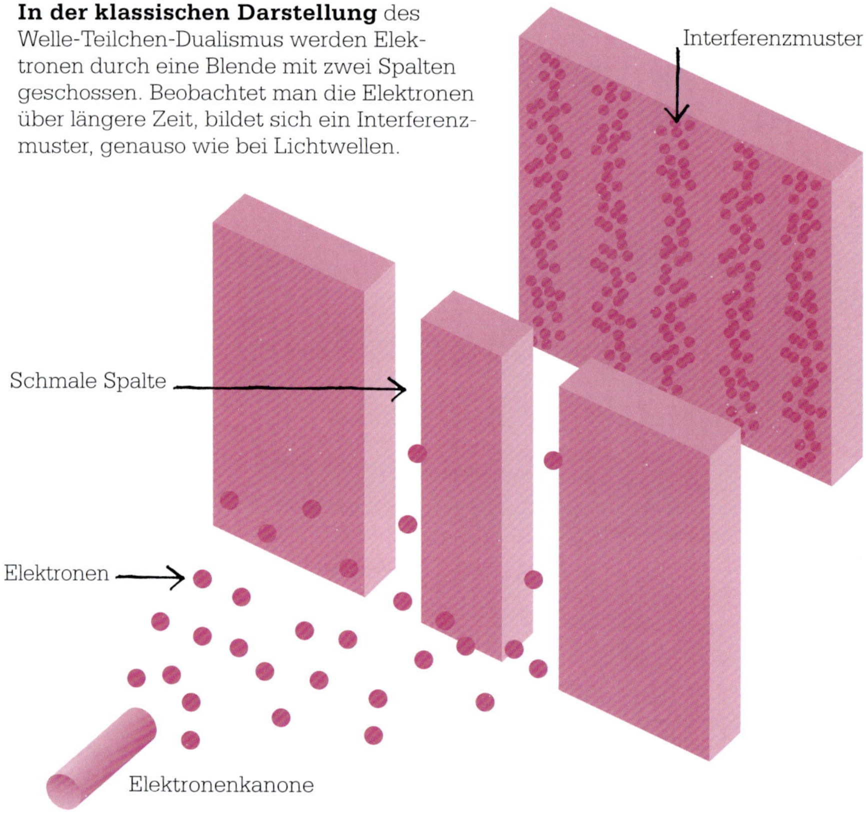

Paulis Ausschlussprinzip

Ein weiteres Puzzlestück wurde 1925 durch den österreichischen Physiker Wolfgang Pauli gefunden. Um zu erklären, warum die Elektronen innerhalb eines Atoms nicht alle sofort den niedrigsten möglichen Energiezustand einnehmen, entwickelte Pauli das Ausschlussprinzip. Er argumentierte, der insgesamte Quantenzustand eines Teilchens werde durch eine bestimmte Anzahl von Eigenschaften festgelegt, zu der jeweils eine feste Anzahl von möglichen diskreten Werten gehöre. Sein Prinzip besagte, dass zwei Teilchen in demselben System nicht gleichzeitig denselben Quantenzustand haben können.

Als er versuchte, das durch das Periodensystem nahegelegte Muster der Elektronenschalen zu erklären, berechnete Pauli, dass man Elektronen durch vier verschiedene Quantenzahlen beschreiben musste. Drei davon – die Hauptquantenzahl, die Bahndrehimpuls- und die magnetische Quantenzahl – geben den genauen Ort des Elektrons innerhalb der erreichbaren Schalen und Unterschalen an. Die Werte der beiden letzten Quantenzahlen sind durch den Wert der Hauptquantenzahl begrenzt. Die vierte Quantenzahl mit nur zwei möglichen Werten wurde nötig, weil in jeder Unterschale zwei Elektronen mit etwas unterschiedlichen Energieniveaus auftreten können. Zusammen ließ sich so die Existenz von Atomorbitalen mit 2, 6, 10 und 14 Elektronen erklären.

Diese vierte Quantenzahl ist heute als Spin bekannt, die den Eigendrehimpuls des Teilchens beschreibt. Sie nimmt nur positive oder negative halb- oder ganzzahlige Werte an. Ein paar Jahre später zeigte Pauli, dass man anhand des Spins alle Teilchen in zwei große Gruppen einteilen konnte: Fermionen wie das Elektron haben einen halbzahligen Spin und unterliegen den Regeln der Fermi-Dirac-Statistik (S. 254–255), Bosonen wie das Photon mit ganzzahligem Spin oder Spin null gehorchen den völlig anderen Regeln der Bose-Einstein-Statistik. Das Ausschlussprinzip gilt nur für Fermionen, und das hat wichtige Folgen für die gesamte Physik, von kollabierenden Sternen bis zu den Elementarteilchen.

Schrödingers Erfolg

Zusammen mit Paulis Ausschlussprinzip erlaubte Schrödingers Wellengleichung, die Orbitale, Schalen und Unterschalen innerhalb eines Atoms genauer zu verstehen. Demnach handelt es sich nicht um klassische Bahnen – also wohldefinierte Wege, auf denen die Elektronen den Kern umkreisen –, sondern um Wahrscheinlichkeitswolken in Form von Ringen oder Keulen, in denen man ein bestimmtes Elektron mit bestimmten Quantenzahlen wahrscheinlich finden wird (S. 266).

Ein weiterer großer Erfolg für Schrödingers Ansatz war, dass er eine Erklärung für den radioaktiven Alphazerfall bot, bei dem vollständige Alphateilchen (zwei Protonen und zwei Neutronen) aus dem Atomkern emittiert werden. Der klassischen Physik zufolge musste der Kern, damit er intakt blieb, in einem sehr steilen Potenzialtopf liegen, damit keine Teilchen daraus entkamen. (Ein Potenzialtopf ist ein Gebiet, in dem die potenzielle Energie niedriger ist als in der Umgebung, sodass Teilchen eingefangen werden.) War dieser Topf nicht steil genug, musste der Kern völlig zerfallen. Wie aber konnten dann die gelegentlichen Emissionen beim Alphazerfall auftreten und der verbleibende Kern intakt bleiben? Die Wellengleichungen lösten dieses Problem, weil sie erlaubten, dass die Energie des Alphateilchens innerhalb des Kerns variierte. Meistens ist die Energie so niedrig, dass es gefangen bleibt, nur gelegentlich ist die Energie so hoch, dass das Alphateilchen den Potenzialwall überwinden und entfliehen kann (heute nennt man das Quantentunneln). Die Wahrscheinlich- »

Die Schrödinger-Gleichung in ihrer allgemeinen Form zeigt die zeitliche Entwicklung eines Quantensystems. Sie wird mithilfe komplexer Zahlen formuliert.

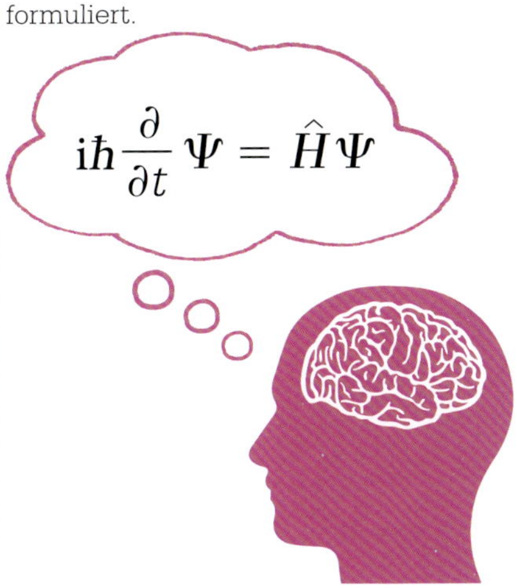

Erwin Schrödinger

Erwin Schrödinger wurde 1887 in Wien geboren, wo er an der Universität Physik studierte. Im Ersten Weltkrieg diente er als Soldat, danach ging er zunächst nach Deutschland, später nach Zürich. Hier vertiefte er sich in die neu entstehende Quantenmechanik und entwickelte seine berühmte Gleichung. 1927 folgte er Max Planck auf den Lehrstuhl an die Berliner Universität.

Als Gegner des Nationalsozialismus verließ er 1933 Deutschland und ging nach Oxford. Hier erfuhr er, dass er zusammen mit Paul Dirac für seine Weiterentwicklung der Quantenmechanik den Physik-Nobelpreis 1933 erhalten hatte. 1936 ging er nochmals nach Österreich, musste aber nach dem »Anschluss« erneut fliehen. Für den Rest seiner Karriere ließ er sich in Dublin nieder, wobei sein Aufenthalt von Anschuldigungen sexueller Übergriffe gegen Minderjährige überschattet wird. 1956 kehrte er nach Wien zurück.

Hauptwerke

1920 *Grundlinien einer Theorie der Farbmetrik im Tagessehen*
1926 *Quantisierung als Eigenwertproblem*

keitsvorhersagen der Wellengleichung deckten sich mit dem unvorhersehbaren radioaktiven Zerfall.

Unbestimmtheitsprinzip

Die große Debatte in der Entwicklung der Quantenphysik Mitte der 1920er-Jahre (die heute noch nicht völlig ausgestanden ist) drehte sich um die Frage, was die Wellenfunktion für die Realität bedeutet. Wie bei der Auseinandersetzung zwischen Planck und Einstein zwei Jahrzehnte zuvor betrachtete de Broglie seine und Schrödingers Gleichung nur als mathematische Werkzeuge: Für de Broglie war das Elektron noch immer eigentlich ein Teilchen, nur eben eines mit Welleneigenschaften, die seine Bewegung und seinen Ort bestimmten. Für Schrödinger war seine Gleichung etwas weit Grundlegenderes – sie beschrieb, wie die Eigenschaften des Elektrons physikalisch über den Raum »verschmiert« waren.

Der Widerstand gegen Schrödingers Ansatz inspirierte Werner Heisenberg zu der großartigen Idee des Unbestimmtheitsprinzips (S. 242–243). Es beschreibt die Erkenntnis, dass ein Teilchen mit der Wellenfunktion niemals in einem Raumpunkt »lokalisiert« sein und gleichzeitig einen bestimmten Impuls haben kann. Je genauer man den Ort des Teilchens bestimmt, desto schwieriger ist sein Impuls zu messen. Teilchen mit einer Quantenwellenfunktion bleiben also immer in einem allgemeinen Zustand der Unbestimmtheit.

> »Ich bin weiß Gott kein Freund der Wahrscheinlichkeitsinterpretation, ich habe sie vom ersten Moment an gehasst, als unser lieber Freund Max Born damit niederkam.«
>
> **Erwin Schrödinger**

Der Däne Niels Bohr (links) erarbeitete zusammen mit Werner Heisenberg die Kopenhagener Interpretation der Schrödinger-Gleichung.

Der Weg nach Kopenhagen

Die Messung der Eigenschaften eines Quantensystems führt immer zu einem bestimmten, nicht wellenartig verschmierten Ort des Teilchens. Für die klassische Physik und im Alltag gehört zu einer bestimmten Messung immer ein bestimmtes Ergebnis und keine Unzahl von sich überlappenden Wahrscheinlichkeiten. Die Aufgabe, die quantenmechanische Unsicherheit mit der Realität in Einklang zu bringen, wird als »Messproblem« bezeichnet. Die verschiedenen Ansätze zur Lösung nennt man Interpretationen.

Die berühmteste davon ist die Kopenhagener Interpretation, die Niels Bohr und Werner Heisenberg 1927 entwarfen. Sie besagt, dass im Moment der Wechselwirkung zwischen dem Quantensystem und einem äußeren Beobachter, der den Regeln der klassischen Physik gehorcht, die Wellenfunktion »kollabiert« und so ein definitives Ergebnis erzielt wird. Diese Interpretation ist weithin (aber nicht überall) akzeptiert und scheint durch Versuche wie die Elektronenbeugung oder das Doppelspaltexperiment für Lichtwellen gestützt. Man kann ein Experiment entwerfen, das die wellenartigen Aspekte von Licht oder Elektronen zeigt, aber es ist unmöglich, mit demselben Apparat die Eigenschaften einzelner Teilchen zu bestimmen.

Doch obwohl die Kopenhagener Interpretation für kleine Systeme wie Teilchen vernünftig erscheint, waren viele Physiker beunruhigt, weil sie impliziert, dass nichts bestimmt ist, bis es gemessen wird. Einstein kommentierte dies mit dem berühmten Satz: »Der Alte würfelt nicht«. Schrödinger dagegen entwarf ein Gedankenexperiment, um eine für ihn lächerliche Situation zu illustrieren.

Schrödingers Katze

Logisch zu Ende gedacht, führt die Kopenhagener Interpretation zu Scheinparadoxien. Schrödinger stellte sich eine Katze in einem Kasten mit einem Fläschchen Gift vor, das mit einer radioaktiven Quelle verbunden ist. Wenn ein Atom zerfällt und ein Strahlungsteilchen emittiert wird, wird ein Mechanismus ausgelöst, der die Giftflasche zerbricht und so die Katze tötet. Nach der Kopenhagener Interpretation bleibt die radioaktive Quelle in ihrer Wellenfunktion (es herrscht dann eine »Überlagerung« von zwei möglichen Ausgängen), bis sie beobachtet wird. Doch wenn das so ist, muss die Katze sowohl lebendig als auch tot sein.

Neue Interpretationen

Die Unzufriedenheit mit Scheinparadoxien wie Schrödingers Katze regte die Forscher zu verschiedenen alternativen Interpretationen der Quantenmechanik an. Eine der bekanntesten ist die »Viele-Welten-Interpretation«, die der amerikanische Physiker Hugh Everett III 1956 vorstellte. Sie löst das Paradoxon, indem sie annimmt, dass sich das Universum während jedes Quantenereignisses in verschiedene Historien aufspaltet, die einander nicht wahrnehmen können, für jedes mögliche Ergebnis eine. Schrödingers Katze ist demnach sowohl tot als auch lebendig.

Die »Konsistente-Historien-Interpretation« geht das Problem weniger radikal an und verallgemeinert die Kopenhagener Interpretation mit ziemlich komplexer Mathematik. Damit vermeidet sie Probleme rund um den Kollaps der Wellenfunktion, lässt aber zu, dass verschiedenen Ausgängen oder »Historien« Wahrscheinlichkeiten zugeordnet werden, jeweils im Quanten- und im klassischen Maßstab. Nur eine dieser Historien wird real, es lässt sich aber nicht vorhersagen, welche. Der Ansatz beschreibt einfach, wie die Quantenmechanik ohne Kollaps der Wellenfunktion zu dem Universum führt, dass wir sehen.

Die statistische oder Ensemble-Interpretation ist der von Einstein bevorzugte, mathematisch minimalistische Ansatz. Die De-Broglie-Bohm-Theorie, weiterentwickelt aus de Broglies anfänglicher Reaktion auf die Wellengleichung, ist der Versuch einer streng kausalen – nicht probabilistischen – Erklärung. Sie postuliert eine verborgene »implizite« Ordnung des Universums. Und die Transaktionsinterpretation enthält zeitlich vor- und rückwärts laufende Wellen.

Der vielleicht faszinierendste Ansatz, der schon an die Theologie grenzt, wurde in den 1930er-Jahren von dem aus Ungarn stammenden Mathematiker John von Neumann erarbeitet. Demnach folgt aus dem Messproblem, dass das gesamte Universum einer allumfassenden »universalen« Wellenfunktion unterliegt, die permanent kollabiert, wenn wir ihre verschiedenen Aspekte messen. Von Neumanns Landsmann Eugene Wigner erweiterte diese Theorie dahingehend, dass nicht einfach nur der Kontakt mit einem großen System die Wellenfunktion kollabieren lässt (wie in der Kopenhagener Interpretation), sondern dass die Gegenwart von Bewusstsein die Ursache für den Kollaps ist. ■

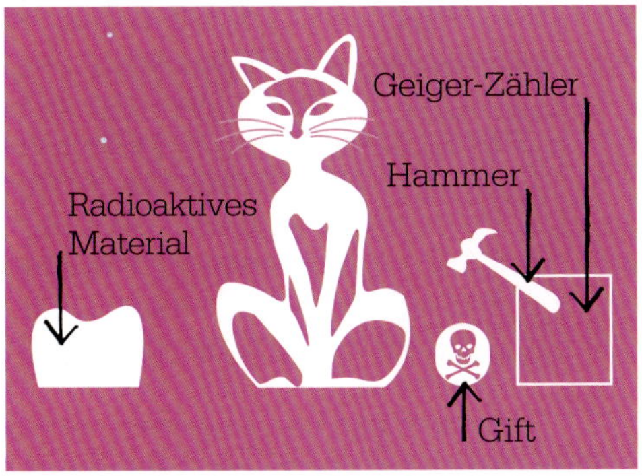

Eine Katze in einer verschlossenen Kiste bleibt so lange am Leben, wie ein radioaktives Teilchen in der Kiste nicht zerfällt.

Wenn das Teilchen zerfällt, wird ein Mechanismus ausgelöst, der Hammer fällt, Gift wird frei und die Katze stirbt.

Um herauszufinden, ob das Atom zerfallen ist, müssen wir das System messen. Bis dahin ist der Zustand der Katze zwischen tot und lebendig »verschmiert«.

Schrödingers Gedankenexperiment führt zu einer Situation, in der nach einer strikten Lesart der Kopenhagener Interpretation eine Katze gleichzeitig sowohl tot als auch lebendig ist.

EIN NEUER TYP VON KERN-REAKTION

LISE MEITNER (1878–1968)

IM KONTEXT

GEBIET
Physik

FRÜHER
1896 Die französischen Physiker Henri Becquerel, Pierre Curie und Marie Curie entdecken und erforschen die Radioaktivität.

1911 Der englische Physiker Ernest Rutherford schlägt das »Kernmodell« des Atoms vor.

1925 Der britische Physiker Patrick Blackett wandelt Stickstoff durch die Bestrahlung mit Alphateilchen in Sauerstoff um; dies ist die erste beobachtete Kernreaktion.

SPÄTER
1945 Die erste Explosion einer Atombombe wird von US-Wissenschaftlern in New Mexico durchgeführt.

1954 Das Kernkraftwerk Obninsk in der UdSSR ist das weltweit erste Kernkraftwerk, das Strom ins Stromnetz einspeist.

Im späten 19. Jahrhundert begann man mit Radioaktivität zu experimentieren – auch wenn man das Phänomen nicht verstand, bis es von Henri Becquerel, Marie Curie und Pierre Curie erklärt wurde. Radioaktivität zeigte, dass das Atom kein unteilbarer, unveränderlicher Materieblock war, und 1911 schlug Ernest Rutherford ein Atommodell vor mit einem kleinen, dichten Kern, umgeben von negativ geladenen Elektronen.

Transmutation

1938 beschossen zwei Chemiker am Kaiser-Wilhelm-Institut für Chemie in Berlin, Otto Hahn und Fritz Straßmann, Uran mit Neutronen und fanden, dass sie leichtere Bariumisotope erzeugt hatten. Unsicher über die Beobachtungen schickte Hahn die Ergebnisse an seine ehemalige Kollegin Lise Meitner.

Meitner, die erste Physikprofessorin in Deutschland, war aufgrund antisemitischer Gesetze aus ihrer Stelle gedrängt worden und wenige Monate zuvor aus Nazi-Deutschland nach Schweden geflohen. Sie und ihr Neffe, der Physiker Otto Robert Frisch, interpretierten die Ergebnisse und bestimmten den physikalischen Prozess, den Frisch »Kernspaltung« nannte. Dabei spaltet sich der Kern eines schwereren Atoms in zwei oder mehr leichtere Kerne und andere Teilchen. Bei diesem Prozess werden oft enorme Energiemengen freigesetzt.

Die Entdeckung der Kernspaltung veränderte die Welt unwiderruflich – mit der Entwicklung der Kerntechnik für die Verteidigung, für die Energieversorgung und für medizinische Anwendungen. ■

Lise Meitner arbeitete eng mit Otto Hahn (links) und Fritz Straßmann an der Entdeckung der Kernspaltung zusammen, doch nur Hahn wurde 1944 mit dem Nobelpreis ausgezeichnet.

Siehe auch: Wilhelm Conrad Röntgen 188–189 ▪ Marie Curie 194–199 ▪ Ernest Rutherford 210–217 ▪ J. Robert Oppenheimer 270–275

DIE HÄLFTE DER TEILCHEN IM UNIVERSUM GEHORCHEN IHM

SATYENDRA NATH BOSE (1894–1974)

IM KONTEXT

GEBIET
Physik

FRÜHER
1897 Der britische Physiker J. J. Thomson entdeckt das Elektron und beweist so die Existenz subatomarer Teilchen.

1905 Albert Einstein erklärt den fotoelektrischen Effekt damit, dass sich Licht wie ein Teilchen verhalten kann.

1913 In Niels Bohrs neuem Atommodell sind die Elektronen in verschiedenen Energieniveaus angeordnet.

SPÄTER
1947 Der britische Physiker Paul Dirac benennt Teilchen, die der Bose-Einstein-Statistik gehorchen, zu Ehren von Bose als »Bosonen«.

1995 Forscher der University of Colorado in Boulder produzieren das weltweit erste Bose-Einstein-Kondensat.

Der indische Universalgelehrte Satyendra Nath Bose war in vielen Bereichen der Physik und darüber hinaus tätig. Am bekanntesten ist seine Zusammenarbeit mit Albert Einstein über Elektronen und die Bose-Einstein-Statistik.

Niels Bohr hatte das Konzept von »Zuständen« und Energieniveaus für Elektronen im Atom entwickelt. Ihre Energie kann nur diskrete Werte annehmen, wobei sie durch Absorption von Strahlung auf höhere Zustände springen können.

Elektronen sind Fermionen, d. h., sie unterliegen der Fermi-Dirac-Statistik, nach der mehrere Teilchen nicht denselben Zustand einnehmen können (Pauli-Ausschlussprinzip, S. 227). Doch nicht alle Teilchen verhalten sich so. Die andere Teilchenfamilie, für die das Ausschlussprinzip nicht gilt, nennt man Bosonen. Bose hatte erkannt, dass eine Ansammlung identischer Photonen die Energieniveaus nach einer bestimmten Verteilung besetzt, und Einstein weitete dies in Kooperation mit Bose auf andere

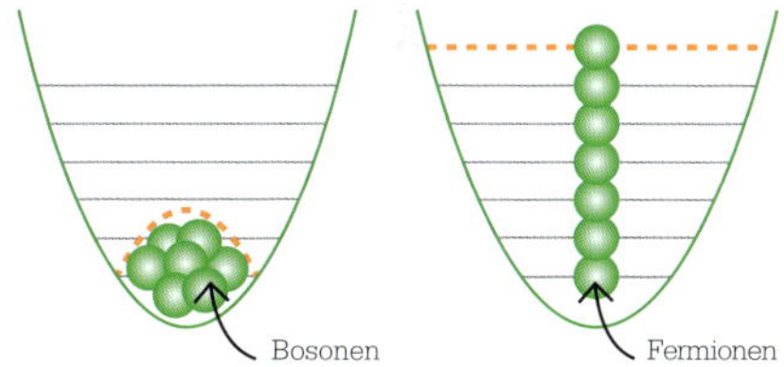

Bosonen und Fermionen sind verschieden: Viele Bosonen können denselben Zustand einnehmen, doch Fermionen unterliegen dem Pauli-Prinzip.

Teilchen aus, was zur Bose-Einstein-Statistik führte. Bei Temperaturen nahe des Nullpunkts fällt eine Ansammlung von Bosonen großteils in denselben (niedrigsten) Energiezustand. Sie bildet dann ein Bose-Einstein-Kondensat, einen speziellen Materiezustand mit bizarren Merkmalen, bei dem einige Quantenphänomene auch makroskopisch sichtbar werden.

Die Bose-Einstein-Statistik ist ein wichtiger Grundstein der Quantenstatistik. Das aktuelle Standardmodell (S. 314) umfasst fünf Bosonen; vier sind die Träger der Grundkräfte und eines verleiht anderen Teilchen ihre Masse. ■

Siehe auch: Ernest Rutherford 210–217 ▪ Albert Einstein 218–225 ▪ Wolfgang Pauli 227 ▪ Erwin Schrödinger 232–239

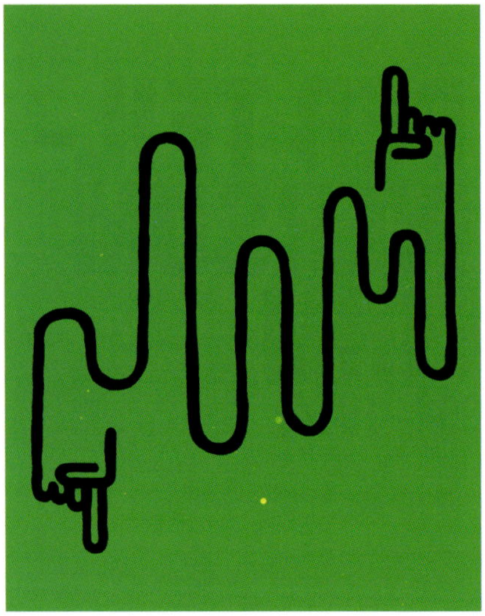

UNBESTIMMTHEIT IST UNVERMEIDLICH

WERNER HEISENBERG (1901–1976)

IM KONTEXT

GEBIET
Physik

FRÜHER
1913 Niels Bohr erklärt die bestimmten Energieniveaus, die mit den Elektronen im Atom verbunden sind, mithilfe der Quantisierung.

1924 Louis de Broglie behauptet, dass sich nicht nur Licht teilchenartig, sondern ein subatomares Teilchen auch wellenartig verhalten kann.

SPÄTER
1927 Werner Heisenberg und Niels Bohr schlagen die einflussreiche Kopenhagener Interpretation der Wechselwirkung zwischen der Quanten- und der (makroskopischen) Nichtquantenwelt vor.

1929 Werner Heisenberg und Wolfgang Pauli entwickeln die Quantenfeldtheorie, deren Grundlagen von Paul Dirac stammen.

Nachdem Louis de Broglie 1924 behauptet hatte, dass Teilchen im subatomaren Maßstab wellenartige Eigenschaften zeigten (S. 226), wandten sich etliche Physiker der Frage zu, wie die komplizierten Eigenschaften der Atome aus der Wechselwirkung zwischen »Materiewellen« und den sie darstellenden Teilchen entstehen könnten. 1925 versuchten die deutschen Physiker Werner Heisenberg, Max Born und Pascual Jordan, mithilfe ihrer »Matrizenmechanik« die zeitliche Entwicklung des Wasserstoffatoms zu modellieren. Dieser Ansatz wurde später durch Erwin Schrödingers Wellenfunktion verdrängt. Zusammen mit dem dänischen Physiker Niels Bohr entwickelte Heisenberg aus Schrödingers Ansatz die »Kopenhagener Interpretation« der Art und Weise, wie Quantensysteme, die den Wahrscheinlichkeitsgesetzen unterliegen, mit der Außenwelt in Wechselwirkung stehen. Ein Schlüsselelement dabei ist das »Unbestimmtheitsprinzip«, das die Genauigkeit begrenzt, mit der sich die Eigenschaften eines Quantensystems bestimmen lassen.

Die Unschärferelation mitsamt dem zugrunde liegenden Prinzip ist eine mathematische Folge der Matrizenmechanik. Heisenberg erkannte, dass man bestimmte Paare von Eigenschaften nicht

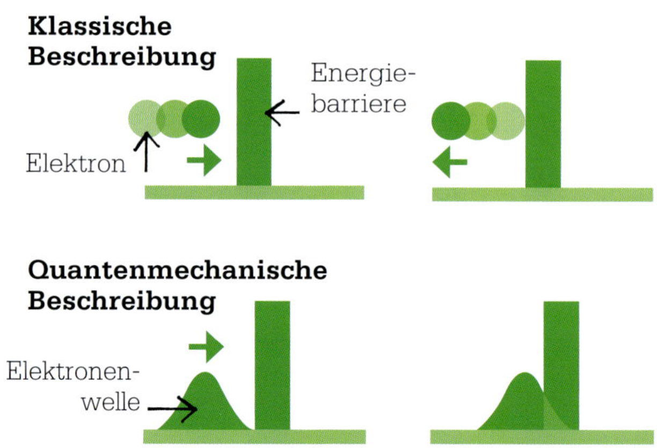

Das Quantentunneln lässt sich mit der Unschärferelation erklären. Es gibt eine von null verschiedene Wahrscheinlichkeit, dass das Teilchen eine Barriere durchdringt, auch wenn die Energie klassisch dafür nicht ausreicht.

Siehe auch: Albert Einstein 218–225 ▪ Erwin Schrödinger 232–239 ▪ Paul Dirac 254–255 ▪ Richard Feynman 284–285 ▪ Hugh Everett III 296–297

gleichzeitig beliebig genau bestimmen kann. Je genauer man etwa den Ort eines Teilchens misst, desto weniger genau lässt sich dessen Impuls bestimmen, und umgekehrt. Heisenberg drückte diesen Zusammenhang in Gestalt der Unschärferelation aus:
$\Delta x \Delta p \geq \hbar/2$

Darin sind Δx und Δp die Unschärfe von Ort bzw. Impuls, und $\hbar$ berechnet sich aus der Planck'schen Konstante.

Unsicheres Universum

Die Unschärferelation wird oft als Konsequenz der Messungen im Quantenmaßstab beschrieben. So heißt es etwa, dass durch die Ortsmessung eines subatomaren Teilchens eine gewisse Kraft auf das Teilchen wirkt und dass dadurch seine kinetische Energie – und damit der Impuls – weniger gut bestimmt sind. Diese Ansicht, sogar von Heisenberg selbst vertreten, führte etliche Forscher – auch Einstein – dazu, sich mit Gedankenexperimenten zu befassen, um durch irgendeinen »Trick« doch noch Ort und Impuls gleichzeitig und genau messen zu können. Doch es ist vergebens – die Unschärfe ist tief in den Quantensystemen verankert.

Bei der Behandlung des Problems ist es zielführend, die mit den Teilchen verbundenen Materiewellen zu betrachten: In diesem Fall beeinflusst der Impuls des Teilchens dessen Gesamtenergie und damit auch die Wellenlänge – doch je genauer wir den Ort festlegen, umso weniger Informationen haben wir über die Wellenfunktion und damit auch über deren Wellenlänge. Umgekehrt müssen wir bei genauer Messung der Wellenlänge einen bestimmten Raumbereich betrachten, und darunter leidet dann die Genauigkeit, mit der wir den Ort bestimmen können. Solche Vorstellungen stimmen nicht mit denen des Alltags überein, doch sie wurden durch zahlreiche Experimente belegt und bilden eine wichtige Grundlage der modernen Physik. Die Unschärferelation erklärt auch scheinbar unmögliche Phänomene wie das Quantentunneln, bei dem ein Teilchen eine Potenzialbarriere überwindet (»durchtunnelt«), auch wenn seine Energie dafür eigentlich nicht ausreicht. ■

Werner Heisenberg

Der gebürtige Würzburger studierte Mathematik und Physik in München. Bereits nach drei Jahren ging er als Assistent von Max Born nach Göttingen, wo er auch Niels Bohr kennenlernte. Schon im Alter von 26 Jahren wurde er Professor in Leipzig.

Heisenberg ist vor allem für die Kopenhagener Interpretation und seine Unschärferelation bekannt, doch von ihm stammen auch wichtige Beiträge zur Quantenfeldtheorie. Außerdem entwickelte er eine eigene Theorie der Antimaterie. 1932 erhielt er als einer der jüngsten Laureaten überhaupt den Nobelpreis für Physik. Sein Ruf erlaubte es ihm, nach der Machtübernahme im Jahr darauf auch gegen die Nationalsozialisten Stellung zu beziehen. Er blieb allerdings in Deutschland und leitete im Zweiten Weltkrieg das deutsche Atomwaffenprogramm.

Hauptwerke

1926 *Über quantentheoretische Kinematik und Mechanik*
1930 *Die physikalischen Prinzipien der Quantentheorie*
1959 *Physik und Philosophie* (Vorlesungsreihe in den USA)

DAS UNIVERSUM IST GROSS ... UND WIRD IMMER GRÖSSER

EDWIN HUBBLE (1889–1953)

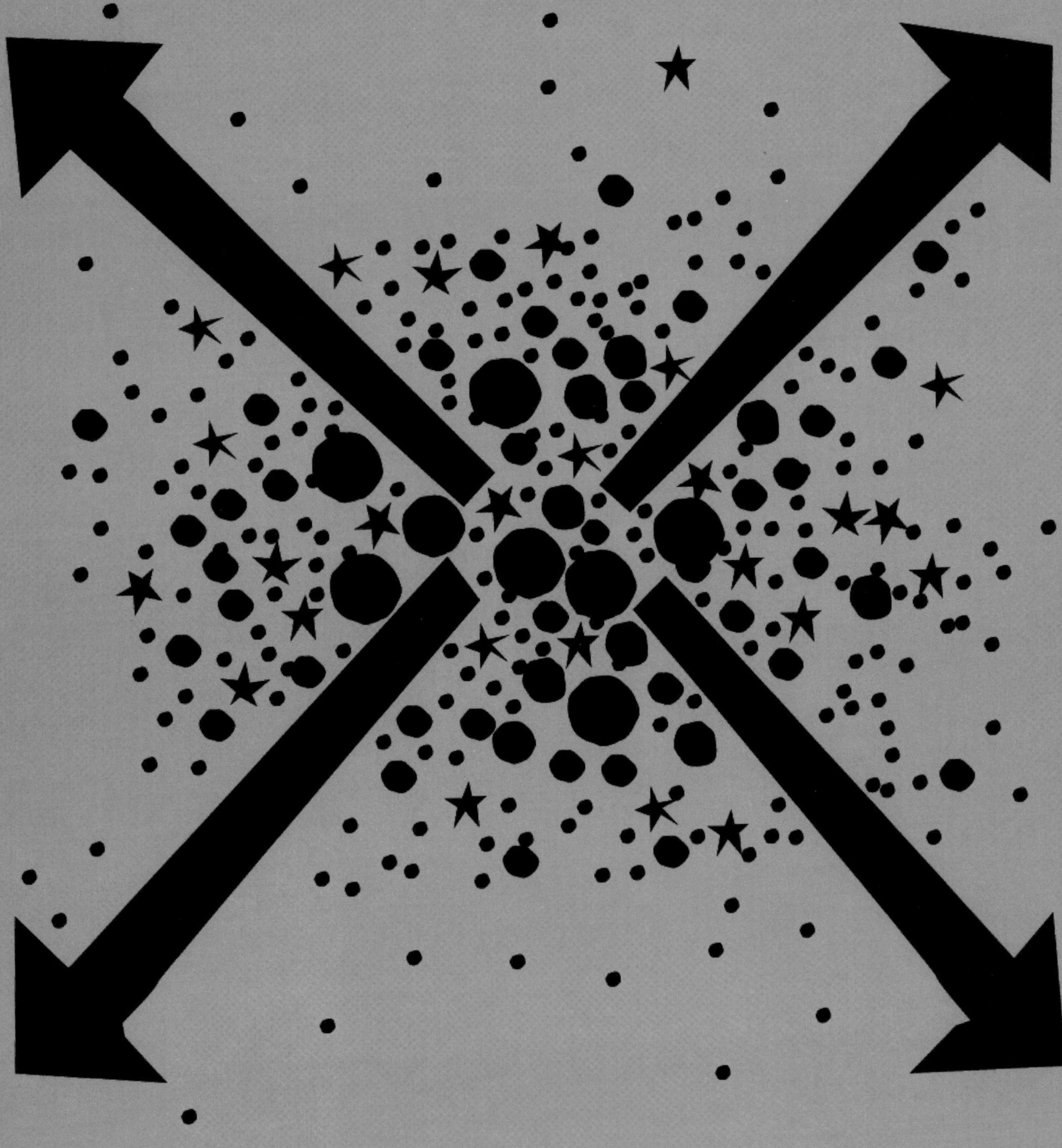

IM KONTEXT

GEBIET
Kosmologie

FRÜHER
1543 Nikolaus Kopernikus folgert, dass die Erde nicht das Zentrum des Universums ist.

17. Jh. Aus der wechselnden Ansicht der Sterne während eines Umlaufs der Erde um die Sonne wird die Parallaxenmethode zur Messung der Entfernung der Sterne entwickelt.

SPÄTER
1912 Henrietta Leavitt findet die Leuchtkraft-Perioden-Relation von Cepheiden (veränderliche Sterne), mit der man große Distanzen messen kann.

1927 Georges Lemaître sagt, das Universum sei aus einem einzigen Punkt entstanden.

1990er-Jahre Man entdeckt, dass sich die Expansion des Alls beschleunigt, getrieben von einer »Dunklen Energie«.

Bis zum frühen 20. Jahrhundert teilte die Ansicht über Größe des Universums die Astronomen in zwei Schulen – die einen glaubten, dass es im Wesentlichen aus der Milchstraße bestehe, für die anderen war die Milchstraße nur eine von zahllosen weiteren möglichen Galaxien. Edwin Hubble klärte diese Frage und zeigte, dass das Universum sehr viel größer war, als man es sich vorgestellt hatte.

Den Kern der Debatte bildete die Bedeutung der »Spiralnebel«. Heute verwendet man den Begriff »Nebel« für interstellare Gas- und Staubwolken, doch damals bezeichnete man jede amorphe Lichtwolke als Nebel, auch Objekte, die später als Galaxien außerhalb unserer Milchstraße identifiziert wurden.

> »Es gibt einen einfachen Zusammenhang zwischen der Helligkeit der veränderlichen Sterne und ihrer Periode.«
>
> **Henrietta Leavitt**

Als sich im Lauf des 19. Jahrhunderts die Teleskope dramatisch verbesserten, enthüllten einige als Nebel katalogisierte Objekte bestimmte spiralartige Merkmale. Gleichzeitig legte die Entwicklung der Spektroskopie (der Analyse der Wechselwirkung von Materie und abgestrahlter Energie) nahe, dass diese Spiralen aus zahllosen einzelnen Sternen bestanden, die nur optisch nicht trennbar waren.

Auch die Verteilung dieser Nebel war interessant – anders als die Objekte, die sich in der Ebene der Milchstraße häuften, waren sie meist außerhalb dieser Ebene zu sehen. Einige Astronomen griffen die Idee des deutschen Philosophen Immanuel Kant auf, der diese Nebel 1755 als »Inseluniversen« beschrieben hatte – Systeme ähnlich der Milchstraße, doch viel weiter weg und nur dann sichtbar, wenn die Verteilung der Materie in unserer Galaxis den freien Blick auf den heute als »intergalaktisch« bezeichneten Raum erlaubt. Andere Astronomen glaubten weiterhin daran, dass das Universum kleiner war. Sie behaupteten, die Spiralen könnten

Edwin Hubble

Der 1889 in Marshfield, Missouri, geborene Edwin Powell Hubble war sehr ehrgeizig und in seiner Jugend ein erfolgreicher Athlet. Trotz seines Interesses für Astronomie studierte er auf Wunsch seines Vaters Jura. Erst im Alter von 25 Jahren, nach dem Tod des Vaters, wandte er sich seiner wahren Leidenschaft zu. Während des Ersten Weltkriegs diente er als Soldat. Nach seiner Rückkehr in die USA erhielt er eine Stellung am Mount-Wilson-Observatorium. Hier entstand 1924–1925 sein wichtigstes Werk über die »extragalaktischen Nebel« und hier bewies er 1929 die kosmische Expansion. In späteren Jahren setzte er sich dafür ein, dass das Nobel-Komitee auch die Astronomie berücksichtigen solle. Doch die Regeln wurden erst nach seinem Tod 1953 geändert, sodass er nie mit dem Nobelpreis ausgezeichnet wurde.

Hauptwerke

1925 *Cepheid Variables in Spiral Nebula*
1929 *A Relation Between Distance and Radial Velocity among Extra-galactic Nebulae*

Siehe auch: Nikolaus Kopernikus 34–39 ▪ Christian Doppler 129 ▪ Georges Lemaître 250–253

Zu Lebzeiten erhielt Henrietta Leavitt nur wenig Anerkennung, doch ihre Entdeckung des Zusammenhangs zwischen Helligkeit und Periodendauer der Cepheiden war der Schlüssel für die Abstandsmessung entfernter Galaxien.

gerade entstehende Sonnen oder Sonnensysteme sein und auf einer Bahn um die Milchstraße kreisen.

Pulsierende Sterne

Die Lösungen dieses lange bestehenden Rätsels kamen in mehreren Schritten. Der vielleicht wichtigste war die Fähigkeit, die Entfernung der Sterne genau zu messen. Den Durchbruch erzielte Henrietta Swan Leavitt, die zusammen mit einer Gruppe Astronominnen an der Harvard-Universität damit beschäftigt war, die Eigenschaften des Sternenlichts zu analysieren.

Leavitt war fasziniert vom Verhalten der veränderlichen Sterne, d. h. Sterne, deren Helligkeit zu pulsieren scheint: Wenn sie sich dem Ende ihrer Lebenszeit nähern, dehnen sie sich periodisch aus und ziehen sich wieder zusammen. Sie untersuchte Fotoplatten der Magellan'schen Wolke, zwei kleine Lichtflecken am Südhimmel, die wie einzelne »Klumpen« der Milchstraße aussehen. Wie sie herausfand, enthielten beide Wolken eine riesige Anzahl von veränderlichen Sternen. Durch Vergleich etlicher Fotoplatten erkannte sie nicht nur, dass sich ihr Licht regelmäßig änderte, sondern konnte auch die Periode der Änderung bestimmen.

Da sie sich auf diese kleinen, schwachen, isolierten Sternwolken konzentrierte, konnte Leavitt davon ausgehen, dass alle Sterne darin mehr oder weniger gleich weit von der Erde entfernt waren. Sie kannte zwar die Entfernung selbst nicht, konnte aber darauf schließen, dass Unterschiede in der »scheinbaren Größe« (der beobachteten Helligkeit) auch auf Unterschiede in ihrer »absoluten Helligkeit« hindeuteten. 1908 veröffentlichte sie ihre Ergebnisse und erwähnte nebenbei, dass es bei einigen Sternen wohl einen Zusammenhang zwischen der Periode ihrer Veränderung und ihrer absoluten Helligkeit gab. Es dauerte aber noch vier Jahre, bis sie diesen Zusammenhang hergeleitet hatte. Offenbar hatten in einer bestimmten Klasse von Veränderlichen, den Cepheiden, die Sterne mit größerer Helligkeit auch längere Perioden.

Leavitts Zusammenhang zwischen Periode und Helligkeit sollte sich als der Schlüssel für die »

> »Wir strecken uns in den Raum, weiter und weiter, bis wir bei den schwächsten erkennbaren Nebeln … an den Grenzen des bekannten Universums anlangen.«
>
> **Edwin Hubble**

Größenbestimmung des Universums herausstellen, denn wenn man aus der Veränderungsperiode die absolute Helligkeit bestimmen konnte, dann ließ sich der Abstand zur Erde aus der scheinbaren Helligkeit berechnen. Die ersten Rechnungen stellte 1913 der schwedische Astronom Ejnar Hertzsprung an. Er bestimmte die Entfernungen von 13 relativ nahen Cepheiden mit der Parallaxenmethod. Cepheiden sind extrem leuchtstark, etwa 1000-mal heller als unsere Sonne (man bezeichnet sie heute als »gelbe Superriesen«). In der Theorie sollten sie also ideale »Standardkerzen« abgeben, d. h. Sterne, deren Helligkeit als Eichmaß für große kosmische Abstände verwendet werden kann. Doch trotz aller Bemühungen waren die Cepheiden innerhalb der Spiralnebel nur schwer zu fassen.

Die große Debatte

Im Jahr 1920 veranstaltete das naturhistorische Smithsonian Museum in Washington eine Debatte zwischen den beiden konkurrierenden kosmologischen Schulen, um so die Frage nach der Größe des Universums zu klären. Für das »kleine Universum« sprach der angesehene Astronom Harlow Shapley aus Princeton. Er hatte anhand Leavitts Aufsatz über Cepheiden die Entfernung der Kugelsternhaufen bestimmt (dichte Sternhaufen im Orbit um die Milchstraße) – typischerweise einige Tausend Lichtjahre. 1918 hatte er mithilfe der RR-Lyrae-Sterne (lichtschwächere Sterne, die sich wie Cepheiden verhalten) die Größe der Milchstraße abgeschätzt und gezeigt, dass die Sonne weit weg von deren Zentrum liegt. Er wollte einerseits öffentliche Skepsis gegenüber der Vorstellung eines riesigen Universums mit vielen Galaxien schüren, führte aber auch Beweise an (die sich später als falsch herausstellten): So hatten Astronomen angeblich beobachtet, dass die Spiralnebel wirklich rotieren. Dann aber mussten die Nebel relativ klein sein, sonst würden Teile der Nebel sich schneller bewegen als das Licht. Die Anhänger des »Inseluniversums« wurden durch Heber D. Curtis vom Allegheny-Observatorium in Pittsburgh vertreten. Er berief sich auf Vergleiche zwischen der Rate von hellen »Novae« in den entfernten Spiralen und in unserer eigenen Milchstraße. Eine Nova ist eine sehr helle Sternexplosion, die als Abstandsanzeiger dienen kann.

Curtis verwies auch auf einen weiteren, entscheidenden Faktor – die starke Rotverschiebung vieler Spiralnebel. Vesto Slipher vom Flagstaff-Observatorium in Arizona hatte Verschiebungen der Spektrallinien von Nebeln gegen das rote Ende des Spektrums bereits 1912 entdeckt. Slipher, Curtis und viele andere glaubten, die Rotverschiebung werde durch den Doppler-Effekt verursacht (eine Wellen-

Durch die Vermessung des Lichts von Cepheiden im Andromedanebel bewies Hubble, dass Andromeda 2,5 Mio. Lichtjahre entfernt und somit eine eigenständige Galaxie ist.

längenverschiebung aufgrund der Relativbewegung zwischen Quelle und Beobachter). Das würde bedeuten, dass die Nebel sich mit sehr großer Geschwindigkeit von der Erde wegbewegten – viel zu schnell, als dass die Gravitation der Milchstraße sie halten könnte.

Vermessung des Universums

Etwa um 1922/23 konnten Edwin Hubble und Milton Humason vom Mount-Wilson-Observatorium in Kalifornien das Rätsel endlich lösen. Mit dem neuen, 2,5 m-großen Hooker-Teleskop (damals das weltgrößte) durchsuchten sie die Spiralnebel nach Cepheiden und dieses Mal fanden sie Cepheiden in vielen der größten und hellsten Nebel.

Hubble trug die Veränderungsperioden (und damit ihre absolute Helligkeit) in ein Diagramm ein. Damit konnte er durch einen einfachen Vergleich mit der scheinbaren Helligkeit eines Sterns dessen Entfernung bestimmen – typischerweise einige Millionen Lichtjahre. Das bewies schlüssig, dass die Spiralnebel riesige, unabhängige Sternensysteme waren, weit jenseits der Milchstraße und von ähnlicher Größe. Spiralnebel werden heute korrekt als Spiralgalaxien

> »Mit seinen fünf Sinnen bewaffnet erkundet der Mensch das Universum um sich herum und nennt dieses Abenteuer Wissenschaft.«
>
> **Edwin Hubble**

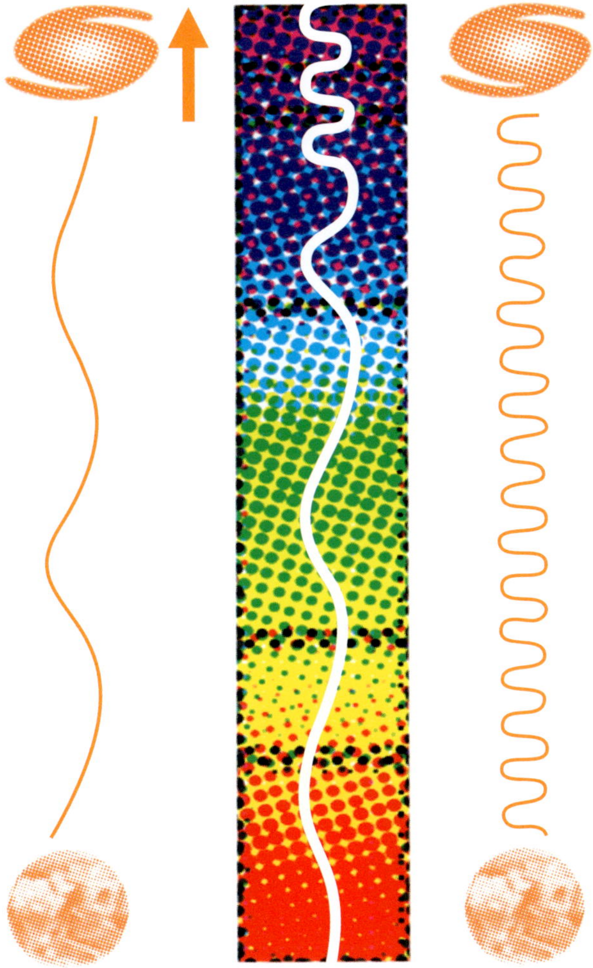

1842 zeigte Christian Doppler (S. 129), dass sich die Frequenz der Lichtwellen einer Quelle, die sich von uns fort- oder auf uns zubewegt, leicht verändert. Wenn sich die Lichtquelle auf uns zubewegt, werden die Wellen gestaucht, sodass sie sich am blauen Ende des Spektrums konzentrieren. Bewegt sie sich von uns weg, werden die Wellen gestreckt und das Licht wirkt roter. Hubble vermutete, dass die Natriumlinie in fernen Galaxien denselben Wert hat wie auf der Erde, doch durch den Doppler-Effekt erscheint sie uns blau- oder rotverschoben, je nachdem, ob die Galaxie sich auf uns zu- oder von uns fortbewegt.

bezeichnet. Und als hätte dieser revolutionäre Blick auf das Universum noch nicht gereicht, schaute sich Hubble dann noch an, wie die Entfernungen der Galaxien mit der von Slipher bereits entdeckten Rotverschiebung zusammenhing. Er stieß auf einen bemerkenswerten Zusammenhang. Bei 40 Galaxien trug er die Entfernungen gegen die Rotverschiebung auf und fand ein im Wesentlichen lineares Muster: Je weiter entfernt eine Galaxie ist, desto größer ist auch ihre Rotverschiebung und desto schneller entfernt sie sich also von der Erde. Hubble wurde klar, dass dies das Ergebnis einer allgemeinen kosmischen Expansion sein musste. Mit anderen Worten: Der Raum selbst dehnt sich aus und trägt jede einzelne Galaxie mit sich. Je größer der Abstand zwischen zwei Galaxien ist, desto schneller expandiert der Raum zwischen ihnen. Die Expansionsrate wurde schnell als »Hubble-Konstante« bekannt, und 2001 wurde sie mit dem Weltraumteleskop, das Hubbles Namen trägt, schlüssig bestimmt.

Doch schon lange zuvor hatte Hubbles Entdeckung des expandierenden Universums eine der berühmtesten Theorien der Wissenschaftsgeschichte angeregt – die Urknalltheorie (S. 250–253). ■

DER RADIUS DES RAUMS WAR ANFANGS NULL

GEORGES LEMAÎTRE (1894–1966)

IM KONTEXT

GEBIET
Kosmologie

FRÜHER
1912 Der amerikanische Astronom Vesto Slipher entdeckt die starken Rotverschiebungen der Spiralnebel, was nahelegt, dass sie sich sehr schnell von der Erde entfernen.

1923 Edwin Hubble bestätigt, dass die Spiralnebel weit entfernte, eigene Galaxien sind.

SPÄTER
1980 Alan Guth postuliert zur Erklärung der heutigen Bedingungen eine kurze »inflationäre« Phase in der Frühzeit des Universums.

1992 Der Satellit COBE (Cosmic Background Explorer) weist kleine Störungen in der kosmischen Hintergrundstrahlung nach – Hinweise auf die ersten Strukturen im frühen Universum.

Die Vorstellung, dass das Universum mit einem Urknall begann, also aus einem winzigen, extrem dichten und heißen Punkt im Raum entstand, ist die Grundlage der modernen Kosmologie. Oft heißt es, sie sei aus Edwin Hubbles Entdeckung der kosmischen Ausdehnung von 1929 entstanden. Doch die Vorläufer der Urknalltheorie sind etwas älter und gehen auf Interpretationen von Einsteins Allgemeiner Relativitätstheorie zurück, angewandt auf das Universum in seiner Gesamtheit.

Bei der Formulierung der Relativitätstheorie war Einstein nach den damaligen Kenntnissen davon

Siehe auch: Isaac Newton 62–69 ▪ Albert Einstein 218–225 ▪ Edwin Hubble 244–249 ▪ Fred Hoyle 282

Seit dem Urknall vor 13,8 Milliarden Jahren hat sich das Universum in verschiedenen Phasen ausgedehnt. Anfangs gab es eine Periode der sehr raschen Expansion, die Inflation. Anschließend verlangsamte sich die Expansion, wurde danach aber wieder schneller.

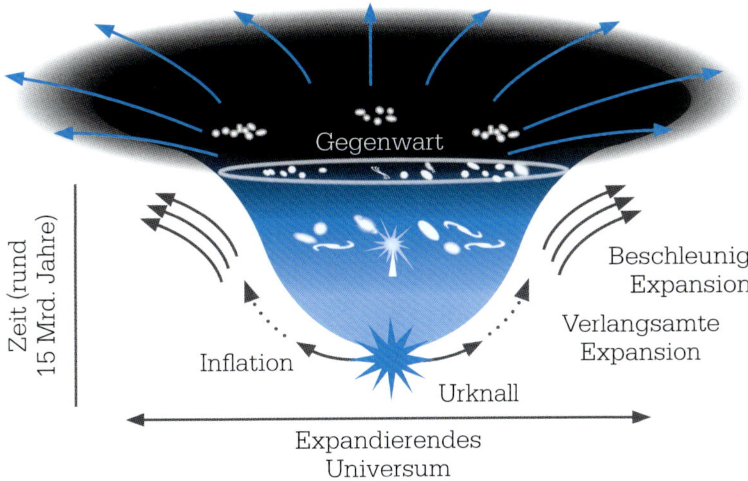

ausgegangen, dass das Universum statisch ist, sich also weder ausdehnt noch zusammenzieht. Ihr zufolge hätte das Universum unter der eigenen Gravitation zusammenbrechen müssen. Daher fügte Einstein die sogenannte kosmologische Konstante ein. Sie wirkte der Schrumpfung durch die Gravitation mathematisch entgegen, sodass das vermutete statische Universum entstand. Später nannte Einstein die Konstante eine Eselei, und auch schon zur Zeit ihrer Einführung fand er sie unzufriedenstellend. Der niederländische Physiker Willem de Sitter und der russische Mathematiker Alexander Friedmann erarbeiteten unabhängig voneinander Lösung der Allgemeinen Relativitätstheorie, in denen sich das Universum ausdehnt. 1927, zwei Jahre vor Hubbles Beobachtung, kam der belgische Astronom und Priester Georges Lemaître zu demselben Schluss.

»Die ersten Stadien der Expansion bestanden aus einer raschen Expansion, bestimmt durch die Masse des Anfangsatoms, die fast genau gleich der gegenwärtigen Masse des Universums ist.«

Georges Lemaître

Aus Feuer geboren

Bei einem Kongress in London führte Lemaître 1931 die Idee der kosmischen Expansion zu ihrem logischen Schluss: Das Universum musste aus einem einzigen Punkt entstanden sein, dem »Uratom«. Die Reaktionen auf seine radikale Idee waren gemischt.

Das astronomische Establishment der damaligen Zeit hing der »

Georges Lemaître

Lemaître wurde 1894 im belgischen Charleroi geboren und studierte zunächst Bauingenieurwesen an der Katholischen Universität Leuven. Nach dem Ersten Weltkrieg studierte er Physik, Mathematik und Theologie. 1923 wurde er zum Priester geweiht und studierte danach in Cambridge und in den USA Astronomie. Nach seiner Rückkehr nach Leuven als Dozent entwickelte er die Theorie eines expandierenden Universums, um die Rotverschiebung der extragalaktischen Nebel zu erklären. Er veröffentlichte seine Ideen 1927 in einer unbedeutenden belgischen Zeitschrift, doch erst als er 1931 zusammen mit Arthur Eddington eine englische Übersetzung anfertigte, wurde seine Theorie endlich wahrgenommen. Ihre Bestätigung durch die Entdeckung der kosmischen Hintergrundstrahlung hat er noch erlebt.

Hauptwerke

1927 *Un univers homogène de masse constante et de rayon croissant*
1935 *L'Expansion de l'univers* (Artikel zu einer Konferenz im Dezember 1934)

Die Allgemeine Relativitätstheorie bringt Lemaître zu der Vorhersage, dass **das Universum sich ausdehnt.**

Hubble weist die **kosmische Expansion** nach.

Lemaître stellt die Theorie auf, dass sich das **Universum aus einem »Uratom« entwickelt** habe. Diese Vorstellung wird später als »Urknall« bezeichnet.

Die Entdeckung der **kosmischen Mikrowellen-Hintergrundstrahlung** bestätigt die Urknalltheorie.

Der Radius des Raums war anfangs null.

Idee eines ewigen Universums ohne Anfang und ohne Ende an. Die Idee eines festen Ausgangspunkts (zumal wenn sie von einem katholischen Priester kam) schien der Kosmologie ein unnötig religiöses Moment hinzuzufügen.

Hubbles Beobachtungen waren jedoch unwiderlegbar. Nun brauchte man dringend ein Modell zur Erklärung des expandierenden Universums. Ab etwa 1930 entstanden mehrere Theorien, doch in den späten 1940er-Jahren waren nur noch zwei übrig – Lemaîtres Uratom und das konkurrierende »Steady State«-Modell, bei dem für die Expansion kontinuierlich neue Materie entsteht. Dessen wichtigster Vertreter, der britische Astronom Fred Hoyle, tat die konkurrierende Theorie 1949 verächtlich als *Big Bang* (»Urknall«) ab – und dieser Name blieb haften.

Entstehung der Elemente

Nach Hoyles unbeabsichtigter Taufe wurde ein überzeugender Beweis zugunsten von Lemaîtres Hypothese veröffentlicht, der ein Steady-State-Universum unwahrscheinlicher machte. In dem Aufsatz *The Origin of Chemical Elements* (Ursprung der chemischen Elemente) beschrieben die Amerikaner Ralph Alpher und George Gamow, wie laut Einsteins Gleichung $E = mc^2$ subatomare Teilchen und leichte chemische Elemente aus der schieren Energie des Urknalls entstanden sein konnten. Doch diese Theorie der Nukleosynthese erklärte nur die Entstehung der vier leichtesten Elemente (Wasserstoff, Helium, Lithium und Beryllium). Erst später wurde klar, dass die schwereren Elemente durch stellare Nukleosynthese (ein Prozess, der im Inneren der Sterne abläuft) entstehen. Ironischerweise wurden die Belege dafür ausgerechnet von Fred Hoyle entdeckt.

Dennoch gab es weiterhin keine direkten, durch Beobachtung gestützten Beweise für die Urknall- oder für die Steady-State-Theorie. Frühe Versuche, beide Theorien zu überprüfen, wurden in den 1950er-Jahren in Cambridge mit einem Radioteleskop unternommen. Sie beruhten auf einem einfachen Prinzip: Wenn die Steady-State-Theorie stimmte, dann musste das Universum im Wesentlichen zeitlich und räumlich

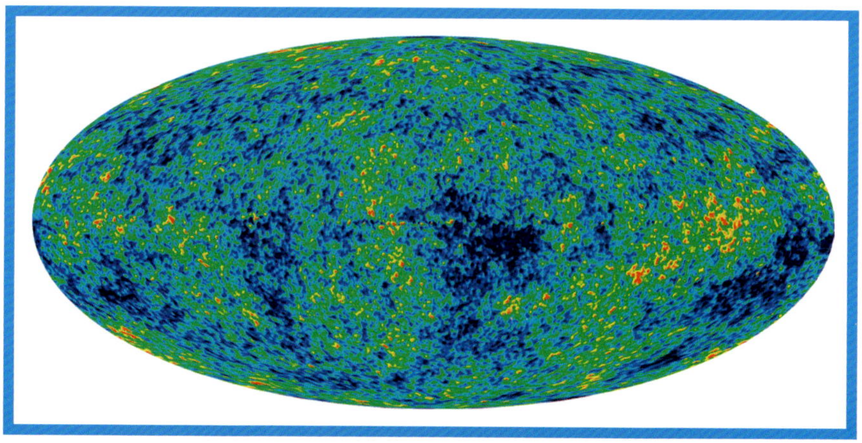

Winzige Variationen wurden in der kosmischen Hintergrundstrahlung entdeckt: Die Farbunterschiede in diesem Bild zeigen Temperaturdifferenzen von weniger als 400 Millionstel Grad.

Arno Penzias und Robert Wilson entdeckten die Hintergrundstrahlung durch Zufall. Zuerst glaubten sie, die Interferenzen würden durch Vogelkot auf ihrer Radioantenne verursacht.

gleichförmig sein. Wenn es aber, wie die Urknalltheorie behauptete, vor 10–20 Mrd. Jahren entstanden war und sich in seiner Geschichte verändert hatte, dann mussten die entfernten Ecken des Universums, deren Strahlung einige Milliarden Jahre bis zur Erde gebraucht hatten, entschieden anders aussehen. (Wir sehen entfernte Himmelsobjekte in einem zeitlich weit zurückliegenden Zustand, weil das Licht so lange zu uns unterwegs ist.) Ermittelte man die Anzahl der Galaxien, die Strahlung oberhalb einer bestimmten Helligkeit emittierten, müsste man zwischen den beiden Szenarien unterscheiden können.

Das erste der Cambridger Experimente lieferte ein Ergebnis, das die Urknalltheorie zu stützen schien. Allerdings hatte es Probleme mit den Radiodetektoren gegeben, sodass die Ergebnisse verworfen werden mussten. Spätere Ergebnisse waren zweifelhaft.

Echo des Urknalls

Zum Glück löste sich die Frage bald auf andere Weise. Schon 1948 hatten Alpher und sein Kollege Robert Herman gemeint, der Urknall müsse einen verbleibenden Hitzeeffekt im ganzen Universum hinterlassen haben. Der Theorie zufolge hatte sich das Universum im Alter von etwa 380 000 Jahren so weit abgekühlt, dass es transparent wurde. Damit konnten sich Photonen erstmals frei im Raum bewegen. Die damals existierenden Photonen bewegen sich noch heute, sind aber mit der Expansion des Raumes immer »roter« geworden. 1964 begann Robert Dicke mit seinem Team in Princeton, ein Radioteleskop zu bauen, das dieses schwache Signal auffangen konnte. Sie glaubten, es müsse sich dabei um eine Form niederenergetischer Radiowellen handeln. Doch der Nachweis gelang Arno Penzias und Robert Wilson, zwei Ingenieuren an den nahe gelegenen Bell Telephone Laboratories. Penzias und Wilson hatten ein Radioteleskop für die Satellitenkommunikation gebaut, das aber durch ein nicht zu eliminierendes Hintergrundsignal gestört wurde. Es schien aus allen Himmelsrichtungen zu kommen und entsprach der Mikrowellenemission eines Körpers mit einer Temperatur von 3,5 K, also 3,5 °C über dem absoluten Temperaturnullpunkt. Als die Bell-Leute Dicke um Hilfe baten, erkannte der, dass sie das Echo des Urknalls aufgespürt hatten – heute spricht man von kosmischer Mikrowellen-Hintergrundstrahlung.

Mit der Entdeckung, dass die Hintergrundstrahlung das Universum durchdringt – etwas, was die Steady-State-Theorie nicht erklären konnte –, war der Fall zugunsten der Urknalltheorie entschieden. Spätere Messungen haben gezeigt, dass die Hintergrundstrahlung einer Durchschnittstemperatur von 2,73 K entspricht, und hochgenaue Satellitenmessungen wiesen winzige Variationen im Signal nach, aus denen man auf den Zustand des Universums 380 000 Jahre nach dem Urknall schließen kann.

Weitere Entwicklungen

Obwohl sich die Urknalltheorie als im Prinzip richtig herausgestellt hat, wurde sie seit den 1960er-Jahren mehrfach an unsere wachsenden Kenntnisse des Universums angepasst. Die wichtigsten Änderungen sind die Einführung von Dunkler Materie und Dunkler Energie sowie die Hinzufügung eines gewaltigen Wachstumsschubs sofort nach der Entstehung, die sogenannte Inflation. Die Ursachen für den Urknall liegen außerhalb unserer Reichweite, doch nach Messungen zur Geschwindigkeit der kosmischen Expansion, etwa mit dem Hubble-Weltraumteleskop, können wir das Alter des Universums auf ziemlich genau 13,798 Mrd. Jahre festlegen (± 37 Mio. Jahre). Über die Zukunft des Universums gibt es verschiedene Theorien. Viele davon besagen, dass es sich weiter ausdehnen wird, bis es in etwa 10^{100} Jahren einen Zustand des thermodynamischen Gleichgewichts erreicht (einen »Wärmetod«), in dem die gesamte Materie sich in kalte, subatomare Teilchen zerlegt hat. ■

JEDES MATERIE-TEILCHEN HAT EIN GEGENSTÜCK AUS ANTIMATERIE

PAUL DIRAC (1902–1984)

IM KONTEXT

GEBIET
Physik

FRÜHER
1925 Werner Heisenberg, Max Born und Pascual Jordan entwickeln die Matrizenmechanik zur Beschreibung des wellenartigen Verhaltens von Teilchen.

1926 Erwin Schrödinger entwickelt eine Wellenfunktion, um die zeitliche Änderung eines Elektrons zu beschreiben.

SPÄTER
1932 Die Existenz des Positrons (Antiteilchen des Elektrons) wird von Carl Anderson bestätigt.

1940er-Jahre Richard Feynman, Sin-Itiro Tomonaga und Julian Schwinger entwickeln die Quantenelektrodynamik (Theorie für die Wechselwirkung zwischen Licht und Materie), die Quanten- und Spezielle Relativitätstheorie vereint.

Dirac erweitert Schrödingers **Wellengleichung,** um **relativistische Effekte** zu berücksichtigen.

↓

Diracs **neue Gleichung** sagt die Existenz von **Antimaterie** voraus.

↓

Die **Antimaterie** wird in den Folgejahren **nachgewiesen.** Somit wird Diracs Vorhersage bestätigt.

↓

Jedes Materieteilchen hat ein Gegenstück aus Antimaterie.

Der englische Physiker Paul Dirac leistete in den 1920er-Jahren bedeutende theoretische Beiträge zur Quantenphysik, am bekanntesten ist er aber wohl für die mathematische Vorhersage der Antiteilchen.

Dirac absolvierte ein Aufbaustudium in Cambridge, als er Werner Heisenbergs bahnbrechende Arbeit über die Matrizenmechanik las, die beschrieb, wie Teilchen von einem Quantenzustand in einen anderen springen. Als einer von sehr wenigen verstand Dirac die komplizierte Mathematik, und er bemerkte Parallelen zwischen Heisenbergs Gleichungen und einer klassischen (nicht quantenphysikalischen) Theorie der Teilchenbewegung, der sogenannten Hamilton-Mechanik. Daraus entwickelte Dirac ein Verfahren, klassische Systeme auf Quantenniveau zu erklären.

Ein frühes Ergebnis seiner Arbeit war die Ableitung des sogenannten Quantenspins. Dirac formulierte eine Reihe von Regeln, die heute als »Fermi-Dirac-Statistik« bezeichnet werden (da sie unabhängig auch von Enrico Fermi gefunden wurden). Dirac nannte Teilchen wie das Elektron mit halbzahligem Spin »Fermionen« (nach

Siehe auch: James Clerk Maxwell 182–187 ▪ Albert Einstein 218–225 ▪ Erwin Schrödinger 232–239 ▪ Werner Heisenberg 242–243 ▪ Richard Feynman 284–285

Fermi). Die Regeln beschreiben die Wechselwirkung der Fermionen untereinander. 1926 berechnete Diracs Doktorvater Ralph Fowler mit der Statistik das Verhalten von kollabierenden Sternen und erklärte die Entstehung von superdichten Sternen, den Weißen Zwergen.

Quantenfeldtheorie

Die Schulphysik beschäftigt sich fast ausschließlich mit den Eigenschaften und der Dynamik einzelner Teilchen und Körper unter dem Einfluss von Kräften, doch ein höheres Verständnis erreicht man durch sogenannte Feldtheorien. Felder beschreiben, wie Kräfte durch den Raum wirken. Die Bedeutung von Feldern als eigenständige Einheiten wurde zuerst im 19. Jahrhundert von James Clerk Maxwell erkannt, als er seine Theorie der elektromagnetischen Strahlung entwickelte. Auch Einsteins Allgemeine Relativitätstheorie ist ein Beispiel für eine Feldtheorie.

Diracs neue Interpretation der Quantenwelt war eine Quantenfeldtheorie. Damit erstellte er 1928 eine relativistische Version der Schrödinger-Gleichung für das Elektron, mit der er die Effekte von Teilchen nahe der Lichtgeschwindigkeit berücksichtigen und somit die Quantenwelt genauer beschreiben konnte, als es mit Schrödingers ursprünglicher (nicht-relativistischer) Gleichung möglich war. Diese »Dirac-Gleichung« sagte auch die Existenz von Teilchen mit identischen Eigenschaften wie Materieteilchen voraus, nur mit entgegengesetzter elektrischer Ladung. Sie wurden als »Antimaterie« bezeichnet, ein Begriff, der in wilden Spekulationen seit dem späten 19. Jahrhundert kursierte.

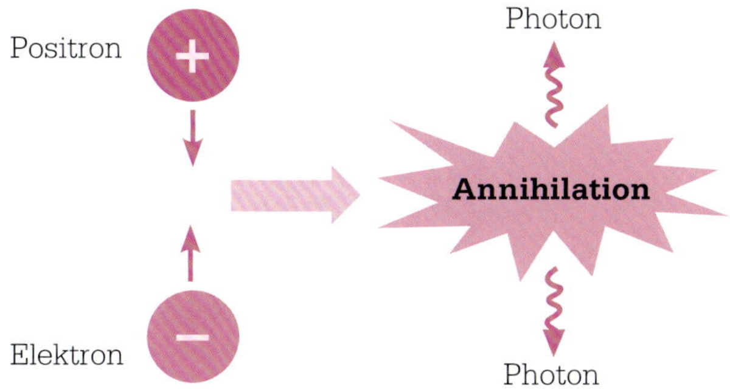

Trifft ein Teilchen auf sein Antiteilchen, dann »annihilieren« sie einander: Sie zerstrahlen mit einem Lichtblitz. Ihre Masse wandelt sich dabei in Photonen um, deren Energie sich nach der Gleichung $E = mc^2$ berechnen lässt.

Das Antielektron (Positron) wurde 1932 von dem amerikanischen Physiker Carl Anderson entdeckt, erst in der kosmischen Strahlung (hochenergetische Teilchen aus dem Weltall) und dann bei einigen Arten des radioaktiven Zerfalls. Die Antimaterie wurde Gegenstand intensiver physikalischer Forschung und zu einem Lieblingskind der Science-Fiction-Autoren (insbesondere, weil sie beim Kontakt mit normaler Materie »zerstrahlt«). Wichtiger aber ist, dass Diracs Quantenfeldtheorie den Grundstein für die Theorie der Quantenelektrodynamik legte, die eine Generation später zur Blüte kam. ■

Paul Dirac

Dirac war ein wahres mathematisches Genie. Für seine zahlreichen Beiträge zur Quantenphysik erhielt er 1933 zusammen mit Erwin Schrödinger den Nobelpreis für Physik. Er wurde als Sohn eines Vaters aus der Schweiz und einer englischen Mutter in Bristol geboren, studierte dort Elektrotechnik und Mathematik und setzte seine Studien dann in Cambridge fort, wo ihn sowohl die Relativitäts- als auch die Quantentheorie faszinierten. Nach seinen bahnbrechenden Arbeiten zur Quantenmechanik Mitte der 1920er-Jahre arbeitete er in Göttingen und Kopenhagen, bevor er 1932 einen Mathematik-Lehrstuhl in Cambridge übernahm. Im Lauf seiner späteren Karriere konzentrierte er sich auf die Quantenelektrodynamik. Außerdem versuchte er, mäßig erfolgreich, die Quantentheorie mit der Allgemeinen Relativitätstheorie zu vereinen.

Hauptwerke

1930 *Die Prinzipien der Quantenmechanik*
1966 *Lectures on Quantum Field Theory*

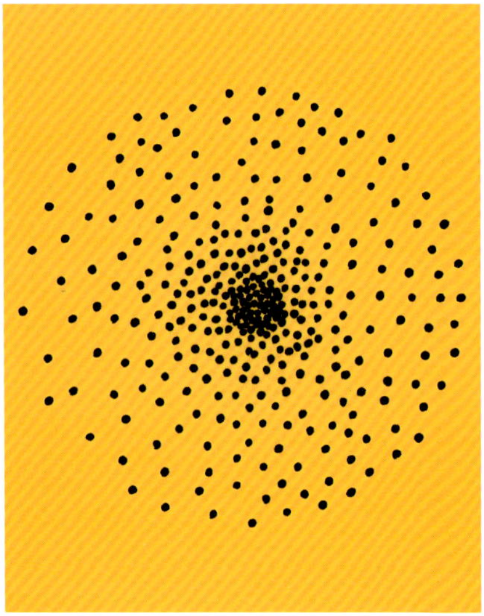

ES GIBT EINE OBERGRENZE, AB DER EIN KOLLABIERENDER STERN INSTABIL WIRD

SUBRAHMANYAN CHANDRASEKHAR (1910–1995)

IM KONTEXT

GEBIET
Astrophysik

FRÜHER
19. Jh. Astronomen entdecken einen Stern mit weit mehr Masse, als seine winzige Größe nahelegt – einen Weißen Zwerg.

SPÄTER
1934 Fritz Zwicky und Walter Baade erklären die Supernovae als das Ende von schweren Sternen, bei deren Kollaps ein Neutronenstern entsteht.

1967 Anthony Hewish und Jocelyn Bell empfangen pulsierende Radiosignale von einem heute als »Pulsar« bezeichneten Objekt – ein schnell rotierender Neutronenstern.

1971 Man erkennt, dass Röntgenemissionen von der Quelle Cygnus X-1 von heißem Material ausgehen, das möglicherweise auf ein Schwarzes Loch zutrudelt – die erste Beobachtung eines solchen Objekts.

Die neue Quantenphysik der 1920er-Jahre hatte auch Folgen für die Astronomie. Dort wandte man sie auf superdichte Sterne an. Diese Weißen Zwerge sind die ausgebrannten Kerne von sonnenähnlichen Sternen, die unter der eigenen Gravitation auf ein Objekt von Erdgröße kollabiert sind. 1926 erklärten Ralph Fowler und Paul Dirac den Stopp des Kollaps bei dieser Größe mit dem »Elektronenentartungsdruck«, der entsteht, wenn Elektronen so dicht zusammengedrängt werden, dass Paulis Ausschlussprinzip (S. 227) – zwei Teilchen können nicht denselben Quantenzustand einnehmen – eine Rolle spielt.

Schwarze Löcher

1930 leitete der indische Astrophysiker Subrahmanyan Chandrasekhar eine Obergrenze für die Masse eines Sternes hier, oberhalb derer die Gravitation den Elektronenentartungsdruck übersteigt. Der Stern kollabiert dann zu einem punktförmigen Etwas im Raum, einer Singularität, und es entsteht ein Schwarzes Loch. Diese »Chandrasekhar-Grenze« liegt, wie man heute weiß, beim 1,44-Fachen der Masse unserer Sonne. Es gibt jedoch ein Zwischenstadium zwischen Weißen Zwergen und Schwarzen Löchern – die Neutronensterne mit rund 20 km Durchmesser. Sie werden durch einen anderen Quanteneffekt stabilisiert, den »Neutronenentartungsdruck«. Schwarze Löcher entstehen nur, wenn ein Neutronenstern mehr als etwa 1,5 bis 3 Sonnenmassen hat. ■

» Die Schwarzen Löcher der Natur sind die vollkommensten makroskopischen Objekte im Universum. «

Subrahmanyan Chandrasekhar

Siehe auch: John Michell 88–89 ■ Albert Einstein 218–225 ■ Paul Dirac 254–255 ■ Fritz Zwicky 258–259 ■ Stephen Hawking 318

LEBEN IST LERNEN

KONRAD LORENZ (1903–1989)

IM KONTEXT

GEBIET
Biologie

FRÜHER
1872 Charles Darwin beschreibt erworbenes Verhalten in *Der Ausdruck der Gemütsbewegungen bei dem Menschen und den Tieren*.

1873 Douglas Spalding unterscheidet zwischen angeborenem und erlerntem Verhalten von Vögeln.

um 1890 Der russische Physiologe Iwan Pawlow kann Hunde in einer einfachen Form des Lernens konditionieren.

SPÄTER
1976 In seinem Buch *Das egoistische Gen* beschreibt der britische Evolutionsbiologe Richard Dawkins die Rolle der Gene für unser Verhalten.

Seit 2000 Forschungsergebnisse deuten immer mehr auf die Bedeutung des Lernens bei vielen Tierarten hin, von Insekten bis zu Killerwalen.

Als einer der Ersten führte im 19. Jahrhundert der englische Biologe Douglas Spalding Versuche zum Tierverhalten durch. Nach herrschender Ansicht war das komplexe Verhalten der Vögel erlernt, doch Spalding hielt es für angeboren: Es wurde vererbt und war im Wesentlichen »fest verdrahtet«, etwa die Anlage einer Henne, ihre Eier zu bebrüten.

In der modernen Ethologie (Verhaltensforschung) gilt der allgemein akzeptierte Grundsatz, dass das Verhalten sowohl erlernte als auch angeborene Komponenten hat: Angeborenes Verhalten ist schematisch, kann sich aber, weil vererbt, durch Evolution verändern, während erlerntes Verhalten sich durch eigene Erfahrungen ändert.

Prägung von Gänsen

Ab etwa 1930 befasste sich der österreichische Biologe Konrad Lorenz mit einer erlernten Verhaltensform, die er »Prägung« nannte. Er untersuchte, wie Graugänse in einer bestimmten Phase nach dem Schlüpfen auf den ersten bewegten Reiz geprägt werden, den sie sehen – normalerweise die Mutter. Deren Beispiel löst dann beim Nachwuchs ein instinktives Verhalten aus, die »Erbkoordination«.

Diese Kraniche und Gänse wurden von dem französischen Ornithologen Christian Moullec aufgezogen und sind auf ihn geprägt. Mit seinem Ultraleichtflugzeug zeigt er ihnen ihre Zugroute.

Lorenz zeigte dies an Gänseküken, die auf ihn geprägt waren und ihm überallhin folgten. Sie ließen sich aber auch auf Gegenstände prägen und folgten dann etwa einer Modelleisenbahn auf ihrer Kreisbahn. Lorenz erhielt 1973 zusammen mit dem niederländischen Biologen Nikolaas Tinbergen den Nobelpreis für Physiologie. ■

Siehe auch: Charles Darwin 144–151 ▪ Gregor Mendel 168–173 ▪ Thomas Hunt Morgan 230–231

95 PROZENT DES UNIVERSUMS FEHLEN

FRITZ ZWICKY (1898–1974)

IM KONTEXT

GEBIET
Physik und Kosmologie

FRÜHER
1929 Hubble zeigt, dass das Universum sich ausdehnt und dass die Galaxien sich umso schneller von uns fort bewegen, je weiter sie entfernt sind (»Hubble-Fluss«).

SPÄTER
1950er-Jahre George Abell erstellt den ersten detaillierten Katalog für Galaxienhaufen. Spätere Untersuchungen von Galaxienhaufen haben die Existenz der Dunklen Materie immer wieder bestätigt.

ab etwa 1950 bis heute Verschiedene Urknall-Modelle besagen, dass weit mehr Materie entstanden sein muss, als heute sichtbar ist.

1975 Vera Rubin misst, dass in Spiralgalaxien die meisten Sterne gleich schnell kreisen. Ein Großteil der Materie muss also unsichtbar (»dunkel«) sein.

Die Vorstellung, das Universum könne von etwas anderem als der sichtbaren, leuchtenden Materie dominiert werden, stammt von dem Schweizer Astronomen Fritz Zwicky. Um 1922/23 hatte Edwin Hubble erkannt, dass »Nebel« eigentlich weit entfernte Galaxien sind. Ein Jahrzehnt später wollte Zwicky die Gesamtmasse des Coma-Galaxienhaufens messen. Mit dem Virialsatz als mathematischem Modell konnte er die Gesamtmasse aus den Relativgeschwindigkeiten der einzelnen Galaxien in dem Haufen bestim-

Das **Universum dehnt sich** mit steigender Geschwindigkeit **aus.**

Die Expansion wird durch **Dunkle Energie** verursacht, die **68,3 % aller Energie** ausmacht.

Die **Außenbereiche der Galaxien rotieren weit schneller,** als sie ihrer sichtbaren Masse nach sollten.

Es muss also **zusätzliche, verborgene Masse** geben, um die schnelle Rotation zu erklären.

Diese zusätzliche Masse wird als **Dunkle Materie** bezeichnet. Sie macht **26,8 % aller Energie** aus.

Nur 4,9 % der Energie des Universums gehen auf die **sichtbare Materie** zurück.

Siehe auch: Edwin Hubble 244–249 ▪ Georges Lemaître 250–253

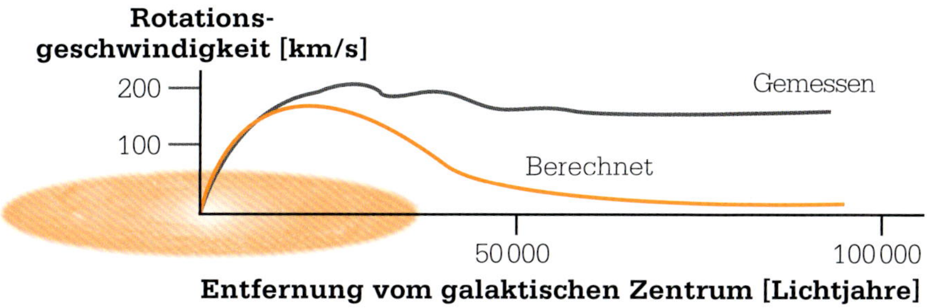

Würde die Massenverteilung in unserer Galaxie der Verteilung der sichtbaren Materie entsprechen, müssten sich die Sterne im Außenbereich langsamer bewegen. Vera Rubin stellte aber fest, dass sich die Sterne ab einer bestimmten Entfernung gleichförmig schnell bewegen, unabhängig vom Abstand zum massereichen Zentrum. Es muss also im galaktischen Halo Dunkle Materie geben.

men. Zu Zwickys Überraschung zeigten die Ergebnisse, dass der Haufen etwa 400-mal mehr Masse enthielt, als das gesamte Licht seiner Sterne nahelegte. Er nannte die fehlende Masse »Dunkle Materie«.

Zwickys Arbeit wurde seinerzeit kaum beachtet, doch in den 1950er-Jahren hatten sich neue technische Möglichkeiten zum Nachweis nicht leuchtender Materie ergeben. Offenbar sind große Teile der Materie zu kalt, um Strahlung im sichtbaren Bereich zu emittieren, doch sie strahlen im Infrarot- und im Radiobereich. Als der sichtbare und unsichtbare Aufbau der Galaxien klarer wurde, sank der Anteil der »fehlenden Masse« erheblich.

Das Unsichtbare ist real

Dass Dunkle Materie existiert, wurde in den 1970er-Jahren entdeckt, nachdem die amerikanische Astronomin Vera Rubin die Umlaufgeschwindigkeit von Sternen in Spiralgalaxien untersucht und die Massenverteilung gemessen hatte. Demnach befinden sich große Teile der Masse jenseits der sichtbaren Galaxiengrenze im sogenannten galaktischen Halo. Diese Dunkle Materie macht etwa 84,5 Prozent der Masse des Universums aus. Die Hoffnung, es könnte sich um normale, wenn auch schwer nachzuweisende Materie handeln, etwa Schwarze Löcher, ließ sich nicht bestätigen. Man glaubt heute, dass die Dunkle Materie aus schwach wechselwirkenden schweren Teilchen besteht (*Weakly Interacting Massive Particles*, kurz WIMPs). Ihre Eigenschaften sind noch unbekannt: Sie sind nicht nur dunkel und transparent, sondern sie zeigen auch keinerlei Wechselwirkung mit normaler Materie oder Strahlung außer durch Gravitation.

Seit Ende der 1990er-Jahre ist klar, dass die Dunkle Materie von der »Dunklen Energie« noch übertroffen wird. Sie ist die Kraft, die die Expansion des Universums beschleunigt (S. 244–249). Genaueres ist unbekannt: Es könnte sich um ein Merkmal der Raumzeit selbst oder um eine fünfte grundlegende Kraft (die »Quintessenz«) handeln. Die Dunkle Energie soll 68,3 Prozent aller Energie des Universums ausmachen, die Energie der Dunklen Materie 26,8 Prozent und die der normalen Materie nur 4,9 Prozent. ■

Fritz Zwicky

Zwicky wurde 1898 im bulgarischen Varna geboren, wuchs aber bei den Großeltern in der Schweiz auf und zeigte schon früh physikalische Begabung. 1925 ging er ans California Institute of Technology (CalTech) in den USA und arbeitete dort bis zum Ende seiner Laufbahn.

Neben seinen Forschungen über Dunkle Materie untersuchte Zwicky auch die Explosion schwerer Sterne. Zusammen mit Walter Baade zeigte er die Existenz von Neutronensternen und prägte den Begriff »Supernova« für die enormen Sternexplosionen, in denen derart massereiche Sternreste entstehen. Mit seiner Erkenntnis, dass eine Klasse von Supernovae bei der Explosion immer dieselbe Spitzenhelligkeit erreicht, wurde es möglich, den Abstand zu weit entfernten Galaxien auch unabhängig vom Hubble'schen Gesetz zu bestimmen. Dies bahnte den Weg für die spätere Entdeckung der Dunklen Energie.

Hauptwerke

1934 *On Supernovae* (mit Walter Baade)
1957 *Morphological Astronomy*

EINE UNIVERSELLE RECHENMASCHINE

ALAN TURING (1912–1954)

IM KONTEXT

GEBIET
Informatik

FRÜHER
1906 Lee De Forest erfindet die Dreielektrodenröhre, den Hauptbestandteil der frühen elektronischen Computer.

1928 David Hilbert formuliert das »Entscheidungsproblem«: Können Algorithmen mit jeder Art von Input arbeiten?

SPÄTER
1943 Die Briten setzen die ersten »Colossus«-Röhrencomputer, die auf Turings Ideen basieren, zur Entschlüsselung deutscher Nachrichten ein.

1945 John von Neumann erklärt die logische Struktur (Architektur) moderner Computer mit Speicherprogramm.

1946 Der erste programmierbare elektronische Allzweckcomputer ENIAC, der teilweise auf Turings Konzepten beruht, wird vorgestellt.

Der britische Mathematiker Alan Turing gilt als einer der Väter der Informatik, obwohl seine Arbeit lange vor dem Bau der ersten Maschine begann, die man heute als Computer erkennen würde.

Während seiner Arbeit an logischen Problemen als Mathematikstudent am King's College in Cambridge verfasste Turing 1936 eine bahnbrechende Abhandlung mit dem Titel *On Computable Numbers, with Application to the Entscheidungsproblem.* Darin lieferte er nicht nur einen Beweis für das Entscheidungsproblem (eine

Siehe auch: Charles Babbage und Ada Lovelace 126–127 ▪ Donald Michie 298–299 ▪ Yuri Manin 321

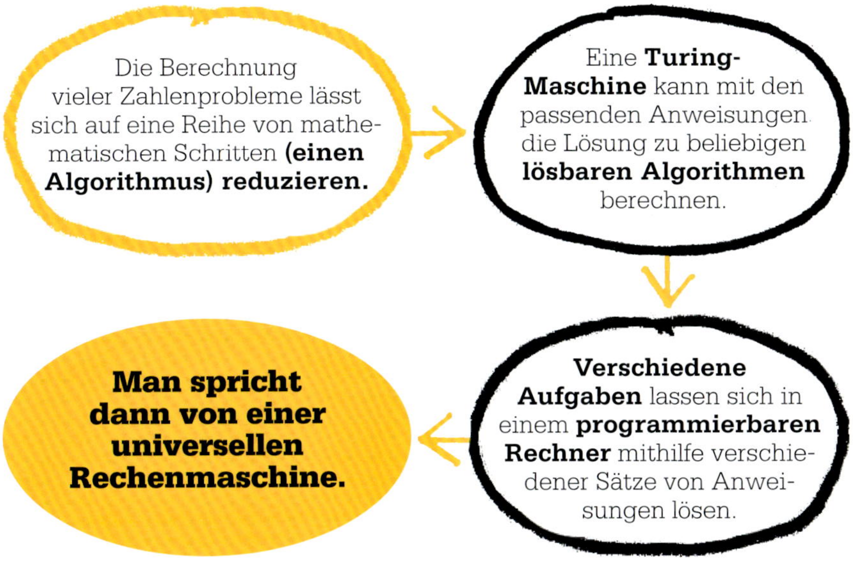

berühmte Herausforderung der mathematischen Logik), sondern konzipierte für die Lösung auch eine »universelle Rechenmaschine« und zeigte, dass sie in der Lage wäre, jedes lösbare Problem nach einem einfachen Regelwerk zu lösen. Ein System, das dies schafft, nennt man »Turing-vollständig«.

Turing-Maschinen

Wenn Sie 1000 Zufallszahlen (z. B. 520, 74, 2395, 4, 999, …) der Größe nach ordnen müssten, könnte eine automatische Prozedur helfen: **A** Vergleiche das erste Zahlenpaar. **B** Ist die zweite Zahl kleiner, vertausche die Zahlen und gehe zurück zu A. Ist sie gleich oder höher, gehe zu C. **C** Mache aus der zweiten Zahl des letzten Paares die erste eines neuen Paares. Wenn es eine nächste Zahl gibt, mache aus ihr die zweite Zahl des Paares und gehe zu B. Gibt es keine nächste Zahl, **höre auf.** Eine solche Reihe von Anweisungen ist ein Algorithmus. Er beginnt mit einer Startbedingung (Zustand), empfängt Daten (Input), führt sich selbst aus und produziert ein Ergebnis (Output).

Diese heute jedem Programmierer vertraute Idee wurde in Turings Artikel von 1936 formalisiert. Seine Arbeit war anfangs eine rein theoretische Übung in Logik. Er wollte die Aufgabe in ihre einfachste, automatisierte Form bringen.

Um sich die Situation vorzustellen, entwarf Turing eine hypothetische Maschine, bestehend aus einem langen, in Quadrate eingeteilten Papierstreifen mit einem Symbol in jedem Quadrat und einem Lese-Schreib-Kopf. Mit Anweisungen in Form einer Tabelle von Regeln liest der Kopf das Symbol auf dem jeweiligen Quadrat und verarbeitet es den Regeln entsprechend, indem er es löscht und ein neues druckt oder es unverändert lässt. Dann bewegt sich der Kopf um ein Quadrat nach rechts oder links und wiederholt die Prozedur. Jedes Mal ergibt sich ein neuer »

Alan Turing

Turing wurde 1912 in London geboren und studierte in Cambridge Mathematik. Zwischen 1936 und 1938 war er in Princeton, und dort entstanden seine Theorien über eine allgemeine Rechenmaschine.

Im Zweiten Weltkrieg entwarf Turing die »Turing-Bombe«, einen voll funktionsfähigen Computer, der die deutschen Codes knackte. Turing hatte auch Interesse an der Quantentheorie und an Mustern und Formen in der Biologie. 1945 ging er an das National Physical Laboratory in London, später nach Manchester, um weiter an Computerprojekten zu arbeiten. 1952 wurde er wegen homosexueller Handlungen (damals strafbar) verurteilt. Zwei Jahre später starb er an einer Cyanidvergiftung – eher ein Selbstmord als ein Unfall. 2013 wurde Turings Verurteilung durch königlichen Erlass aufgehoben.

Hauptwerke

1936 *On Computable Numbers*
1939 *Report on Applications of Probability to Cryptography*
1950 *Computing Machinery and Intelligence*
1952 *The Chemical Basis of Morphogenesis*

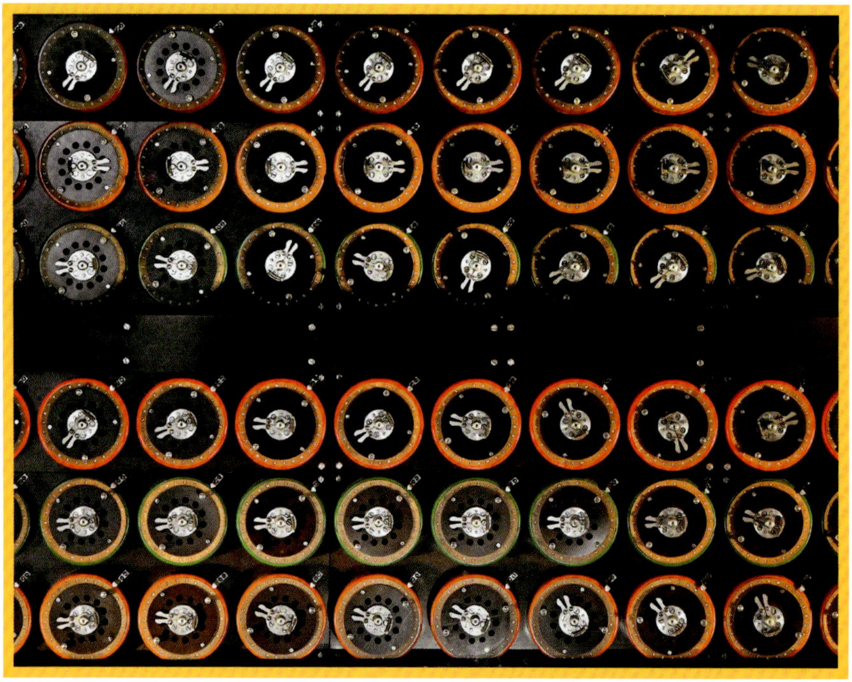

Die Bombe hatte drei Sätze rotierender Trommeln: je einen Satz für jeden Rotor der Enigma. So ließ sich ermitteln, mit welcher Enigma-Einstellung eine Nachricht verschlüsselt war.

Zustand der Maschine mit einer neuen Folge von Symbolen.

Der Prozess ist mit dem obigen Sortieralgorithmus vergleichbar. Ein solcher Algorithmus eignet sich aber nur für eine ganz bestimmte Aufgabe. Turing schwebte nun eine Reihe von Maschinen vor, jeweils mit bestimmten Anweisungen (Regeln) für verschiedene Aufgaben. Er sagte: »Wir müssen nur darauf achten, dass man die Regeln austauschen kann, dann haben wir etwas, was einer universellen Rechenmaschine sehr nahe kommt.«

Dieser heute als Universelle Turing-Maschine (UTM) bekannte Apparat hatte einen unendlichen Speicher für Anweisungen und Daten. Die UTM konnte daher jede Turing-Maschine simulieren. Was Turing als Austausch der Regeln bezeichnete, nennen wir heute programmieren. Damit führte Turing das Konzept des programmierbaren Computers mit Input, Datenverarbeitung und Output ein, der sich für viele Aufgaben eignet.

Den Code knacken

Zur Promotion verließ Turing Cambridge und ging an die Princeton University (USA). Neben der reinen Mathematik beschäftigte er sich mit Kryptografie (der Wissenschaft der verschlüsselten Kommunikation) und baute Teile eines elektromechanischen Rechengeräts.

Er kehrte 1938 nach Großbritannien zurück, das im Folgejahr in den Zweiten Weltkrieg eintrat. Zusammen mit vielen anderen Mathematikern wurde Turing rekrutiert, um in Bletchley Park in Buckinghamshire, dem Sitz der Government Code and Cypher School, deutsche Codes zu entziffern. Ein Großteil ihrer Arbeit konzentrierte sich auf die Enigma, eine Chiffrier-Maschine, mit der das deutsche Militär Nachrichten verschlüsselte. Mit einem elektromechanischen Rotormechanismus vertauschte sie die Buchstaben mit täglich wechselnden Schlüsseln.

Turing und seine Kollegen wurden umfassend vom polnischen Chiffrebüro unterstützt, das ihnen Details über die Rotoren der Enigma und ihre eigene Entzifferungsmethode (die auf einem von den Deutschen vorübergehend genutzten, unsicheren Verfahren beruhte) mitteilte. Damit entwickelten die britischen Codeknacker eine allgemeinere Methode. Neben anderen Leistungen entwarf Turing eine große, komplexe Maschine namens »Bombe«, eine Weiterentwicklung der »bomba kryptologiczna« des polnischen Chiffrebüros zum Knacken der Enigma.

Die Bombe wurde zu einem der wichtigsten Werkzeuge der Codeknacker, um ihre Entzifferungsmethode auf die verschlüsselten Nachrichten anzuwenden.Sie suchte nach allen möglichen Einstellungen, die die Enigma an diesem Tag verwendet haben könnte, und schloss dabei unmögliche Einstellungen aus (etwa die, bei denen ein Buchstabe in den gleichen Buchstaben codiert wurde, was die Enigma niemals tat). So brauchten

» Ein Computer würde es verdienen, intelligent genannt zu werden, wenn er einen Menschen glauben machen könnte, er sei ein Mensch. «

Alan Turing

die Codeknacker nur noch eine kleine Anzahl verbleibender möglicher Einstellungen genauer zu untersuchen.

»Elektronisches Gehirn«

Nach dem Krieg kehrte Turing nach London zurück und arbeitete am National Physical Laboratory an einem frühen Computer: der Automatic Computing Engine. Da seine Arbeit während des Krieges geheim bleiben musste, konnte Turing nicht vollständig erklären, wie künstliche Computer funktionieren könnten, was er als sehr frustrierend empfand. 1948 nahm er eine Stelle an der Victoria University of Manchester an (die später mit einem anderen Institut zur University of Manchester fusionierte) und arbeitete dort im Computing Machine Laboratory am Manchester Mark 1, einem der ersten speicherprogrammierbaren Computer, den die Zeitungen damals als »elektronisches Gehirn« bezeichneten.

Etwa zu dieser Zeit formulierte Turing seine Ideen über künstliche Intelligenz (KI). In seinem Aufsatz *Computing Machinery and Intelligence* von 1950 stellte er einen Test für KI vor, den man heute Turing-Test nennt. Er legt ein Kriterium fest, wann man eine Maschine als »intelligent« ansehen könnte.

Der Turing-Test ist von einem Partyspiel mit drei Spielern inspiriert: Spieler A (ein Mann), Spieler B (eine Frau) und Spieler C (ein Fragestellender beliebigen Geschlechts). C kann A und B weder sehen noch hören und kommuniziert mit ihnen nur über schriftliche Notizen. Durch geschicktes Fragen und Lesen der Antworten muss C erraten, wer der Mann und wer die Frau ist. A spielt gegen C, während B mit C spielt, und beide versuchen, C davon zu überzeugen, dass sie die Frau sind. Im Turing-Test sind A und B nun nicht ein Mann und eine Frau, sondern eine Maschine und ein Mensch. Turing schrieb: »Wir stellen nun die Frage: ›Was passiert, wenn eine Maschine die Rolle von A in diesem Spiel übernimmt?‹ Wird der Fragesteller bei dieser Variante ebenso oft falsch entscheiden wie bei einem Spiel mit einem Mann und einer Frau? Diese Fragen ersetzen unsere ursprüngliche Frage: ›Können Maschinen denken?‹«

Wenn Fragestellende nicht herausfinden, ob sie gegen eine Person oder einen Computer spielen, dann gilt der Computer als intelligent.

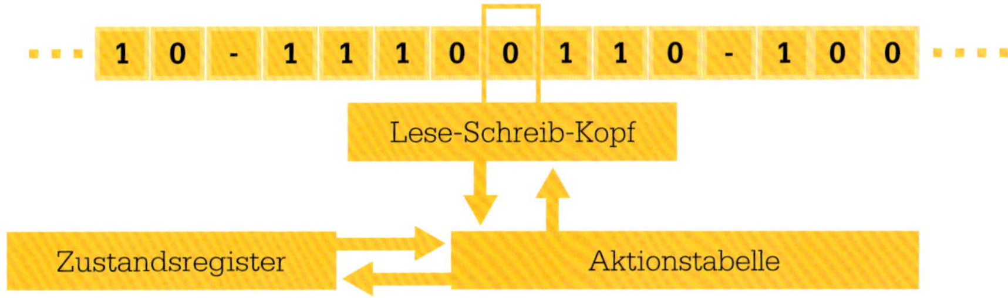

Eine Turing-Maschine ist ein mathematisches Modell eines Computers. Der Kopf liest eine Zahl auf dem unendlichen Band, schreibt eine neue Zahl darauf und bewegt sich dann nach den Regeln in der Aktionstabelle nach rechts oder links. Das Zustandsregister beobachtet die Änderungen und übergibt diesen Input zurück an die Aktionstabelle.

Vom Manchester Mark 1 wurde gesagt, er habe ein »elektronisches Gehirn«. Daraus ergab sich die weiterhin andauernde Debatte, ob Maschinen je echte Kreativität besitzen können.

Ende eines jungen Lebens

Turing arbeitete weiter an frühen »elektronischen Gehirnen« und schrieb u. a. ein Schachprogramm für einen (noch nicht existenten) Computer. Er beschäftigte sich auch mit Bereichen fernab der Informatik, etwa der Morphogenese, also der Entstehung von Mustern und Formen in biologischen Organismen, wie die Streifen eines Tigers. Diese erklärte er durch ein System aus miteinander reagierenden Chemikalien und er modellierte die Reaktionen sogar – allerdings gab es keinen Computer, der das Modell auch ausführen konnte.

Turing erlebte nicht mehr, wie die Computertechnik seine Vorstellungskraft einholte. 1952 begann er eine Beziehung mit einem anderen Mann, was den Strafverfolgungsbehörden auffiel. Da homosexuelle Handlungen damals strafbar waren, wurde er verhaftet und verurteilt. Er entschied sich für demütigende Hormonbehandlung anstelle einer Gefängnisstrafe und starb 1954 im Alter von 41 Jahren wohl durch Selbstmord. 2013 wurde er posthum rehabilitiert. Drei Jahre später wurde das »Alan-Turing-Gesetz« verabschiedet, das Männer, die in England und Wales wegen desselben Vergehens verurteilt worden waren, rückwirkend rehabilitierte. ■

DIE NATUR DER CHEMISCHEN BINDUNG

LINUS PAULING (1901–1994)

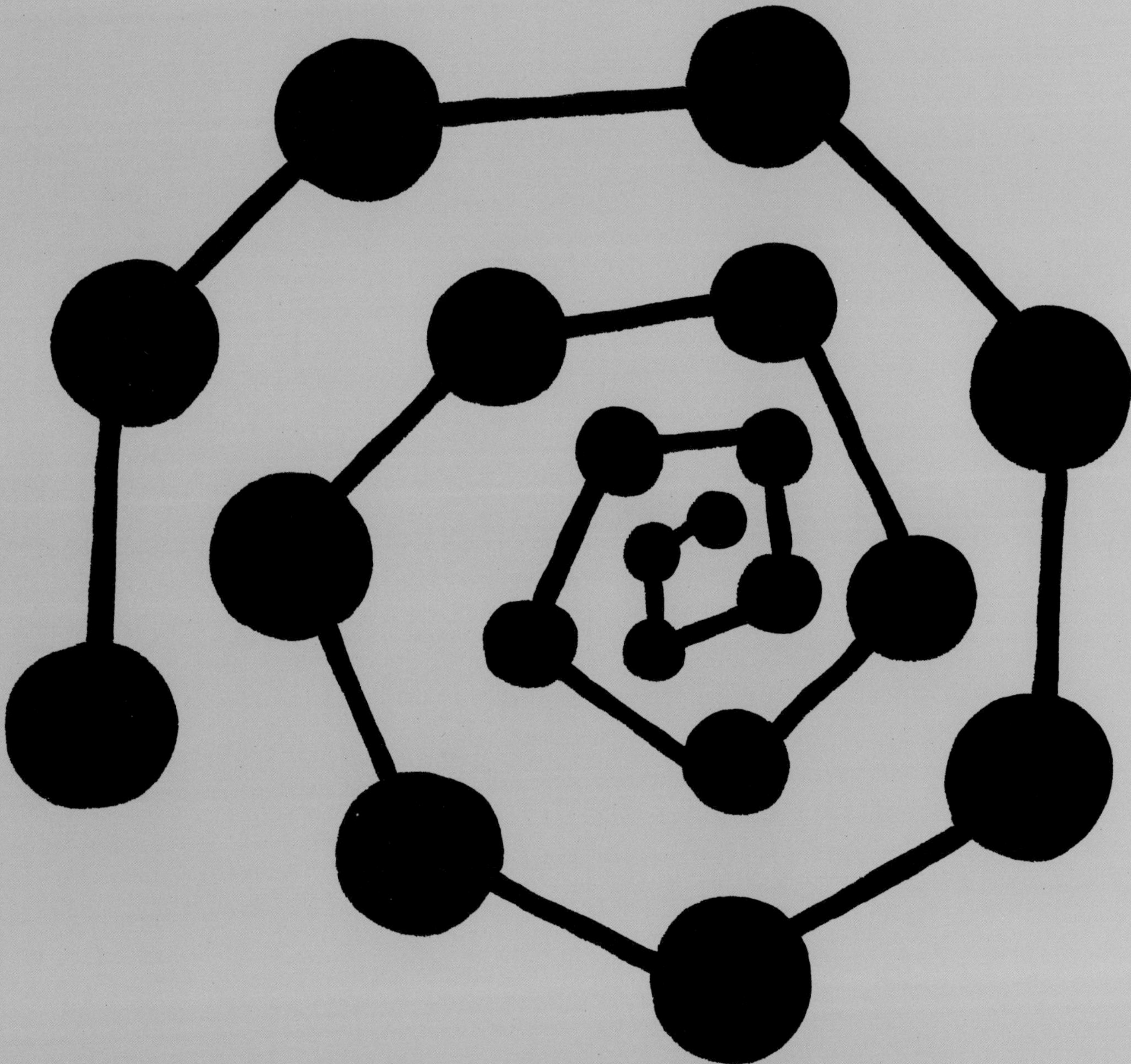

IM KONTEXT

GEBIET
Chemie

FRÜHER
1800 Alessandro Volta ordnet Metalle nach Elektropositivität.

1852 Laut Edward Frankland haben Atome eine bestimmte Verbindungsneigung, aus der die Formeln für die Verbindungen hervorgehen.

1858 Friedrich August Kekulé zeigt, dass das Kohlenstoffatom die Valenz vier hat – es bildet vier Bindungen mit anderen Atomen.

1916 Gilbert Lewis zeigt, dass eine kovalente Bindung aus einem Elektronenpaar besteht, das zwei Atome in einem Molekül gemeinsam nutzen.

SPÄTER
1938 Charles Coulson berechnet eine genaue Orbital-Wellenfunktion für das Wasserstoffmolekül.

In den späten 1920er- und frühen 1930er-Jahren erarbeitete der amerikanische Chemiker Linus Pauling in einer Reihe bahnbrechender Papiere eine quantenmechanische Erklärung für die Natur der chemischen Bindung. Pauling hatte Quantenmechanik bei Arnold Sommerfeld in München, bei Niels Bohr in Kopenhagen und bei Erwin Schrödinger in Zürich studiert. Er war bereits entschlossen, die Bindung innerhalb der Moleküle zu untersuchen, und erkannte, dass die Quantenmechanik ihm dazu das richtige Werkzeug bot.

Hybridisierung der Orbitale

Nach seiner Rückkehr in die USA stellte Pauling 1929 fünf Regeln zur Interpretation der Röntgenbeugungsmuster komplizierter Kristalle auf, die Pauling'schen Verknüpfungsregeln. Zudem befasste er sich mit der Bindung zwischen den Atomen in kovalenten Molekülen (in denen die Atome durch zwei gemeinsame Elektronen gebunden sind) organischer (kohlenstoffhaltiger) Verbindungen.

Ein Kohlenstoffatom hat insgesamt sechs Elektronen. Die ersten beiden heißen »1s-Elektronen«. Sie haben ein kugelförmiges Orbital (Schale) um den Kohlenstoffkern, vergleichbar einem Luftballon mit einem Golfball in der Mitte. Außerhalb der 1s-Schale ist eine weitere Schale mit den »2s-Elektronen«. Die 2s-Schale ist wie ein weiterer, größerer Ballon um den ersten. Schließlich kommen die »p-Orbitale« mit großen hervorstehenden Keulen zu beiden Seiten des Kerns. Das p*x*-Orbital liegt auf der *x*-Achse, dass p*y*-Orbital auf der *y*-Achse und das p*z*-Orbital auf der *z*-Achse. Die letzten beiden Elektronen des Kohlenstoffatoms besetzen zwei dieser Orbitale, etwa p*x* und p*y*.

Das quantenmechanische Bild der Elektronen behandelte die Orbits als »Wolken« von Wahrscheinlichkeitsdichten. Man stellte sich also Elektronen nicht mehr als Punkte vor, die sich auf bestimmten Bahnen bewegten. Stattdessen waren sie über die Orbits »verschmiert«. Dieses Bild erlaubte radikal neue Vorstellungen von chemischen Bindungen. Sie konnten nun entweder starke »Sigma«-Bindungen sein, in denen

Elektronenorbitale

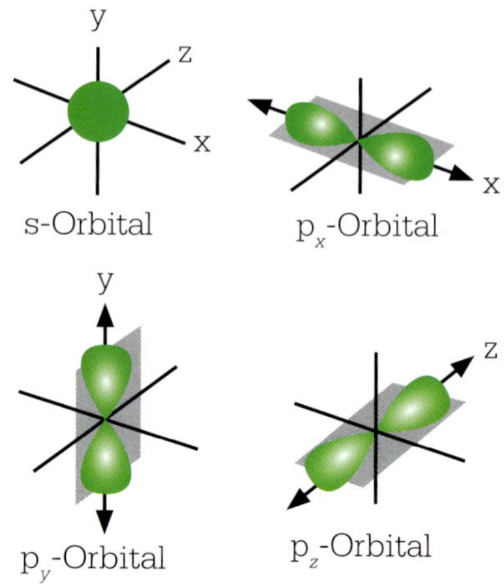

Elektronen bewegen sich in kugelförmigen Schalen (s) oder keulenförmig entlang einer Achse (p) um den Kern.

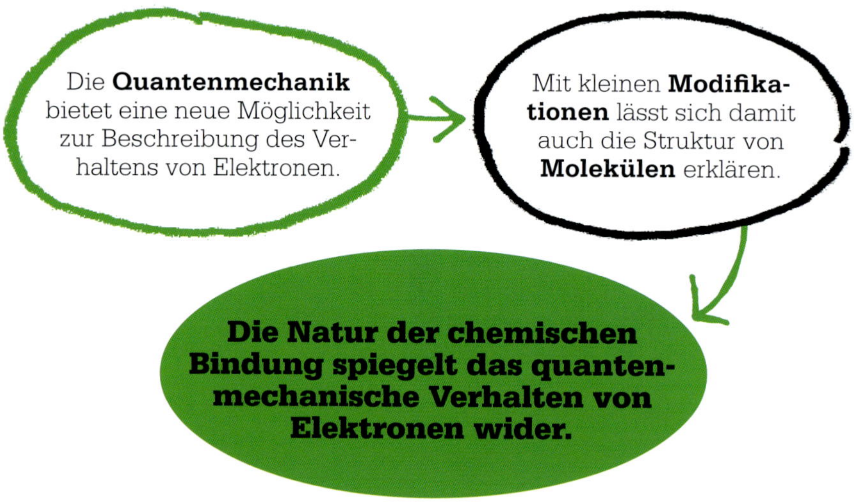

Siehe auch: Friedrich August Kekulé 162–167 ▪ Max Planck 206–209 ▪ Erwin Schrödinger 232–239 ▪ Harold Kroto 324

sich die Orbitale direkt überlappen, oder schwächere, unscharfe »Pi«-Bindungen, in denen die Orbitale parallel zueinander sind.

Pauling hatte die Idee, dass sich in einem Molekül, anders als in einem Atom allein, die Atomorbitale des Kohlenstoffs miteinander kombinieren oder »hybridisieren« und so stärkere Bindungen zu anderen Atomen erzeugen. Er zeigte, dass die s- und p-Orbitale dabei vier sp^3-Hybridorbitale bilden. Sie sind alle äquivalent und ragen vom Kern aus in die Ecken eines Tetraeders mit einem Winkel von 109,5° zwischen den Bindungen. Jedes sp^3-Orbital kann eine Sigma-Bindung mit einem anderen Atom eingehen. Dies stimmt mit der Beobachtung überein, dass sich die Wasserstoffatome in Methan (CH_4) und die Chloratome in Kohlenstofftetrachlorid (CCl_4) gleich verhalten. Bei der Untersuchung von verschiedenen Kohlenstoffverbindungen fand man die vier nächsten Nachbaratome oft in tetraedischer Anordnung. Die Kristallstruktur von Diamant war 1914 eine der ersten, die durch Röntgenkristallografie geklärt worden war. Diamant ist reiner Kohlenstoff, jedes Kohlenstoffatom ist mit vier anderen durch Sigma-Bindungen in den Ecken eines Tetraeders verbunden. Diese Struktur erklärt die Härte von Diamant.

> »1935 schließlich hatte ich das Gefühl, die Natur der chemischen Bindung ziemlich vollständig verstanden zu haben.«
>
> **Linus Pauling**

Eine andere Möglichkeit für die Bindung von Kohlenstoffatomen an andere Atome ist die Hybridisierung von einem s- und zwei p-Orbitalen zu drei sp^2-Orbitalen. Sie bilden Winkel von 120° zueinander in einer Ebene. Diesen Bindungstyp findet man in Molekülen wie Ethylen mit der Doppelbindung $H_2C{=}CH_2$. Hier wird die Sigma-Bindung zwischen zwei Kohlenstoffatomen durch eines der sp^2-Hybride und eine Pi-Bindung durch das vierte, hybridisierte Orbital gebildet.

Schließlich können ein s-Orbital und ein p-Orbital zu zwei sp-Orbitalen hybridisieren, deren Keulen auf einer Linie liegen, um 180° »

Methan (CH_4)

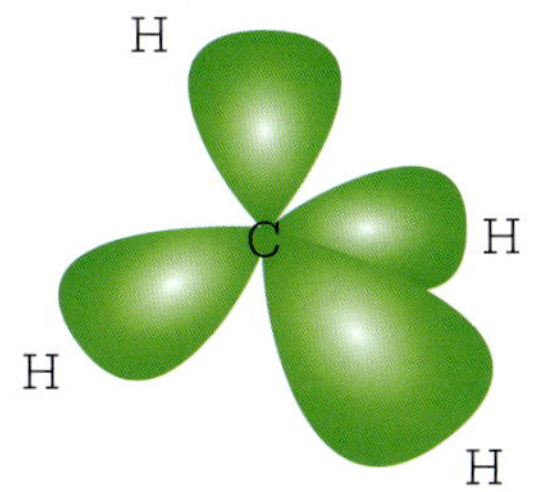

Vier Elektronen im Kohlenstoffatom hybridisieren zu vier sp^3-Orbitalen.

Ethylen (C_2H_4)

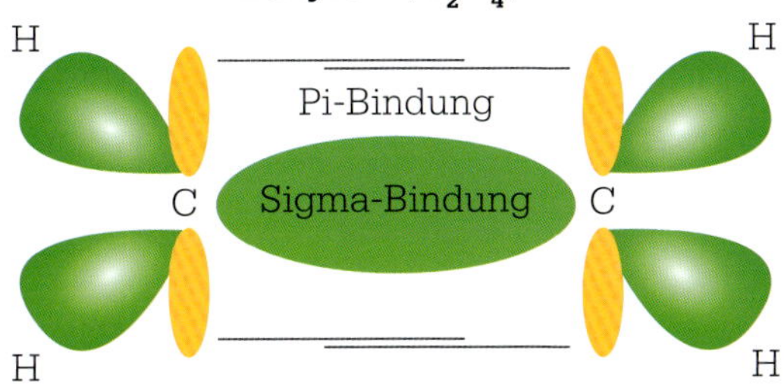

Drei Elektronen im Kohlenstoffatom hybridisieren zu drei sp^2-Orbitalen. Die verbleibenden unhybridisierten Orbitale bilden eine zweite Pi-Bindung zwischen den Kohlenstoffatomen.

Kohlendioxid (CO_2)

Zwei Elektronen im Kohlenstoffatom bilden zwei sp-Orbitale, die jeweils an ein Sauerstoffatom binden. Die verbleibenden zwei Orbitale bilden eine Pi-Bindung mit dem Sauerstoff.

Diamant

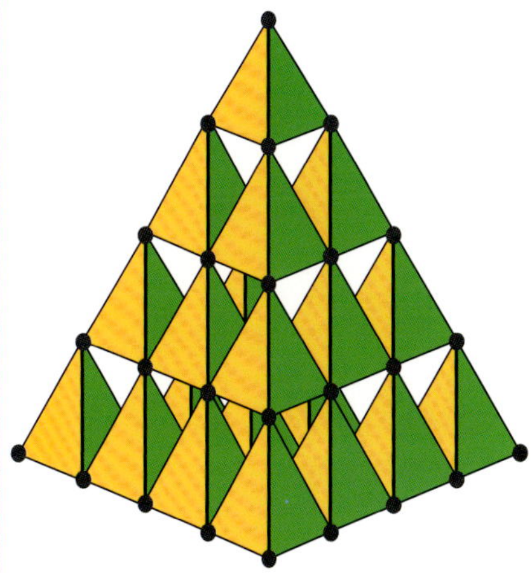

Jedes Kohlenstoffatom im Diamant ist durch sp^3-Hybride mit vier anderen Atomen verbunden, die jeweils in den Ecken eines Tetraeders liegen. Es ergibt sich ein unendliches Gitter, das durch kovalente, sehr starke Kohlenstoff-Kohlenstoff-Bindungen zusammengehalten wird.

auseinander. Diesen Typ findet man bei Kohlendioxid (CO_2), wo die sp-Hybride jeweils eine Sigma-Bindung mit dem Sauerstoff bilden. Eine zweite Pi-Bindung entsteht durch die verbleibenden zwei unhybridisierten Orbitale.

Eine neue Benzol-Struktur

Der Aufbau von Benzol (C_6H_6) hatte vor über 60 Jahren Friedrich August Kekulé beschäftigt. Er erklärte ihn schließlich als Ring, in dem die Kohlenstoffatome abwechselnd durch Einfach- und Doppelbindungen verbunden waren. Das Molekül sollte zwischen den beiden äquivalenten Strukturen oszillieren (S. 164).

Pauling bot eine elegante Alternative, der zufolge die Kohlenstoffatome alle sp^2-hybridisiert sind, sodass die Bindungen zwischen ihnen und den Wasserstoffatomen alle in derselben x-y-Ebene und im Winkel von 120° zueinander liegen. Jedes Kohlenstoffatom hat ein verbleibendes Elektron in einem p_z- Orbital. Diese Elektronen kombinieren sich zu einer Bindung aller sechs Kohlenstoffatome. Es handelt sich um eine Pi-Bindung, in der die Elektronen oberhalb und unterhalb des Ringes bleiben und von den Kohlenstoffkernen weg weisen (rechts).

Ionenbindung

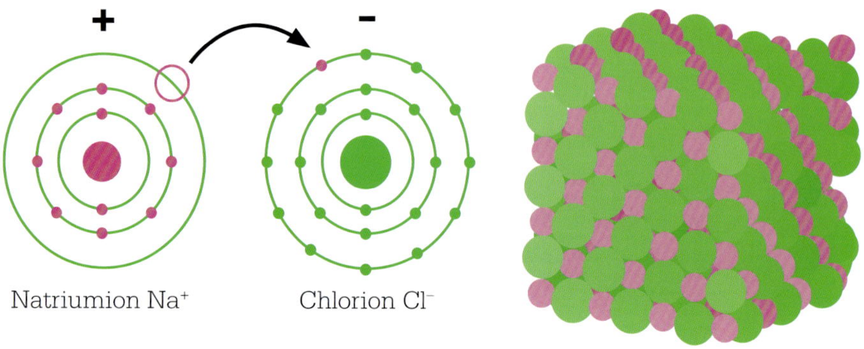

In Natriumchlorid wandert ein Elektron vom Natriumatom in das Chloratom, sodass zwei stabile Ionen entstehen. Sie werden durch die elektrostatische Anziehungskraft zusammengehalten und bilden ein festes Gitter.

Benzolring

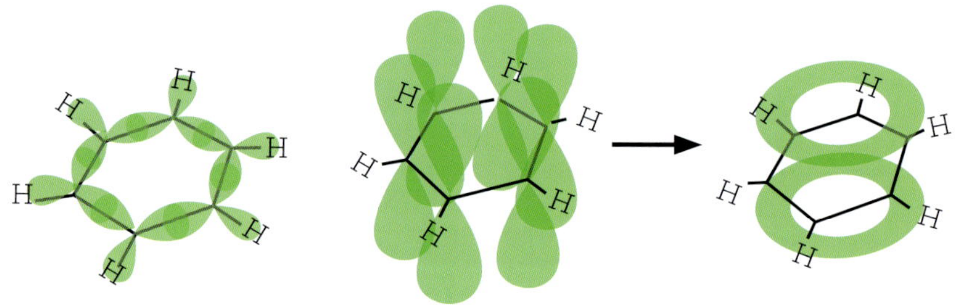

In einem Benzolring sind die Kohlenstoffatome durch sp2-hybridisierte Orbitale aneinander und an ein Wasserstoffatom gebunden. Die Ringe sind durch nicht lokalisierte Pi-Bindungen aus den sechs pz-Orbitalen miteinander verbunden.

Ionenbindung

Methan und Ethylen sind bei Zimmertemperatur gasförmig, Benzol und viele andere organische Verbindungen sind flüssig. Sie haben kleine, leichte Moleküle, die sich im gasförmigen oder flüssigen Zustand leicht bewegen. Salze wie Kalziumkarbonat oder Kaliumnitrat sind dagegen stabile Feststoffe und schmelzen nur bei hoher Temperatur. Dennoch hat Natriumchlorid (NaCl) ein Molekülgewicht von 62 und Benzol eines von 78. Das unterschiedliche Verhalten liegt also nicht am Gewicht, sondern an ihrer Struktur. Bei Benzol werden die einzelnen Moleküle durch kovalente Bindungen zwischen den Atomen zusammengehalten, d. h., jede Bindung besteht aus einem Elektronenpaar, das zwei bestimmte Atome sich teilen.

Ganz anders Natriumchlorid. Das silbrig glänzende Metall Natrium verbindet sich in einer heftigen Reaktion mit dem grünlichen Gas Chlor zu dem weißen Natriumchlorid. Das Natriumatom hat zwei stabile, komplette Elektronenschalen um den Kern, plus ein zusätzliches Elektron weiter außen. Dem Chloratom fehlt ein Elektron zu einer stabilen, vollständigen Schale. Bei ihrer Reaktion, geht ein Elektron vom Natrium- auf das Chloratom über. So erhalten beide stabile, komplette Elektronenschalen, doch das Natrium ist ein Natriumion und das Chlor ein Chloridion geworden. Sie haben keine überzähligen Elektronen für eine kovalente Bindung, doch die Ionen sind elektrisch geladen: Das Natrium hat ein negativ

» Es gibt auf der Welt kein Gebiet, das nicht von Wissenschaftlern untersucht werden sollte. Es werden immer einige unbeantwortete Fragen bleiben. Aber das sind im Allgemeinen die Fragen, die noch gar nicht gestellt worden sind. «

Linus Pauling

geladenes Elektron verloren und hat nun eine positive Gesamtladung (daher Na^+). Das Chlor hat ein Elektron gewonnen und ist negativ geladen (Cl^-). Die Ionen werden also durch die elektrostatische Anziehung zusammengehalten.

Natriumchlorid wurde als erste Verbindung durch Röntgenstrahlkristallografie untersucht. Dabei stellte man fest, dass es gar kein NaCl-Molekül gibt. Die Kristallstruktur besteht aus einer unendlich ausgedehnten Anordnung von abwechselnd Natrium- und Chloridionen. Jedes Natriumion ist von sechs Chloridionen und jedes Chloridion von sechs Natriumionen umgeben. Viele andere Salze haben einen ähnlichen Aufbau: unendlich ausgedehnte Gitter aus einem Ionentyp, dessen Lücken von anderen Ionen gefüllt werden.

Elektronegativität

In Stoffen wie Natriumchlorid ist die Bindung rein ionisch, es gibt aber auch Verbindungen, in denen weder eine rein ionische noch eine rein kovalente Bindung auftritt, sondern ein Zwischending. Paulings Forschung führte ihn zur Elektronegativität, die in gewisser Weise der Spannungsreihe der Metalle ähnelt, die Alessandro Volta um 1800 erstellt hatte. Pauling erkannte, dass die kovalente Bindung zwischen Atomen verschiedener Elemente (z. B. C–O) stärker ist, als man aus dem Mittelwert der Stärken von C–C- und O–O-Bindungen erwarten würde. Er glaubte an einen gewissen elektrischen Faktor, der die Bindung verstärkte, und begann, Werte für diesen Faktor zu berechnen. Diese Skala heißt heute Pauling-Skala.

Die Elektronegativität eines Elements (genauer: in einer bestimmten Verbindung) ist ein Maß dafür, wie stark ein Atom des Elements die Elektronen festhält. Das elektronegativste Element ist Fluor, das am wenigsten elektronegative (elektropositivste) ist Caesium. In der Verbindung Caesiumfluorid zieht jedes Fluoratom ein Elektron vollständig vom Caesiumatom weg, und es entsteht die ionische Verbindung Cs^+F^-.

In einer kovalenten Verbindung wie Wasser (H_2O) gibt es keine Ionen, doch Sauerstoff ist wesentlich elektronegativer als Wasserstoff. Daher ist das Wassermolekül polar, mit einer kleinen negativen Ladung am Sauerstoffatom und je einer kleinen positiven Ladung an den beiden Wasserstoffatomen. Durch diese Ladungen halten die Wassermoleküle stark zusammen, und daher hat Wasser eine so hohe Oberflächenspannung und einen so hohen Siedepunkt.

Pauling stellte seine Skala der Elektronegativität 1932 vor, und er und andere entwickelten sie in den Folgejahren auch noch weiter. Für seine Arbeiten über die Natur der chemischen Bindung erhielt er 1954 den Nobelpreis für Chemie. ■

Linus Pauling

Linus Carl Pauling stammt aus Portland. Von der Quantenmechanik hörte er erstmals, als er noch in Oregon war, und er errang 1926 ein Stipendium, um dieses Thema bei den führenden Experten in Europa zu studieren. Nach seiner Rückkehr wurde er Hochschulassistent am California Institute of Technology (CalTech) und dort blieb er auch den größten Teil seines Lebens.

Pauling interessierte sich sehr für biologische Moleküle und entdeckte, dass die Sichelzellenanämie eine Missbildung auf molekularer Ebene ist. Außerdem war er Friedensaktivist und erhielt 1963 den Friedensnobelpreis für seine Vermittlungsversuche zwischen den USA und Vietnam.

Durch seinen Einsatz für alternative Medizin hat sein Ruf in den späteren Jahren gelitten. Er befürwortete die Einnahme hoher Dosen von Vitamin C zur Erkältungsvorbeugung, obwohl später gezeigt wurde, dass dies nicht wirksam ist.

Hauptwerk

1939 *Die Natur der chemischen Bindung* (deutsche Ausgabe erschienen 1960)

EINE FURCHTBARE
KRAFT
STECKT IM ATOMKERN

J. ROBERT OPPENHEIMER (1904–1967)

IM KONTEXT

GEBIET
Physik

FRÜHER
1905 Einsteins berühmte Gleichung $E = mc^2$ über die Äquivalenz von Masse und Energie beschreibt, wie winzige Massen gewaltige Energiemengen »speichern«.

1932 John Cockcroft und Ernest Walton zeigen bei der Spaltung von Lithiumkernen mit Protonen, dass im Atomkern gewaltige Energiemengen eingeschlossen sind.

1939 Leó Szilárd erkennt, dass ein einziger Spaltungsvorgang von Uran-235 drei Neutronen freisetzt. Er hält eine Kettenreaktion für möglich.

SPÄTER
1954 In der UdSSR geht das weltweit erste wirtschaftlich genutzte Kernkraftwerk Obninsk (100 km von Moskau entfernt) in Betrieb.

Die Welt stand 1938 an der Schwelle zum Atomzeitalter. Der Mann, der den Schritt über die Schwelle tat und die Wissenschaft in die neue Zeit führte, war Julius Robert Oppenheimer: Er wurde wissenschaftlicher Leiter des größten Forschungsprojekts, das die Welt je gesehen hatte, des sogenannten Manhattan-Projekts. Doch er sollte seine Entscheidung später bitter bereuen.

Drang zum Zentrum

Oppenheimers vielseitige Karriere lässt sich durch den Drang charakterisieren, »dabei« zu sein. Sein Ehrgeiz führte den jungen Harvard-Absolventen nach Europa, ins Zentrum der theoretischen Physik. In Göttingen entwickelte er zusammen mit Max Born die Born-Oppenheimer-Näherung, die nach seinen Worten erklärt, »warum Moleküle Moleküle sind«. Die Näherung erweiterte die Quantenmechanik des Einzelatoms auf die Beschreibung von chemischen Verbindungen. Sie war eine anspruchsvolle mathematische Angelegenheit, da eine schwindelerregende Vielfalt an Möglichkeiten für jedes Elektron in einem Molekül zu berechnen war. Oppenheimers Arbeiten in Deutschland waren entscheidend für die Berechnung von Energien in der modernen Chemie. Doch der letzte Durchbruch, der zur Entwicklung der Atombombe führte, folgte erst nach seiner Rückkehr in die USA.

Kernspaltung und Schwarze Löcher

Die Kettenreaktion, die zum Bau der Atombombe führte, begann im Dezember 1938, als die deutschen Chemiker Otto Hahn und Fritz Straßmann in Berlin »das Atom

Siehe auch: Marie Curie 194–199 ▪ Ernest Rutherford 210–217 ▪ Albert Einstein 218–225 ▪ Lise Meitner 240

»Wir wussten, dass die Welt nicht mehr dieselbe sein würde. Einige Leute lachten. Einige Leute weinten. Die meisten waren stumm. Mir fiel eine Zeile aus einer heiligen Schrift der Hindus ein: ›Nun bin ich der Tod geworden, der Zerstörer der Welten.‹«

J. Robert Oppenheimer

spalteten«. Sie hatten Neutronen auf Uran geschossen und erwartet, dass entweder durch Neutronenabsorption schwerere Elemente oder durch Emission von Nukleonen (Protonen oder Neutronen) leichtere Elemente entstehen würden. Stattdessen wurde das leichte Barium frei, das 100 Nukleonen weniger hat als der Urankern. Keiner der damals bekannten nuklearen Prozesse konnte den Verlust von so vielen Nukleonen erklären.

Verblüfft schrieb Hahn an seine Kollegen Lise Meitner und Otto Frisch in Kopenhagen. Innerhalb eines Monats arbeiteten Meitner und Frisch den Mechanismus der Kernspaltung aus: Das Uran zerbricht in Barium und Krypton, die fehlenden Nukleonen wandeln sich in Energie um, und es kann eine Kettenreaktion beginnen. Anfang 1939 brachte der dänische Physiker Niels Bohr diese Nachricht in die USA. Sein Bericht sowie der Aufsatz von Meitner und Frisch in der Zeitschrift *Nature* versetzten die Fachwelt an der amerikanischen Ostküste in helle Aufregung. Gespräche zwischen Bohr und John Archibald Wheeler in Princeton nach der jährlichen Konferenz der theoretischen Physiker führten zur Bohr-Wheeler-Theorie der Kernspaltung.

Alle Atomkerne eines Elements haben dieselbe Anzahl von Protonen, nur die Anzahl der Neutronen kann sich ändern, sodass verschiedene Isotope desselben Elements entstehen. Uran hat zwei natürlich vorkommende Isotope: 99,3 Prozent des natürlichen Urans sind Uran-238 (U-238). Sein Kern enthält 92 Protonen und 146 Neutronen. Die anderen 0,7 Prozent sind Uran-235 (U-235), dessen Kerne 92 Protonen und 143 Neutronen enthalten. Nach der Bohr-Wheeler-Theorie können niederenergetische Neutronen U-235 spalten, sodass das Atom zerfällt und Energie frei wird.

Oppenheimer, der im kalifornischen Berkeley davon hörte, war fasziniert. Er hielt eine Reihe von Vorlesungen und Seminare über die brandneue Theorie und »

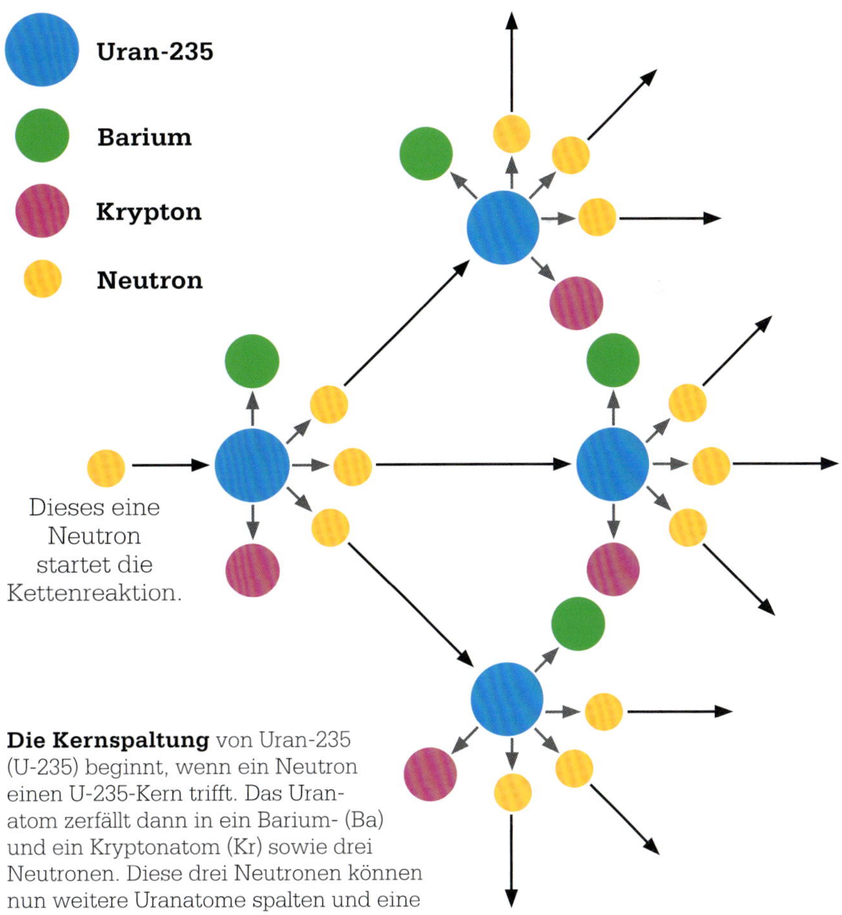

Die Kernspaltung von Uran-235 (U-235) beginnt, wenn ein Neutron einen U-235-Kern trifft. Das Uranatom zerfällt dann in ein Barium- (Ba) und ein Kryptonatom (Kr) sowie drei Neutronen. Diese drei Neutronen können nun weitere Uranatome spalten und eine Kettenreaktion in Gang setzen. Bei jedem Spaltungsvorgang wird Energie frei.

erkannte sehr schnell das Potenzial für eine Waffe mit furchtbarer Kraft – für ihn eine »gute, ehrliche, praktische Anwendung« der neuen Theorie. Doch während die Laboratorien an der Ostküste mit der Wiederholung der frühen Spaltungsexperimente beschäftigt waren, konzentrierte sich Oppenheimer auf seine Forschungen über Sterne, die sich zusammenziehen und unter der eigenen Gravitation zu einem Schwarzen Loch kollabieren.

Eine Idee entsteht

Die Idee für eine Kernwaffe lag in der Luft. Schon 1913/14 hatte H. G. Wells in seinem Science-Fiction-Roman *Befreite Welt* davon geschrieben, die innere Energie der Atome anzuzapfen und »Atombomben« zu bauen. 1933 sprach Ernest Rutherford die große, bei der Kernspaltung freigesetzte Energiemenge in einem Vortrag an, der in der Londoner *Times* gedruckt wurde. Doch er tat die Nutzung dieser Energie als »Blödsinn« ab, denn der Prozess war so ineffizient, dass man viel mehr Energie hineinstecken musste, als frei wurde.

Erst der in Großbritannien lebende ungarische Physiker Leó Szilárd fand einen Weg, erkannte aber auch die furchtbaren Konsequenzen für eine Welt, die sich auf den Krieg zu bewegte. Als er über Rutherfords Vortrag nachdachte, kam er darauf, dass die »Sekundärneutronen« aus der ersten Spaltung weitere Spaltungsvorgänge hervorrufen konnten, sodass eine Lawine von Kernspaltungen entstand. Szilárd erinnerte sich später: »Ich zweifelte kaum daran, dass die Welt vor großem Leid stand.«

Experimente in Deutschland und den USA zeigten, dass die Kettenreaktion möglich war. Daraufhin wandten sich Szilárd und ein anderer ungarischer Emigrant, Edward Teller, mit einem Brief an Albert Einstein. Dieser leitete den Brief am 11. Oktober 1939 an Präsident Roosevelt weiter. Nur zehn Tage später wurde ein Komitee gegründet, das die Möglichkeit prüfen sollte, die Bombe in den USA zu bauen.

Großforschung

Das aus diesen Überlegungen entstehende Manhattan-Projekt war Forschung im größten denkbaren Maßstab. Die weitverzweigte Organisation mit mehreren großen Standorten in den USA und Kanada sowie zahllosen kleineren Niederlassungen beschäftigte 130 000 Personen und hatte am Ende über 2 Mrd. Dollar verschluckt (Wert 2014: über 26 Mrd. Dollar) – und das alles *top secret.*

Anfang 1941 fiel die Entscheidung, fünf verschiedene Methoden zur Herstellung von spaltbarem Material für eine Bombe zu verfolgen: elektromagnetische Trennung, Gasdiffusion und thermische Diffusion sollten Uran-235 von Uran-238 trennen. Zwei weitere

> »Wir haben etwas gebaut, eine höchst schreckliche Waffe, die unsere Welt plötzlich und umfassend verändert hat. Und wir haben damit erneut die Frage aufgeworfen, ob die Wissenschaft gut ist für die Menschheit.«
>
> **J. Robert Oppenheimer**

J. Robert Oppenheimer

Julius Robert Oppenheimer, Schüler der Ethical Culture School in New York, war ein hagerer, übernervöser junger Mann mit einer sehr raschen Auffassungsgabe. Nach seinem Abschluss in Harvard verbrachte er zwei Jahre in Cambridge (England) bei Ernest Rutherford und ging dann nach Göttingen zu Max Born.

Oppenheimer war ein vielschichtiger Charakter, der gern im Mittelpunkt stand und es verstand, sich rasch mit einflussreichen Personen anzufreunden. Doch er war berüchtigt für seine scharfe Zunge und wollte überall für seinen überragenden Intellekt anerkannt werden. Am bekanntesten ist er zwar dafür, dass er das Manhattan-Projekt zur Entwicklung der Atombombe leitete, doch sein wissenschaftliches Erbe bleibt seine Vorkriegsforschung in Berkeley über Neutronensterne und Schwarze Löcher.

Hauptwerke

1927 *Zur Quantentheorie kontinuierlicher Spektren*
1939 *On Continued Gravitational Contraction*

Am 9. August 1945 wurde über Nagasaki (Japan) die Plutoniumbombe »Fat Man« abgeworfen. Etwa 40 000 Menschen kamen augenblicklich ums Leben, und in den Folgewochen starben noch viele weitere Strahlenopfer.

Forschungsgruppen befassten sich mit der Technik von Kernreaktoren. Am 2. Dezember 1942 löste Enrico Fermi an der Universität Chicago die erste kontrollierte nukleare Kettenreaktion aus. Der Reaktor war der Prototyp für die Reaktoren, die Uran anreichern und ein kurz zuvor entdecktes, instabiles Element erzeugen sollten – Plutonium. Es ist noch schwerer als Uran, kann ebenfalls eine Kettenreaktion hervorrufen und lässt sich für noch tödlichere Bomben verwenden.

Der Zauberberg

Der wissenschaftliche Leiter des Manhattan-Projekts wurde J. Robert Oppenheimer. Er wählte ein leer stehendes Internat bei Los Alamos in der Wüste von New Mexico als Standort für das letzte Forschungsstadium des Projekts, die Konstruktion einer Atombombe. Hier am »Site Y« sollte es die höchste Konzentration an Nobelpreisträgern geben, die jemals an einem Ort versammelt waren.

Da große Teile der wichtigen Forschung bereits geleistet waren, hielten viele Wissenschaftler in Los Alamos ihre Arbeit für ein »rein technisches Problem«. Doch erst Oppenheimers Koordination von 3000 Forschern machte den Bau der Bombe möglich.

Sinneswandel

Der erfolgreiche »Trinity Test« am 16. Juli 1945 und der darauffolgende Abwurf der Uranbombe »Little Boy« über Hiroshima in Japan am 6. August 1945 ließen Oppenheimer triumphieren. Doch das Ereignis warf lange Schatten. Deutschland hatte zur Zeit des Abwurfs bereits kapituliert und viele Forscher in Los Alamos glaubten, es sei nur noch eine öffentliche Demonstration der Bombe nötig: Nach Erkennen ihrer furchtbaren Kraft würde Japan sich sofort ergeben. Und selbst wenn Hiroshima noch als notwendiges Übel gelten sollte, war der Abwurf der Plutoniumbombe »Fat Man« über Nagasaki am 9. August kaum mehr zu rechtfertigen. Ein Jahr später erklärte Oppenheimer öffentlich, die Atombomben hätten einen bereits besiegten Feind getroffen.

Im Oktober 1945 sagte Oppenheimer bei einem Empfang von Präsident Harry S. Truman: »Ich habe Blut an meinen Händen.« Truman war außer sich. Nach Kongressanhörungen entzog man Oppenheimer 1954 seine Unbedenklichkeitsbescheinigung, politisch wurde er kaltgestellt.

Bis dahin hatte Oppenheimer den Beginn des militärisch-industriellen Komplexes überwacht und in eine neue Ära der Großforschung geführt. Unter seiner Leitung war ein neuer wissenschaftlicher Schrecken entstanden. Nun wurde er zum Symbol dafür, dass Forscher die moralischen Folgen ihrer Taten berücksichtigen müssen. ■

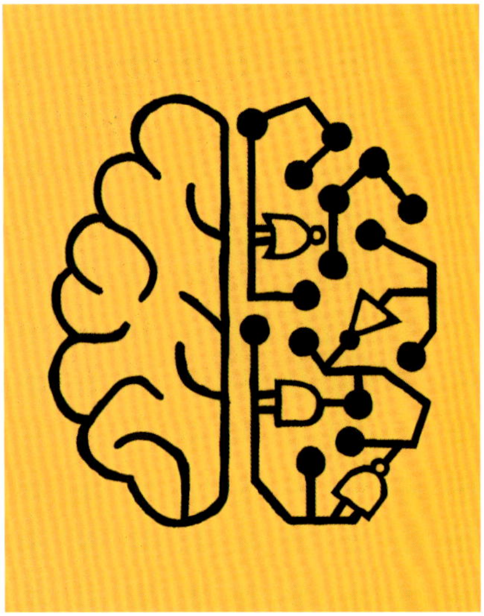

NEURONALE EREIGNISSE SIND MIT … AUSSAGENLOGIK BESCHREIBBAR

WARREN McCULLOCH (1898–1969)
WALTER PITTS (1923–1969)

IM KONTEXT

GEBIET
Computerwissenschaft

FRÜHER
1936 Alan Turing beschreibt in dem Artikel *On Computable Numbers* eine »universelle Maschine«: ein Idealmodell eines Computers.

SPÄTER
1951 Marvin Minsky entwickelt das erste künstliche neuronale Netz, den Stochastic Neural Analog Reinforcement Calculator (SNARC).

1957 Ein Perzeptron, das von Pitts und McCulloch konzipierte künstliche Neuron, wird erstmals als Mark I Perceptron am Cornell Aeronautical Laboratory als Hardware realisiert.

1961 Donald Michie baut MENACE, eine Maschine, die Tic-Tac-Toe spielen kann.

2010er-Jahre Der »KI«-Boom beginnt: KI-Modelle werden rasch zu einer Technologie mit vielen Anwendungsgebieten.

Obwohl künstliche Intelligenz (KI) seit Langem ein fantastischer Traum war, wurde sie erst im 20. Jahrhundert praktisch plausibel. Man hatte herausgefunden, dass das Gehirn ein Netz aus Neuronen (Nervenzellen) ist, die elektrische Signale in binärer Form (»alles oder nichts«) austauschen. Dies führte zu der spannenden Frage, ob Maschinen mit digitalen elektrischen Signalen das Denken nachahmen könnten.

Anfang der 1940er-Jahre war Warren McCulloch Professor für Psychiatrie und Walter Pitts ein brillanter Logiker in schwierigen persönlichen Umständen, z. B. war er obdachlos. McCulloch ließ Pitts bei sich zu Hause wohnen und sie arbeiteten abends zusammen.

Ihre Kompetenzen ergänzten sich und sie untersuchten, ob man das Gehirn – vereinfacht gesagt – als Computer betrachten könne. 1943 beschrieben sie in dem bahnbrechenden Artikel *A Logical Calculus of Ideas Immanent in Nervous Activity* die neuronale Aktivität durch Aussagenlogik und führten das Konzept künstlicher Neuronen und neuronaler Netze ein.

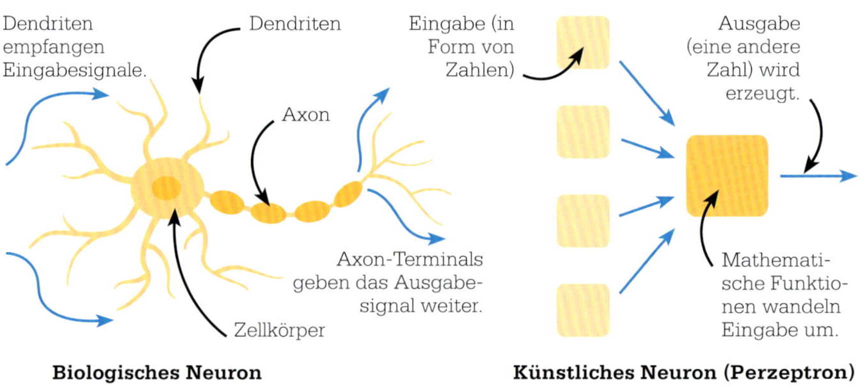

Ein künstliches Neuron, die Einheit in künstlichen neuronalen Netzen, ist mit einem Neuron in einem biologischen neuronalen Netz vergleichbar. Es empfängt einen oder mehrere Eingangswerte und erzeugt daraus eine Ausgabe (eine andere Zahl).

Siehe auch: Alan Turing 260–263 ▪ Donald Michie 298–299 ▪ Marvin Minsky 346

Ein künstliches neuronales Netz (KNN) ist ein Modell, das von der Struktur und Funktion biologischer neuronaler Netze inspiriert ist. In ihm sind künstliche Neuronen (vereinfachte Modelle von Nervenzellen) miteinander verbunden. Sie senden sich Signale (als Zahlenwerte) und verarbeiten sie. Bei jeder einzelnen Verbindung bestimmt eine weitere Zahl, die Gewichtung, wie stark sie beiträgt. Beim Lernprozess eines KNN verändern sich diese Gewichtungen, wodurch sich das Netz nach und nach an neue Aufgaben anpasst.

Künstliche Gehirne

In dem Artikel von 1943 beschrieben Pitts und McCulloch erstmals die grundlegende Logikeinheit neuronaler Netze: ein künstliches Neuron, später Perzeptron genannt. In einem weiteren bahnbrechenden Artikel, *How We Know Universals: the Perception of Auditory and Visual Forms,* entwickelten sie Ideen, wie ein KNN lernen könnte, visuelle Daten zu erkennen.

Die Arbeiten von Pitts und McCulloch inspirierten eine ganze Generation der KI-Entwicklung. 1951 bauten Forscher um Marvin Minsky die erste Maschine mit einem künstlichen neuronalen Netzwerk, den Stochastic Neural Analog Reinforcement Calculator (SNARC). Das Modell simulierte Ratten in einem Labyrinth und zeigte, wie die »Ratten« miteinander interagierten, um sich erfolgreiche Wege durch das Labyrinth mitzuteilen.

Die KI-Forschung hat seit den bahnbrechenden Arbeiten von Pitts und McCulloch Höhen und Tiefen erlebt, doch schließlich wurde KI zu einer ebenso universellen Technologie wie der Computer selbst. Man entwickelte viele verschiedene Arten künstlicher neuronaler Netze für bestimmte Aufgaben, etwa die Erstellung überzeugend klingender Texte oder die Erkennung von Bildern. Einige sehr spezifische Aufgaben wie die Modellierung von Proteinfaltungen können KI-Modelle besser lösen, als es für Menschen praktisch möglich wäre. ■

Warren McCulloch und Walter Pitts

Warren McCulloch wurde 1898 in New Jersey (USA) geboren. Er wurde Psychiater und wechselte 1941 an die Universität von Illinois in Chicago. Dort wurde er Direktor des Illinois Neuropsychiatric Institute und schuf seine bedeutendsten Leistungen über künstliche neuronale Netze. Er starb 1969 in Massachusetts.

Walter Pitts wurde 1923 in Detroit geboren und brachte sich selbst Logik und Mathematik bei. Mit 15 Jahren lief er von zu Hause weg, um zu studieren. Trotz seiner brillanten Intelligenz hatte er zu kämpfen, wurde obdachlos und war auf die Güte von Akademikern der University of Chicago angewiesen. Später zog er sich immer mehr zurück und starb 1969 an Alkoholismusfolgen.

Hauptwerke

1943 *A Logical Calculus of Ideas Immanent in Nervous Activity*
1947 *How We Know Universals: the Perception of Auditory and Visual Forms*

» Das »Alles-oder-nichts«-Gesetz der Nervenaktivität ist ausreichend, um sicherzustellen, dass die Aktivität eines jeden Neurons als Aussage dargestellt werden kann. «

Warren McCulloch und Walter Pitts

GRUND-
BAUSTE
1945–HEUTE

INE

1946 Fred Hoyle beschreibt, wie **Elemente im Inneren der Sterne entstehen.**

1948 Richard Feynman begründet die neue Disziplin der **Quantenelektrodynamik.**

1951 Barbara McClintock demonstriert die **genetische Rekombination** und zeigt, wie Gene sich auf einem Chromosom bewegen können.

1953 Harold Urey und Stanley Miller beschreiben einen **möglichen chemischen Mechanismus zur Entstehung des Lebens.**

1953 James Watson und Francis Crick enträtseln die **chemische Struktur der DNA.**

1961 Charles Keeling zeigt, dass die **Konzentration von Kohlendioxid** (CO_2) in der Luft zunimmt.

1961 Sheldon Glashow stellt ein Symmetriemodell für die **elektroschwache Wechselwirkung** vor.

1964 Murray Gell-Mann stellt seine Idee der Quarks vor, die zum **Standardmodell** der Teilchenphysik führt.

In der zweiten Hälfte des 20. Jahrhunderts verbesserte sich die Technik in vielen Forschungsgebieten, von Weltraumteleskopen zu Supercomputern und künstlicher Intelligenz (KI) – sie entstanden seit den ersten Computern um 1940 und erweiterten die Möglichkeiten für Experimente und Berechnungen enorm. Der Teilchenbeschleuniger LHC (Large Hadron Collider) am Europäischen Kernforschungszentrum CERN ist das größte jemals gebaute wissenschaftliche Gerät. Starke Mikroskope erlaubten den ersten direkten Blick auf Atome, mit neuen Teleskopen wurden Planeten jenseits unseres eigenen Sonnensystems entdeckt. Im 21. Jahrhundert ist Wissenschaft nun Teamsache mit immer teureren Geräten und in interdisziplinärer und internationaler Zusammenarbeit.

Der Code des Lebens

An der Universität Chicago bauten die Chemiker Harold Urey und Stanley Miller 1953 ein Experiment auf, das klären sollte, ob das Leben auf der Erde vielleicht durch chemische Reaktionen in der Atmosphäre entstanden war, die durch Blitze angeregt wurden. Im selben Jahr erarbeiteten die Molekularbiologen James Watson (USA) und Francis Crick (Großbritannien) die Molekülstruktur der Desoxyribonukleinsäure, kurz DNA, und lieferten den Schlüssel für den genetischen Code des Lebens. Knapp 50 Jahre später wurde das komplette menschliche Genom kartiert.

Mit dem neuen Wissen über genetische Mechanismen stellte die Biologin Lynn Margulis die scheinbar absurde Theorie auf, dass einige Organismen von anderen absorbiert werden können, wobei beide wachsen und gedeihen, und dass die komplexen Zellen aller mehrzelligen Lebewesen so entstanden waren. Nach langer Skepsis wurde ihre Theorie 20 Jahre später durch Entdeckungen der Genetik bestätigt. Der amerikanische Mikrobiologe Michael Syvanen zeigte, dass Gene von einer Art auf eine andere springen können, und in den 1990er-Jahren lebte mit der Entdeckung der Epigenetik die alte Lamarck'sche Idee wieder auf, erworbene Eigenschaften könnten vererbt werden. Das Wissen um die Evolutionsmechanismen nahm deutlich zu.

Gegen Ende des Jahrhunderts hatte Craig Venter, der gerade sein eigenes Human-Genome-Projekt gegründet hatte, DNA am Computer geplant und so künstliches Leben erschaffen. In Schottland

1967
Lynn Margulis schockiert die Fachwelt mit der Idee der **Endosymbiose,** bei der ein ganzer Organismus von einem anderen absorbiert wird.

1974
Stephen Hawking zeigt, dass **Schwarze Löcher eine schwache Strahlung emittieren.**

1980
Yuri Manin stellt die Idee des **Quantencomputers** vor.

1985
Michael Syvanen sagt, man könne **Gene von einer Art auf eine andere übertragen.**

2010
Craig Venter behauptet, in der Lage zu sein, **synthetische Lebensformen** zu kreieren.

2012
Forscherinnen zeigen, wie man den CRISPR/Cas9-Mechanismus nutzen kann, um in lebenden Organismen das **Genom zu editieren.**

2012
Im CERN wird das **Higgs-Boson** entdeckt.

2015
Gravitationswellen werden erstmals direkt nachgewiesen.

gelang es indes Ian Wilmut mit seinem Team, ein Schaf zu klonen.

Neue Teilchen

In der Physik erforschten Richard Feynman und andere die Merkwürdigkeiten der Quantenmechanik. Sie erklärten die Quantenwechselwirkungen mithilfe von »virtuellen« Teilchen. Paul Dirac hatte in den 1930er-Jahren die Existenz von Antimaterie vorhergesagt, und in den Jahrzehnten danach entstanden bei Stoßexperimenten in immer leistungsfähigeren Beschleunigern immer neue, subatomare Teilchen. Aus diesem Zoo exotischer Teilchen entstand das Standardmodell der Teilchenphysik, in dem die Elementarteilchen entsprechend ihren Eigenschaften eingeordnet sind. Nicht alle Physiker waren überzeugt, doch das Standardmodell bestätigte sich, als 2012 am LHC des CERN das vorhergesagte Higgs-Boson nachgewiesen wurde.

Mittlerweile nahm die Suche nach einer »Weltformel« oder »Theorie von Allem« viele Richtungen. Sie sollte alle vier Fundamentalkräfte der Natur (Gravitation, Elektromagnetismus sowie Starke und Schwache Kernkraft) vereinen. Der Amerikaner Sheldon Glashow vereinigte den Elektromagnetismus mit der Schwachen Kraft in einer »elektroschwachen« Theorie, während Theoretiker die Quantentheorie und die Allgemeine Relativität mit Stringtheorie und Schleifenquantengravitation zu vereinen versuchen. Der Physiker Hugh Everett III behauptete dagegen, es könnte eine mathematische Grundlage für die Existenz von mehr als einem Universum geben. Everetts Theorie des sich ständig aufsplittenden »Multiversums« wurde anfangs ignoriert, hat in den letzten Jahren aber Anhänger gewonnen.

Wie geht es weiter?

Es gibt noch große Fragen zu klären, etwa die Vereinigung von Quantenmechanik und Allgemeiner Relativitätstheorie. Doch es tun sich auch verlockende Möglichkeiten auf, in der Computertechnik etwa das quantenmechanische Qubit. Die Covid-19-Pandemie und der Klimawandel stellen die Wissenschaft ins Rampenlicht, da sie derartige dringende globale Probleme erforscht und zu lösen versucht. In Zukunft dürften neue Fragen auftreten, die wir uns heute noch gar nicht vorstellen können. Aus der Geschichte sollten wir jedenfalls gelernt haben, das Unerwartete zu erwarten. ■

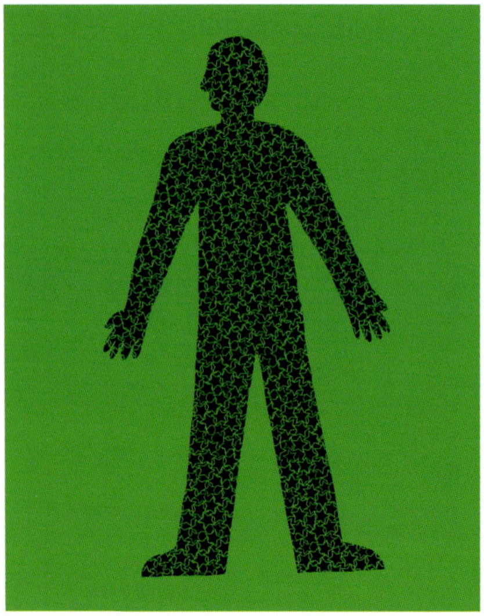

WIR BESTEHEN AUS STERNEN-STAUB

FRED HOYLE (1915–2001)

IM KONTEXT

GEBIET
Astrophysik

FRÜHER
1854 Laut Hermann von Helmholtz erzeugt die Sonne ihre Wärme durch eine Kontraktion aufgrund der Gravitation.

1863 William Huggins zeigt anhand des Spektrums der Sterne, dass sie dieselben Elemente enthalten wie die Erde.

1920 Laut Arthur Eddington findet in Sternen die Fusion von Wasserstoffatomen statt.

1934 Fritz Zwicky bezeichnet die Explosion eines schweren Sterns als »Supernova«.

SPÄTER
1998 Das SuperNova Early Warning System (SNEWS) startet. Es soll Supernovae in der Milchstraße erkennen.

2013 In Fossilien aus der Tiefsee werden mögliche biologische Spuren von Eisen aus einer Supernova gefunden.

Die Idee, dass Sterne Energie durch Kernfusion erzeugen, wurde 1920 von dem britischen Astronomen Arthur Eddington aufgebracht. Er sagte, in den Sternen würden Wasserstoffkerne zu Helium verschmolzen. Ein Heliumkern hat etwas weniger Masse als die vier zu seiner Erzeugung benötigten Wasserstoffkerne. Diese fehlende Masse wird nach der Gleichung $E = mc^2$ in Energie umgewandelt. Eddington entwickelte ein Modell des Sternaufbaus, in dem die nach innen wirkende Gravitation und der nach außen wirkende Strahlungsdruck sich ausgleichen. Die Physik der Kernreaktionen aber berechnete er nicht.

Schwere Elemente

1939 beschrieb der Physiker Hans Bethe detailliert die Möglichkeiten für die Wasserstofffusion. Er erkannte zwei Verfahren: eine langsame Kette bei niedrigen Temperaturen, die in Sternen wie unserer Sonne vorherrscht, und einen schnellen Hochtemperaturzyklus für schwerere Sterne. Zwischen 1946 und 1957 entwickelten der britische Astronom Fred Hoyle und andere Wissenschaftler Bethes Idee weiter und zeigten, wie weitere Fusionsreaktionen aus Helium Kohlenstoff und andere schwere Elemente bis hin zum Eisen erzeugen können. Das erklärt den Ursprung der schweren Elemente im Universum. Heute wissen wir, dass die Elemente ab Eisen in Supernovaexplosionen entstehen. Die in den Lebewesen enthaltenen Elemente kommen also aus den Sternen. ■

» Das Weltall ist überhaupt nicht weit entfernt. Mit dem Auto wäre es nur eine Stunde, wenn Sie senkrecht nach oben fahren könnten.« «

Fred Hoyle

Siehe auch: Marie Curie 194–199 ▪ Ernest Rutherford 210–217 ▪ Albert Einstein 218–225 ▪ Georges Lemaître 250–253 ▪ Fritz Zwicky 258–259

SPRINGENDE GENE

BARBARA McCLINTOCK (1902–1992)

IM KONTEXT

GEBIET
Biologie

FRÜHER
1866 Laut Gregor Mendel wird die Vererbung durch »Teilchen« gesteuert. Sie werden später Gene genannt.

1902 Theodor Boveri und Walter Sutton schließen unabhängig voneinander, dass Chromosomen bei der Vererbung eine Rolle spielen.

1915 Die Fruchtfliegenversuche von Thomas Hunt Morgan bestätigen frühere Theorien und zeigen, dass Gene auf einem Chromosom zusammenhängen können.

SPÄTER
1953 Das Doppelhelixmodell der DNA von James Watson und Francis Crick zeigt, wie die Gene kopiert werden.

2000 Das menschliche Genom wird veröffentlicht: ein Katalog der Orte von 20–25 000 Genen auf 23 Chromosomenpaaren.

Im frühen 20. Jahrhundert wurden die Regeln, die Gregor Mendel 1866 beschrieben hatte, verfeinert: Seine »Vererbungsteilchen« wurden als Gene identifiziert, und die mikroskopischen Fädchen, die sie trugen, wurden Chromosomen genannt. In den 1930er-Jahren erkannte die amerikanische Genetikerin Barbara McClintock erstmals, dass die Chromosomen nicht so stabil waren wie angenommen, und dass die Position der Gene in den Chromosomen sich ändern konnte.

Genaustausch

McClintock untersuchte die Vererbung an Maispflanzen. Ein Maiskolben hat Hunderte von Kernen, die je nach ihren Genen gelb, braun oder gestreift sind. Da jeder Kern ein Samen ist – ein einzelner Nachkomme –, liefert die Untersuchung vieler Kolben ein ganzes Datenfeld für die Vererbung der Kernfarbe. McClintock kombinierte Zuchtversuche mit mikroskopischen Untersuchungen der Chromosomen. 1930 fand sie, dass sich Chromosomen paarweise in Form

Die verschiedenen Farben der Maiskörner brachten McClintock dazu, die genetischen Ursachen dafür zu untersuchen. 1951 berichtete sie darüber.

eines X zusammenfinden, wenn die Keimzellen gebildet werden. Diese x-förmigen Strukturen markieren Orte, an denen Chromosomenpaare einzelne Segmente austauschen. Gene, die auf demselben Chromosom verbunden waren, wurden so durchmischt – und das führte zu neuen Merkmalen, etwa verschiedenen Farben.

Durch den Genaustausch – die genetische Rekombination – entsteht bei den Nachkommen höhere genetische Vielfalt. Im Ergebnis steigen die Überlebenschancen in verschiedenen Umgebungen. ■

Siehe auch: Gregor Mendel 168–173 ▪ Thomas Hunt Morgan 230–231 ▪ James Watson und Francis Crick 288–295 ▪ Michael Syvanen 322–323

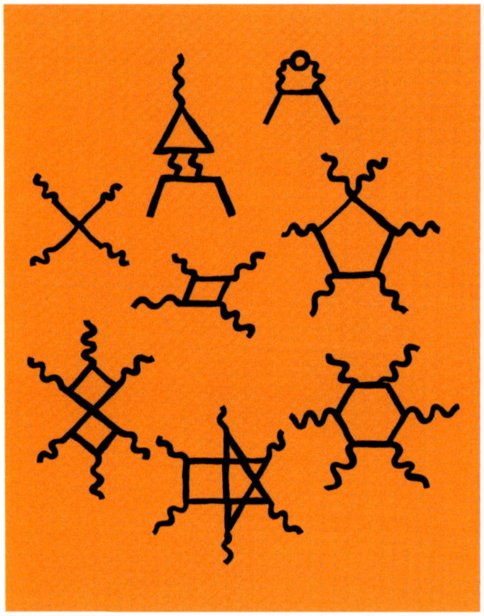

DIE SELTSAME THEORIE VON LICHT UND MATERIE

RICHARD FEYNMAN (1918–1988)

IM KONTEXT

GEBIET
Physik

FRÜHER
1925 Louis de Broglie sagt, alle Teilchen mit Masse könnten sich wie Wellen verhalten.

1927 Werner Heisenberg zeigt bei einigen Wertepaaren auf Quantenniveau eine unvermeidliche Unschärfe: Ort und Impuls eines Teilchens z. B. sind nicht zugleich messbar.

1927 Paul Dirac überträgt die Quantenmechanik auf Felder.

SPÄTER
ab 1958 Julian Schwinger und Sheldon Glashow entwickeln die elektroschwache Theorie zur Vereinigung von Schwacher Kernkraft und Elektromagnetismus.

1965 Moo-Young Han, Yoichiro Nambo und Oscar Greenberg erklären die Wechselwirkung von Teilchen unter der Starken Kraft mithilfe der sogenannten Farbladung.

Die Quantenmechanik warf in den 1920er-Jahren u. a. die Frage auf, wie Materieteilchen durch Kräfte wechselwirken. Auch der Elektromagnetismus brauchte eine Theorie für den Quantenmaßstab. Diese Theorie, die Quantenelektrodynamik (QED), erklärte die Wechselwirkung von Teilchen durch den Austausch von Elektromagnetismus. Sie stellte sich als sehr erfolgreich heraus, obwohl einer ihrer Vertreter, Richard Feynman, sie als »seltsam« bezeichnete, denn sie entwirft ein Bild des Universums, das sich nur schwer vorstellen lässt.

Austauschteilchen

Den ersten Schritt zu einer Theorie der QED machte Paul Dirac, ausgehend von der Idee, dass elektrisch geladene Teilchen durch den Austausch von Quanten (»Photonen«) elektromagnetischer Energie wechselwirken – dieselben Quanten, aus denen auch das Licht besteht. Photonen können dank der Heisenberg'schen Unschärferelation für sehr kurze Zeit aus dem Nichts entstehen, sodass Fluktuationen der im »leeren« Raum vorhandenen Energie möglich sind. Solche Photonen heißen »virtuelle« Teilchen und spielen, wie sich zeigte, im Elektromagnetismus tatsächlich eine Rolle. Etwas allgemeiner werden die Austauschteilchen in Quantenfeldtheorien als »Eichbosonen« bezeichnet.

Doch es gab Probleme mit der QED. Insbesondere führten ihre Gleichungen oft zu unsinnigen, unendlichen Ausdrücken.

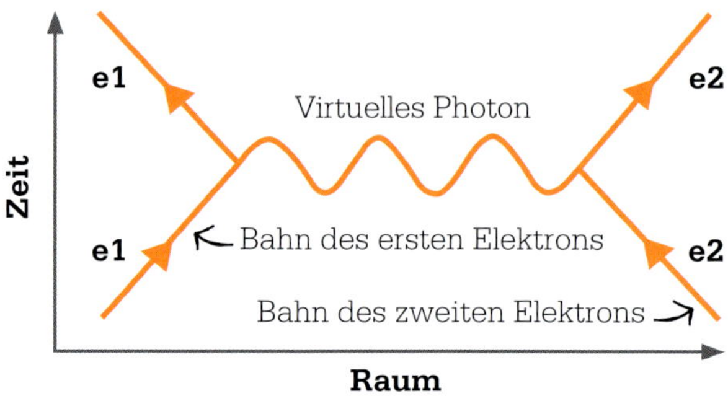

Feynman-Diagramme zeigen die Möglichkeiten für die Wechselwirkung von Teilchen. Hier stoßen sich zwei Elektronen gegenseitig ab, indem sie ein virtuelles Photon austauschen.

Siehe auch: Erwin Schrödinger 232–239 ▪ Werner Heisenberg 242–243 ▪ Paul Dirac 254–255 ▪ Sheldon Glashow 300–301

Teilchen wechselwirken durch den Austausch von **Photonen.**

Für diesen Austausch gibt es **viele verschiedene Möglichkeiten,** jede mit einer bestimmten Wahrscheinlichkeit.

Summiert man die Wahrscheinlichkeiten für alle möglichen Ereignisse, lassen sich die experimentellen Ergebnisse **genau beschreiben.**

Die »seltsame Theorie von Licht und Materie« liefert korrekte Ergebnisse.

Wahrscheinlichkeiten summieren

1947 schlug der deutsche Physiker Hans Bethe ein paar Verbesserungen an den Gleichungen vor, sodass sie reale Ergebnisse erbrachten. Der japanische Physiker Shin-ichiro Tomonaga, die Amerikaner Julian Schwinger und Richard Feynman und andere nahmen Bethes Idee auf und entwickelten sie zu einer mathematisch sauberen Form der QED. Sie betrachtete alle möglichen Arten, wie Wechselwirkung entsprechend der Quantenmechanik stattfinden konnte, und führte auf sinnvolle Resultate.

Feynman machte dieses komplizierte Thema durch seine »Feynman-Diagramme« etwas leichter fasslich. Sie stellen die möglichen elektromagnetischen Wechselwirkungen zwischen Teilchen dar und beschreiben so intuitiv die ablaufenden Prozesse. Entscheidend war, eine mathematische Modellierung einer Wechselwirkung als Summe der Wahrscheinlichkeiten für jeden einzelnen Pfad zu finden, darunter auch Pfade, in denen sich Teilchen rückwärts durch die Zeit bewegen. Bei der Summierung löschen sich viele dieser Wahrscheinlichkeiten gegenseitig aus. Die Wahrscheinlichkeit, dass ein Teilchen sich in eine bestimmte Richtung bewegt, kann genauso groß sein wie die für eine Bewegung in entgegengesetzter Richtung – dann ergibt die Summe dieser Wahrscheinlichkeiten null. Die Summierung aller Möglichkeiten – auch der »seltsamen«, zeitlich rückwärtslaufenden – führt auf vertraute Ergebnisse, etwa dass Licht sich geradlinig ausbreitet. Unter bestimmten Bedingungen ergeben sich jedoch merkwürdige Resultate, und tatsächlich wurde experimentell gezeigt, dass Licht nicht immer geradlinig läuft. Im Ganzen beschreibt die QED die Realität sehr genau, auch wenn wir die Welt anders wahrnehmen.

Die QED war so erfolgreich, dass sie das Modell für Theorien zu anderen Fundamentalkräften abgab – die Starke Kernkraft wird durch die Quantenchromodynamik (QCD) beschrieben, die elektromagnetische und die Schwache Kernkraft wurden in einer kombinierten elektroschwachen Eichtheorie vereinigt. Nur die Gravitation lässt sich bislang in kein solches Modell einpassen. ▪

Richard Feynman

Der 1918 in New York geborene Feynman zeigte schon früh mathematische Begabung. Nach einem ersten Abschluss am Massachusetts Institute of Technology (MIT) legte er eine glanzvolle Eingangsprüfung mit voller Punktzahl in Mathematik und Physik an der Universität Princeton hin. Nach der Promotion 1942 arbeitete Feynman unter Hans Bethe mit am Manhattan-Projekt zur Entwicklung der Atombombe. Nach Kriegsende forschte er an der Cornell University weiter mit Bethe, und dort führte er den größten Teil seiner Arbeiten zur Quantenelektrodynamik (QED) aus.

Feynman konnte seine Ideen ausgezeichnet vermitteln. Er sprach als Erster (schon 1959) von Nanotechnologie und schrieb populäre Lehr- und Sachbücher über QED und mehrere andere Aspekte der modernen Physik.

Hauptwerke

1950 *Mathematical Formulation of the Quantum Theory of electromagnetic Interaction*
1985 *QED: Die seltsame Theorie des Lichts und der Materie*
1985 *Sie belieben wohl zu scherzen, Mr. Feynman!*

DAS LEBEN IST KEIN WUNDER

HAROLD UREY (1893–1981) STANLEY MILLER (1930–2007)

IM KONTEXT

GEBIET
Chemie

FRÜHER
1871 Laut Charles Darwin könnte das Leben in einem »kleinen warmen Teich« entstanden sein.

1922 Alexander Oparin meint, komplexe Verbindungen könnten sich in einer primitiven Atmosphäre gebildet haben.

1952 Kenneth A. Wilde schickt 600 Volt starke Blitze durch eine Mischung aus Kohlendioxid und Wasserdampf und erhält Kohlenmonoxid.

SPÄTER
1961 Joan Oró erweitert die »Ursuppe« von Urey und Miller um weitere Chemikalien und erhält u. a. Moleküle, die wesentlich für die DNA sind.

2008 Millers früherer Student Jeffrey Bada und andere Forscher erzeugen mit neuerer, empfindlicherer Technik viel mehr organische Moleküle.

Die Atmosphäre in der Frühzeit der Erde enthielt eine **Mischung verschiedener Gase.**

↓

Bei Zufuhr von **genügend Energie** könnten diese Gase miteinander reagiert haben.

↓

Immer komplexere Moleküle könnten dann entstanden sein, auch die **Bausteine der frühesten Lebensformen.**

↓

Das Leben ist kein Wunder.

Forscher haben lange Zeit über die Entstehung des Lebens spekuliert. 1871 schrieb Charles Darwin in einem Brief: »Denken wir uns einen kleinen warmen Teich, mit allen Arten von Ammoniak- und Phosphorsalzen, in dem es Licht, Wärme, Elektrizität usw. gibt. Dort könnte eine chemisch entstandene Proteinverbindung auch komplexere Änderungen erleben …« 1953 bildeten der amerikanische Chemiker Harold Urey und sein Student Stanley Miller die Atmosphäre der jungen Erde im Labor nach und erzeugten aus anorganischer Materie organische (kohlenstoffbasierte) Verbindungen, die für das Leben essenziell sind.

Schon vor diesem Experiment hatten Chemiker und Astronomen die Atmosphäre der anderen Planeten im Sonnensystem analysiert. In der 1920er-Jahren hatten der sowjetische Biochemiker Alexander Oparin und der britische Genetiker J. B. S. Haldane behauptet, dass – wenn die Bedingungen auf der unbelebten Erde solchen Planeten geähnelt hätten – einfache Chemikalien in einer »Ursuppe« miteinander reagiert und komplexere Moleküle gebildet haben könnten, aus denen dann Leben entstand.

Siehe auch: Jöns Jakob Berzelius 119 ▪ Friedrich Wöhler 124–125 ▪ Charles Darwin 144–151 ▪ Fred Hoyle 282

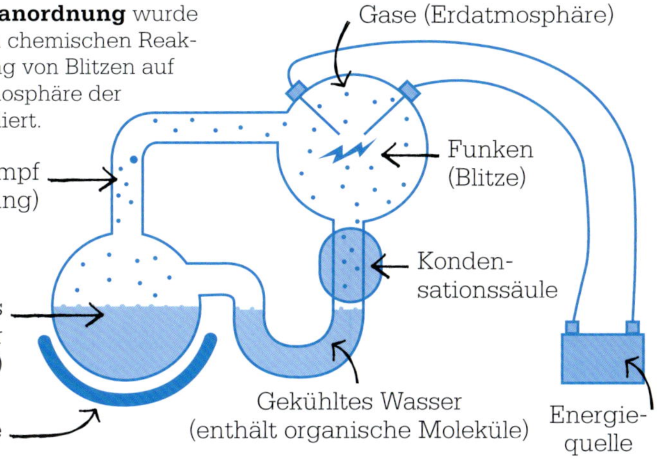

In dieser Laboranordnung wurde in einer Kette von chemischen Reaktionen die Wirkung von Blitzen auf die primitive Atmosphäre der frühen Erde simuliert.

Nachbildung der frühen Erdatmosphäre

1953 überprüften Urey und Miller die Theorie von Oparin und Haldane. In mehreren miteinander verbundenen Glaskolben, abgeschlossen von der Atmosphäre, vermischten sie Wasser und die Gase, die den Erkenntnissen zufolge in der Uratmosphäre der Erde vorhanden gewesen waren – Wasserstoff, Methan und Ammoniak. Das Wasser wurde erhitzt, sodass sich Dampf bildete und verteilte. In einem der Kolben zuckten beständig Blitze zwischen zwei Elektroden – einer der hypothetischen Auslöser für die Reaktionen. Die Blitze lieferten genug Energie, um einige der Moleküle zu zerschlagen und hochreaktive Verbindungen zu erzeugen, die mit anderen reagierten.

Schon nach einem Tag war die Mischung rosa geworden und nach zwei Wochen fanden Urey und Miller, dass mindestens zehn Prozent des Kohlenstoffs aus dem Methan nun in anderen organischen Verbindungen vorlagen. Zwei Prozent des Kohlenstoffs hatten Aminosäuren gebildet, die Bausteine der Proteine in allen Lebewesen. Urey ermutigte Miller, in der Zeitschrift *Science* über das Experiment zu berichten. Der Aufsatz erschien unter dem Titel *Production of Amino Acids under Possible Primitive Earth Conditions* (»Erzeugung von Aminosäuren unter möglichen Bedingungen der frühen Erdzeit«). Er gab der Welt eine Vorstellung davon, wie Darwins »kleiner warmer Teich« die ersten Lebensformen erzeugt haben könnte.

In einem Interview sagte Miller: »Allein das Auslösen der Blitze in einem einfachen präbiotischen Experiment führt zu Aminosäuren«. Später – mit besserer Ausrüstung als 1953 – kam heraus, dass das Experiment sogar mindestens 25 Aminosäuren erzeugt hatte, mehr als in der Natur vorkommen. Da die frühe Erdatmosphäre fast sicher Kohlendioxid, Stickstoff, Schwefelwasserstoff und Schwefeldioxid aus Vulkanen enthielt, könnte damals sogar eine noch reichere Mischung organischer Verbindungen entstanden sein – und genau so war es in Nachfolgeexperimenten. Meteoriten mit zahlreichen Aminosäuren, von denen einige auf der Erde vorkommen, andere nicht, heizen die Suche nach Lebenszeichen auf Planeten außerhalb unseres Sonnensystems weiter an. ■

Harold Urey und Stanley Miller

Harold Clayton Urey stammte aus Walkerton, Indiana (USA). Für seine Arbeit zur Isotopentrennung, die zur Entdeckung des Deuteriums führte, erhielt er 1934 den Chemie-Nobelpreis. Er entwickelte die Anreicherung von Uran-235 durch Gasdiffusion, eine Grundlage für das Manhattan-Projekt zum Bau der Atombombe. Nach den Experimenten mit Miller in Chicago ging er nach San Diego und untersuchte das von Apollo 11 mitgebrachte Mondgestein.

Stanley Lloyd Miller aus Oakland, Kalifornien, studierte Chemie in Berkeley und Chicago und arbeitete noch als Student mit Urey zusammen. Später, als Professor in San Diego, befasste er sich weiterhin mit den biochemischen Grundlagen der Entstehung des Lebens.

Hauptwerk

1953 *Production of Amino Acids under Possible Primitive Earth Conditions*

» Meine Untersuchung [des Universums] lässt kaum Zweifel daran, dass Leben auch auf anderen Planeten auftritt. Und ich bezweifle, dass der Mensch die intelligenteste Lebensform ist. «

Harold Urey

WIR MÖCHTEN EINE STRUKTUR FÜR DAS SALZ DER DESOXYRIBO-NUKLEINSÄURE (DNA) VORSCHLAGEN

JAMES WATSON (1928–2025)
FRANCIS CRICK (1916–2004)

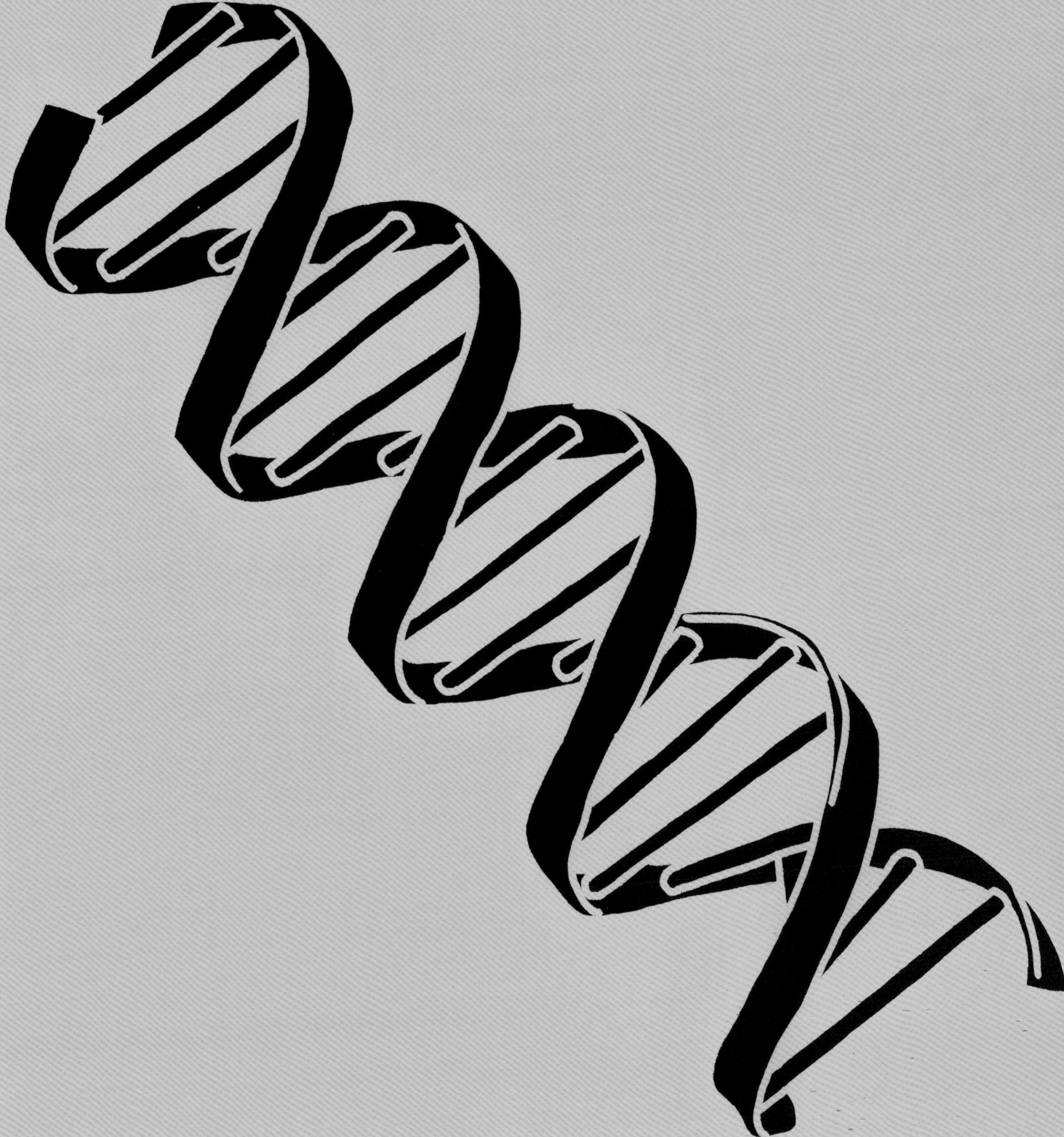

IM KONTEXT

GEBIET
Biologie

FRÜHER
1869 Friedrich Miescher weist die Nukleinsäure in einem Extrakt aus Eiterzellen nach.

um 1920 Phoebus Levene und andere erkennen die Bestandteile der DNA: Zucker, Phosphate und vier Basen.

1944 Nachweis, dass die DNA genetische Informationen trägt.

1951 Laut Linus Pauling sind einige biologische Moleküle wie eine Alphahelix aufgebaut.

SPÄTER
1963 Frederick Sanger erfindet Sequenzierungsverfahren für die Basen der DNA.

um 1960 Der DNA-Code wird geknackt: drei DNA-Basen pro Aminosäure in einem Protein.

2011 Das gezielte Verändern von DNA wird mit der Genschere CRISPR/Cas möglich.

Im April 1953 erschien in der Fachzeitschrift *Nature* ohne großes Aufsehen die Lösung eines grundlegenden Rätsels lebender Organismen. Der Aufsatz erklärte, wie genetische Anweisungen in Organismen gespeichert und wie sie auf die nächste Generation übertragen werden. Zudem beschrieb er erstmals die Doppelhelixstruktur der Desoxyribonukleinsäure (DNA), des Moleküls, das die genetische Information enthält.

Der Aufsatz stammte von James Watson, einem 25-jährigen amerikanischen Biologen, und seinem älteren britischen Forschungskollegen, dem Biophysiker Francis Crick. Seit 1951 hatten die beiden zusammen am Cavendish-Labor der Universität Cambridge an der Aufklärung der DNA-Struktur gearbeitet.

> »Das ist so schön, dass es wahr sein muss.«
>
> **James Watson**

DNA war seinerzeit ein heißes Thema, und die Aufklärung der Molekülstruktur schien Anfang der 1950er-Jahre so nahe, dass Teams in Europa, den USA und der Sowjetunion miteinander wetteiferten, die dreidimensionale Form zu »knacken« – das rätselhafte Modell, nach dem die DNA die genetischen Informationen in chemisch codierter Form tragen und sich gleichzeitig selbst vollständig und akkurat replizieren konnte, sodass eben diese genetischen Daten an die Nachkommen oder Tochterzellen weitergegeben wurden, auch an die der nächsten Generation.

Die Geschichte der DNA

Das DNA-Molekül wurde nicht erst 1953 entdeckt, auch waren Crick und Watson nicht die Ersten, die seine Zusammensetzung erkannten. Die DNA hat eine weit längere Forschungsgeschichte. In den 1880er-Jahren berichtete der deutsche Biologe Walther Flemming, dass »X«-förmige Körper (später Chromosomen genannt) im Inneren von Zellen auftauchten, wenn sie kurz vor der Teilung standen. Im

James Watson und Francis Crick

James Watson (rechts) wurde 1928 in Chicago geboren und begann dort schon mit 15 Jahren ein Studium. Dann ging er nach Cambridge (England) und forschte mit Francis Crick. 1961 ging er ans Cold Spring Harbor Laboratory in New York (USA), das ihn 2007 wegen rassistischer Ansichten suspendierte. Ab 1988 arbeitete er am Humangenom-Projekt, verließ es aber nach einem Streit zur Patentierung genetischer Daten wieder.

Francis Crick wurde 1916 bei Northampton geboren. Im Zweiten Weltkrieg entwickelte er Anti-U-Boot-Minen. 1947 begann er ein Biologiestudium und arbeitete mit James Watson zusammen. Später wurde Crick für das »zentrale Dogma« bekannt, dass genetische Daten in Zellen sich im Wesentlichen in einer Richtung ausbreiten. Im Alter wandte sich Crick der Hirnforschung zu und entwickelte eine Theorie des Bewusstseins.

Hauptwerke

1953 *Molecular Structure of Nucelic Acids: A Structure for Deoxyribose Nucleic Acid*
1968 *Die Doppelhelix* (dt. 1969)

Siehe auch: Charles Darwin 144–151 ▪ Gregor Mendel 168–173 ▪ Thomas Hunt Morgan 230–231 ▪ Linus Pauling 264–269 ▪ Barbara McClintock 283 ▪ Craig Venter 328

Jahr 1900 wurden Gregor Mendels Versuche über die Vererbung bei Erbsen wiederentdeckt. Mendel hatte als Erster behauptet, es gebe paarweise auftretende »Vererbungsteilchen« (später als Gene bezeichnet). Etwa zur gleichen Zeit, als Mendel wiederentdeckt wurde, zeigten Kreuzungsexperimente des amerikanischen Arztes Walter Sutton und unabhängig davon des deutschen Biologen Theodor Boveri, dass die Chromosomensätze (fächdenförmige Strukturen, auf denen die Gene sitzen) von einer sich teilenden Zelle an ihre Tochterzellen weitergegeben werden. Sutton und Boveri behaupteten, die Chromosomen seien die Träger des genetischen Materials.

Bald untersuchten weitere Forscher diese geheimnisvollen x-förmigen Körper. 1915 bewies der amerikanische Biologe Thomas Hunt Morgan, dass die Chromosomen tatsächlich die Träger der Erbinformation waren. Im nächsten Schritt wurden die einzelnen Moleküle der Chromosomen betrachtet – mögliche Kandidaten für die Gene.

Neue Genpaare

In den 1920er-Jahren wurden zwei solche Kandidaten entdeckt: bestimmte Proteine (Histone) und Nukleinsäuren, die bereits 1869 von dem Schweizer Biologen Friedrich Miescher als *Nuklein* beschrieben worden waren. Der russisch-amerikanische Biologe Phoebus Levene und andere identifizierten nun die Hauptbestandteile der DNA als Nukleotide, von denen jedes aus einem Desoxyribose-Zucker, einem Phosphat und einem von vier Bausteinen bestand, die als Basen bezeichnet wurden. Ende der 1940-Jahre war die Grundformel der DNA geklärt: Es handelte sich um ein Riesenpolymer, also ein Molekül aus zahlreichen wiederholten Bausteinen, den Monomeren. Bis 1952 hatten Versuche mit Bakterien gezeigt, dass die DNA selbst die genetischen Informationen verkörperte (und nicht die Proteine in den Chromosomen).

Komplizierte Verfahren

Die konkurrierenden Forscher verwendeten verschiedene fortschrittliche Methoden, darunter auch die Röntgenbeugung, bei der Röntgenstrahlung durch die Kristalle einer Substanz geschickt wird. An den Atomen, die in einem bestimmten Kristallgitter angeordnet sind, werden die Strahlen gebeugt. Das resultierende Beugungsmuster aus Punkten, Linien und Flecken wird mit Fotoplatten aufgezeichnet. Die Deutung des Musters gibt Aufschluss über den Aufbau des »

»Es ist eine der überraschendsten Verallgemeinerungen der Biochemie …, dass die zwanzig Aminosäuren und vier Basen mit kleinen Einschränkungen in der gesamten Natur dieselben sind.«

Francis Crick

Kristallgitters. Das ist keine leichte Aufgabe: Die Röntgenbeugungskristallografie wurde schon damit verglichen, aus den Millionen Lichtflecken, die ein Kronleuchter auf den Boden und die Wände eines Raumes wirft, die Form und Anordnung eines jeden Glasstücks in dem Leuchter zu rekonstruieren.

Führung für Pauling

Das britische Forschungsteam am Cavendish Laboratory war erpicht darauf, das amerikanische Team unter Linus Pauling zu schlagen. Pauling und seine Kollegen Robert Corey und Herman Branson hatten 1951 bereits einen Durchbruch für die Molekularbiologie erzielt: Sie hatten erkannt, dass viele Biomoleküle – darunter Hämoglobin, der Sauerstoffträger im Blut – eine korkenzieherähnliche Helixform haben. Pauling nannte dieses Molekülmodell die Alphahelix.

Damit war Pauling dem britischen Team um Haaresbreite zuvorgekommen, und es sah so aus, als läge die genaue DNA-Struktur in Reichweite. Anfang 1953 beschrieb Pauling den Bau des DNA-Moleküls als Dreifachhelix. Zu dieser Zeit arbeitete James Watson am Cavendish Laboratory. Er war zwar erst 25 Jahre alt, doch er brachte jugendlichen Enthusiasmus und zwei Abschlüsse in Zoologie mit, und er hatte die Gene und die Nukleinsäuren von Bakteriophagen (Viren, die Bakterien infizieren) untersucht. Sein 37-jähriger Kollege Francis Crick war Biochemiker mit Interesse an Hirn- und Neurowissenschaften. Er hatte Proteine, Nukleinsäuren und andere Riesenmoleküle in Lebewesen untersucht. Und er hatte das Cavendish-Team beobachtet, als es Pauling bei der Alphahelix schlagen wollte, und später die falschen Annahmen und vergeblichen Erklärungsversuche analysiert.

Beide, Watson und Crick, hatten Erfahrung mit Röntgenbeugung, wenn auch auf unterschiedlichen Gebieten. Gemeinsam gingen sie bald zwei faszinierenden Fragen nach: Wie kann DNA als Molekül die genetischen Informationen verschlüsseln, und wie werden diese Informationen in die Bestandteile von Lebewesen umgesetzt?

Kristallbilder

Watson und Crick kannten Paulings Alphahelixmodell der Proteine, in dem die Moleküle wie bei einem Korkenzieher gedreht waren und der Aufbau sich alle 3,6 Drehungen wiederholte. Sie wussten auch, dass neuere Forschungsergebnisse Paulings Dreifachhelixmodell nicht stützten. So fragten sie sich, ob das Modell vielleicht weder eine Einfach- noch eine Dreifachhelix war. Die beiden hatten bis dahin

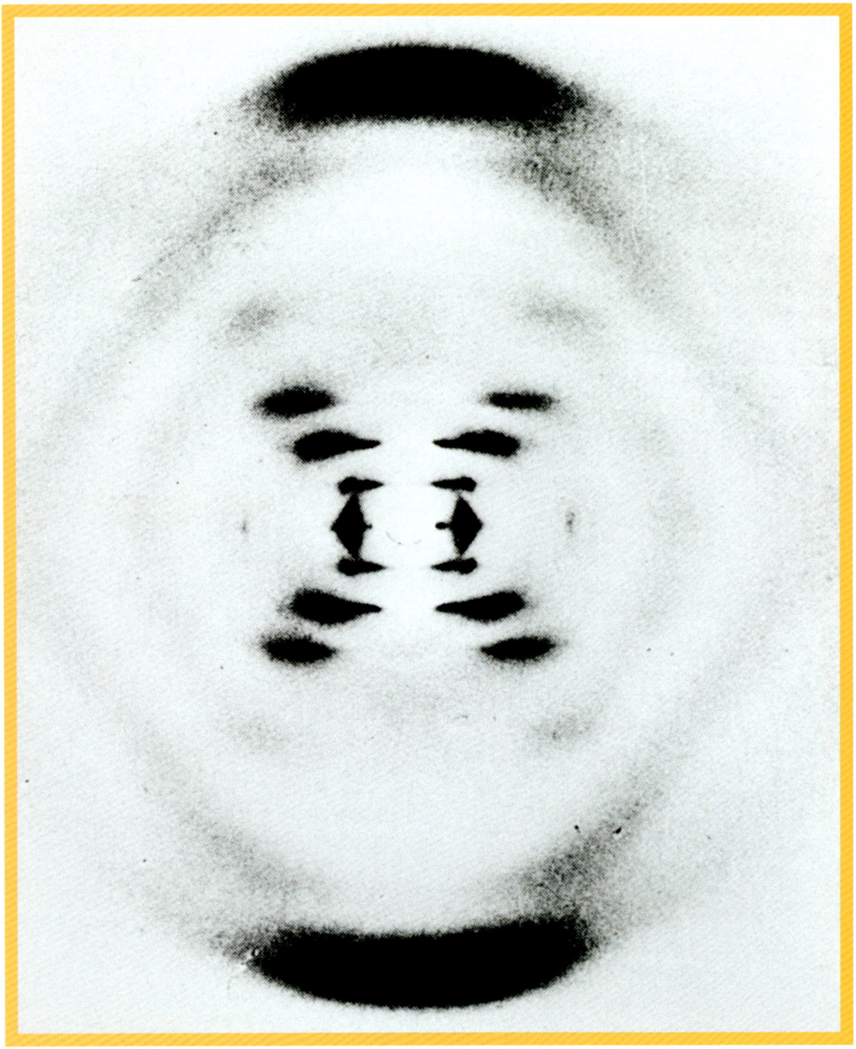

Dieses Röntgenbeugungsbild der DNA wurde 1953 von Rosalind Franklin aufgenommen. Es war entscheidend für die Entschlüsselung der DNA. Die Helixform der DNA lässt sich aus den Mustern der Punkte und Bänder erschließen.

selbst kaum Experimente durchgeführt, sondern die Daten anderer Forscher zusammengetragen, darunter die Ergebnisse chemischer Untersuchungen, aus denen sich Informationen über die Bindungswinkel zwischen den verschiedenen Atomen und Untergruppen der DNA ableiten ließen. Sie bündelten ihr Wissen über Röntgenbeugung und traten an die Forscher heran, die die besten Bilder von DNA- und ähnlichen Molekülen erzeugt hatten. Ein solches Bild war »Photo 51«, das für ihren späteren Durchbruch entscheidend wurde.

»Photo 51« war eine Röntgenbeugungsaufnahme von DNA. Sie sieht aus wie ein verschwommenes »X«, betrachtet durch eine Lamellenjalousie, war aber damals das aussagekräftigste Bild. Es kam aus dem Labor der britischen Biophysikerin Rosalind Franklin, einer Expertin für Röntgenbeugungskristallografie am Londoner King's College, und ihrem Doktoranden Raymond Gosling. Zu verschiedenen Zeiten wurde die Aufnahme jeweils einem von beiden zugeschrieben, wobei man Watson später für seine frauenfeindliche Beurteilung von Franklins Beiträgen kritisierte.

Pappmodelle

Ebenfalls am King's College arbeitete der an Mikrobiologie interessierte Physiker Maurice Wilkins. Anfang 1953 zeigte er Watson – wohl gegen alle akademischen Gepflogenheiten – die Aufnahmen von Franklin und Gosling ohne deren Wissen und Einwilligung. Watson erkannte sofort deren Bedeutung und besprach mit Crick die Folgerungen. Plötzlich waren sie auf dem richtigen Weg.

> »Wir haben das Geheimnis des Lebens entdeckt.«
>
> **Francis Crick**

Rosalind Franklins Berichtsentwürfe zu ihrem theoretischen Modell der DNA-Struktur waren der Schlüssel für die Entdeckung der Doppelhelix durch Watson und Crick. Zu Lebzeiten erhielt Franklin aber kaum Anerkennung.

Ab diesem Punkt wird die Folge der Ereignisse unklar, spätere Schilderungen widersprechen sich. Franklin hatte ihre Gedanken zu Aufbau und Gestalt der DNA in unveröffentlichten Berichtsentwürfen niedergelegt. Diese Entwürfe wurden von Watson und Crick verarbeitet, als sie mit ihren verschiedenen Ideen rangen. Der Hauptgedanke, abgeleitet von Paulings Alphahelixmodell und gestützt durch Wilkins, war eine Art von wiederholtem schraubenförmigem Muster für das Riesenmolekül. Franklin hatte beispielsweise überlegt, ob das »Gerüst« des Moleküls, eine Kette von Phosphaten und Desoxyribosezuckern, im Zentrum lag und die Basen nach außen zeigten, oder ob es umgekehrt war. Hier half der österreichisch-britische Biologe Max Perutz, der 1962 den Chemie-Nobelpreis für seine Arbeit zur Struktur von Hämoglobin und anderen Proteinen erhalten sollte. Auch Perutz hatte Zugang zu Franklins unveröffentlichten Berichten und gab sie an Franklin und Crick weiter. Sie verfolgten die Idee, das DNA-»Gerüst« liege außen und die Basen zeigten nach innen, wo sie sich eventuell paarweise miteinander verbanden. Aus Pappe schnitten sie Teile aus, die die verschiedenen molekularen Einheiten darstellen sollten, und schoben sie hin und her: die Phosphate und Zucker für das Gerüst sowie die vier Basen Adenin, Thymin, Guanin und Cytosin.

1952 trafen Watson und Crick den aus Österreich stammenden Biochemiker Erwin Chargaff, der das herausfand, was später als erste Chargaff'sche Regel bekannt wurde. Ihr zufolge treten in der DNA jeweils gleiche Mengen von Guanin und Cytosin sowie Adenin und Thymin auf. Manchmal hatten Versuche ergeben, dass alle vier Basen etwa gleich häufig vertreten waren, manchmal aber auch nicht. Die letzteren Ergebnisse stellten sich aber als methodisch falsch heraus, und als Faustregel ging man nun davon aus, dass alle vier Basen gleich häufig vorkamen.

Zusammenfügen der Teile

Indem er die Basen in zwei Paarungen einteilte, warf Chargaff ein erstes Licht auf den Aufbau der DNA. Watson und Crick überlegten nun, dass Adenin sich immer nur mit Thymin und Guanin nur mit Cytosin verband. Beim Zusammenbau »

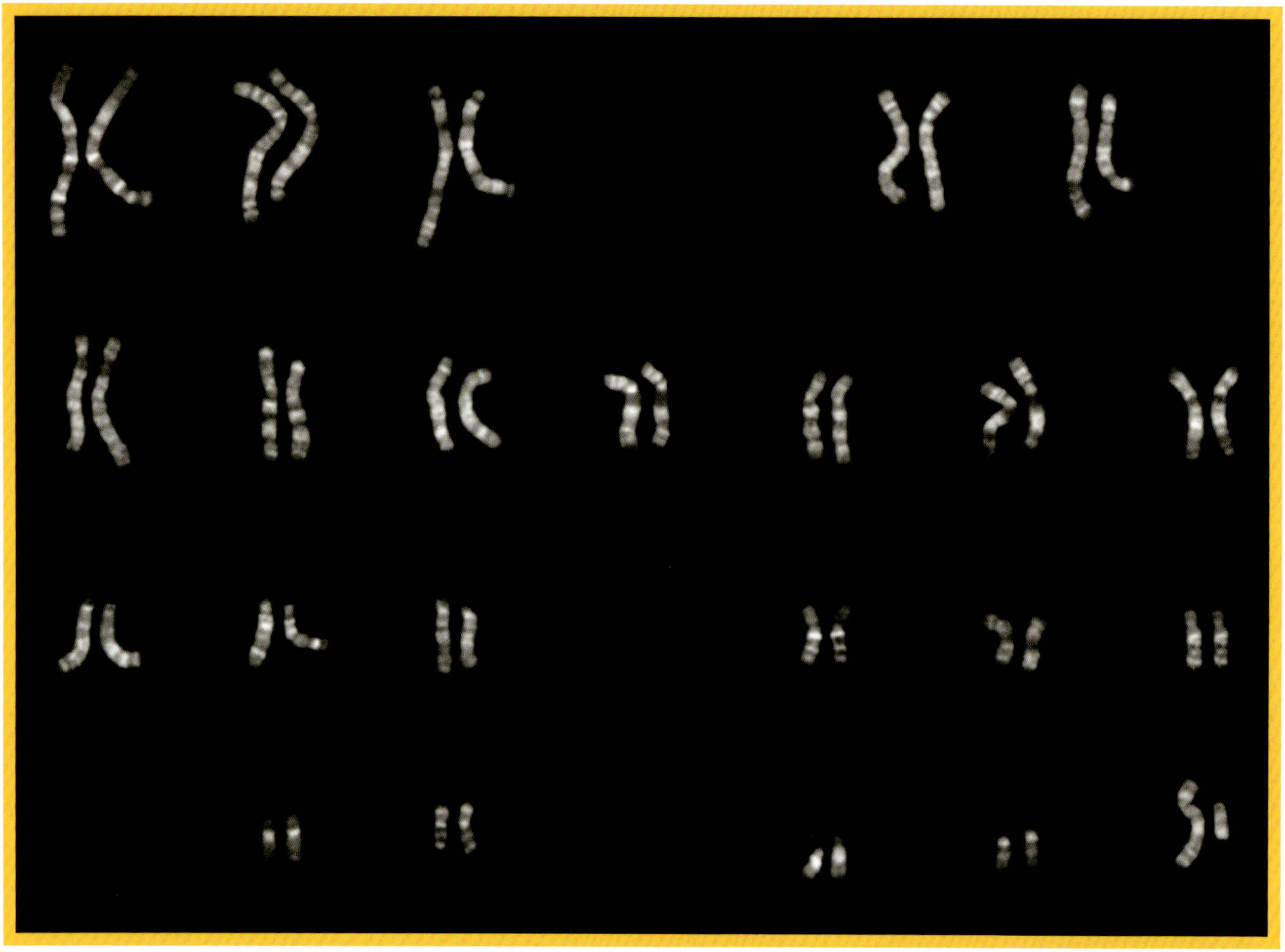

Chromosomen eines Mannes
Vor der Entdeckung von Crick und Watson war nur bekannt, dass Chromosomen Gene tragen, die bei der Zellteilung an die Tochterzelle weitergegeben werden.

ihrer Pappteile für das 3D-Puzzle jonglierten sie mit einer Unmenge von Daten, von Mathematik über Röntgenbeugungsbilder bis hin zu ihrem Wissen über chemische Bindungen und deren Winkel – und alles waren Näherungen mit gewissen Fehlern. Der Durchbruch kam, als sie erkannten, dass die Stücke nach kleinen Anpassungen in der Konfiguration von Thymin und Guanin zusammenpassten: Es ergab sich eine Doppelhelix, in der die Basenpaare sich in der Mitte verbanden. Anders als Paulings Alphahelix mit 3,6 Untereinheiten pro Drehung hatte DNA offenbar 10,4 Untereinheiten pro Drehung.

Das Modell von Watson und Crick hatte zwei helikale (schraubenförmig gewendelte) Stränge aus Phosphat und Zuckern, die sich umeinander drehten wie die Stützen einer verdrehten Leiter, mit Sprossen aus Basenpaaren. Die Folge der Basen wirkt wie die Buchstaben eines Satzes: Sie tragen kleine Informationsmengen, die erst zusammen die Gesamtanweisungen oder Gene ergeben. Diese sagen den Zellen, wie die Proteine oder anderen Moleküle zu bilden sind, die die körperliche Manifestation der genetischen Informationen darstellen und eine bestimmte Rolle für den Aufbau und die Funktion der Zelle haben.

Wie ein Reißverschluss

Jedes Basenpaar ist durch eine sogenannte Wasserstoffbindung verbunden. Sie bilden sich rasch, lösen sich aber auch leicht wieder, sodass sich die Abschnitte der Doppelhelix wie ein Reißverschluss öffnen und wieder schließen lassen. So wird der Basencode als Vorlage für eine Kopie zugänglich gemacht.

Dieses Auf und Zu erlaubt zwei Prozesse: Erstens kann aus einer geöffneten Hälfte der Doppelhelix eine spiegelbildliche Kopie der Nukleinsäure entstehen. Sie trägt die genetischen Informationen in Form der Basensequenz aus dem Zellkern an den Ort der Proteinerzeugung.

Wenn zweitens die ganze Länge der Doppelhelix aufgetrennt ist, dient jeder Teil als Vorlage für einen neuen Partner. So ergeben sich zwei DNA-Stränge, die miteinander und mit dem Original identisch sind. Auf diese Weise wird die DNA kopiert, wenn Zellen sich beim Wachstum oder zur Reparatur teilen, und wenn die Keimzellen (Spermien und Eizellen) ihren Anteil der Gene erhalten, damit aus ihnen ein befruchtetes Ei und damit die nächste Generation entsteht.

»Geheimnis des Lebens«

Am 28. Februar 1953 gingen Watson und Crick, beflügelt von ihrer Entdeckung, zum Essen in ein Pub, wo sich oft auch Kollegen trafen. Crick soll die Gäste durch die Ankündigung verblüfft haben, er und Watson hätten »das Geheimnis des Lebens« entdeckt – so jedenfalls erinnert sich Watson später in seinem Buch *Die Doppelhelix*, Crick jedoch bestreitet, dass es sich so zugetragen hat.

1962 wurden Watson, Crick und Wilkins »für ihre Entdeckungen zur Molekülstruktur der Nukleinsäure und deren Bedeutung für die Informationsübertragung in lebendem Material« mit dem Nobelpreis für Physiologie oder Medizin ausgezeichnet. Die Vergabe war von heftigen Diskussionen begleitet. Rosalind Franklin hatte kaum offizielle Anerkennung für ihre Röntgenbeugungsbilder erhalten, die Watson und Crick erst auf die richtige Fährte gebracht hatten. Sie war schon 1958 mit nur 38 Jahren an Eierstockkrebs gestorben und konnte daher 1962 den Nobelpreis nicht bekommen. Einige Forscher waren nun der Meinung, der Preis hätte früher kommen müssen, mit Franklin als Co-Preisträgerin.

Nach ihrer folgenreichen Arbeit wurden Watson und Crick weltberühmt. Sie führten ihre molekularbiologischen Forschungen fort und erhielten die verschiedensten Auszeichnungen und Ehrungen. Nach der Struktur der DNA war nun die Entschlüsselung des genetischen »Codes« die nächste große Aufgabe. Bis 1964 war klar, wie Basensequenzen in Aminosäuren überführt werden, aus denen die Proteine und andere Moleküle bestehen, die die Bausteine des Lebens bilden.

Heute lassen sich die Basensequenzen aller Gene eines Organismus bestimmen – das sogenannte Genom. Forscher manipulieren die DNA, um Gene zu übertragen, sie aus bestimmten Abschnitten der DNA zu entfernen oder in andere Abschnitte einzufügen. 2003 gab das Human Genome Project, das größte jemals durchgeführte biologische Forschungsprojekt, bekannt, dass die Kartierung des menschlichen Genoms gelungen sei – eine Sequenz von über 20 000 Genen. Cricks und Watsons Entdeckung hatte den Weg freigemacht für die Gentechnik und Gentherapie. ■

> »Ich hätte mir nie träumen lassen, dass mein eigenes Genom zu meinen Lebzeiten sequenziert würde.«
>
> **James Watson**

Das DNA-Molekül ist eine Doppelhelix aus Basenpaaren, die an einem Gerüst aus Zuckerphosphaten hängen. Die Basenpaare bilden sich immer aus der Kombination von entweder Adenin und Thymin oder Cytosin und Guanin.

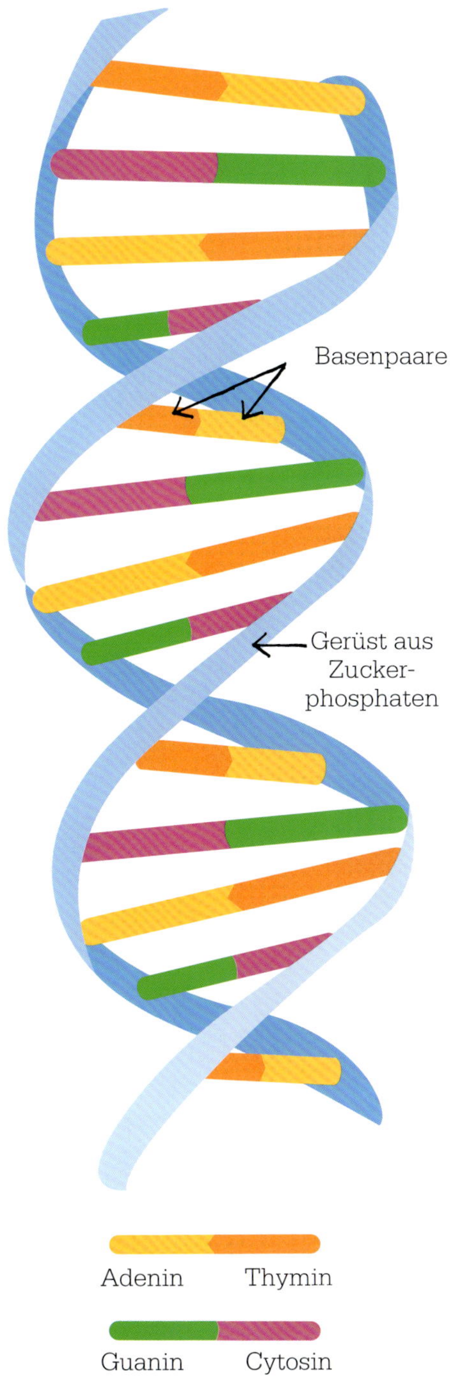

ALLES, WAS PASSIEREN KANN, PASSIERT AUCH

HUGH EVERETT III (1930–1982)

IM KONTEXT

GEBIET
Physik und Kosmologie

FRÜHER
1924–1927 Niels Bohr und Werner Heisenberg versuchen, das Messproblem im Welle-Teilchen-Dualismus zu lösen, indem sie den Kollaps der Wellenfunktion postulieren.

SPÄTER
um 1980 Die Dekohärenz ist vielleicht ein Mechanismus, durch den die Viele-Welten-Interpretation funktioniert.

um 2000 Max Tegmark beschreibt ein Modell mit unendlich vielen Universen.

um 2000 In der Theorie der Quantencomputer entsteht die Rechenleistung durch Superpositionen, die nicht unserem Universum angehören.

Eine senkrecht stehende Spielkarte fällt entweder auf die **Bild- oder** auf die **Rückseite.**

Da die Quantentheorie **beide Möglichkeiten zulässt,** führt jedes Umfallen der Karte zu einer eigenen möglichen Welt.

Wenn wir den Versuch viermal wiederholen, haben wir schon **16 parallele Welten** (2 × 2 × 2 × 2) erschaffen.

Eine Quantentheorie, in der die Natur nicht nach den verschiedenen Ausgängen unterscheidet, ist **mit den Beobachtungen vereinbar.**

Alles, was passieren kann, passiert auch.

Unter Science-Fiction-Fans ist Hugh Everett III eine Kultfigur, da er mit seiner Viele-Welten-Interpretation (VWI) der Quantenmechanik die Vorstellung vom Wesen der Realität veränderte. Seine Arbeit wurde durch einen peinlichen Schönheitsfehler der Quantenmechanik angeregt. Diese erklärt zwar die Wechselwirkungen auf mikroskopischem Niveau, führt aber auch zu bizarren Ergebnissen, die scheinbar den Experimenten widersprechen: Dem liegt das sogenannte Messproblem zugrunde (S. 238–239).

In der Quantenwelt können subatomare Teilchen in einer beliebigen Zahl von möglichen Zuständen für Ort, Geschwindigkeit und Spin (sogenannten »Superpositionen«) existieren, die durch die Schrödinger-Wellenfunktion beschrieben werden. Doch diese vielen Mög-

Siehe auch: Max Planck 206–209 ▪ Erwin Schrödinger 232–239 ▪ Werner Heisenberg 242–243

Das »Multiversum« ist eine Installation aus 41 000 LEDs in der National Gallery of Art in Washington D.C. Sie wurde durch die Viele-Welten-Interpretation inspiriert.

lichkeiten verschwinden, sobald man hinsieht: Der Akt der Messung an einem Quantensystem scheint es zu zwingen, sich für eine der Optionen zu »entscheiden«. In unserem Alltag gibt es etwa beim Münzwurf nur ein Ergebnis, Kopf oder Zahl, aber nicht das eine und das andere und beides gleichzeitig.

Kopenhagener Trick

In den 1920er-Jahren versuchten Niels Bohr und Werner Heisenberg das Messproblem zu umgehen und entwickelten die sogenannte Kopenhagener Interpretation. Demnach verursacht die Messung an einem Quantensystem den »Kollaps« der Wellenfunktion und führt zu einem eindeutigen Ergebnis. Diese Interpretation ist zwar heute weithin akzeptiert, aber sie bleibt unbefriedigend, weil sie nichts über den Kollapsmechanismus aussagt. Das plagte auch Schrödinger. Für ihn musste jede mathematische Formulierung der Welt auch eine objektive Realität wiedergeben. Der irische Physiker John Bell drückte es so aus: »Entweder ist die Wellenfunktion, gegeben durch die Schrödinger-Gleichung, nicht alles, oder sie ist falsch.«

Viele Welten

Everett überlegte nun, was mit den quantenmechanischen Superpositionen passiert. Er betrachtete die Wellenfunktion als objektiv real und verwarf den (nicht beobachteten) Kollaps: Warum sollte die Natur bei jeder Messung eine bestimmte Realität »auswählen«? Und was passierte mit den vielen Optionen des Quantensystems? Die VWI sagt, dass alle Optionen eintreten. Die Realität spaltet sich in neue Welten auf, aber wir sehen nur eine davon – nämlich unsere. Und nur weil die anderen Ergebnisse für uns unerreichbar sind, da es keine Interferenzen zwischen den Welten gibt, glauben wir, dass bei jeder Messung etwas verloren geht.

Die VWI wird überwiegend abgelehnt, aber sie überwindet eine theoretische Blockade in der Interpretation der Quantenmechanik. Sie sagt zwar nichts zu Paralleluniversen, aber sie wären die logische Folge. Die Theorie wird als unüberprüfbar kritisiert, das könnte sich aber ändern. Die »Dekohärenz« – ein Effekt, bei dem Quantenobjekte die Informationen über Superpositionen durchsickern lassen – ist ein Mechanismus, mit dem die VWI belegt werden könnte. ■

Hugh Everett III

Everett war sehr frühreif – im Alter von zwölf Jahren schrieb er an Einstein, was denn das Universum zusammenhalte. Während des Mathematikstudiums in Princeton geriet er an die Physik. Die VWI – seine Antwort auf den Schönheitsfehler der Quantenmechanik – war Thema seiner 1956 vorgelegten Doktorarbeit. Sie führte dazu, dass er als Verfechter des Multiversums angeprangert wurde, und auch als er 1959 seine Idee mit Niels Bohr diskutierte, wies dieser sie kategorisch ab. Entmutigt gab Everett die Physik auf und wechselte in die Militärindustrie. Heute gilt seine Viele-Welten-Interpretation jedoch als mehrheitsfähig – zu spät für Everett, der als Alkoholiker mit 51 Jahren verstarb. Als lebenslanger Atheist wollte er, dass seine Asche mit dem Müll entsorgt werde.

Hauptwerke

1956 *Wave Mechanics Without Probability*
1956 *The Theory of the Universal Wave Function* (Dissertation)

EIN PERFEKTES TIC TAC TOE

DONALD MICHIE (1923–2007)

IM KONTEXT

GEBIET
Künstliche Intelligenz

FRÜHER
1950 Alan Turing entwickelt einen Test (den Turing-Test), der die Intelligenz von Maschinen messen soll.

1955 Arthur Samuel schreibt ein Programm, das Dame spielen kann und dabei lernt, sich zu verbessern.

1956 Der US-Amerikaner John McCarthy prägt den Begriff »Künstliche Intelligenz«.

1960 Der Psychologe Frank Rosenblatt baut Computer mit neuronalen Netzen, die aus Erfahrung lernen.

SPÄTER
1997 Der IBM-Computer Deep Blue schlägt den Schachweltmeister Garri Kasparow.

2016 AlphaGo, eine spezialisierte KI, besiegt einen menschlichen Profispieler in einem Go-Match.

Im Jahr 1961 waren Computer noch raumfüllende Großrechner. Minicomputer kamen erst ab 1965 auf und an Mikrochips war noch gar nicht zu denken. Da die Computer-Hardware so riesig und spezialisiert war, verwendete der britische Forscher Donald Michie einfache Objekte für sein kleines Projekt über maschinelles Lernen und künstliche Intelligenz – Streichholzschachteln und Glasperlen. Und er legte eine einfache Aufgabe zugrunde, das Strategiespiel Tic Tac Toe. Darin tragen zwei Spieler abwechselnd ein X oder ein O in eines der neun Felder auf dem Spielfeld ein. Wer zuerst drei in einer Reihe hat, gewinnt. Das Ergebnis war die »Matchbox Educable Noughts And Crosses Engine«, kurz MENACE (»Gefahr«).

MENACE bestand aus 304 Schachteln, die wie eine Kommode zusammengeklebt waren. Jede Schachtel entsprach einem möglichen Spielzustand, also dem Spielfeld aus 3 × 3 Feldern mit verschiedenen Anordnungen der X und O. Es gibt insgesamt 19 683 mögliche Kombinationen, aber viele sind nur Drehungen oder Spiegelungen von-

Siehe auch: Alan Turing 260–263

Die Schachmaschine Deep Blue war ein Produkt der rasanten Entwicklung der Computer. 1997 besiegte sie den Weltmeister Garri Kasparow. Durch die Analyse Tausender früherer Partien hatte sie Strategien gelernt.

einander. Wenn man diese entfernt, bleiben 304 wirklich verschiedene Spielstände.

In jeder Schachtel lagen Perlen in neun verschiedenen Farben. Jede Farbe entsprach einem O von MENACE auf einem bestimmten Feld (so bedeutete eine grüne Perle etwa ein O im Feld unten links).

Mechanik des Spiels

MENACE eröffnete das Spiel mit der Streichholzschachtel für keine O oder X. In jeder Streichholzschachtel lag Pappe, die zu einer V-Form gefaltet war. Zum Spielen nahm man das Fach aus der Schachtel, schüttelte es und neigte es so, dass eine zufällige Perle in die Spitze des V rollte. Die Farbe dieser Perle bestimmte die Position des ersten O von MENACE im Spielfeld. Die Perle wurde dann beiseite gelegt. Als Nächstes platzierte der Gegner sein erstes X.

Für den zweiten Zug von MENACE wählte man die Schachtel aus, die den Positionen des X und des O auf dem Spielfeld zu diesem Zeitpunkt entsprach. Wieder wurde die Streichholzschachtel geöffnet, geschüttelt und gekippt, und die Farbe der zufällig ausgewählten Perle bestimmte die Position des zweiten O von MENACE, und so weiter.

Sieg, Verlust, Remis

Wenn MENACE das Spiel gewann, erhielt es eine »Belohnung«. Die gesammelten Perlen zeigten die Abfolge der Gewinnzüge. Diese Perlen wurden zusammen mit drei zusätzlichen »Bonusperlen« derselben Farbe wieder in ihre Schachteln zurückgelegt. Wenn also in einem späteren Spiel dieselbe Anordnung der O und X auftrat, kam diese Schachtel wieder zum Einsatz – und sie enthielt mehr Perlen, die zuvor zum Sieg geführt hatten. So erhöhte sich die Wahrscheinlichkeit, denselben Zug zu nehmen und wieder zu siegen. Wenn MENACE verlor, wurde es »bestraft«, indem es die entfernten Perlen nicht zurückerhielt.

Michie verfolgte das Ziel, dass MENACE »aus Erfahrungen lernt«. Bei gegebener Anordnung der O und X sollten die erfolgreichen Zugfolgen immer wahrscheinlicher werden, während Züge, die zum Verlieren führten, weniger wahrscheinlich werden sollten. Damit würde das Gerät durch Versuch und Irrtum immer erfolgreicher werden. Dies trat tatsächlich ein. In einer Serie von zehn Spielen gegen MENACE verlor Michie acht Mal. Die Anwendung menschlicher Intelligenz kann also Maschinen befähigen, sich selbst intelligenter zu machen. Die heutige Forschung zu künstlicher Intelligenz (KI) entwickelt mit ähnlichen Prinzipien Netzwerke, die neuronale Netze tierischer Gehirne nachbilden. ■

Donald Michie

Michie wurde 1923 in Yangon (Myanmar, damals Rangoon in der britischen Kolonie Birma) geboren. 1942 erhielt er ein Stipendium für Oxford, arbeitete aber stattdessen lieber an der Seite des Computerpioniers Alan Turing in Bletchley Park an der Entzifferung der deutschen Verschlüsselung.

1946 nahm er in Oxford zwar ein Studium der Genetik auf, er interessierte sich aber immer mehr für künstliche Intelligenz (KI), die ab 1960 sein Hauptanliegen wurde. 1967 wechselte er an die Universität Edinburgh und wurde dort erster Direktor des Fachbereichs Maschinelle Intelligenz und Wahrnehmung. Hier arbeitete er an einer Reihe von Forschungsrobotern, die sehen und lernen konnten. Außerdem leitete er zahlreiche renommierte Forschungsprojekte über KI und gründete das Turing-Institut in Glasgow.

Noch mit über 80 Jahren war Michie in der Forschung aktiv. Er starb 2007 auf dem Weg nach London bei einem Autounfall.

Hauptwerk

1961 *Trial and Error*

DIE EINHEIT DER FUNDAMENTAL-KRÄFTE

SHELDON GLASHOW (GEB. 1932)

IM KONTEXT

GEBIET
Physik

FRÜHER
1820 Hans Christian Ørsted entdeckt, dass Magnetismus und Elektrizität zwei Aspekte desselben Phänomens sind.

1864 James Clerk Maxwell entwickelt Gleichungen für elektromagnetische Wellen.

1933 Enrico Fermis Theorie des Betazerfalls beschreibt die Schwache Kraft.

1954 Die Yang-Mills-Theorie schafft die mathematische Grundlage für die Vereinigung der vier Fundamentalkräfte.

SPÄTER
1973 Die Gargamelle-Blasenkammer liefert experimentelle Beweise für das Trägerteilchen der elektroschwachen Kraft.

1983 Die krafttragenden W- und Z-Bosonen werden am Super Protron Synchrotron des CERN nachgewiesen.

Die Vorstellung der Natur- oder Fundamentalkräfte geht bis auf die alten Griechen zurück. Heute kennen die Physiker vier solcher Kräfte: Gravitation, Elektromagnetismus sowie die Schwache und die Starke Kernkraft, die die subatomaren Teilchen im Inneren der Atomkerne zusammenhalten. Man weiß inzwischen, dass die Schwache und die elektromagnetische Kraft zwei Ausprägungen einer einzigen »elektroschwachen« Kraft sind. Diese Entdeckung war ein wichtiger Schritt hin zu einer »Theorie von Allem«, die die Zusammenhänge zwischen allen vier Kräften erklären soll.

Die Schwache Kraft

Die Schwache Kraft wurde zur Erklärung des Betazerfalls gefordert, bei dem sich Neutronen im Atomkern in Protonen umwandeln, wobei Elektronen oder Positronen emittiert werden. 1961 erhielt der damalige Harvard-Doktorand Sheldon Glashow die anspruchsvolle Aufgabe, die Theorien der Schwachen und der elektromagnetischen Kraft zu vereinheitlichen. Das gelang Glashow zwar nicht, aber er beschrieb die Teilchen, die die Schwache Kraft vermitteln.

Austauschteilchen

In der quantenmechanischen Beschreibung von Feldern wird eine Kraft durch den Austausch eines Eichbosons, etwa eines Photons, das die elektromagnetische Wechselwirkung trägt, »fühlbar«. Ein Boson wird von einem Teilchen emittiert und von einem zweiten absorbiert. Normalerweise ändert sich dabei keines der Teilchen – ein Elektron bleibt ein Elektron, auch wenn es ein Photon aufgenommen oder abgegeben hat. Bei der Schwachen Kraft ist es anders, denn sie verändert die

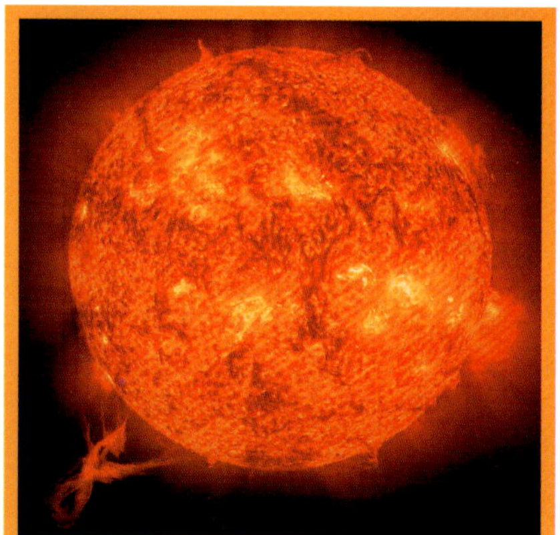

Der Zerfall von Teilchen über die Schwache Kraft treibt die Proton-Proton-Fusion in der Sonne, bei der Wasserstoff zu Helium verschmilzt.

Siehe auch: Marie Curie 194–199 ▪ Ernest Rutherford 210–217 ▪ Peter Higgs 306–307 ▪ Murray Gell-Mann 310–315

Eine Weltformel oder »Theorie von Allem« gibt eine Erklärung für die Einheit der Fundamentalkräfte.

↓

Sie geht davon aus, dass bei den unglaublich hohen Temperaturen **gleich nach dem Urknall** alle vier Kräfte in einer **»Superkraft«** vereinigt waren.

↓

Bei einer Temperatur von etwa 10^{32} K trennte sich die **Gravitation** von den anderen Kräften.

↓

Bei etwa 10^{27} K trennte sich die **Starke Kernkraft** ab.

↓

Bei etwa 10^{15} K trennten sich die **elektromagnetische** und die **Schwache Kernkraft.**

Quarks (die Bausteine von Protonen und Neutronen). Welche Art von Boson könnte daran beteiligt sein? Glashow vermutete, dass die mit der Schwachen Kraft verbundenen Bosonen ziemlich schwer sind, weil die Kraft nur über winzige Entfernungen wirkt und schwere Teilchen sich nicht weit bewegen. Er schlug zwei geladene Bosonen (W+ und W–) sowie ein drittes neutrales Z-Boson vor. Alle drei Bosonen wurden 1983 am CERN nachgewiesen.

Vereinheitlichung

In den 1960er-Jahren arbeiteten der Amerikaner Steven Weinberg und der Pakistani Abdus Salam unabhängig voneinander das Higgs-Feld (S. 306–307) in Glashows Theorie ein. Das »Weinberg-Salam-Modell«, die vereinigte Elektroschwache Theorie, beschreibt die Schwache und die elektromagnetische Kraft als einheitlich, was erstaunlich ist, da sie in ganz unterschiedlichen Bereichen wirken. Die elektromagnetische Kraft wirkt bis zum Rand des sichtbaren Universums (Träger sind die masselosen Lichtphotonen), die Schwache Kraft ist zehn Millionen Mal schwächer und wirkt kaum über den Atomkern hinaus. Ihre Vereinigung, für die 1979 der Physik-Nobelpreis vergeben wurde, eröffnet die Möglichkeit, dass sich unter bestimmten Hochenergiebedingungen (wie kurz nach dem Urknall) alle vier Fundamentalkräfte in einer »Superkraft« vereinen. Belege für eine solche »Weltformel« werden noch gesucht. ■

Sheldon Glashow

Sheldon Lee Glashow wurde 1932 als Sohn jüdischer Einwanderer aus Russland in New York geboren. Ab 1950 studierte er mit seinem Schulfreund Steven Weinberg Physik an der Cornell University. Bei seiner Promotion an der Harvard University gelang ihm die Beschreibung der W- und Z-Bosonen. 1961 ging er nach Berkeley in Kalifornien, kehrte aber 1967 als Physikprofessor nach Harvard zurück.

In den 1960er-Jahren erweiterte Glashow das Quark-Modell von Murray Gell-Mann um die zusätzliche Eigenschaft »Charm« und sagte ein viertes Quark vorher, das 1974 tatsächlich nachgewiesen werden konnte. In den letzten Jahren zeigt er sich als ein scharfer Kritiker der Stringtheorie. Er bezeichnete sie als ein »Geschwür« und räumte ihr wegen ihrer Unüberprüfbarkeit keinen Platz in der Physik ein.

Hauptwerke

1961 *Partial Symmetries of Weak Interactions*
1988 *Interactions: A Journey Through the Mind of a Particle Physicist*
1991 *The Charm of Physics*

DER GRUND FÜR DIE GLOBALE ERWÄRMUNG SIND WIR SELBST

CHARLES KEELING (1928–2005)

IM KONTEXT

GEBIET
Meteorologie

FRÜHER
1824 Joseph Fourier behauptet, dass die Atmosphäre die Erde warm hält.

1859 John Tyndall beweist, dass Kohlendioxid (CO_2), Wasserdampf und Ozon die Wärme in der Erdatmosphäre halten.

1903 Svante Arrhenius merkt an, das bei der Verbrennung fossiler Brennstoffe freigesetzte CO_2 könnte eine atmosphärische Erwärmung verursachen.

SPÄTER
1988 Die Vereinten Nationen richten den Weltklimarat (IPCC) ein, der die wissenschaftliche Klimaforschung zusammenfassen und die Politik beraten soll.

2016 Das Pariser Abkommen tritt in Kraft. Es verpflichtet 195 Unterzeichnerstaaten, Erwärmung und Treibhausgasemissionen zu begrenzen.

Kohlendioxid ist ein **Treibhausgas,** das Wärme in der Erdatmosphäre festhält.

↓

Die **Kohlendioxidkonzentration in der Luft steigt** mit dem Verbrauch fossiler Brennstoffe.

↓

Die mittlere **Temperatur** auf der Erde **steigt.**

↓

Der Grund für die globale Erwärmung sind wir selbst.

Die Erkenntnis, dass der Gehalt von Kohlendioxid (CO_2) in der Atmosphäre nicht nur steigt, sondern auch eine globale Erwärmung verursachen kann, drang in den 1950er-Jahren ins Bewusstsein. Zuvor hatten die Forscher angenommen, dass die CO_2-Konzentration in der Atmosphäre zwar schwankte, aber immer bei rund 0,03 Prozent lag (300 Teile pro Million oder *parts per million,* ppm). 1958 begann der amerikanische Geophysiker Charles Keeling, die CO_2-Konzentration mit einem selbst entwickelten, sehr empfindlichen Gerät zu messen. Seine Ergebnisse zeigten den unaufhaltsamen Anstieg von CO_2 und, ab etwa 1975, die Rolle des Menschen bei der Beschleunigung des sogenannten Treibhauseffekts.

Regelmäßige Messungen

Keeling bestimmte den CO_2-Gehalt an verschiedenen abgelegenen Orten: Big Sur in Kalifornien, die Olympic-Halbinsel im US-Bundesstaat Washington und Bergwälder in Arizona. Außerdem gab es Messungen am Südpol und vom Flugzeug aus. 1957 gründete er eine meteorologische Messstation in 3000 m Höhe auf dem Mauna

Siehe auch: Jan Ingenhousz 85 ▪ Joseph Fourier 122–123 ▪ Robert FitzRoy 152–157

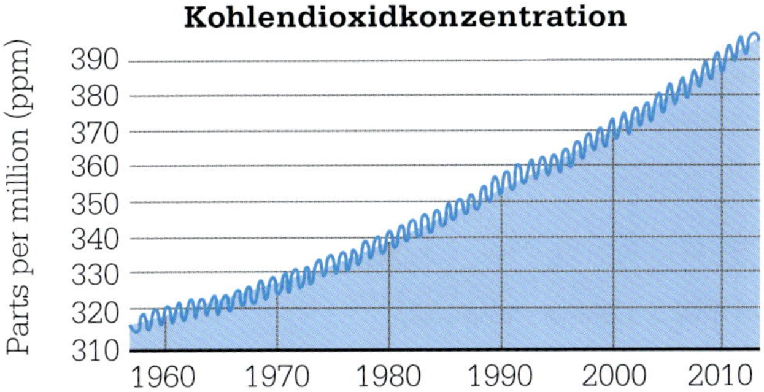

Das Diagramm zeigt den Anstieg der CO_2-Konzentration über die Jahre. Die kleinen jährlichen Fluktuationen (blaue Linie) gehen auf saisonale Unterschiede bei der CO_2-Aufnahme durch Pflanzen zurück.

Loa in Hawaii. Keeling maß die CO_2-Konzentration dort kontinuierlich und bemerkte drei Dinge:

Erstens gibt es lokal eine tägliche Variation. Die Konzentration ist nachmittags minimal, wenn die grünen Pflanzen am aktivsten sind und CO_2 aufnehmen. Zweitens gibt es eine jährliche globale Variation. Auf der Nordhalbkugel gibt es mehr Landmasse für Pflanzen, und der CO_2-Gehalt steigt während des Nordwinters langsam an, wenn die Pflanzen nicht wachsen. Der Höhepunkt wird im Mai erreicht, bevor die Pflanzen wieder wachsen und CO_2 aufnehmen. Das Minimum liegt im Oktober gegen Ende der Vegetationsperiode. Drittens – und das ist entscheidend – steigt die Konzentration unaufhaltsam an. Eiskerne aus den Polargebieten enthalten Luftblasen, die zeigen, dass die CO_2-Konzentration seit 9000 v. Chr. meist zwischen 275 und 285 ppm lag. 1958 maß Keeling 315 ppm und im Mai 2023 wurde ein Mittelwert von knapp 425 ppm erreicht. Der Anstieg um 110 ppm von 1958 bis 2023 bedeutet, dass die Konzentration in 65 Jahren um 35 Prozent zunahm. Das war der erste konkrete Beleg dafür, dass die CO_2-Konzentration in der Atmosphäre zunimmt. CO_2 ist ein Treibhausgas, das die Sonnenwärme einzufangen hilft.

Die steigende CO_2-Konzentration führt also wohl zu einer globalen Erwärmung. Keeling stellte fest: »Am Südpol hat die Konzentration um etwa 1,3 ppm pro Jahr zugenommen. … Dieser beobachtete Wert stimmt sehr gut mit dem aus der Verbrennung fossiler Treibstoffe zu erwartenden Wert von 1,4 ppm pro Jahr überein.« Mit anderen Worten: Der Mensch ist zumindest ein Teil der Ursache für die globale Erwärmung. ■

» Der Energiebedarf wird sicher ansteigen, … da die immer größere Weltbevölkerung ihren Lebensstandard zu erhöhen bestrebt ist. «

Charles Keeling

Charles Keeling

Keeling wurde in Pennsylvania geboren und war nicht nur Wissenschaftler, sondern auch ein sehr begabter Pianist. Nach seiner Dissertation in Geochemie entwickelte er ab 1954 am California Institute of Technologie (CalTech) ein neues Instrument, um die CO_2-Konzentration in der Atmophäre zu messen. Da die Konzentration rings um das CalTech stündlich wechselte (wohl wegen des Verkehrs), maß er die Werte im Nationalpark Big Sur und stellte auch dort kleine, aber deutliche Variationen fest. Das führte ihn zu seiner Lebensaufgabe. 1956 trat er eine Stelle bei der Scripps Institution of Oceanography in La Jolla (Kalifornien) an, die er 43 Jahre lang ununterbrochen behalten sollte.

2002 erhielt Keeling die National Medal of Science, die höchste Auszeichnung für einen Wissenschaftler in den USA. Nach Keelings Tod führt nun sein Sohn Ralph die Arbeiten zur Atmosphärenüberwachung weiter.

Hauptwerk

1997 *Climate Change and Carbon Dioxide: An Introduction*

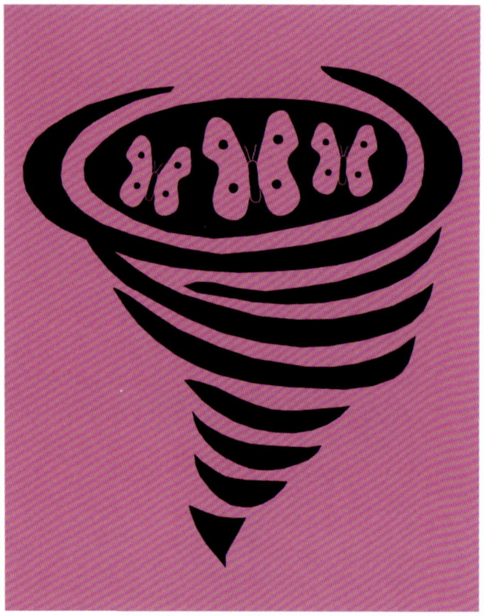

DER SCHMETTERLINGS-EFFEKT

EDWARD LORENZ (1917–2008)

IM KONTEXT

GEBIET
Meteorologie

FRÜHER
1687 Die drei Newton'schen Gesetze machen das Universum vorhersagbar.

um 1880 Henri Poincaré zeigt, dass die Bewegung dreier Körper mit Gravitation im Allgemeinen chaotisch und unvorhersagbar ist.

SPÄTER
um 1975 Die Chaostheorie dient zur Modellierung des Verkehrsflusses, zur digitalen Verschlüsselung und zum Design von Flugzeugen.

1979 Benoît Mandelbrot findet die Mandelbrot-Menge, die zeigt, wie aus einfachen Regeln sehr komplexe Gebilde entstehen können.

ab 1990 Die Chaostheorie wird Teilgebiet der Komplexitätsforschung, die komplizierte Naturphänomene erklären will.

In der Wissenschaftsgeschichte wurden oft einfache Modelle entwickelt, die das Verhalten von Systemen vorhersagen sollten. Bestimmte Naturphänomene wie die Planetenbewegung lassen sich so ausgezeichnet behandeln. Aus wenigen Anfangsbedingungen – Masse des Planeten, Ort, Geschwindigkeit usw. – lassen sich zukünftige Zustände berechnen. Doch das Verhalten vieler Prozesse,

Siehe auch: Isaac Newton 62–69 ▪ Benoît Mandelbrot 320

z. B. die Brechung der Wellen am Strand, das Aufsteigen von Rauch aus einer Zigarette oder das Wetter, ist chaotisch und unvorhersehbar. Die Chaostheorie versucht, solche Phänomene trotzdem zu erklären.

Dreikörperproblem

Die ersten Schritte zur Chaostheorie unternahm in den 1880er-Jahren der französische Mathematiker Henri Poincaré mit seinen Arbeiten zum »Dreikörperproblem«. Er zeigte, dass es für einen Planeten mit einem Mond, der einen Stern umkreist – ein System wie Sonne, Erde und Mond – im Allgemeinen keine stabile Bahn gibt. Die Gravitationswechselwirkung ist für eine allgemeine Berechnung viel zu komplex, und schon kleine Abweichungen der Anfangsbedingungen führen zu großen, unvorhersehbaren Änderungen. Doch Poincarés Arbeiten blieben lange vergessen.

Überraschende Entdeckung

Nächste Erkenntnisse folgten erst in den 1960er-Jahren, als die ersten Wettervorhersagen am Computer erstellt wurden. Bei Eingabe genügend vieler Daten über den Zustand der Atmosphäre zu einem bestimmten Zeitpunkt müsste man doch mit genügend Rechenleistung das Wettergeschehen berechnen können. Der Meteorologe Edward Lorenz wollte am Massachusetts Institute of Technology (MIT) die Annahme prüfen, dass immer bessere Computer den Vorhersagezeitraum vergrößern. Er testete Simulationen mit nur drei einfachen Gleichungen. Da die Simulationen mehrfach mit demselben Anfangszustand wiederholt wurden, erwartete er immer dieselben Ergebnisse, doch zu seiner Überraschung wichen die Resultate jedes Mal stark voneinander ab. Bei der Überprüfung fand Lorenz, dass das Programm die Zahlenwerte von sechs auf drei Dezimalstellen gerundet hatte. Die winzigen Änderungen des Anfangszustands hatten großen Einfluss auf das Endergebnis. Diese Abhängigkeit von den Ausgangsbedingungen nannte er »Schmetterlingseffekt« – die Vorstellung, dass eine kleine Änderung des Systems, etwa die Bewegung einiger Luftmoleküle durch den Flügelschlag eines Schmetterlings in Brasilien, sich mit der Zeit verstärkt und zu unvorhersehbaren Folgen führt, etwa einem Tornado in Texas.

Edward Lorenz erklärte, dass die Regeln, nach denen chaotische Systeme funktionieren, in sich bereits bedingen, dass ihre Vorhersagbarkeit begrenzt ist. Nicht nur das Wetter, auch andere Systeme sind chaotisch – der Verkehr, der Aktienmarkt, die Strömung von Gasen und Flüssigkeiten, das Wachstum von Galaxien. Erst mithilfe der Chaostheorie lassen sie sich angemessen modellieren. ■

Wirbelturbulenz an der Spitze einer Flugzeugtragfläche. Die Untersuchung des kritischen Punkts, ab dem die Turbulenz entsteht, war entscheidend für den Durchbruch der Chaostheorie.

Edward Lorenz

Edward Norton Lorenz schloss 1940 sein Mathematikstudium an der Harvard University ab. Während des Zweiten Weltkriegs arbeitete er als Meteorologe für die US Army. Nach dem Krieg studierte er Meteorologie am Massachusetts Institute of Technology (MIT).

Seine Entdeckung der empfindlichen Abhängigkeit von Anfangsbedingungen war ein Zufallsfund – und einer der großen »Heureka«-Momente der modernen Wissenschaft. Lorenz ließ einfache Simulationen von Wettersystemen durchrechnen und stellte fest, dass sein Modell völlig unterschiedliche Ergebnisse auswarf, obwohl die Startbedingungen fast identisch waren. Sein Aufsatz von 1963 zeigte, dass eine perfekte Wettervorhersage ein Wunschtraum bleiben muss.

Lorenz blieb zeitlebens körperlich und geistig rege. Bis kurz vor seinem Tod im Jahr 2008 verfasste er noch Forschungsaufsätze. Außerdem wanderte er gern und fuhr auch Ski.

Hauptwerk

1963 *Deterministic Nonperiodic Flow*

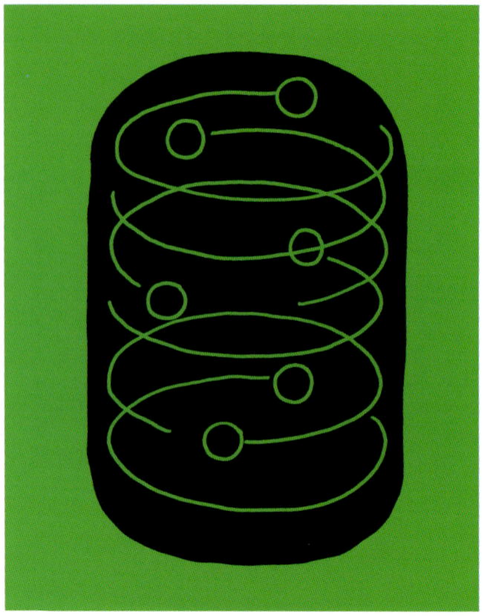

DAS VAKUUM IST NICHT DAS NICHTS

PETER HIGGS (1929–2024)

IM KONTEXT

GEBIET
Physik

FRÜHER
1964 Peter Higgs, François Englert und Robert Brout beschreiben ein Feld, das allen Elementarteilchen und Kraft vermittelnden Teilchen eine Masse verleiht.

1964 Drei Physiker-Teams sagen unabhängig voneinander ein schweres Teilchen voraus (das Higgs-Boson).

SPÄTER
1966 Steven Weinberg und Abdus Salam formulieren mithilfe des Higgs-Feldes die elektroschwache Theorie.

2010 Der Large Hadron Collider am CERN erreicht volle Leistung. Die Suche nach dem Higgs-Boson beginnt.

2012 Forscher am CERN melden den Nachweis eines Teilchens, das zur Beschreibung des Higgs-Bosons passt.

Das große wissenschaftliche Ereignis des Jahres 2012 war die Ankündigung des Europäischen Kernforschungszentrums CERN, am Large Hadron Collider (LHC) sei ein neues Teilchen aufgespürt worden, möglicherweise das Higgs-Boson. Dieser Schlussstein im Standardmodell der Teilchenphysik, gibt allen Dingen im All ihre Masse. Seine Existenz war 1964 von sechs Physikern behauptet worden, darunter Peter Higgs. Der Nachweis des Higgs-Bosons

Siehe auch: Albert Einstein 218–225 ▪ Erwin Schrödinger 232–239 ▪ Georges Lemaître 250–253 ▪ Paul Dirac 254–255 ▪ Sheldon Glashow 300–301

war extrem wichtig, denn es beantwortet die Frage: »Warum haben einige Teilchen, die Kräfte tragen, eine Masse, und andere nicht?«

Felder und Bosonen

Die klassische Physik (vor der Quantenphysik) betrachtet elektrische und magnetische Felder als kontinuierlich. Sie breiten sich im Raum aus. Die Quantenmechanik dagegen kennt kein Kontinuum. Felder werden als Verteilungen von »Feldpartikeln« beschrieben und die Feldstärke ist die Dichte dieser Partikel. Teilchen, die ein Feld passieren, werden durch den Austausch von »virtuellen« kraftragenden Partikeln beeinflusst, den sogenannten Eichbosonen.

Das Higgs-Feld füllt den Raum aus – auch das Vakuum – und Elementarteilchen erhalten ihre Masse aus der Wechselwirkung mit ihm. Dazu gibt es folgende Analogie: Eine schneebedeckte Wiese wird von Menschen in Schneeschuhen oder Skiern überquert. Wie lange es dauert, hängt davon ab, wie stark sie mit dem Schnee »wechselwirken«.

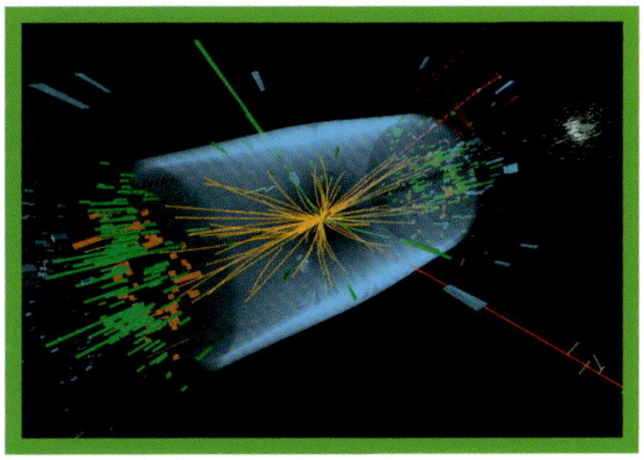

Das Higgs-Boson zerfällt innerhalb von Trillionstel Sekunden nach seiner Entstehung. Es taucht auf, wenn andere Teilchen mit dem Higgs-Feld wechselwirken.

Skifahrer entsprechen Teilchen mit niedriger Masse, wer aber mit den Schneeschuhen ständig einsinkt, erfährt auf dem Weg eine größere Masse. Masselose Teilchen wie Photonen oder Gluonen (Träger der elektromagnetischen bzw. Starken Kernkraft) werden vom Higgs-Feld nicht beeinflusst – wie ein Vogelschwarm, der über die Wiese hinwegfliegt.

Die Suche nach Higgs

In den 1960er-Jahren entwickelten sechs Physiker, darunter Peter Higgs, François Englert und Robert Brout, die Theorie der »spontanen Symmetriebrechung«. Sie erklärt, warum die Träger der Schwachen Kraft, das W- und das Z-Boson, eine Masse haben, Photonen und Gluonen dagegen nicht. Diese Symmetriebrechung war entscheidend für die Formulierung der elektroschwachen Theorie (S. 300–301). Higgs zeigte, wie sich das Higgs-Boson (bzw. dessen Zerfallsprodukte) nachweisen ließen.

Für die Suche nach dem Higgs-Boson entstand 100 m unter dem Erdboden die größte Forschungsanlage der Welt, ein Protonenbeschleunigerring mit 27 km Umfang namens Large Hadron Collider (LHC). Bei Höchstleistung erzeugt er eine Energie, wie sie unmittelbar nach dem Urknall geherrscht haben muss. Sie genügt zur Erzeugung von einem Higgs-Boson pro einer Milliarde Kollisionen. Die Schwierigkeit ist, die Spuren unter so viel Nebenprodukten zu finden – und das Higgs-Teilchen ist so schwer, dass es bei Erscheinen sofort zerfällt. Doch nach fast 50 Jahren gelang endlich der Nachweis. ▪

Peter Higgs

Higgs stammt aus Newcastle-upon-Tyne und studierte am King's College in London, bevor er als wissenschaftlicher Mitarbeiter nach Edinburgh ging. Nach einem Abstecher nach London kehrte er 1960 nach Edinburgh zurück. Bei einer Bergwanderung hatte Higgs »seine große Idee«: Einen Mechanismus, durch den ein Kraftfeld Eichbosonen mit hoher und mit geringer Masse erzeugen konnte. Zwar arbeiteten auch andere Forscher an diesem Thema, doch es heißt heute »Higgs-Feld« und nicht Broutler-Englert-Higgs-Feld, weil Higgs 1964 in seinem Aufsatz auch angegeben hatte, wie sich das Teilchen nachweisen ließ. Higgs sagt zwar, er kenne sich mit Teilchenphysik gar nicht aus, weil er sie nie auf hohem Niveau studiert habe – trotzdem erhielten er und François Englert für ihre Arbeit 2013 den Nobelpreis für Physik.

Hauptwerke

1964 *Broken Symmetry and the Mass of Gauge Vector Mesons*
1964 *Broken Symmetries and the Mass of Gauge Bosons*

SYMBIOSE GIBT ES ÜBERALL

LYNN MARGULIS (1938–2011)

IM KONTEXT

GEBIET
Biologie

FRÜHER
1858 Rudolf Virchow meint, dass Zellen nur aus anderen Zellen entstehen und sich nicht spontan bilden.

1873 Anton de Bary prägt den Begriff »Symbiose« für verschiedenartige Organismen, die zusammenleben.

1905 Laut einer unbewiesenen Theorie von Konstantin Mereschkowski entstanden Chloroplasten und Zellkerne in einem Prozess der Symbiose.

1937 Edouard Chatton teilt die Lebensformen nach ihrer Zellstruktur ein, von komplexen Eukaryoten bis zu einfachen Prokaryoten. Seine Theorie wird 1962 wiederentdeckt.

SPÄTER
1970–1975 Carl Woese entdeckt die Ähnlichkeit der DNA von Chloroplasten und Bakterien.

Zur gleichen Zeit wie Darwins Evolutionstheorie entstand die Zelltheorie des Lebens. Ihr zufolge bestehen alle Organismen aus Zellen, und neue Zellen können sich nur durch Teilung bestehender Zellen entwickeln. Auch einige Bausteine von Zellen wie die Chloroplasten vermehren sich durch Zellteilung.

Diese Entdeckung führte den russischen Botaniker Konstantin Mereschkowski zu der Idee, die Chloroplasten seien einst eigenständige Lebensformen gewesen. Wie waren dann aber die komplexen Zellen entstanden? Seine Antwort war die Theorie der Endosymbiose, die er erstmals 1905 vorstellte. Anerkannt wurde sie aber erst, als die amerikanische Biologin Lynn Sagan (später Margulis) 1967 Belege dafür fand.

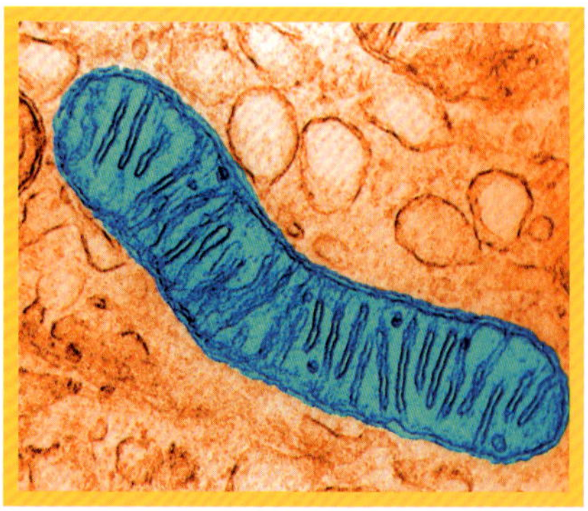

Mitochondrien (hier blau eingefärbt) sind Organellen, die in eukaryotischen Zellen den Energieträger Adenosintriphosphat (ATP) erzeugen.

Komplexe Zellen mit inneren Strukturen – sogenannten Organellen wie Zellkern (Steuerung der Zelle), Mitochondrien (Erzeugung von Energie) und Chloroplasten (Fotosynthese) – gibt es in Tieren, Pflanzen und vielen Mikroben. Diese Zellen, heute als Eukaryoten bezeichnet, entwickelten sich aus einfacheren Bakterienzellen ohne Organellen, den Prokaryoten. Mereschkowski stellte sich Gemeinschaften einfacher Zellen vor: Einige erzeugten Nahrung durch Fotosynthese, andere jagten ihre Nachbarn und verleibten sie sich ein. Wenn solche aufgenommenen Zellen nicht verdaut wurden, könnten sie zu Chloroplasten geworden sein. Doch die Theorie der Endosymbiose ließ sich nicht beweisen und verschwand wieder.

Neue Belege

Die Erfindung des Elektronenmikroskops in den 1930er-Jahren sowie Fortschritte in der Biochemie halfen den Biologen, die inneren

Siehe auch: Charles Darwin 144–151 ▪ James Watson und Francis Crick 288–295 ▪ James Lovelock 319

Die komplexen Zellen von **Tieren und Pflanzen** enthalten **Organellen,** die in den einfacheren Bakterienzellen fehlen.

Die **Organellen** – Kern, Mitochondrien und Chloroplasten – **vermehren sich durch Teilung** bereits existierender Organellen.

Die **DNA der Chloroplasten und Mitochondrien** ähnelt der DNA von Bakterien.

Diese **Organellen lebten zuerst unabhängig voneinander,** bevor sie im Prozess der Endosymbiose zusammenkamen.

Symbiose gibt es überall.

Funktionen der Zellen zu entschlüsseln. In den 1950er-Jahren wurde bekannt, dass die DNA die genetischen Anweisungen für Lebensprozesse liefert und an die Nachkommen weitergegeben wird. In eukaryotischen Zellen sitzt die DNA im Kern, doch man findet sie auch in Chloroplasten und Mitochondrien.

1967 griff Margulis diese Entdeckung als Beleg für die Theorie der Endosymbiose auf. Sie meinte, in der Frühzeit der Erdgeschichte habe eine »Sauerstoffvergiftung« stattgefunden: Als vor zwei Milliarden Jahren die Fotosynthese entstand, reicherte sich die Atmosphäre mit Sauerstoff an, der viele damals lebende Bakterien tötete. Raubmikroben überlebten, indem sie sich andere Mikroben »einverleibten«, die den Sauerstoff für den Stoffwechsel nutzen konnten. Daraus wurden die Mitochondrien, die die heutigen Zellen mit Energie versorgen. Den meisten Biologen erschien dies als zu weit hergeholt, doch die Belege für Margulis' Theorie überzeugten langfristig und heute ist sie akzeptiert. Beispielsweise besteht die DNA von Mitochondrien und Chloroplasten aus ringförmigen Molekülen – wie die DNA lebender Bakterien.

Evolution durch Kooperation ist nichts Neues: Schon Darwin hatte mit dieser Idee das Zusammenwirken von nektargebenden Pflanzen und bestäubenden Insekten zum beiderseitigen Vorteil erklärt. Doch nur wenige hatten an eine so enge Symbiose geglaubt, wie zwischen zwei Zellen, die bereits in der Frühzeit des Lebens miteinander verschmolzen. ▪

Lynn Margulis

Lynn Alexander (später Sagan, dann Margulis) begann schon mit 14 ihr Studium in Chicago und promovierte später an der Universität in Berkeley. Ihr Interesse an der Vielfalt der Zellen in Organismen brachte sie dazu, die Theorie der Endosymbiose wiederzubeleben, die der Biologe Richard Dawkins als »eine der großen Errungenschaften der Evolutionsbiologie im 20. Jahrhundert« bezeichnet hatte.

Margulis sah Kooperation als ebenso wichtig für die Evolution an wie Konkurrenz – und sie betrachtete die Lebewesen als selbstorganisierte Systeme. Später unterstützte sie die Gaia-Hypothese von James Lovelock, nach der auch die Erde als selbstregelnden Organismus angesehen werden kann. In Anerkennung ihrer Arbeit wurde sie in die National Academy of Science aufgenommen und erhielt die National Medal of Science.

Hauptwerke

1967 *On the Origin of Mitosing Cells*
1970 *Origin of Eukaryotic Cells*
1982 *Die fünf Reiche der Organismen: Ein Leitfaden* (dt. Ausgabe erschienen 1989)

DIE DREIERBANDE – QUARKS

MURRAY GELL-MANN (1929–2019)

IM KONTEXT

GEBIET
Physik

FRÜHER
1932 James Chadwick entdeckt ein neues Teilchen, das Neutron. Damit sind drei subatomare Teilchen mit Masse bekannt: Proton, Neutron und Elektron.

1932 Als erstes Antiteilchen wird das Positron entdeckt.

um 1940–1960 Immer leistungsfähigere Teilchenbeschleuniger, in denen Teilchen aufeinander geschossen werden, produzieren immer neue subatomare Teilchen.

SPÄTER
1964 Der Nachweis des Omega-Teilchens (Ω–) bestätigt das Quarkmodell.

2012 Am CERN wird das Higgs-Boson nachgewiesen. Es führt die Masse in das Standardmodell ein.

Die Auffassung vom Aufbau der Atome hat sich seit Ende des 19. Jahrhunderts stark verändert. 1897 behauptete J. J. Thomson kühn, die Kathodenstrahlen bestünden aus Teilchen, die kleiner als Atome seien: Er hatte das Elektron entdeckt. 1905 beschrieb Albert Einstein, aufbauend auf der Quantentheorie von Max Planck, das Licht als einen Strom von winzigen masselosen Teilchen, die wir heute Photonen nennen. 1911 folgerte Thomsons Schützling Ernest Rutherford, das Atom habe einen dichten, kleinen Kern, der von Elektronen umgeben sei. Das Bild des Atoms als eines unteilbaren Ganzen war zerstört.

1920 gab Rutherford dem Kern des leichtesten Elements (Wasserstoff) den Namen Proton. Zwölf Jahre später wurde das Neutron entdeckt und ein komplexeres Bild der Kerne aus Protonen und Neutronen entstand. In den 1930er-Jahren ermöglichte die Untersuchung der kosmischen Strahlen – Teilchen mit sehr hoher Energie, die in Supernovae entstanden sein sollten – den Blick auf weitere Teilchenbereiche: Man entdeckte neue, hochenergetische Teilchen, die entsprechend der Einstein'schen Masse-Energie-Äquivalenz ($E = mc^2$) auch eine höhere Masse haben mussten.

Um die Wechselwirkungen im Inneren der Atomkerne zu erklären, arbeiteten die Forscher in den 1950er- und 1960er-Jahren hart an einem theoretischen Gerüst für die Materie im Universum. Viele waren daran beteiligt, doch die entscheidende Rolle für die Einordnung der Elementarteilchen und Kraftträger, wie sie im Standardmodell zusammengefasst ist, spielte der amerikanische Physiker Murray Gell-Mann.

> »Wie ist es möglich, dass die Niederschrift einiger einfacher und eleganter Gleichungen die universellen Gesetzmäßigkeiten der Natur vorhersagen kann?«
>
> **Murray Gell-Mann**

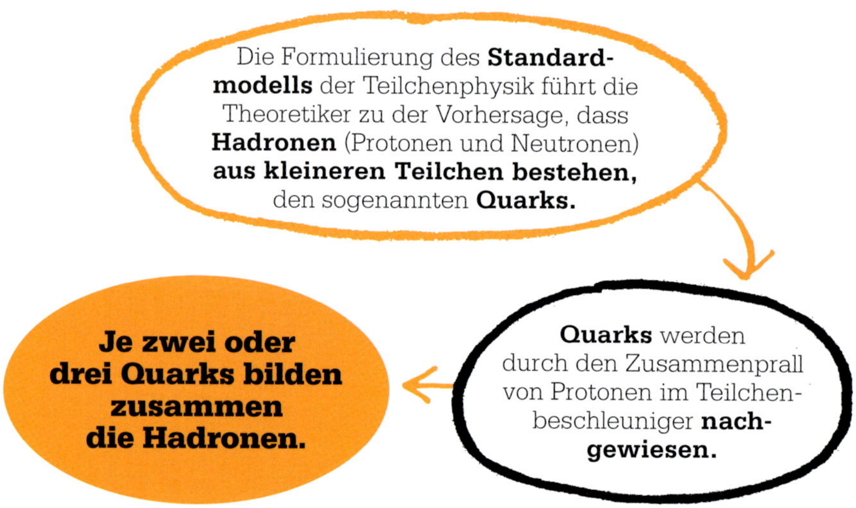

Der Teilchenzoo

Gell-Mann scherzte, die theoretische Teilchenphysik verfolge doch ein ziemlich bescheidenes Ziel: Sie wolle nur die »fundamentalen Gesetze erklären, denen alle Materie im Universum gehorcht«. Theoretiker, so sagte er, »arbeiten mit Stift, Papier und Papierkorb, und Letzterer ist das wichtigste.« Das wichtigste Instrument der Experimentatoren hingegen ist der Teilchenbeschleuniger.

1932 ließen Ernest Walton und John Cockcroft in Cambridge die ersten Atomkerne (von Lithium) in einem Teilchenbeschleuniger kollidieren. Seither wurden immer

Siehe auch: Max Planck 206–209 ▪ Ernest Rutherford 210–217 ▪ Albert Einstein 218–225 ▪ Paul Dirac 254–255 ▪ Richard Feynman 284–285 ▪ Sheldon Glashow 300–301 ▪ Peter Higgs 306–307

leistungsfähigere Beschleuniger gebaut, in denen subatomare Teilchen auf nahezu Lichtgeschwindigkeit beschleunigt werden. Dann schießt man sie auf ein Target oder aufeinander. Die Teilchenforschung wird heute durch theoretische Vorhersagen bestimmt – der Large Hadron Collider (LHC) am CERN wurde z. B. vor allem gebaut, um das theoretisch geforderte Higgs-Boson zu finden (S. 306–307). Der LHC ist ein ringförmiger Tunnel voller supraleitender Magnete mit 27 km Umfang. Subatomare Teilchen werden in Kollisionen zerschlagen. Die freiwerdende Energie reicht manchmal aus, um neue Teilchen zu erzeugen, die unter normalen Bedingungen nicht existieren können. Es entstehen ganze Schauer von kurzlebigen exotischen Teilchen, die dann rasch annihilieren oder zerfallen. Mit immer höheren Energien wollen die Forscher immer näher an die Bedingungen herankommen, wie sie bei der Entstehung der Materie, also beim Urknall, geherrscht haben. Der Prozess wurde damit verglichen, zwei Uhren gegeneinander zu schleudern und dann die Bruchstücke zu untersuchen, um die Funktion des Uhrwerks zu verstehen.

Bis 1953 fand man bei immer höheren Energien exotische Teilchen, die in normaler Materie nicht auftreten und scheinbar aus der Luft entstanden. Über 100 solcher stark wechselwirkender Teilchen wurden nachgewiesen, die man damals alle für Elementarteilchen hielt. Dieses Gewirr immer neuer Arten wurde als »Teilchenzoo« verspottet. »

Mit 3 km Länge ist der 1962 gebaute Stanford Linear Accelerator in Kalifornien der längste Linearbeschleuniger der Welt. Hier wurde 1968 nachgewiesen, dass Protonen aus Quarks zusammengesetzt sind.

> »Drei Quarks für Müster Mark!«
>
> **James Joyce**

Der Achtfache Weg

Zu Beginn der 1960er-Jahre hatten die Forscher die Teilchen danach sortiert, wie die vier Fundamentalkräfte (Gravitation, elektromagnetische sowie Schwache und Starke Kraft) auf sie wirkten. Alle Teilchen mit Masse werden von der Gravitation beeinflusst. Die elektromagnetische Kraft wirkt auf alle geladenen Teilchen. Die Schwache und Starke Kraft wirken nur über winzige Strecken innerhalb des Atomkerns. Schwere Teilchen, die sogenannten »Hadronen« (darunter das Proton und das Neutron), »wechselwirken stark« und werden von allen vier Fundamentalkräften beeinflusst, die leichteren »Leptonen« wie Elektron und Neutrino werden dagegen von der Starken Kraft nicht beeinflusst.

Gell-Mann ordnete den Teilchenzoo durch ein Schema, das er als »Achtfachen Weg« bezeichnete, eine Anspielung auf den »achtfachen Pfad« des Buddhismus. So, wie Mendelejew die chemischen Elemente in ein Periodensystem eingeordnet hatte, platzierte Gell-Mann die Elementarteilchen in einer Tabelle und ließ Lücken für noch unentdeckte Teilchen. Um das Schema möglichst einfach zu gestalten, behauptete er, die Hadronen enthielten eine neue, noch unbekannte elementare Untereinheit. Da diese schwereren Teilchen damit selbst keine Elementarteilchen mehr waren, hatte er die Anzahl der Elementarteilchen auf eine übersichtliche Anzahl reduziert und die Hadronen bestanden also nun aus mehreren elementaren Komponenten. Mit seiner Vorliebe für schräge Namen bezeichnete Gell-Mann diese Komponenten als »Quarks« (sprich: »kworks«), nach einem Wortspiel in dem Roman *Finnegans Wake* von James Joyce.

Real oder nicht real?

Gell-Mann war nicht der Einzige mit einer solchen Idee. 1964 hatte George Zweig, ein Student am CalTech, behauptet, Hadronen bestünden aus vier Teilen, die er »aces« (Asse) nannte. Seinen Aufsatz darüber lehnte die Zeitschrift *Physics Letters* zwar ab, sie brachte aber im selben Jahr einen Aufsatz des renommierten Gell-Mann mit derselben Idee.

Möglicherweise wurde Gell-Manns Aufsatz veröffentlicht, weil er nicht behauptete, die Teilchen seien real. Er stellte nur ein Ordnungsschema vor. Dennoch blieb das Schema unbefriedigend, denn die Quarks müssten darin gebrochene Ladungen haben, etwa $-1/3$ oder $+2/3$. Für die akzeptierten Theorien war das unsinnig, da darin nur ganzzahlige Ladungen erlaubt waren. Doch Gell-Mann erkannte, dass dies keine Rolle spielte, solange die Quarks im

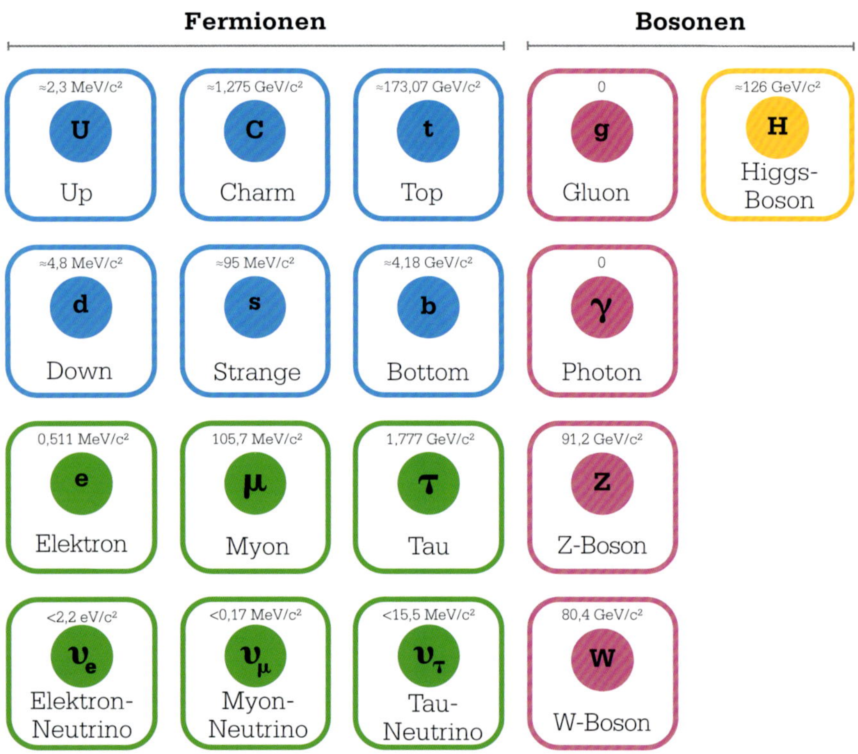

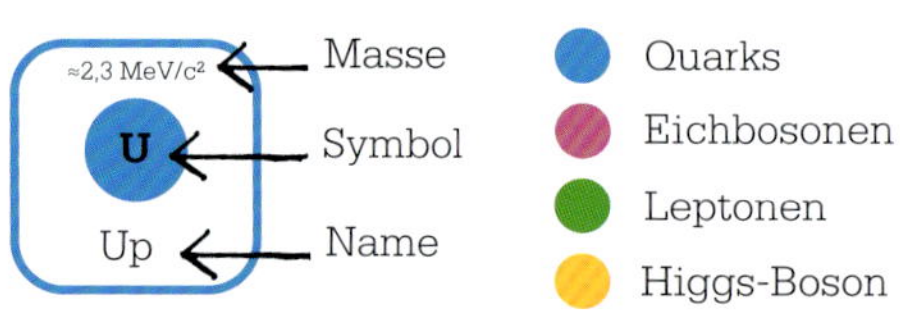

Das Standardmodell ordnet die Elementarteilchen entsprechend ihrer Eigenschaften in einer Tabelle an. Das von dem Modell vorhergesagte Higgs-Boson wurde 2012 nachgewiesen.

Inneren der Hadronen blieben. Das von ihm vorhergesagte Omega-Teilchen (Ω–) aus drei Quarks wurde bald nach Erscheinen seines Aufsatzes am Brookhaven National Laboratory in New York nachgewiesen. Das bestätigte das neue Modell, wobei Gell-Mann darauf bestand, es sowohl ihm als auch Zweig zuzuschreiben.

Anfangs glaubte Gell-Mann nicht, dass die Quarks je isoliert würden. Später stellte er jedoch gern klar, dass er die Quarks zwar zuerst nur als mathematische Einheiten betrachtet hatte, dass er aber auch nie die Möglichkeit ausschloss, sie könnten real sein. Zwischen 1967 und 1973 zeigten Experimente am Stanford Linear Accelerator Center (SLAC) eine Elektronenstreuung an harten, körnigen Teilchen innerhalb des Protons und belegten so die Realität der Quarks.

Das Standardmodell

Das Standardmodell ist eine Weiterentwicklung von Gell-Manns Quarkmodell. Man unterscheidet darin Fermionen und Bosonen. Fermionen sind die Bausteine der Materie, Bosonen tragen Kräfte. Die Fermionen werden weiter aufgeteilt in zwei Familien von Elementarteilchen – Quarks und Leptonen. Zwei oder drei Quarks zusammen bilden sogenannte Hadronen. Teilchen aus drei Quarks heißen Baryonen (darunter Protonen und Neutronen). Teilchen aus einem Quark und einem Antiquark sind Mesonen, zu ihnen gehören Pionen und Kaonen. Insgesamt gibt es Quarks in sechs »Flavours« – *up, down, strange, charm, top* und *bottom*. Das entscheidende Merkmal der Quarks ist, dass sie eine sogenannte Farbladung tragen, durch die sie über die Starke Kraft wechselwirken. Die Leptonen tragen keine Farbladung und werden durch die Starke Kraft nicht beeinflusst. Insgesamt gibt es sechs Leptonen – Elektron, Myon, Tau-Teilchen sowie Elektron-, Myon- und Tau-Neutrino. Neutrinos haben keine elektrische Ladung und wechselwirken nur über die Schwache Kraft, sodass sie sehr schwer nachzuweisen sind. Jedes Teilchen hat ein entsprechendes »Antiteilchen« aus Antimaterie. Das Standardmodell erklärt Kräfte auf subatomarem Niveau als Austausch von krafttragenden Teilchen, den »Eichbosonen«. Jede Kraft hat ihr eigenes: Die Schwache Kraft wird durch die W+-, W–- und Z-Bosonen vermittelt, die elektromagnetische Kraft durch Photonen und die Starke Kraft durch Gluonen. Insgesamt ist das Standardmodell eine robuste Theorie, die durch Experimente bestätigt wird, vor allem auch 2012 am CERN durch die Entdeckung des Higgs-Bosons, das allen anderen Teilchen ihre Masse verleiht. Allerdings gilt das Modell oft als wenig elegant und es löst nicht alle Probleme. So hat es z. B. keinen Platz für die Dunkle Materie. Einige sehen eine lang anhaltende »Krise« der Teilchenphysik, da seit dem Higgs-Boson keine neuen Teilchen (wie etwa die vermuteten supersymmetrischen Partner zu jedem Teilchen des Standardmodells) entdeckt wurden. ■

> »Unser Tun ist eine wonnige Jagd.«
>
> **Murray Gell-Mann**

Murray Gell-Mann

Der in Manhattan geborene Murray Gell-Mann war ein Wunderkind: Schon mit 7 Jahren brachte er sich höhere Mathematik bei, mit 15 begann er ein Studium an der Yale University. 1951 promovierte er am MIT und arbeitete danach am CalTech zusammen mit Richard Feynman an der Entwicklung einer Quantenzahl, die sie »Strangeness« (Seltsamkeit) nannten. Der japanische Physiker Kazuhiko Nishijima entwickelte eine ähnliche Quantenzahl, nannte sie aber »Eta-Ladung«.

Gell-Mann hatte viele Interessen und sprach 13 Sprachen fließend. Er demonstrierte seine Gelehrsamkeit gern mit Wortspielen und obskuren Anspielungen. Wahrscheinlich geht auf ihn der Trend zurück, neuen Teilchen merkwürdige Namen zu geben. Seine Entdeckung der Quarks trug ihm 1969 den Nobelpreis ein.

Hauptwerke

1962 *Prediction of the Ω– Particle*
1964 *The Eightfold Way: A Theory of Strong Interaction Symmetry*
1994 *Das Quark und der Jaguar*

EINE THEORIE FÜR ALLES?

GABRIELE VENEZIANO (GEB. 1942)

IM KONTEXT

GEBIET
Physik

FRÜHER
1940er-Jahre Richard Feynman und andere entwickeln die Quantenelektrodynamik (QED) als Quantentheorie der elektromagnetischen Kraft.

1960er-Jahre Das Standardmodell der Teilchenphysik fasst die bekannten Teilchen und Kräfte zusammen.

SPÄTER
1970er-Jahre Die Stringtheorie kommt zeitweise außer Mode, als die Quantenchromodynamik die Starke Kernkraft besser zu beschreiben scheint.

1980er-Jahre Lee Smolin und Carlo Rovelli entwickeln die Schleifenquantengravitation.

1995 Edward Witten schlägt die M-Theorie vor. Alle rivalisierenden Theorien lassen sich als Aspekte von ihr darstellen.

Nach der Stringtheorie besteht Materie nicht aus punktförmigen Teilchen, sondern aus winzigen »Strings« (Fäden), deren verschiedene Schwingungen die Eigenschaften (wie etwa elektrische Ladung) hervorbringen. Sie ist eine führende Theorie für eine Quantengravitation, die die Quantenphysik (für die starke, elektromagnetische und schwache Kraft) und die Allgemeine Relativitätstheorie (für die Schwerkraft) vereint. Die Schwerkraft unterscheidet sich grundlegend von den anderen drei Kräften und ist wesentlich schwächer. Eine Erklärung wäre, dass sie auf Quantenskalen in die von der Stringtheorie vorhergesagten zusätzlichen Dimensionen »ausläuft«, sodass sich nur ein kleiner Teil auf die uns sichtbaren Dimensionen auswirkt.

Konkurrierende Theorien

Die Theorie begann als Modell für die Starke Kraft (S. 300), das der italienische Physiker Gabriele Veneziano um 1960 erforschte. Er fand, dass Teilchen an Punkten entlang gerader eindimensionaler Linien erscheinen: der erste Hinweis auf »Strings«. Physiker erforschten dies weiter, erhielten jedoch kontraintuitive Ergebnisse, und fünf konkurrierende Interpretationen entstanden. 1995 stellte der US-Physiker Edward Witten die M-Theorie vor, die mehrere dieser konkurrierenden Theorien vereinte. Die Stringtheorie ist nach wie vor umstritten und viele halten sie sogar für unwissenschaftlich, da sie experimentell unwiderlegbar ist. ■

» Was motiviert junge Theoretiker? Vielleicht die mathematische Schönheit der Stringtheorie. «

Gabriele Veneziano

Siehe auch: Albert Einstein 218–225 ▪ Paul Dirac 254–255 ▪ Richard Feynman 284–285 ▪ Sheldon Glashow 300–301 ▪ Murray Gell-Mann 310–315

MATERIE KANN NUR DORT LEBEN, WO DIE GEOMETRIE ANGEREGT IST

ABHAY ASHTEKAR (GEB. 1949)

IM KONTEXT

GEBIET
Physik

FRÜHER
1915 Albert Einstein veröffentlicht die Allgemeine Relativitätstheorie, die die Schwerkraft als Verzerrung der Raumzeit beschreibt.

1960 Gabriele Veneziano schlägt die Stringtheorie vor, der zufolge »punktförmige« Teilchen tatsächlich eindimensionale »Strings« sind.

1971 Roger Penrose untersucht die Idee, dass Raum aus der Quantenstruktur entsteht, und entwickelt das Konzept der Spin-Netzwerke.

SPÄTER
1994 Carlo Rovelli und Lee Smolin zeigen, dass gemäß ihrer zuvor entwickelten Theorie der Schleifenquantengravitation die Geometrie quantisiert ist.

Die Stringtheorie ist einer der Ansätze zur Verbindung der scheinbar unvereinbaren Säulen der Physik (Quantenfeldtheorie und Allgemeine Relativitätstheorie), doch die Schleifenquantengravitation ist die bekannteste Alternative dazu.

1986 formulierte der indische Physiker Abhay Ashtekar Einsteins Allgemeine Relativitätstheorie, die die Schwerkraft als Raumzeitkrümmung beschreibt, um und näherte sie der Quantenfeldtheorie an. Dies war entscheidend dafür, dass andere eine ganz neue Quantengravitationstheorie entwickeln konnten.

Raumzeit

Die Schleifenquantentheorie will die Relativitätstheorie und die Quantenphysik durch Quantisierung der Raumzeit in Einklang bringen. Demnach ist die Raumzeit kein kontinuierliches Gefüge, sondern besteht aus kleinstmöglichen Raumzeit-»Stückchen«: »Schleifen« von Gravitationsfeldern. Wie die Strings der Stringtheorie existieren diese Schleifen auf der Planck-Länge (etwa 10^{-35} m), der kleinsten noch sinnvollen Länge. Sie sind in sogenannten Spin-Netzwerken verbunden. Diese Netzwerke verändern sich im Lauf der Zeit – die ebenfalls quantisiert ist und in Schritten der Planck-Zeit (etwa 10^{-43} Sekunden) voranschreitet.

Vieles an der Theorie ist ungeklärt, etwa ob sie mit der Allgemeinen Relativitätstheorie vereinbar ist: Wenn man auf astronomische Skalen »herauszoomt«, erhält man dann die gleichen Resultate wie die Allgemeine Relativitätstheorie? ■

» Auf der Planck-Skala gibt es eine präzise, reichhaltige und diskrete Struktur. «

Abhay Ashtekar

Siehe auch: Albert Einstein 218–225 ▪ Gabriele Veneziano 316 ▪ Stephen Hawking 318

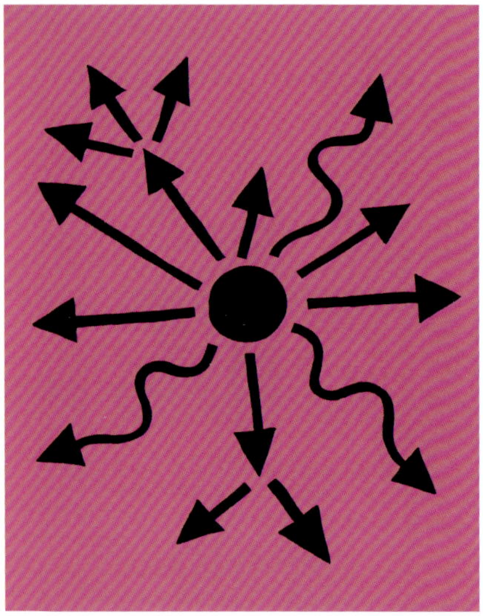

SCHWARZE LÖCHER VERDAMPFEN

STEPHEN HAWKING (1942–2018)

IM KONTEXT

GEBIET
Kosmologie

FRÜHER
1783 John Michell theoretisiert über Objekte, deren Gravitation das Licht festhält.

1930 Laut Subrahmanyan Chandrasekhar werden kollabierende Sternenkerne ab einer bestimmten Masse zu Schwarzen Löchern.

1971 Cygnus X-1 ist das erste mögliche Schwarze Loch.

SPÄTER
2002 Das Verhalten der Sterne im galaktischen Zentrum legt die Existenz eines riesigen Schwarzen Lochs nahe.

2012 Joseph Polchinski spricht von superheißen »Schutzwällen« durch Quantenverschränkungen am Ereignishorizont von Schwarzen Löchern.

2014 Stephen Hawking hält »klassische« Schwarze Löcher doch nicht mehr für möglich.

In den 1960er-Jahren war der britische Physiker Stephen Hawking einer der brillanten Forscher, die sich mit dem Verhalten Schwarzer Löcher befassten. Er promovierte über die kosmologischen Aspekte einer Singularität (der Punkt der Raumzeit, in dem die Masse eines Schwarzen Loches sich konzentriert) und zog Parallelen zwischen den Singularitäten von Schwarzen Löchern mit der Masse von Sternen und dem Zustand des Universums beim Urknall. Um 1973 beschäftigte er sich mit der Quantenmechanik und dem Verhalten der Gravitation in subatomarem Maßstab. Und er machte eine wichtige Entdeckung: Anders als ihr Name nahelegt, saugen Schwarze Löcher Materie und Energie nicht einfach nur auf, sondern geben auch Strahlung ab. Die »Hawking-Strahlung« wird am Ereignishorizont des Schwarzen Lochs abgegeben, also an der Grenze, an der die Gravitation des Schwarzen Lochs so stark wird, dass noch nicht einmal mehr Licht entkommen kann. Hawking zeigte, dass bei einem rotierenden Schwarzen Loch die starke Gravitation zur Entstehung von virtuellen Teilchen-Antiteilchen-Paaren führt. Am Ereignishorizont könnte dann ein Partner des Paares in das Schwarze Loch fallen und das andere Teilchen real weiter existieren. Einem weit entfernten Beobachter würde dies so vorkommen, als ob der Ereignishorizont thermische Strahlung niedriger Temperatur abgibt. Mit der Zeit verliert das Schwarze Loch durch die abgegebene Energie langsam seine Masse und »verdampft«. ■

»Ich habe ein einfaches Ziel: das völlige Verstehen des Universums. Warum es so ist, wie es ist, und warum es überhaupt existiert.«

Stephen Hawking

Siehe auch: John Michell 88–89 ▪ Albert Einstein 218–225 ▪ Subrahmanyan Chandrasekhar 256

DIE ERDE UND ALLE IHRE LEBENSFORMEN BILDEN EINEN EINZIGEN LEBENDEN ORGANISMUS NAMENS GAIA

JAMES LOVELOCK (1919–2022)

IM KONTEXT

GEBIET
Biologie

FRÜHER
1805 Nach Alexander von Humboldt lässt sich die Natur als ein Ganzes auffassen.

1859 Nach Charles Darwin werden Lebewesen durch ihre Umgebung geformt.

1866 Ernst Haeckel prägt den Begriff Ökologie.

1935 Arthur Tansley sieht Lebewesen, Landschaften und Klima als riesiges Ökosystem.

SPÄTER
1970er-Jahre Lynn Margulis beschreibt den symbiotischen Zusammenhang von Mikroben und der Erdatmosphäre. Später definiert sie Gaia als lauter wechselwirkende Ökosysteme.

2016 Das Pariser Abkommen verpflichtet 195 Unterzeichnerstaaten, die Treibhausgasemissionen und damit die Erwärmung zu begrenzen.

Anfang der 1960er-Jahre stellte die NASA ein Team zusammen, das sich Methoden für die Suche nach Leben auf dem Mars überlegen sollte. Das führte den britischen Umweltforscher James Lovelock dazu, über die Bedingungen des Lebens auf der Erde nachzudenken.

Lovelock fand bald eine Reihe wichtiger Voraussetzungen. Alles irdische Leben hängt von Wasser ab. Demnach muss die mittlere Oberflächentemperatur zwischen 10 und 16 °C liegen, damit es genug flüssiges Wasser gibt, und in diesem Bereich liegt es seit 3,5 Mio. Jahren. Die Zellen benötigen eine gewisse Salzkonzentration, die aber fünf Prozent nicht übersteigen darf, und der Salzgehalt in den Meeren liegt konstant bei etwa 3,4 Prozent. Und seit sich vor etwa 2 Mrd. Jahren Sauerstoff in der Atmosphäre bildete, blieb seine Konzentration ständig bei rund 20 Prozent. Weniger als 16 Prozent Sauerstoffgehalt genügt nicht zum Atmen, bei über 25 Prozent würden die Waldbrände niemals verlöschen.

» Die Evolution ist ein enger Tanz des Lebens mit der materiellen Umgebung als Partner. Aus diesem Tanz entsteht die Einheit Gaia. «

James Lovelock

Die Gaia-Hypothese

Lovelock behauptete, der ganze Planet bilde eine einzige selbstregulierende lebende Einheit, die er Gaia nannte. Die schiere Existenz von Leben reguliert die Temperatur der Oberfläche, die Sauerstoffkonzentration und die chemische Zusammensetzung der Ozeane und optimiert sie für das Leben. Allerdings könnte der menschliche Einfluss auf die Umwelt dieses empfindliche Gleichgewicht stören. ■

Siehe auch: Alexander von Humboldt 132–137 ▪ Charles Darwin 144–151 ▪ Charles Keeling 302–303 ▪ Lynn Margulis 308–309

EINE WOLKE BESTEHT AUS SCHWADEN AUF SCHWADEN

BENOÎT MANDELBROT (1924–2010)

IM KONTEXT

GEBIET
Mathematik

FRÜHER
1917–1920 Pierre Fatou und Gaston Julia entwickeln mathematische Mengen mithilfe komplexer Zahlen (Kombinationen von realen und imaginären Zahlen, d. h. Vielfachen der Wurzel aus –1). Diese Fatou-Mengen bzw. Julia-Mengen sind Vorläufer der Fraktale.

1926 Lewis Fry Richardson beschreibt in *Does the Wind Possess a Velocity?* erstmals mathematische Modelle für chaotische Systeme.

SPÄTER
Heute Fraktale bilden einen Teil der Komplexitätsforschung. Man verwendet sie in der Meeresbiologie, für Erdbebenmodelle, Bevölkerungsstudien sowie in der Strömungsmechanik.

Der Mathematiker Benoît Mandelbrot modellierte schon in den 1970er-Jahren die Muster der Natur am Computer. Damit begründete er ein neues Feld, die fraktale Geometrie, die seither in vielen Bereichen angewendet wird.

Fraktale Dimensionen

Anders als in der konventionellen gibt es in der fraktalen Geometrie gebrochene Dimensionswerte (als Maß für Ungenauigkeit). Ein Beispiel zur Verdeutlichung: Wir messen die Länge der britischen Küstenlinie mit einem Stab. Je länger der Stab, desto kürzer der erhaltene Wert, weil der Stab etwaige Unregelmäßigkeiten übergeht. Die britische Küste hat die fraktale Dimension 1,28. Der Wert gibt an, wie sehr der Messwert zunimmt, wenn der Stab verkürzt wird.

Ein Merkmal der Fraktale ist ihre Selbstähnlichkeit: Bestimmte Details tauchen in allen Vergrößerungsstufen unverändert auf. Wolken etwa sind fraktal, sodass es ohne zusätzliche Anhaltspunkte unmöglich ist, ihre Nähe abzuschätzen – Wolken sehen aus allen Entfernungen gleich aus. Auch unser Körper enthält viele Beispiele für Fraktale, etwa die Art, wie die Lungenflügel den Raum effizient füllen. Wie chaotische Funktionen reagieren auch Fraktale sehr empfindlich auf Änderungen der Anfangsbedingungen, und man kann mit ihnen chaotische Systeme wie das Wetter analysieren. ■

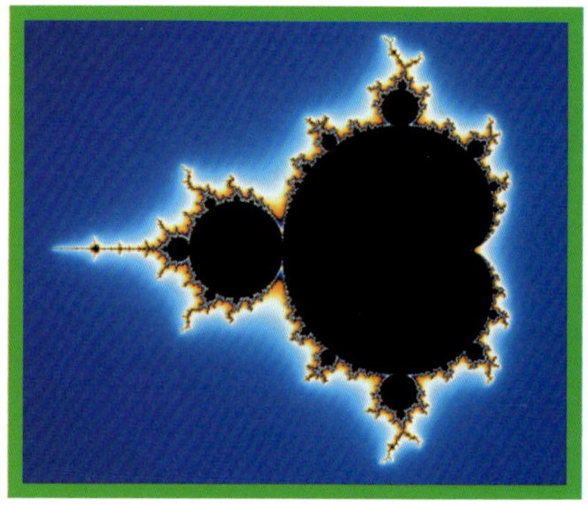

Die Mandelbrot-Menge wird mithilfe komplexer Zahlen erzeugt und enthält in jedem Maßstab unendlich viele Abbilder ihrer selbst. Bei der grafischen Darstellung entsteht eine charakteristische Form (das »Apfelmännchen«).

Siehe auch: Robert FitzRoy 152–157 ▪ Edward Lorenz 304–305

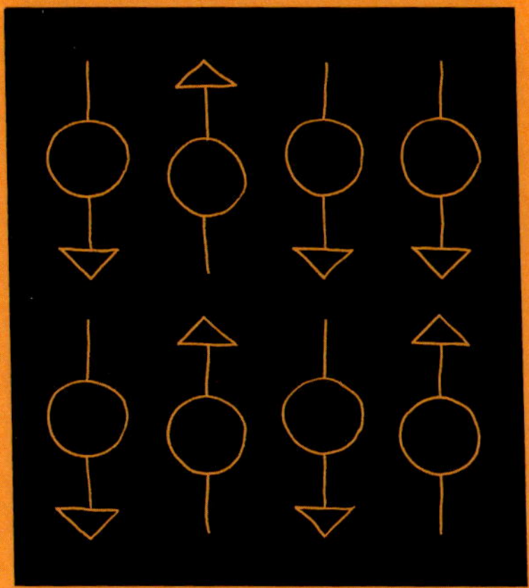

EIN QUANTENMODELL FÜR COMPUTER

YURI MANIN (1937–2023)

IM KONTEXT

GEBIET
Computerwissenschaft

FRÜHER
1935 Albert Einstein, Boris Podolsky und Nathan Rosen entwickeln das »EPR-Paradoxon«, die erste Beschreibung einer Quantenverschränkung.

SPÄTER
1994 Der amerikanische Mathematiker Peter Shor entwickelt einen Algorithmus, durch den Zahlen mit einem Quantencomputer in Faktoren zerlegt werden.

2011 Ein chinesisches Forscherteam berechnet die Primfaktoren von 143 mithilfe eines Quantenarrays aus 4 Qubits.

2019 Google behauptet, mit einem 53-Qubit-Quantenprozessor die »Quantenüberlegenheit« erreicht zu haben.

Quanteninformationsverarbeitung ist das neueste Gebiet der Quantenmechanik. Sie funktioniert völlig anders als konventionelle Rechnertechnik. Der russischstämmige deutsche Mathematiker Yuri Manin gehörte zu den Pionieren der Theorie.

Das Bit ist die kleinste Informationseinheit in einem Computer. Es kann zwei Zustände haben: 0 und 1. Die Grundeinheit für Informationen in einem Quantencomputer ist ein Qubit. Es besteht aus »gefangenen« subatomaren Teilchen und hat ebenfalls zwei mögliche Zustände. Bei einem Elektron etwa kann der Spin nach oben oder unten zeigen, ein Photon kann horizontal oder vertikal polarisiert sein. Nach der quantenmechanischen Wellenfunktion kann das Qubit aber in einer Überlagerung beider Zustände existieren, sodass die von ihm getragene Informationsmenge sich vergrößert. Außerdem können Qubits »verschränkt« werden, wodurch die Informationsmenge mit jedem Qubit exponentiell steigt. Diese Parallelverarbeitung könnte theoretisch eine außerordentliche Computerleistung ermöglichen.

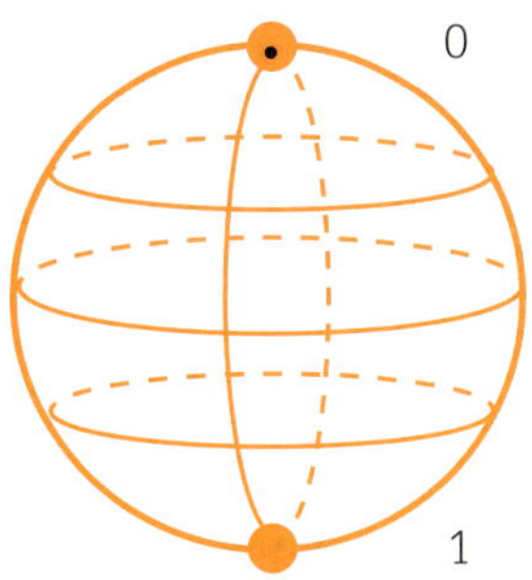

Die Information eines Qubits lässt sich als ein beliebiger Punkt auf der Oberfläche einer Kugel darstellen: eine 0, eine 1 oder eine Überlagerung daraus.

Demonstration der Theorie

Bei ihrer ersten Präsentation in den 1980er-Jahren waren Quantencomputer noch Theorie. Mittlerweile sind jedoch Rechnungen mit Reihen aus nur wenigen Qubits geglückt. Für eine sinnvolle Nutzung müssen Computer aus Hunderten oder Tausenden von verschränkten Qubits bestehen, was bisher praktische Probleme verursacht. Die Arbeiten daran werden aber fortgeführt. ■

Siehe auch: Albert Einstein 218–225 ▪ Erwin Schrödinger 232–239 ▪ Alan Turing 260–263 ▪ Hugh Everett III 296–297

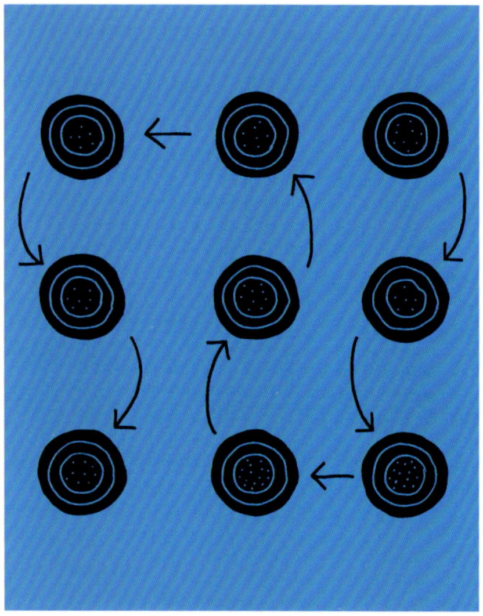

GENE KÖNNEN SICH VON EINER ART ZU EINER ANDEREN BEWEGEN

MICHAEL SYVANEN (GEB. 1943)

IM KONTEXT

GEBIET
Biologie

FRÜHER
1928 Frederick Griffith zeigt, dass sich Bakterienstämme ineinander überführen lassen, indem man etwas überträgt, was sich später als die DNA herausstellt.

1946 Joshua Lederberg und Edward Tatum entdecken den natürlichen Austausch von Genmaterial in Bakterien.

1959 Tomoichiro Akiba und Kunitaro Ochia berichten, dass Resistenz-Plasmide (DNA-Ringe) sich zwischen Bakterien bewegen können.

SPÄTER
1993 Margaret Kidwell findet Fälle, in denen Gene über die Artgrenzen komplexer Organismen hinweg transferiert wurden.

2008 John K. Pace zeigt, dass der horizontale Gentransfer auch bei Wirbeltieren auftritt.

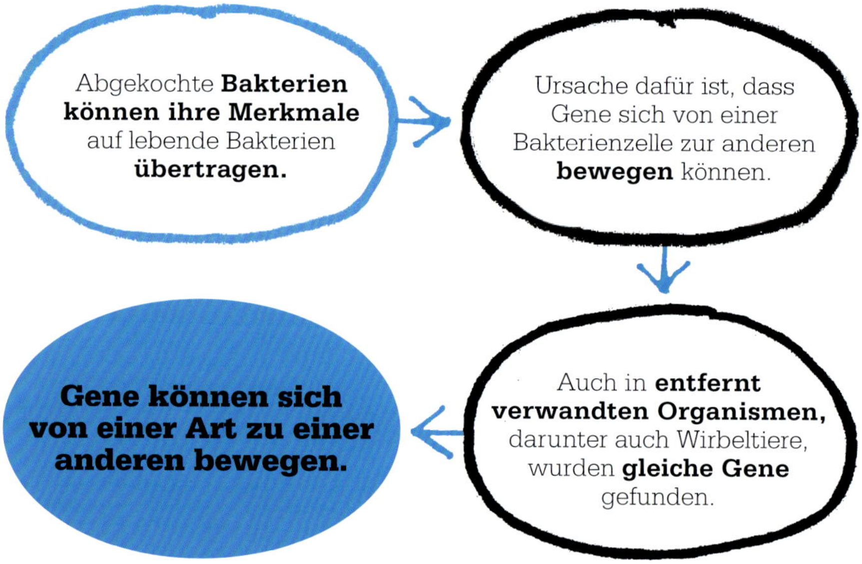

Der Ablauf des Lebens – Wachstum, Fortpflanzung und Evolution – gilt in der Regel als vertikaler Prozess, bei dem die Gene von den Eltern an ihre Nachkommen weitergegeben werden. Doch 1985 behauptete der amerikanische Mikrobiologe Michael Syvanen, dass Gene zudem auch horizontal zwischen den Arten ausgetauscht werden können und dass dieser horizontale Gentransfer (HGT) in der Evolution sogar eine Schlüsselrolle spielt.

1928 hatte der britische Arzt Frederick Griffith die für Lungenentzündung verantwortlichen Bakterien untersucht. Er fand, dass ein harmloser Stamm gefährlich wurde, wenn er dessen lebende Zellen mit abgekochten, toten Zellen eines virulenten Stammes mischte. Er führte dies auf eine chemische Transformation zurück, durch die die toten Zellen in die lebenden eingedrungen waren. Ein Vierteljahrhundert vor der Aufklärung der DNA-Struktur hatte Griffith damit

Siehe auch: Charles Darwin 144–151 ▪ Thomas Hunt Morgan 230–231 ▪ James Watson und Francis Crick 288–295 ▪ William French Anderson 326–327

»Die Genübertragung zwischen verschiedenen Arten stellt eine Form der genetischen Variation dar, deren Folgen noch nicht vollständig absehbar sind.«

Michael Syvanen

die ersten Hinweise gefunden, dass DNA nicht nur vertikal zwischen Generationen, sondern auch horizontal zwischen Zellen derselben Generation ausgetauscht wurde.

1946 zeigten die amerikanischen Biologen Joshua Lederberg und Edward Tatum, dass Bakterien häufig genetisches Material austauschen. 1959 erklärte ein japanisches Team von Mikrobiologen unter Tomoichiro Akiba und Kunitaro Ochia damit die schnelle Ausbreitung von Antibiotikaresistenzen.

Transformation

Bakterien haben kleine, bewegliche DNA-Ringe, sogenannte Plasmiden, die sich bei direktem Kontakt von einer Zelle zur anderen bewegen und ihre Gene mit sich nehmen. Einige Bakterien enthalten Gene, die sie resistent gegen bestimmte Antibiotika machen. Diese Gene werden kopiert, sobald die DNA sich repliziert, und können sich so in einer Bakterienpopulation verbreiten. Diese Art des horizontalen Gentransfers tritt auch bei Viren auf, wie Lederbergs Student Norton Zinder entdeckte. Viren sind noch kleiner als Bakterien und dringen in lebende Zellen, u. a. Bakterien ein. Sie können sich mit den Wirtsgenen mischen und bei einem Wirtswechsel die Wirtsgene mitnehmen.

Gene für die Entwicklung

Mitte der 1980er-Jahre stellte Michael Syvanen den HGT in einen größeren Zusammenhang. Er bemerkte selbst bei entfernt verwandten Arten Ähnlichkeiten in der genetischen Steuerung der Embryonalentwicklung auf Zellniveau und führte das auf Gentransfer zwischen verschiedenen Organismen in der Evolutionsgeschichte zurück. Demnach habe sich die genetische Steuerung der tierischen Entwicklung in verschiedenen Gruppen ähnlich entwickelt, weil dies die Chancen für einen Genaustausch maximiert.

Nun, da die Gensequenzen für immer mehr Arten bekannt sind, gibt es Belege, dass HGT nicht nur in Mikroben, sondern auch in komplexeren Organismen auftritt – in Pflanzen ebenso wie in Tieren. Darwins Stammbaum des Lebens sieht also wahrscheinlich eher aus wie ein Netz, in dem es nicht nur einen gemeinsamen Urahnen, sondern mehrere Vorfahren gibt. Die Konsequenzen für Taxonomie, Krankheits- und Schädlingsbekämpfung sowie für die Gentechnik sind noch nicht abzusehen. ▪

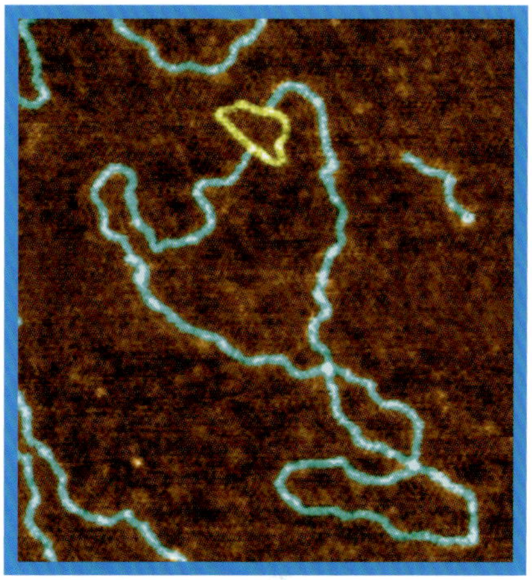

DNA-Plasmide, hier blau eingefärbt, sind von den Chromosomen unabhängig. Dennoch können sie Gene replizieren und verwendet werden, um neue Gene in einen Organismus einzufügen.

Michael Syvanen

Michael Syvanen studierte Chemie und Biochemie an den Universitäten in Washington und Berkeley (Kalifornien), und anschließend spezialisierte er sich auf die Mikrobiologie. Als Professor für Mikrobiologie und Molekulargenetik forschte er ab 1975 an der Harvard Medical School über die Themengebiete der Antibiotikaresistenzen bei Bakterien und der Insektizidresistenzen bei Fliegen. Aus seinen Ergebnissen entwickelte er die Theorie des horizontalen Gentransfers und seiner Rolle für die Prozesse der Anpassung und Evolution.

1987 wurde Syvanen Professor für medizinische Mikrobiologie und Immunologie an der School of Medicine an der University of California in Davis.

Hauptwerke

1985 *Cross-species Gene Transfer: Implications for a New Theory of Evolution*
1994 *Horizontal Gene Transfer: Evidence and Possible Consequences*

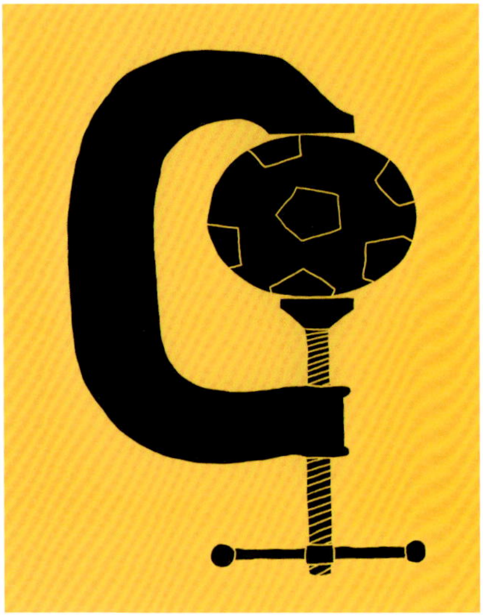

DER FUSSBALL HÄLT SEHR HOHEN DRUCK AUS

HAROLD KROTO (1939–2016)

IM KONTEXT

GEBIET
Chemie

FRÜHER
1966 David Jones sagt die Herstellung von Hohlmolekülen aus Kohlenstoff voraus.

1970 Der japanische Chemiker Eiji Ōsawa fordert theoretisch die Existenz von C_{60}-Molekülen.

SPÄTER
1988 C_{60} wird in Kerzenruß nachgewiesen.

1993 Der deutsche Physiker Wolfgang Krätschmer und der Amerikaner Donald Huffman entwickeln ein Verfahren zur Herstellung von Fullerenen.

1999 Die österreichischen Physiker Markus Arndt und Anton Zeilinger zeigen Welleneigenschaften von C_{60}.

2010 Im Spektrum von kosmischem Staub, 6500 Lichtjahre von der Erde entfernt, wird C_{60} nachgewiesen.

Mehr als zwei Jahrhunderte lang kannte man elementaren Kohlenstoff (C) nur in drei Formen: Diamant, Grafit und amorpher Kohlenstoff. Doch 1985 verdampften der britische Chemiker Harold Kroto und seine Kollegen Grafit mit einem Laser. So entstanden mehrere Kohlenstoffcluster, vor allem mit den Formeln C_{60} und C_{70}.

C_{60} ähnelt einem Fußball: ein kugelförmiger Käfig aus Kohlenstoffatomen mit Fünfecken und Sechsecken als Außenflächen. C_{70} ähnelt eher einem Rugbyball mit einem weiteren Ring aus Atomen um den Äquator. Kroto dachte an die futuristischen geodätischen Kuppeln des US-Architekten Buckminster Fuller und taufte sie Buckminsterfullerene, aber man nennt sie auch Buckyballs oder Fullerene.

Eigenschaften der Fullerene

C_{60} erwies sich als ein Stoff mit erstaunlichen Eigenschaften. Es ist stabil und lässt sich auf hohe Temperaturen erhitzen, ohne zu zerfallen. Festes C_{60} ist weich wie Grafit, formt jedoch unter hohem Druck eine superharte Form von Diamant. Reines C_{60} ist ein Halbleiter, aber wenn man Alkalimetallatome hinzufügt, wird es zum Leiter und bei tiefer Temperatur sogar zum Supraleiter. C_{60} wurde als Erstes erforscht, doch seine Entdeckung führte zu einem völlig neuen Zweig der Chemie – dem Studium der Fullerene. ■

Jedes Kohlenstoffatom eines C_{60}-Moleküls hat Bindungen zu drei anderen. Das Molekül hat 32 Flächen (12 Fünfecke und 20 Sechsecke): eine auffällige fußballförmige Struktur.

Siehe auch: Friedrich August Kekulé 162–167 ▪ Linus Pauling 264–269

NICHT NUR MENSCHEN HABEN EINE PERSÖNLICHKEIT

JANE GOODALL (1934–2025)

IM KONTEXT

GEBIET
Biologie

FRÜHER
1699 Der englische Anatom Edward Tyson veröffentlicht seine Forschungen zur Anatomie von Schimpansen, die auffällig der menschlichen Anatomie ähnelt.

1859 Der englische Naturforscher Charles Darwin veröffentlicht das Werk »Über die Entstehung der Arten«, durch das man die Sonderstellung des Menschen neu bewertete.

SPÄTER
2007 Das Parlament der Balearen (Spanien) verabschiedet das weltweit erste Gesetz, das Menschenaffen Persönlichkeitsrechte gewährt.

2008 Eine US-amerikanische Studie legt nahe, dass Schimpansen, mit denen im Labor experimentiert wurde, eine posttraumatische Belastungsstörung zeigen könnten.

Im Jahr 1960 reiste die junge englische Zoologin Jane Goodall in den Gombe Stream Nationalpark in Tansania. Sie blieb fast 15 Jahre, beobachtete die dort lebenden Schimpansen und wurde zur weltweit führenden Expertin für diese Menschenaffen.

Aus den Beobachtungen schloss sie, dass Schimpansen Persönlichkeiten, rationale Denkprozesse, Emotionen wie Freude und Wut sowie komplexe soziale Strukturen haben. So können die Gruppen etwa Aktivitäten wie die Jagd auf kleinere Primaten koordinieren.

Mythen entlarven

Goodalls Forschungen stellten alte Annahmen infrage, etwa dass nur Menschen Werkzeuge herstellen und benutzen (heute kennt man Werkzeuggebrauch bei vielen Tieren) und dass Schimpansen Vegetarier sind (sie sind Allesfresser). Goodall widerlegte beides, als sie beobachtete, wie ein Schimpanse Grashalme abriss und damit wie mit einer Angelrute Termiten aus Löchern holte, um sie zu fressen.

Jane Goodall arbeitete unkonventionell: Sie gab den Tieren Namen, anstatt sie zu nummerieren, wie man es damals für nötig hielt, um eine emotionale Bindung zu verhindern.

Goodalls Beweise für ähnliches Sozialverhalten von Affen und Menschen zwangen dazu, zu überdenken, wie einzigartig der Mensch ist. Philosophen, Gesetzgeber und Forscher begannen zu debattieren, ob man Konzepte wie die Persönlichkeit auf Nichtmenschen ausdehnen muss, wie Goodall meint. Sie setzte sich für den Naturschutz und die Rechte der Tiere ein. ■

Siehe auch: At-Tusi 23 ▪ Alexander von Humboldt 132–137 ▪ Charles Darwin 144–151

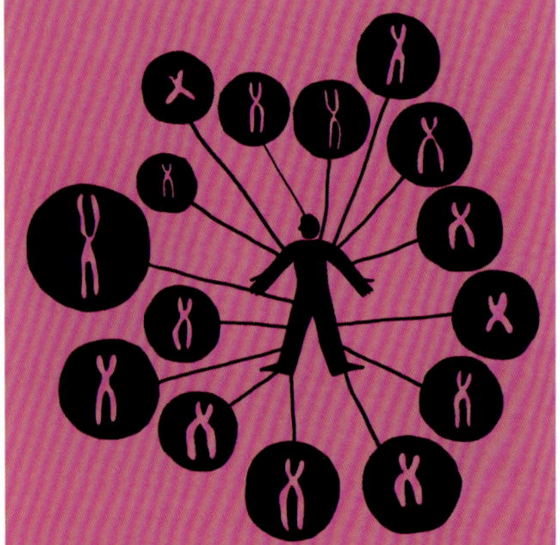

GENÜBERTRAGUNG AUF MENSCHEN KANN KRANKHEITEN HEILEN

WILLIAM FRENCH ANDERSON (GEB. 1936)

IM KONTEXT

GEBIET
Biologie

FRÜHER
1984 Richard Mulligan setzt mit einem Virus als Werkzeug Gene in Mäusezellen ein.

1985 William French Anderson und Michael Blaese zeigen, dass sich defekte Zellen mit diesem Verfahren heilen lassen.

1989 Anderson führt den ersten Sicherheitstest in der Human-Gentherapie durch: Er injiziert einem 52-Jährigen einen harmlosen Marker. Klinische Tests folgen 1990.

SPÄTER
1993 Britische Forscher beschreiben erfolgreiche Tierversuche zur Gentherapie von Mukoviszidose.

2003 Die erste Genarznei (Gendicine) wird zugelassen.

2012 Die erste Mehrfachdosierungsstudie für Mukoviszidose am Menschen beginnt.

Viele **Krankheiten** werden **durch defekte Gene verursacht** und daher vererbt.

Mithilfe von Enzymen, die die DNA ausschneiden, lassen sich **funktionale Gene aus normalen Zellen isolieren.**

Die **Gene** lassen sich **zwischen Zellen transferieren.** Dazu dienen Vektoren, also Viren oder DNA-Ringe, sogenannte Plasmide.

Gene können auf Menschen übertragen werden, um Krankheiten zu heilen.

Das menschliche Genom – die Gesamtheit der Erbinformationen – besteht aus über 20 000 Genen. Ein Gen ist die molekulare Vererbungseinheit eines lebenden Organismus. Allerdings versagen Gene oft. Ein defektes Gen entsteht, wenn ein normales Gen nicht richtig kopiert wird, und der »Fehler« wird dann von den Eltern an die Nachkommen weitergegeben. Welche Symptome bei solchen genetischen Krankheiten auftreten, hängt von dem jeweiligen Gen ab. Ein Gen regelt jeweils die Produktion eines der vielen Proteine, die verschiedene Funktionen im Organismus haben – doch bei einem Fehler kann die Produktion versagen. Wenn beispielsweise das Gen zur Blutgerinnung nicht funktioniert, erzeugt der Körper kein Protein, das das Blut gerinnen lässt – das ist die Ursache der Bluterkrankheit.

Genetische Krankheiten sind nicht mit normalen Arzneien heilbar. Lange konnte man nichts tun, außer die Symptome zu lindern. Doch in den 1970er-Jahren entstand die Idee einer »Gentherapie« zur Heilung solcher Krankheiten. Dabei sollen »gesunde « Gene die defekten ersetzen oder ausschalten.

Siehe auch: Gregor Mendel 168–173 ▪ Thomas Hunt Morgan 230–231 ▪ Craig Venter 328 ▪ Ian Wilmut 329 ▪ Jennifer Doudna und Emmanuelle Charpentier 332–333

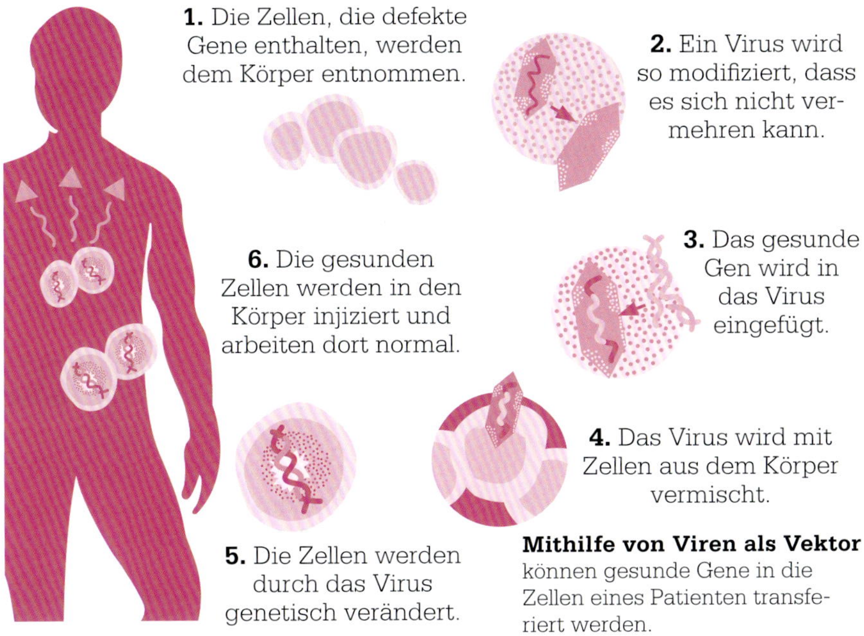

Mithilfe von Viren als Vektor können gesunde Gene in die Zellen eines Patienten transferiert werden.

Einfügen neuer Gene

Gene lassen sich über »Vektoren« in die kranken Teile des Körpers einfügen – Teilchen, die das Gen zu seiner Quelle »tragen«. Forscher untersuchten verschiedene Objekte, die als Vektor dienen können, darunter auch Viren, selbst wenn man diese sonst mit Krankheitserregung und nicht mit Therapie assoziiert. Ein Virus dringt bei einer Infektion in eine lebende Zelle ein – warum sollte es dann nicht auch therapeutische Gene mit sich führen?

> » Die Gentherapie ist ethisch, denn sie lässt sich durch das wichtige moralische Prinzip der Güte stützen: Sie lindert menschliches Leid. «
>
> **William French Anderson**

In den 1980er-Jahren gelang es einem amerikanischen Forscherteam um William French Anderson, Gene mithilfe von Viren in eine Gewebekultur einzubringen. Sie testeten das Verfahren an Tieren mit einem genetisch bedingten Immundefekt. Das therapeutische Gen sollte ins Knochenmark der Tiere gelangen, wo dann gesunde rote Blutkörperchen entstehen sollten, sodass der Defekt geheilt würde. Der Test war nicht sehr effektiv, aber das Verfahren funktionierte besser, wenn die weißen Blutkörperchen das Ziel waren.

1990 führte Anderson den ersten klinischen Test an zwei Mädchen durch, die an demselben Immundefekt litten, der »Bubble-Boy«-Krankheit. Träger dieser Krankheit haben keinerlei Abwehrkräfte gegen Infektionen und müssen ihr ganzes Leben in steriler Umgebung (eben einer Blase oder »Bubble«) verbringen.

Andersons Team entnahm den Mädchen Zellproben, behandelte sie mit dem gentragenden Virus und injizierte die Zellen zurück. Zwei Jahre lang wurde die Behandlung mehrfach wiederholt – und sie funktionierte. Allerdings war ihre Wirkung nur temporär, da der Körper nach wie vor Zellen mit dem defekten Gen erzeugte. Dies bleibt bis heute das zentrale Problem für die Gentherapie.

Künftige Aussichten

Bei der Behandlung anderer Krankheiten wurden dagegen wichtige Erfolge erzielt. 1989 identifizierten Forscher in den USA das Gen, das Mukoviszidose verursacht. Bei dieser Krankheit erzeugen defekte Zellen einen zähen Schleim, der die Lungen und das Verdauungssystem verstopft. Bereits fünf Jahre nach der Identifizierung des verantwortlichen Gens wurde eine Technik entwickelt, mit der über Liposomen – eine Art Öltröpfchen – als Vektor gesunde Gene übertragen werden.

Die Gentherapie muss noch große Hürden überwinden. Mukoviszidose wird durch den Defekt eines einzigen Gens verursacht. Doch viele Krankheiten mit genetischen Ursachen wie Alzheimer, Herzleiden und Diabetes entstehen durch das Zusammenspiel vieler verschiedener Gene. Sie sind viel schwerer zu behandeln, und die Suche nach sicheren Gentherapien wird weiter fortgesetzt. ■

DER ENTWURF NEUER LEBENSFORMEN AM BILDSCHIRM

CRAIG VENTER (GEB. 1946)

IM KONTEXT

GEBIET
Biologie

FRÜHER
1866 Gregor Mendel zeigt, dass sich Merkmale von Erbsen nach einem bestimmten Schema vererben.

1902 Laut Walter Sutton tragen Chromosomen das Erbgut.

1910–1911 Thomas Hunt Morgan belegt Suttons Theorie mit Versuchen an Fruchtfliegen.

1953 Francis Crick und James Watson zeigen, wie die DNA, die in jedem Zellkern vorkommt, die genetischen Informationen trägt und nutzbar macht.

1995 Das Genom eines Bakteriums wird sequenziert.

2007 Craig Venter stellt ein künstliches Chromosom her.

SPÄTER
2019 Der erste lebende Organismus mit einer vollständig synthetisierten und veränderten DNA wird erzeugt, ein *E. coli*.

Mitte der 1950er-Jahre hatte man mit der DNA das Geheimnis des Lebens entdeckt. Bei diesem langen Kettenmolekül liefert die Sequenz (Abfolge) der chemischen Bausteine, der Nukleotide, den genetischen Code, der die Funktionen jeder Zelle steuert. Leben zu erschaffen würde bedeuten, DNA zu erzeugen – mit genau der richtigen Sequenz von Nukleotiden.

DNA zusammenbauen

In der Evolution hat sich in jedem Organismus eine andere Nukleotidsequenz entwickelt. Eine zufällige Sequenz wäre eine unsinnige chemische »Botschaft«, die kein funktionsfähiges Lebewesen ergäbe. Um Leben zu erschaffen, musste man also eine Sequenz aus einem natürlichen Organismus kopieren.

Das erste Lebewesen – ein Bakterium – wurde 1995 sequenziert. Einige Jahre später verkündete die Firma Celera Genomics des US-Biotechnologen Craig Venter, basierend auf einem *Mycoplasma*-Bakterium ein künstliches Chromosom (eine ganze DNA-Kette) hergestellt zu haben. 2010 hatte man das Genmaterial aus einem anderen Bakterium entfernt und durch künstliches ersetzt – und so eine neue Lebensform geschaffen.

Das Genom selbst des einfachsten Organismus hat Hunderttausende Nukleotide. Sie müssen in der richtigen Abfolge künstlich verbunden werden – eine enorme Aufgabe. Man automatisiert sie mit einer Technologie, die den Bauplan des Lebens entschlüsselt und dabei auch Krankheiten identifiziert. ■

Bakterien der Gattung *Mycoplasma* haben keine Zellwand. Diese kleinsten bekannten Lebensformen wurden von Venter zur künstlich Sequenzierung ihrer Chromosomen ausgewählt.

Siehe auch: Gregor Mendel 168–173 ▪ Thomas Hunt Morgan 230–231 ▪ James Watson und Francis Crick 288–295 ▪ William French Anderson 326–327

EIN NEUES GESETZ DER NATUR

IAN WILMUT (1944–2023)

IM KONTEXT

GEBIET
Biologie

FRÜHER
1953 James Watson und Francis Crick zeigen, dass die DNA wie eine Doppelhelix aufgebaut ist, den genetischen Code trägt und sich replizieren kann.

1958 F. C. Stewart klont Karotten aus adulten Zellen.

1984 Der dänische Biologe Steen Willadsen entwickelt ein Verfahren, embryonale Zellen mit Eizellen zu verschmelzen, deren genetisches Material entfernt wurde.

SPÄTER
2008 Therapeutisches Klonen kann die Parkinson-Krankheit bei Mäusen heilen.

2022 Eine Maus namens Kaguya wird geboren, die erste künstliche Parthenogenese (asexuelle Fortpflanzung) bei einem Säugetier.

Klonen ist die Erzeugung eines neuen, genetisch identischen Organismus aus einem einzigen Elternteil. Es kommt auch in der Natur vor, etwa wenn eine Erdbeerpflanze Ableger bildet und die Nachkommen alle Gene asexuell erwerben. Das künstliche Klonen aber ist kompliziert, denn nicht alle Zellen – vor allem nicht alle erwachsenen (adulten) Zellen – haben das Potenzial, zu vollständigen Individuen heranzuwachsen. Den ersten mehrzelligen Organismus, eine Karotte, klonte 1958 der britische Biologe F. C. Stewart aus einer adulten Zelle. Das Klonen von Tieren ist schwieriger.

» Der Druck, menschliches Klonen zu ermöglichen, ist hoch. Wir sollten aber nicht davon ausgehen, dass es jemals ein normaler oder auch nur nennenswerter Teil des menschlichen Lebens wird. «

Ian Wilmut

Klonen von Tieren

Bei Tieren gehören befruchtete Eier und Embryozellen zu den wenigen »totipotenten« Zellen, die zu einem kompletten Körper heranwachsen können. Ab etwa 1980 erzeugte man Klone aus embryonalen Zellen, doch es war schwer. Das Team des britischen Biologen Ian Wilmut fügte stattdessen Kerne von Körperzellen (in dem Fall Euterzellen von Schafen) in befruchtete Eier ein, deren genetisches Material entfernt war, und machte sie so totipotent.

Die Embryonen wurden Schafen eingepflanzt und durften sich normal entwickeln. Von über 27 000 Embryonen erreichte nur das 1996 geborene Schaf Dolly das Erwachsenenalter. Klonforschung für Landwirtschaft, Arterhaltung und Medizin, aber auch die öffentliche Debatte darüber, gehen weiter. ■

Siehe auch: Gregor Mendel 168–173 ▪ Thomas Hunt Morgan 230–231 ▪ James Watson und Francis Crick 288–295

DIE VIELFALT DER WELTEN IM UNIVERSUM

MICHEL MAYOR (GEB. 1942)

IM KONTEXT

GEBIET
Astronomie

FRÜHER
1960er-Jahre Astronomen wollen durch das »Wackeln« von Sternen Planeten finden, aber die Instrumente sind noch nicht genau genug.

1992 Der Pole Aleksander Wolszczan findet den ersten extrasolaren Planeten um einen Pulsar (Sternüberrest).

SPÄTER
1999 Mit der Transitmethode wird der erste Exoplanet nachgewiesen: HD 209458.

2009–2013 Der NASA-Satellit *Kepler* findet über 3000 Kandidaten für Exoplaneten durch winzige Helligkeitsänderungen des Sternlichts, wenn der Planet vor dem Stern läuft.

2021 Das James-Webb-Weltraumteleskop startet. Eine seiner Hauptmissionen ist es, mehr über Exoplaneten und ihre Atmosphäre zu erfahren.

Planeten außerhalb des Sonnensystems nennt man extrasolare Planeten oder Exoplaneten. Über sie hatte man lange spekuliert. Anfang der 1990er-Jahre fand man seltsame Exoplaneten um einen Pulsar, doch erst Jahre später den ersten Exoplaneten, der um einen sonnenähnlichen Stern kreist.

Diesen Exoplaneten wiesen die Astronomen mit der Methode der Radialgeschwindigkeit nach: der Bewegung eines Sterns entlang der Sichtlinie vom Beobachter (auf uns zu oder von uns weg). Sie lässt sich aus der Dopplerverschiebung berechnen (S. 129), die man wiederum durch eine Reihe von Beobachtungen des Spektrums des Sterns erhält. Wenn sich das Spektrum abwechselnd ein wenig nach rot bzw. blau verschiebt, ist das ein Hinweis darauf, dass der Stern vor und zurück »wackelt«. Der Grund dafür ist die Schwerkraft eines Planeten, der den Stern umkreist. Der Effekt ist jedoch winzig: So ändert der Jupiter bei seinem 12-jährigen Umlauf die Geschwindigkeit der Sonne nur um 12 m/s.

51 Pegasi b

Der Schweizer Astronom Michel Mayor wollte Instrumente entwi-

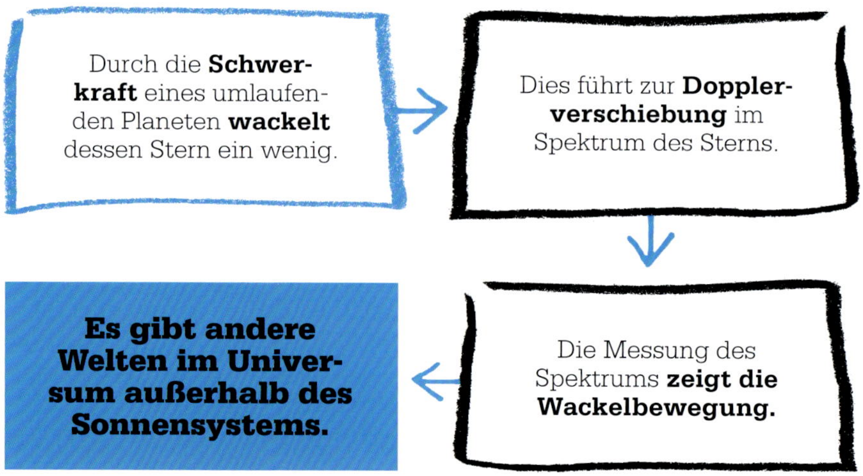

Siehe auch: Johannes Kepler 40–41 ▪ Friedrich Wilhelm und Caroline Herschel 86–87 ▪ Christian Doppler 129

Die Radialgeschwindigkeitsmethode misst winzige Dopplerverschiebungen (S. 129) im Licht eines Sterns, wenn ihn die Schwerkraft eines Planeten relativ Erde hin- und herzieht.

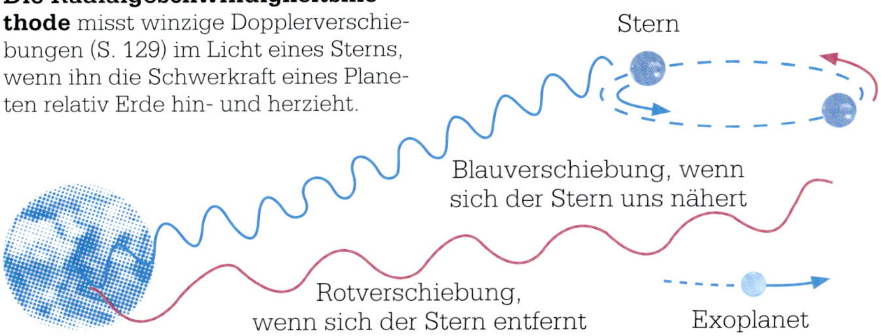

ckeln, die präzise genug waren, um so winzige Bewegungen zu messen. Er entwickelte den Spektrografen ELODIE, der Radialgeschwindigkeiten bis auf etwa 10 m/s genau messen konnte und 1993 im Observatoire de Haute-Provence (Frankreich) installiert wurde.

Zusammen mit seinem Doktoranden Didier Queloz vermaß Mayor mit ELODIE über 100 Sterne. Sie identifizierten einen Stern in 50,6 Lichtjahren Entfernung, 51 Pegasi, dessen Wackeln auf die Nähe eines Planeten von etwa der Größe des Jupiters hindeutete. 1995 veröffentlichten Mayor und Queloz die Ergebnisse in der Fachzeitschrift *Nature*.

Dieser Planet, 51 Pegasi b, ist ein typischer »heißer Jupiter«: ein Gasriese, der seinen Stern auf einer äußerst engen Bahn in dem sehr kurzen Zeitraum von weniger als 10 Tagen umkreist. Heiße Jupiter lassen sich am einfachsten mit der Radialgeschwindigkeitsmethode entdecken, da sie relativ starke Bewegungen des Sterns erzeugen.

Jagd auf Exoplaneten

Seit Mayors Entdeckung wurden Instrumente entwickelt, die weitaus empfindlicher und präziser sind. So konnte man immer kleinere Exoplaneten entdecken, darunter auch einige von ähnlicher Größe wie die Erde. Inzwischen sind über 5700 Exoplaneten bekannt, wobei etwa ein Fünftel von ihnen mit der Radialgeschwindigkeitsmethode nachgewiesen wurden.

Exoplaneten sind extrem schwer direkt zu sehen, aber es gibt weitere indirekte Methoden. Äußerst effektiv ist die Transitmethode, bei der man die leichte Abnahme der Helligkeit des Sterns misst, wenn der Exoplanet auf seiner Bahn aus unserer Perspektive vor dem Stern vorbeizieht. So viele Exoplaneten wurden schon entdeckt, dass es scheint, als habe fast jeder Stern mindestens einen Planeten. Und einige sind auch keine heißen Jupiter, sondern befinden sich in der bewohnbaren Zone des Sterns, in der die Temperatur Werte hat, bei denen flüssiges Wasser auf der Oberfläche möglich ist. Das wirft die spannende Frage auf: Könnte es auf einem dieser Planeten Leben geben? Könnte es dort Bakterien, Plankton, Spinnen, Dinosaurier oder sogar menschenähnliche Lebewesen geben? Werden wir bald entdecken, dass wir im Universum nicht allein sind? ▪

Michel Mayor

Michel Mayor wurde 1942 in Lausanne (Schweiz) geboren und studierte dort, bevor er am Observatorium von Genf, das zur Universität Genf gehört, forschte. Er promovierte 1971, wurde 1984 außerordentlicher Professor und 1988 ordentlicher Professor. Von 1998 bis 2004 war er Direktor des Genfer Observatoriums. Obwohl er auch zeitweise an der Universität Cambridge (Großbritannien), der Europäischen Südsternwarte (Chile) und der Universität von Hawaii tätig war, behielt Mayor bis zu seiner Pensionierung im Jahr 2007 seine Professur an der Universität Genf. Heute ist er emeritierter Professor.

2019 erhielten Mayor und sein ehemaliger Doktorand Didier Queloz gemeinsam mit dem kanadischen Physiker Jim Peebles den Nobelpreis für Physik für ihre Entdeckung des ersten Exoplaneten um einen sonnenähnlichen Stern.

Hauptwerke

1995 *A Jupiter-mass Companion to a Solar-type Star*
2000 *Detection of planetary transits across a sun-like star*

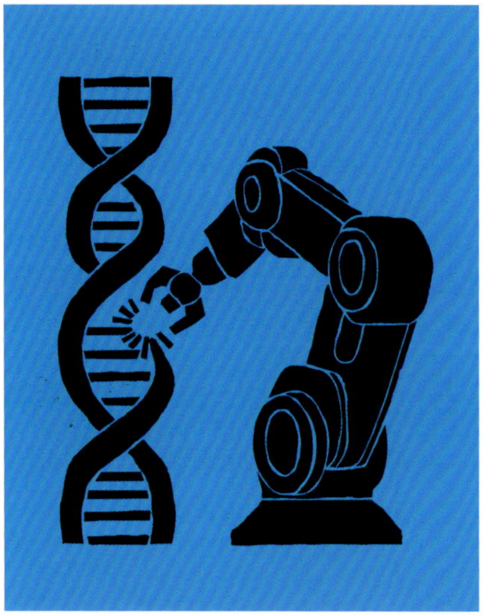

DIE ZUKUNFT DER GENOMEDITIERUNG

JENNIFER DOUDNA (GEB. 1964)
EMMANUELLE CHARPENTIER (GEB. 1968)

IM KONTEXT

GEBIET
Biologie

FRÜHER
1987 Der japanische Wissenschaftler Yoshizumi Ishino und sein Team entdecken sich wiederholende DNA-Sequenzen im Genom von *E. coli*.

2005 Beim Studium von *Streptococcus thermophilus* findet Alexander Bolotin das neuartige Cas-Gen Cas9.

2008 Man findet, dass Cas9 DNA zerschneidet und nicht RNA, wie man gedacht hatte.

SPÄTER
2010er-Jahre Forscher streiten sich über die Patentrechte der CRISPR-Geneditierung.

2020 Doudna und Charpentier erhalten den Nobelpreis für ihre Arbeit an CRISPR-Cas9.

2023 Casgevy, das erste Therapeutikum mit CRISPR-Geneditierung, wird in Großbritannien und den USA zugelassen.

Die Veränderung von Genen ist technisch schon seit Jahrzehnten möglich, doch sie war lange Zeit praktisch schwierig und sehr teuer. All dies änderte sich mit der CRISPR-Genschere ab etwa 2010.

Der erste Hinweis auf das CRISPR-System kam 1987, als man seltsame, wiederholte DNA-Sequenzen im Genom von *E. coli* fand, die man »clustered regularly interspaced short palindromic repeats« (CRISPR) nannte. Ähnliche Muster fand man dann in vielen anderen Bakterien – sie gelten als typische Zeichen für diesen Mechanismus.

Wehrhafte Bakterien

Viele Bakterien verfügen über ein damit zusammenhängendes Protein namens Cas9 (»CRISPR-assoziiert«), das wie eine »Genschere« funktioniert: Es zertrennt die DNA eines angreifenden Virus, um die Infektion zu verhindern.

Streptococcus pyogenes wehrt Viren ab, indem es deren **DNA zerschneidet.**

→

Das Bakterium benutzt RNA, um **»Genscheren«** an die Zielstelle zu führen.

↓

Diese Abwehr kann man **mit synthetischer RNA nachahmen.**

↓

Dies schafft ein einfaches, vielseitiges RNA-gesteuertes System für die Gen-Editierung.

Siehe auch: Gregor Mendel 168–173 ▪ Thomas Hunt Morgan 230–231 ▪ James Watson und Francis Crick 288–295 ▪ William French Anderson 326–327

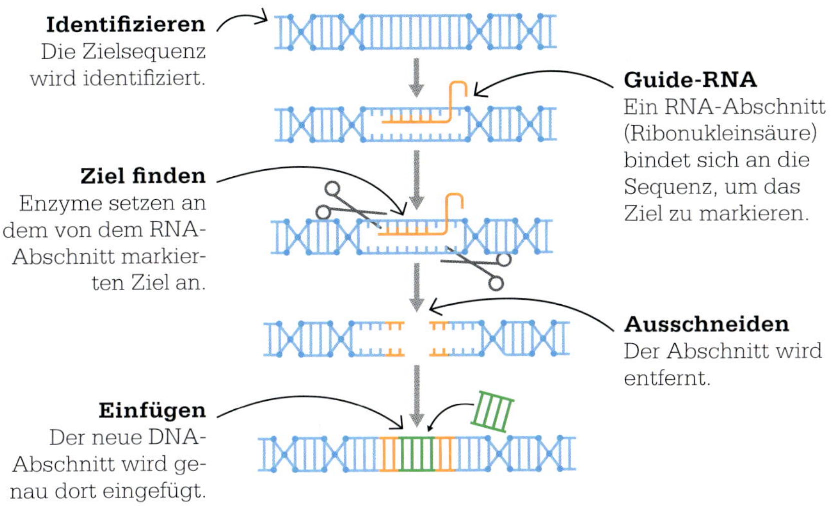

Das CRISPR-System war bereits relativ gut erforscht, als sich die US-amerikanische Biochemikerin Jennifer Doudna und die französische Mikrobiologin Emmanuelle Charpentier 2011 auf einer Konferenz in San Juan (Puerto Rico) trafen. Charpentier untersuchte die RNA-Typen, die die Genschere an die richtige Stelle in der viralen DNA führen, während Doudna das am CRISPR-Prozess beteiligte Cas-Protein kartierte. Die Forscherinnen begannen eine Zusammenarbeit, die das antivirale Abwehrsystem zu einem praktischen und vielfältigen Werkzeug machte.

Sie zeigten, dass man mit Cas9 Schnitte in beliebigen DNA-Sequenzen setzen kann, und entwickelten vor allem eine Methode, um Cas9 mithilfe synthetischer RNA-Moleküle (die aus den beiden bakteriellen RNA-Typen fusioniert wurden) zum Zielort zu führen. Dort setzt Cas9 einen Schnitt und an dieser Lücke können Gene entfernt und neue hinzugefügt werden. Sie veröffentlichten dies 2012 in der Fachzeitschrift *Science*.

Anwendung der Genschere

Es folgten zahlreiche Versuche, die Technik zu patentieren, wobei mehrere Wettbewerber behaupteten, die Methode als Erste gefunden zu haben. Letztendlich erhielten jedoch Doudna und Charpentier für ihre Arbeit an CRISPR-Cas9 den Nobelpreis für Chemie 2020.

Die CRISPR-Cas9-Methode ermöglicht, anders als frühere Verfahren, die Bearbeitung des Genoms im lebenden Organismus sehr präzise und recht günstig. Das CRISPR-Cas9-System fand viele Anwendungen: Man nutzt es zur Entwicklung neuer Medikamente, zur genetischen Modifikation von Organismen (etwa Pflanzen, die widerstandsfähiger gegen Schädlinge oder Dürren sind) und zur Therapie von Krankheiten, die erblich sind oder auf Genomveränderungen beruhen. Anwendungen am Menschen sind jedoch umstritten, vor allem die Möglichkeit, menschliche Embryonen zu verändern – etwa »unerwünschte« Merkmale zu entfernen oder »erwünschte« Merkmale hinzuzufügen. ■

Jennifer Doudna und Emmanuelle Charpentier

Jennifer Doudna, 1964 in Washington D.C. geboren, wuchs in Hawaii auf. Nach dem Studium am Pomona College in Kalifornien und der Promotion an der Harvard Medical School (1989) arbeitete sie an mehreren Instituten. Ab 2009 konzentrierte sie sich auf CRISPR. Nach ihrer epochalen CRISPR-Cas9-Arbeit war sie 2017 Mitbegründerin von Mammoth Biosciences.

Emmanuelle Charpentier wurde 1968 in Juvisy-sur-Orge (Frankreich) geboren. Sie studierte an der Universität Pierre und Marie Curie und promovierte 1995 am Institut Pasteur. Sie arbeitete in den USA, Österreich, Deutschland und Schweden, wo ihre Pionierarbeit zu CRISPR-Cas9 entstand. 2013 war sie Mitbegründerin von CRISPR Therapeutics und ERS Genomics.

Hauptwerke

2012 *A Programmable Dual-RNA-Guided DNA Endonuclease in Adaptive Bacterial Immunity*
2017 *A Crack in Creation: Gene-editing and the Unthinkable Power to Control Evolution*

ANHANG

WEITERE PERSONEN

Wissenschaft wurde anfangs oft abgeschottet und nur von einigen Einzelpersonen oder kleinen Gruppen betrieben, oft mit quasi religiösen Zielen. Heute dagegen bilden Wissenschaft und Forschung die Grundlage der modernen Gesellschaft. Viele Projekte sind nur in Teamarbeit zu bewältigen, und es wäre schwierig – und ungerecht –, einzelne Personen herauszugreifen. Es gibt mehr Forschungsfelder als je zuvor und die Grenzen zwischen ihnen verschwimmen. Mathematiker liefern die Lösungen zu physikalischen Problemen, Physiker erklären das Wesen chemischer Reaktionen, Chemiker befassen sich mit dem Geheimnis des Lebens und Biologen mit künstlicher Intelligenz. In dieser Liste finden sich einige wichtige Forscher, die zu unserem Weltwissen beigetragen haben.

PYTHAGORAS
UM 570–495 V. CHR.

Über das Leben des griechischen Mathematikers Pythagoras, der keine schriftlichen Aufzeichnungen hinterließ, ist nur wenig bekannt. Er wurde auf der griechischen Insel Samos geboren, ging aber vor 518 v. Chr. von dort nach Kroton in Süditalien und gründete eine philosophisch-religiöse Geheimgesellschaft, die Pythagoreer. Der Führungskreis dieses Ordens nannte sich *mathematikoi* und glaubte, die Welt sei im Grunde mathematisch. Pythagoras glaubte, alle Dinge seien durch die Zahlen verbunden, und die Gruppe ging daran, diese Verbindungen zu erkunden. Neben vielen anderen wissenschaftlichen Beiträgen untersuchte Pythagoras die Harmonie schwingender Saiten, und auf ihn soll der erste Beweis des schon früher bekannten Satzes zurückgehen, der heute seinen Namen trägt: Am rechtwinkligen Dreieck ist das Quadrat über der Hypotenuse so groß wie die Summe der Quadrate über den beiden anderen Seiten.
Siehe auch: Archimedes 24–25

XENOPHANES
UM 570–475 V. CHR.

Xenophanes von Kolophon war ein griechischer Wanderphilosoph und Dichter. Seine weitreichenden Interessen spiegeln das Wissen wider, dass er aus sorgfältigen Beobachtungen während seiner langen Reisen gewann. Er erkannte die Energie der Sonne, die die Meere erwärmt und Wolken bildet, als die treibende Kraft der physikalischen Prozesse auf Erden. Xenophanes hielt die Wolken für die Quelle der Himmelskörper: Die Sterne waren brennende Wolken, der Mond war eine gepresste Wolke. Nach der Entdeckung fossiler Meerestiere im Binnenland argumentierte er, die Erde sei abwechselnd überflutet und trocken gewesen. Xenophanes schrieb einen der frühesten Berichte über Naturphänomene, ohne zur Erklärung auf das Wirken der Götter zurückzugreifen, nach seinem Tod geriet sein Werk aber in Vergessenheit.
Siehe auch: Empedokles 21 ▪ Zhang Heng 26–27

ARISTOTELES
384–322 V. CHR.

Der griechische Universalgelehrte Aristoteles gilt oft als größter Philosoph aller Zeiten. Seine Schriften umfassten Kunst, Rhetorik, Politik, Ethik, Naturwissenschaften und vieles mehr. Die meisten sind nicht erhalten, doch ihr Einfluss war tiefgreifend. 335 v. Chr. gründete er in Athen die Peripatetische Schule, wo der Aristotelismus entstand. Diese umfassende Philosophie schuf die Basis für wissenschaftliche Forschung, weil sie die Idee einführte, dass man universelle Wahrheiten über die Natur nur durch empirische Studien findet. Sie wurde zu einer Inspiration für islamische und europäische Gelehrte, die die Methoden weiterentwickelten.
Siehe auch: Francis Bacon 45

ARYABHATA
476–550 N. CHR.

Der hinduistische Mathematiker und Astronom Aryabhata arbeitete

in Kusumapura, einem Zentrum der Gelehrsamkeit im indischen Gupta-Reich. Sein Hauptwerk *Aryabhatiya* stellte sich als höchst einflussreich für die späteren islamischen Gelehrten heraus. Das in Versform verfasste Werk, das Aryabhata mit gerade 23 Jahren schrieb, enthält Abschnitte zur Arithmetik, Algebra, Ökonomie und Astronomie. Darin ist erstmals die Rede von der Null, es enthält eine genaue Näherung von Pi (π, das Verhältnis von Kreisumfang zu -durchmesser) zu 3,1416 und gibt den Erdumfang mit 39 968 km an – sehr dicht am heute akzeptierten Wert von 40 075 km. Aryabhata behauptete auch, die scheinbare Bewegung der Sterne werde durch die Erddrehung verursacht, und die Bahnen der Planeten seien Ellipsen. Er scheint aber kein heliozentrisches Modell des Sonnensystems vertreten zu haben.
Siehe auch: Nikolaus Kopernikus 34–39 ▪ Johannes Kepler 40–41

BRAHMAGUPTA
598–670

Der indische Mathematiker und Astronom Brahmagupta führte die Zahl Null in das Zahlensystem ein, die er als das Ergebnis der Subtraktion einer Zahl von sich selbst definierte. Außerdem beschrieb er die Rechenregeln für den Umgang mit negativen Zahlen. Sein Hauptwerk entstand 628, als er in Bhillamala lebte und arbeitete, der Hauptstadt der Gurjara-Dynastie Pratihara. Sein *Brahmasphutasiddhanta* (*Die korrekte Lehre des Brahma*) enthielt zwar keine mathematischen Symbole, beschrieb aber die quadratische Formel zur Lösung quadratischer Gleichungen. Im folgenden Jahrhundert wurde das Werk in Bagdad ins Arabische übersetzt und übte großen Einfluss auf die arabischen Forscher aus.
Siehe auch: Ibn al-Haitham (Alhazen) 28–29

DSCHABIR IBN HAYYAN
UM 722 – UM 815

Der persische Alchemist Dschabir ibn Hayyan, im Westen bekannt als Geber, war praktischer Forscher, der u. a. Verfahren zur Herstellung verschiedener Legierungen, zum Test von Metallen und zur Destillation beschrieb. Von ihm sollen fast 3000 verschiedene Bücher stammen, doch die meisten entstanden wahrscheinlich in dem Jahrhundert nach seinem Tod. Im mittelalterlichen Europa waren nur wenige von Dschabirs Werken bekannt. Im 13. Jahrhundert erschien die ihm zugeschriebene *Summa Perfectionis Magisterii (Die höchste Vollendung des Meisterwerks)*. Dieser »Pseudo-Geber« wurde das bekannteste Alchemiebuch Europas, stammte aber wohl von dem Franziskanermönch Paulus von Taranto. Damals war es üblich, sich auf die Autorität eines berühmten Vorgängers zu berufen.
Siehe auch: John Dalton 112–113

IBN-SINA
980–1037

Der im Westen als Avicenna bekannte persische Arzt Abu Ali al-Husain ibn Abdullah ibn-Sina war ein Wunderkind, das schon als Zehnjähriger den gesamten Koran auswendig konnte. Er schrieb über verschiedenste Themen, darunter Mathematik, Logik, Astronomie, Physik, Alchemie und Musik. Seine beiden Hauptwerke sind der *Kitab al-shifa (Buch der Heilkunst)*, eine gewaltige Enzyklopädie, und der *Qanun at-Tibb (Kanon der Medizin)*, der bis ins 17. Jahrhundert als Lehrbuch verwendet wurde. Ibn-Sina beschrieb darin nicht nur medizinische Behandlungen, sondern auch Wege, die Gesundheit zu erhalten, mit besonderer Betonung von körperlicher Betätigung, Massage, Ernährung und Schlaf. Er lebte in politisch unruhiger Zeit und musste seine Arbeit oft unterbrechen.
Siehe auch: Louis Pasteur 158–161

AMBROISE PARÉ
UM 1510–1590

Ambroise Paré war 30 Jahre lang Militärchirurg der französischen Armee. In dieser Zeit entwickelte er viele chirurgische Verfahren, darunter die Arterienligatur zur Abbindung des Blutflusses nach einer Amputation. Er studierte Anatomie, entwickelte künstliche Glieder und beschrieb als einer der Ersten medizinisch den »Phantomschmerz«, den ein Patient in einem amputierten Glied empfindet. Er stellte Kunstaugen aus Gold, Silber, Porzellan und Glas her. Paré untersuchte die inneren Organe von Menschen, die einen gewaltsamen Tod gestorben waren, und schrieb die ersten rechtsmedizinischen Berichte – der Beginn der modernen forensischen Pathologie. Mit seiner Arbeit erhob er sich über den niedrigen Stand der Bader und Feldscherer und wurde Leibarzt von vier französischen Königen. Eine gesammelte Ausgabe seiner Werke über die Chirurgie erschien im Jahr 1575 in 26 Bänden.
Siehe auch: Robert Hooke 54

WILLIAM HARVEY
1578–1657

Der englische Arzt William Harvey gab die erste korrekte Beschreibung des Blutkreislaufs: Das Blut durchfließt den Körper in einem Kreis und wird vom Herzen gepumpt. Zuvor hatte man angenommen, es gebe zwei Kreisläufe: die Venen sollten blau-rotes Blut voller Nährstoffe von der Leber tragen, die Arterien hellrotes »lebensgebendes« Blut aus den Lungen. Harvey demonstrierte den Blutfluss in zahllosen Experimenten und untersuchte den Herzschlag verschiedener Tiere. Doch er stand der mechanistischen Philosophie von Descartes kritisch entgegen und glaubte, das Blut habe eine eigene Lebenskraft. Seine Theorie des Kreislaufs wurde anfangs bekämpft und erst zur Zeit von Harveys Tod akzeptiert. Die Kapillargefäße, die Arterien und Venen verbinden, wurden erst im späten 17. Jahrhundert unter dem Mikroskop entdeckt.
Siehe auch: Robert Hooke 54 ▪ Antoni van Leeuwenhoek 56–57

MARIN MERSENNE
1588–1648

Der französische Mönch Marin Mersenne ist heute am bekanntesten für seine Arbeiten über Primzahlen: Wenn die Zahl $2^n–1$ eine Primzahl ist, dann muss n auch prim sein. Er forschte in vielen wissenschaftlichen Feldern, auch über die Akustik, und erarbeitete die Gesetze zur Schwingungsfrequenz einer gespannten Saite. Mersenne lebte in Paris, wo er mit René Descartes zusammenarbeitete, und korrespondierte mit Galilei, dessen Werke er ins Französische übersetzte. Er hielt das Experiment für den Schlüssel zum wissenschaftlichen Verständnis, betonte stets die Notwendigkeit exakter Daten und kritisierte viele Zeitgenossen für ihren Mangel an Strenge. 1635 gründete er die Académie Parisienne, eine private Gesellschaft mit mehr als 100 Mitgliedern in ganz Europa, aus der später die Französische Akademie der Wissenschaften hervorging.
Siehe auch: Galileo Galilei 42–43

RENÉ DESCARTES
1596–1650

Der französische Philosoph René Descartes (latinisiert: Cartesius) war eine Schlüsselfigur der wissenschaftlichen Revolution im 17. Jahrhundert, der mit vielen prominenten Forschern seiner Zeit zusammenarbeitete. Er half der europäischen Wissenschaft, den nicht-empirischen Standpunkt des Aristoteles zu überwinden, und entwickelte einen gründlichen Skeptizismus gegen alles behauptete Wissen. Sein mathematisch basierter vierfacher Weg der wissenschaftlichen Methode sagt: Akzeptiere nichts als wahr, was nicht selbstverständlich ist, zerlege Probleme in einfache Teilprobleme, löse Probleme, indem du vom Einfachsten zum Schwierigsten gehst, und überprüfe deine Ergebnisse. Er entwickelte ferner das kartesische Koordinatensystem mit x-, y- und z-Achse, um Punkte im Raum durch Zahlen darzustellen. Damit lassen sich geometrische Figuren als Zahlen und Zahlen als Figuren darstellen – die Grundlage der analytischen Geometrie.
Siehe auch: Galileo Galilei 42–43 ▪ Francis Bacon 45

HENNIG BRAND
UM 1630 – UM 1710

Über das frühe Leben des deutschen Alchemisten Hennig Brand ist nur wenig bekannt. Wir wissen, dass er im Dreißigjährigen Krieg kämpfte und sich danach der Alchemie verschrieb, immer auf der Suche nach dem Stein der Weisen, der einfache Metalle in Gold verwandelt. 1669 erzeugte Brand aus eingekochtem Urin eine wachsartige, weiße Masse. Er nannte diese Substanz »Phosphor« (»Lichtträger«), weil sie im Dunkeln leuchtet. Phosphor ist hochreaktiv und kommt auf der Erde nicht als freies Element vor – Brand hatte damit erstmals ein chemisches Element dargestellt. Er hielt sein Herstellungsverfahren geheim, doch 1680 wurde Phosphor unabhängig auch von Robert Boyle entdeckt.
Siehe auch: Robert Boyle 46–49

GOTTFRIED W. LEIBNIZ
1646–1716

Gottfried Wilhelm Leibniz studierte zunächst Jura in Leipzig, wandte sich aber immer mehr den Naturwissenschaften zu, als er die Ideen von Descartes, Bacon und Galileo für sich entdeckte. Sein Leben lang versuchte er, alles Wissen zu sammeln. Später studierte er Mathematik bei Christiaan Huygens in Paris und entwickelte die Analysis, ein mathematisches Werkzeug zur Berechnung von Änderungsraten, das für die Weiterentwicklung der Wissenschaft entscheidend sein sollte. Er entwickelte die Analysis zur gleichen Zeit wie Isaac Newton, mit dem er korrespondierte und sich später zerstritt. Leibniz setzte sich aktiv für die Naturwissenschaf-

ten ein, korrespondierte mit mehr als 600 Forschern in ganz Europa und gründete Akademien in Berlin, Dresden, Wien und St. Petersburg.
Siehe auch: Christiaan Huygens 50–51 ▪ Isaac Newton 62–69

DENIS PAPIN
1647–1712

Als junger Mann assistierte der in Frankreich geborene englische Physiker und Erfinder Denis Papin Christiaan Huygens und Robert Boyle bei ihren Luft- und Druckversuchen und erfand 1679 den Dampftopf. Nachdem er beobachtet hatte, wie der Dampf im Topf den Deckel anhob, kam ihm die Idee, mit Dampf einen Kolben in einem Zylinder anzutreiben, und er entwarf die erste Dampfmaschine. Allerdings baute er sie nie selbst. 1709 jedoch konstruierte er ein Schaufelrad und zeigte, dass seine Verwendung anstelle von Rudern bei einem Dampfschiff praktikabel war.
Siehe auch: Robert Boyle 46–49 ▪ Christiaan Huygens 50–51 ▪ Joseph Black 76–77

STEPHEN HALES
1677–1761

Der englische Geistliche Stephen Hales führte eine Reihe bahnbrechender Experimente zur Pflanzenphysiologie durch. Er maß, wie viel Wasserdampf aus den Blättern einer Pflanze durch Transpiration frei wurde. Dies führte ihn zu der Entdeckung, dass die Transpiration einen kontinuierlichen Flüssigkeitsstrom in der Pflanze verursacht: Der Saft mit den gelösten Nährstoffen steigt aus einem Gebiet hohen Drucks in den Wurzeln zu Gebieten niedrigeren Drucks, wo der Wasserdampf frei wird. 1727 schrieb er darüber sein Buch *Vegetable Staticks*. Ferner führte er umfängliche Experimente mit Tieren durch, hauptsächlich Hunden, deren Blutdruck er erstmals bestimmte. Hales erfand außerdem die pneumatische Wanne, mit der man die in einer chemischen Reaktion freiwerdenden Gase sammeln konnte.
Siehe auch: Joseph Priestley 82–83 ▪ Jan Ingenhousz 85

DANIEL BERNOULLI
1700–1782

Daniel Bernoulli war der vielleicht begabteste Spross der Schweizer Mathematikerfamilie – sein Onkel Jakob und sein Vater Johann hatten beide die Analysis vorangetrieben. 1738 erschien sein Buch *Hydrodynamica* über die Eigenschaften von Fluiden. Darin beschrieb er, dass der Druck in einem strömenden Fluid (Gas oder Flüssigkeit) sinkt, wenn dessen Geschwindigkeit steigt. Dieses Prinzip erklärt u. a., warum die Tragflächen eines Flugzeugs Auftrieb erzeugen. Er erkannte, dass in einer Strömung ein Teil des Drucks in kinetische Energie umwandelt wird, damit die Energieerhaltung nicht verletzt wird. Neben Mathematik und Physik befasste sich Bernoulli auch mit Astronomie, Biologie und Ozeanografie.
Siehe auch: Joseph Black 76–77 ▪ Henry Cavendish 78–79 ▪ Joseph Priestley 82–83 ▪ James P. Joule 140 ▪ Ludwig Boltzmann 141

GEORGES-LOUIS LECLERC, COMTE DE BUFFON
1707–1788

Von 1749 bis zu seinem Tod arbeitete der französische Adlige und Naturforscher Comte de Buffon an seiner monumentalen *Histoire Naturelle* (*Naturgeschichte*). Er wollte darin alles bekannte Wissen über Naturgeschichte und Geologie zusammentragen. Als die Enzyklopädie 16 Jahre nach seinem Tod von seinen Assistenten abgeschlossen wurde, umfasste sie 44 Bände. Buffon erarbeitete eine geologische Erdgeschichte, in der er behauptete, die Erde sei viel älter als angenommen. Er beschrieb das Aussterben der Arten und behauptete – ein Jahrhundert vor Charles Darwin! – dass Menschen und Affen einen gemeinsamen Vorfahren hätten.
Siehe auch: Carl von Linné 74–75 ▪ James Hutton 96–101 ▪ Charles Darwin 144–151

GILBERT WHITE
1720–1793

Gilbert White, ein Hilfspfarrer, genoss ein ruhiges Dasein in dem kleinen Dorf Selborne in Südengland. Sein 1789 erschienenes Buch *The Natural History and Antiquities of Selborne* war eine Zusammenstellung von Briefen an seine Freunde. Darin hatte White seine systematischen Naturbeobachtungen zusammengefasst und Ideen über die Wechselbeziehungen der Lebewesen entwickelt. Er war somit im Grunde der erste Ökologe. White erkannte, dass alle Lebewesen ihre Rolle in dem heute als Ökosystem bezeichneten Lebensraum spielen. Er sah z. B., dass der Regenwurm »die Vegetation zu fördern scheint, die ohne ihn lahmen würde«. Whites Methoden, v. a. die langjährigen Beobachtungen am selben Ort, hatten großen Einfluss auf spätere Biologen.
Siehe auch: Alexander von Humboldt 132–137 ▪ James Lovelock 319

EDWARD JENNER
1749–1823

Der englische Wissenschaftler und Arzt Edward Jenner leistete mit der Erfindung des Pockenimpfstoffs Pionierarbeit auf dem Gebiet der Immunologie. Er stellte fest, dass Milchmädchen, die sich durch den Kontakt mit Kühen mit Kuhpocken ansteckten, nie an Pocken erkrankten. 1796 führte er Kuhpockeneiter in einen kleinen Schnitt im Arm eines Jungen ein. Einige Monate später setzte Jenner den Jungen dem Pockenvirus aus, doch der Junge blieb verschont – er war immun gegen die Pocken geworden. Nachdem er die Ergebnisse an mehreren anderen Kindern, einschließlich seines eigenen Babys, getestet hatte, veröffentlichte Jenner seine Ergebnisse über den ersten Impfstoff der Welt. Obwohl er zu seiner Zeit belächelt wurde, wird Jenner heute als eine der Personen anerkannt, die die meisten Leben in der Geschichte gerettet haben.
Siehe auch: Louis Pasteur 158–161 ▪ William French Anderson 326–327

NICÉPHORE NIEPCE
1765–1833

Die älteste erhaltene Fotografie wurde 1825 von dem französischen Erfinder Nicéphore Niepce aufgenommen: Gebäude um sein Anwesen in Saint-Loup-de-Varennes. Niepce hatte mehrere Jahre experimentiert, um ein Verfahren zum Fixieren des Bildes zu finden, das auf die Rückseite einer Camera obscura projiziert wurde. 1816 erstellte er ein Negativbild auf mit Silberchlorid beschichtetem Papier, doch es verschwand im Tageslicht. Um 1822 erfand er die sogenannte Heliografie mit einer asphaltbeschichteten Platte aus Glas oder Metall. Der Asphalt härtete im Licht aus, und wenn man die Platte mit Lavendelöl wusch, blieben nur die harten Bereiche zurück. Die Fixierung der Bilder dauerte acht Stunden. In seinen letzten Jahren arbeitete Niepce mit Louis Daguerre zusammen, um den Prozess zu verbessern.
Siehe auch: Ibn al-Haitham (Alhazen) 28–29

ANDRÉ-MARIE AMPÈRE
1775–1836

Als der französische Physiker André-Marie Ampère 1820 von Hans Christian Ørsteds zufälliger Entdeckung der Verbindung zwischen Elektrizität und Magnetismus hörte, setzte er sich daran, eine mathematisch-physikalische Theorie dieser Verbindung zu formulieren. Dabei stellte er das Ampère'sche Gesetz auf, das den mathematischen Zusammenhang zwischen einem Magnetfeld und dem elektrischen Strom angibt, der das Feld erzeugt. 1827 erschien Ampères Buch *Théorie mathématique des phénomènes électro-dynamiques*, das nur auf experimenteller Erfahrung beruhte. So prägte er den Namen des neuen Forschungsfelds: Elektrodynamik. Die Einheit des elektrischen Stroms, das Ampere, ist nach ihm benannt.
Siehe auch: Hans Christian Ørsted 120 ▪ Michael Faraday 121

AMEDEO AVOGADRO
1776–1856

Den italienischen Chemiker Amedeo Avogadro kennt man vor allem für das nach ihm benannte Gesetz von 1812: Gleiche Volumina von Gasen enthalten bei gleichem Druck und gleicher Temperatur die gleiche Anzahl an Molekülen. Daraus folgt, dass das Verhältnis der Molekülmassen zweier Gase gleich dem Verhältnis der Dichten der beiden Gase bei gleichen Drücken und Temperaturen ist. Avogadro erhielt zu Lebzeiten nicht viel Anerkennung, aber ihm zu Ehren wurde im Internationalen Einheitensystem (SI) die Konstante für die Anzahl der Moleküle pro Stoffmenge nach ihm Avogadro-Konstante genannt.
Siehe auch: Joseph Proust 105 ▪ John Dalton 112–113

LOUIS DAGUERRE
1787–1851

Der erste praktikable fotografische Prozess wurde von dem französischen Maler Louis Daguerre erfunden. Ab 1826 arbeitete Daguerre mit Niepce zusammen an dem Verfahren der Heliografie, doch es benötigte acht Stunden Belichtungszeit. Nach Niepces Tod 1833 entwickelte Daguerre einen Prozess, in dem ein Bild auf einer jodierten Silberplatte durch Quecksilberdämpfe entwickelt und in einer Salzlösung fixiert wurde. Die Belichtungszeit war auf 20 Minuten reduziert, sodass sich das Verfahren für Porträtaufnahmen eignete. Daguerre verkaufte die Rechte an der »Daguerrotypie« 1839 an die französische Regierung und erhielt dafür eine lebenslange Rente.
Siehe auch: Ibn al-Haitham (Alhazen) 28–29 ▪ Nicéphore Niepce 340

AUGUSTIN FRESNEL
1788–1827

Der französische Ingenieur und Physiker Augustin Fresnel ist

hauptsächlich als Erfinder der Fresnel-Linse bekannt, die das Licht in Leuchttürmen weithin ausstrahlt. Er untersuchte das Verhalten von Licht und baute das Doppelspaltexperiment von Thomas Young nach, mit dem er korrespondierte. Von Fresnel stammen wichtige theoretische Arbeiten über die Optik, darunter ein Satz von Gleichungen, die beschreiben, wie Licht beim Übergang von einem Medium in ein anderes gebrochen oder reflektiert wird. Die Bedeutung dieser Arbeiten wurde aber erst nach Fresnels Tod erkannt.
Siehe auch: Ibn al-Haitham (Alhazen) 28–29 ▪ Christiaan Huygens 50–51 ▪ Thomas Young 110–111

SADI CARNOT
1796–1832

Nicolas-Léonard-Sadi Carnot war französischer Offizier, ging aber 1819 in Paris in den Ruhestand, um sich der Wissenschaft zu widmen. In der Hoffnung, Frankreich könne Großbritannien in der industriellen Revolution einholen, machte er sich an den Entwurf und Bau von Dampfmaschinen. In seiner einzigen Veröffentlichung *Réflexions sur la puissance motrice du feu* zeigte er, dass die Effizienz einer Dampfmaschine von der Temperaturdifferenz zwischen den heißesten und den kältesten Teilen der Maschine abhängt. Dieses Grundlagenwerk der Thermodynamik wurde später von Rudolf Clausius in Deutschland und William Thomson (Lord Kelvin) in Großbritannien weiterentwickelt, blieb zu Carnots Lebzeiten aber unbeachtet. Carnot starb mit 36 Jahren weitgehend vergessen an der Cholera.
Siehe auch: Joseph Fourier 122 ▪ James Prescott Joule 140

JEAN-DANIEL COLLADON
1802–1893

Der Schweizer Physiker Jean-Daniel Colladon zeigte, dass sich Licht durch Totalreflexion im Innern von Röhren leiten lässt und dabei auch gekrümmte Bahnen verfolgen kann – das ist das Grundprinzip der heutigen optischen Fasern. In Versuchen am Genfer See zeigte Colladon, dass sich der Schall im Wasser viermal so schnell ausbreitet wie in der Luft. Er übertrug Schall über eine Entfernung von 50 km durch das Wasser und schlug vor, dieses Verfahren für die Kommunikation über den Ärmelkanal zu verwenden. Außerdem leistete er wichtige Arbeiten auf dem Gebiet der Hydraulik und untersuchte die Kompressibilität von Wasser.
Siehe auch: Léon Foucault 138–139

JUSTUS VON LIEBIG
1803–1873

Justus Liebig, der Sohn eines Drogisten in Darmstadt, führte schon als Kind Versuche im Labor seines Vaters durch. Nach dem Studium in Bonn und Erlangen wurde er mit 21 Jahren Professor in Gießen. Seine praktischen, am Experiment orientierten Lehrmethoden waren sehr einflussreich und sicherten Deutschland lange die Vorherrschaft in der Chemie. Liebig erkannte die Bedeutung von Nitraten für das Pflanzenwachstum und erfand den ersten Kunstdünger. Er interessierte sich auch für Lebensmittel und entwickelte die Herstellung von Fleischextrakt. 1845 wurde er zum Freiherrn geadelt.
Siehe auch: Friedrich Wöhler 124–125

CLAUDE BERNARD
1813–1878

Der französische Physiologe Claude Bernard war Pionier der experimentellen Medizin. Als Erster untersuchte er die interne Regulation des Körpers, was zum modernen Konzept der Homöostase führte: Das sind die Mechanismen, durch die im Körperinneren stabile Bedingungen erhalten bleiben, während sich die äußere Umgebung ändert. Bernard untersuchte die Rolle der Bauchspeicheldrüse und der Leber bei der Verdauung und beschrieb, wie dabei Stoffe in einfachere Substanzen zerlegt wurden, um danach im Körper wieder zu komplexen Molekülen und Geweben aufgebaut zu werden. Sein Hauptwerk *Einführung in das Studium der experimentellen Medizin* erschien 1865.
Siehe auch: Louis Pasteur 158–161

WILLIAM THOMSON
1824–1907

Der Physiker William Thomson stammte aus Belfast und wurde mit 22 Jahren Professor für Naturphilosophie an der Universität Glasgow. 1892 wurde er zum Baron Kelvin geadelt (nach dem Fluss Kelvin, der durch Glasgow fließt). Kelvin führte alle physikalischen Veränderungen im Grunde auf Änderungen in der Energie zurück und fasste in seinen Arbeiten viele Gebiete der Physik zusammen. Er entwickelte den zweiten Hauptsatz der Thermodynamik und fand den korrekten Wert für den »absoluten Temperaturnullpunkt«, bei dem alle Molekularbewegungen aufhören (bei –273,15 °C). Die Kelvin-Temperaturskala, die an diesem Punkt beginnt,

ist nach ihm benannt. Er erfand das Spiegelgalvanometer zum Empfang schwacher Telegrafensignale und überwachte 1866 die Verlegung des Transatlantikkabels. Außerdem erfand er den noch heute üblichen Trockenkompass und eine Maschine zur Vorhersage der Gezeiten. Mit seinen gewagten Aussagen regte er häufig Kontroversen an – so lehnte er Darwins Evolutionstheorie ab und behauptete ein Jahr vor dem ersten Motorflug der Gebrüder Wright 1903, »kein Flugzeug könne jemals von praktischem Nutzen sein«. Die Lord Kelvin zugeschriebene Aussage »Es gibt in der Physik jetzt nichts Neues mehr zu entdecken« ist aber mit hoher Sicherheit nicht von ihm.
Siehe auch: James Joule 140 ▪ Ludwig Boltzmann 141 ▪ Ernest Rutherford 210–217

JOHANNES VAN DER WAALS
1837–1923

In seiner Doktorarbeit zur Thermodynamik zeigte der niederländische Physiker Johannes Diderik van der Waals 1873, dass der Übergang zwischen dem flüssigen und dem gasförmigen Aggregatzustand auf molekularer Ebene fließend ist. Er wies nach, dass diese beiden Aggregatzustände nicht nur ineinander übergehen, sondern als im Wesentlichen ähnlich betrachtet werden sollten. Er behauptete die Existenz von Kräften zwischen Molekülen, die heute als Van-der-Waals-Kräfte bezeichnet werden, und mit denen sich viele Eigenschaften von chemischen Stoffen, z. B. auch die Löslichkeit, erklären lassen.
Siehe auch: James Joule 140 ▪ Ludwig Boltzmann 141 ▪ Friedrich August Kekulé 162–167 ▪ Linus Pauling 264–269

ÉDOUARD BRANLY
1844–1940

Als Physikprofessor an der Katholischen Universität Paris war Édouard Branly ein Pionier der drahtlosen Telegrafie. 1890 erfand er einen Empfänger für Radiowellen, den Branly-Fritter. Er bestand aus einer Röhre mit zwei Elektroden, deren Zwischenraum mit Eisenfeilspänen gefüllt war. Wenn ein Radiosignal auf den Empfänger auftraf, ging der Widerstand der Späne zurück, sodass ein elektrischer Strom zwischen den Elektroden fließen konnte. Branlys Erfindung wurde auch in den späteren Versuchen des Italieners Guglielmo Marconi zur Radioübertragung und in der Telegrafie bis 1910 weithin eingesetzt, dann wurden empfindlichere Empfänger entwickelt.
Siehe auch: Alessandro Volta 90–95 ▪ Michael Faraday 121

IWAN PAWLOW
1849–1936

Der Russe Iwan Pawlow war Sohn eines Priesters, trat aber nicht in dessen Fußstapfen, sondern studierte stattdessen Chemie und Physiologie in Sankt Petersburg. In den 1890er-Jahren untersuchte Pawlow den Speichelfluss von Hunden. Er bemerkte, dass die Hunde einspeichelten, sobald er den Raum betrat, selbst wenn er kein Futter mitbrachte. Pawlow erkannte, dass es sich um erlerntes Verhalten handelte, und führte 30 Jahre lang Versuche zur »Konditionierung« durch. In einem dieser Versuche läutete er jedes Mal bei der Fütterung der Hunde eine Glocke. Nach einer Lernphase (der Konditionierung) speichelten die Hunde schon ein, sobald sie die Glocke hörten. Mit seinen Arbeiten schuf Pawlow die Grundlagen für die Verhaltensforschung, auch wenn seine Erklärungen heute oft als zu stark vereinfacht gelten.
Siehe auch: Konrad Lorenz 257

HENRI MOISSAN
1852–1907

Der französische Chemiker Henri Moissan erhielt 1906 den Nobelpreis für Chemie für die Isolierung des Elements Fluor aus wasserfreier Flusssäure und Kaliumfluorid durch Elektrolyse. Bei Abkühlung der Lösung auf –50 °C bildete sich an der negativen Elektrode Wasserstoff, an der positiven Fluor. Außerdem entwickelte Moissan einen elektrischen Lichtbogenofen, mit dem er bis zu 3500 °C erreichen konnte und den er zur Herstellung künstlicher Diamanten einsetzen wollte. Das glückte ihm zwar nicht, doch seine Theorie, Diamanten könnten aus reinem Kohlenstoff unter hohem Druck bei hoher Temperatur synthetisiert werden, stellte sich später als richtig heraus.
Siehe auch: Humphry Davy 114 ▪ Leo Baekeland 142–143

HEINRICH HERTZ
1857–1894

Der Erste, der experimentelle Beweise für die Theorie des Elektromagnetismus von James Clerk Maxwell fand, war der deutsche Physiker Heinrich Hertz. 1883 studierte er die Theorie, die voraussagt, dass sich gekoppelte elektrische und magnetische Felder als elektromagnetische Welle durch das Vakuum ausbreiten können.

Er erzeugte Radiowellen im Labor, erforschte ihre Eigenschaften und fand, dass sie sich wie Licht und Wärmestrahlung verhalten, was beweist, dass diese ebenfalls elektromagnetische Wellen sind und die Welt voll von diesen unsichtbaren Wellen ist. Im Internationalen Einheitensystem (SI) wurde die Einheit für die Frequenz zu seinen Ehren das Hertz genannt.
Siehe auch: James Clerk Maxwell 182–187 ▪ Wilhelm Conrad Röntgen 188–189

FRITZ HABER
1868–1934

Das wissenschaftliche Erbe des deutschen Chemikers Fritz Haber ist zwiespältig. Auf der positiven Seite steht die von Haber und seinem Kollegen Carl Bosch entwickelte Synthese von Ammoniak (NH_3) aus Wasserstoff und atmosphärischem Stickstoff. Ammoniak ist ein wichtiger Grundstoff für Kunstdünger, und die Haber-Bosch-Synthese erlaubte die großtechnische Herstellung von Dünger und somit die Steigerung der Nahrungsmittelproduktion. Negativ ist seine Entwicklung von Chlorgas und Phosgen zur Kriegsführung: Er gilt als der Vater des Gaskrieges. Seine Frau Clara Immerwahr, ebenfalls Chemikerin, tötete sich 1915 aus Protest gegen das Engagement ihres Mannes für den Einsatz der Gase bei Ypern selbst.
Siehe auch: Friedrich Wöhler 124–125 ▪ Friedrich A. Kekulé 162–167

C. T. R. WILSON
1869–1959

Der schottische Meteorologe Charles Thomson Rees Wilson interessierte sich besonders für die Entstehung von Wolken. Er entwickelte ein Verfahren, feuchte Luft in einer geschlossenen Kammer zu expandieren, sodass sie in den für die Wolkenbildung nötigen übersättigten Zustand geriet. Wilson fand heraus, dass sich Wolken in Gegenwart von Staubteilchen viel leichter bildeten. Ohne Staub entstanden Wolken nur dann, wenn die Sättigung einen kritischen Punkt überschritt. Wilson glaubte, die Wolken würden sich um Ionen (geladene Moleküle) in der Luft bilden. Zum Test ließ er Strahlung durch die Kammer treten, um zu sehen, ob aus den resultierenden Ionen auch Wolken entstehen würden. Er fand, dass die Strahlung eine Spur von kondensiertem Wasserdampf hinterließ. Wilsons Nebelkammer stellte sich als wichtig für die Kernphysik heraus und trug ihm 1927 den Physik-Nobelpreis ein. 1932 wurde in einer Nebelkammer das Positron erstmals nachgewiesen.
Siehe auch: Paul Dirac 254–255 ▪ Charles Keeling 302–303

MAX BORN
1882–1970

In den 1920er-Jahren erarbeitete Max Born, damals Professor für Experimentalphysik in Göttingen, zusammen mit Werner Heisenberg und Pascual Jordan die Matrizenmechanik, ein mathematisches Werkzeug für die Quantenmechanik. Als Erwin Schrödinger etwas später seine Wellengleichung entwickelte, erkannte Born die physikalische Bedeutung von Schrödingers Wellenfunktion: Sie gibt die Wahrscheinlichkeit dafür an, ein Teilchen an einem bestimmten Punkt im Raum-Zeit-Kontinuum zu finden. Zusammen mit J. Robert Oppenheimer entwickelte er ein Näherungsverfahren für die Quantenmechanik mit Molekülen. Nach der Machtergreifung 1933 ging Born nach Cambridge, 1939 wurde er britischer Staatsbürger. Für seine Arbeiten zur Quantenmechanik erhielt er 1954 den Physik-Nobelpreis.
Siehe auch: Erwin Schrödinger 232–239 ▪ Werner Heisenberg 242–243 ▪ Paul Dirac 254–255 ▪ J. Robert Oppenheimer 270–275

EMMY NOETHER
1882–1935

Emmy Noether war eine deutsche Mathematikerin, die vor allem für das Noether-Theorem bekannt ist, das eine Verbindung zwischen Symmetrien und physikalischen Erhaltungssätzen aufzeigt. Einfach ausgedrückt gibt es zu jeder beobachtbaren Symmetrie in den Naturgesetzen einen Erhaltungssatz. So gibt es eine Symmetrie, die Zeitinvarianz, nach der sich Objekte zu verschiedenen Zeitpunkten immer nach den gleichen Gesetzen verhalten – und daraus folgt die Erhaltung der Energie. Den Großteil ihrer frühen Karriere arbeitete Noether ohne Bezahlung, da Frauen gewöhnlich keine akademischen Stellen besetzen durften. 1933 verlor sie als Jüdin ihre Arbeit an der Universität, musste ihr Land verlassen und wanderte in die USA aus.
Siehe auch: Isaac Newton 62–69 ▪ Antoine Lavoisier 84

NIELS BOHR
1885–1962

Der Däne Niels Bohr war einer der führenden frühen Quantentheoretiker. Sein erster großer Beitrag zur

Quantenrevolution war die Verfeinerung von Rutherfords Atommodell: 1913 äußerte Bohr die Idee, dass die Elektronen nur bestimmte quantisierte Bahnen um den Kern einnehmen. 1927 erarbeitete Bohr zusammen mit Werner Heisenberg eine Erklärung der Quantenphänomene, die als Kopenhagener Interpretation bekannt wurde. Zentrale Idee dieser Interpretation war Bohrs »Komplementaritätsprinzip«, nach dem sich ein physikalisches Phänomen – etwa das Verhalten eines Photons oder eines Elektrons – je nach den experimentellen Voraussetzungen für die Beobachtung unterschiedlich ausdrücken kann.
Siehe auch: Ernest Rutherford 210–217 ▪ Erwin Schrödinger 232–239 ▪ Werner Heisenberg 242–243 ▪ Paul Dirac 254–255

HENRY MOSELEY
1887–1915

Der britische Physiker Henry Moseley ist vor allem dafür bekannt, dass er dem Konzept der Ordnungszahlen der Atome einen Sinn gab. Zuvor hatte man Ordnungszahlen zwar schon benutzt, sie waren aber relativ willkürlich und bezeichneten lediglich den Platz eines Elements im Periodensystem. Es wurde ihnen keine physikalische Bedeutung zugeschrieben. Moseley analysierte die Eigenschaften zahlreicher Elemente und erkannte, dass die Ordnungszahl die Anzahl der Protonen im Atomkern darstellt. Im Alter von nur 27 Jahren, während des Ersten Weltkriegs, wurde er durch die Kugel eines Scharfschützen in der heutigen Türkei getötet.
Siehe auch:
Dmitri Mendelejew 176–181 ▪ Ernest Rutherford 210–217

INGE LEHMANN
1888–1993

Die dänische Seismologin Inge Lehmann entdeckte, dass die Erde innerhalb des flüssigen äußeren Kerns einen festen inneren Kern hat. 1929 analysierte sie Daten eines großen Erdbebens und bemerkte seismische Wellen an unerwarteten Orten. Sie vermutete, dass sie von einer festen Grenze tief im Inneren des Erdkerns reflektiert worden waren. 1936 schlug sie ein neues dreischaliges Modell des Aufbaus der Erde vor: einen Mantel, einen flüssigen äußeren Kern und einen festen inneren Kern. Dies widersprach dem vorherigen Modell eines vollständig flüssigen Kerns, doch erst 1970 konnten Fortschritte in der Seismologie Lehmanns Theorie endgültig bestätigen.
Siehe auch: Richard Dixon Oldham 190–191

PERCY LAVON JULIAN
1899–1975

Der US-amerikanische Chemiker Percy Lavon Julian ist für die Synthese vieler medizinischer Wirkstoffe aus reichlich vorhandenen natürlichen Quellen bekannt. Zuvor musste man Steroide (wie Progesteron, Testosteron und Cortison) unter großem Aufwand und mit hohen Kosten aus Tieren extrahieren. Julian fand Methoden, sie im Labor aus Pflanzen wie Sojabohnen≈herzustellen. Dadurch wurde ihre Produktion als Medikamente wesentlich günstiger und für die Gesundheitsversorgung zugänglich. Im Lauf seiner Karriere in der Industrie erhielt er mehr als 130 Patente im Bereich Chemie. Julian war der erste afroamerikanische Chemiker, der in die National Academy of Sciences aufgenommen wurde, und ein aktiver Unterstützer der Bürgerrechtsbewegung.
Siehe auch: Friedrich Wöhler 124–125 ▪ Leo Baekeland 142–143 ▪ Craig Venter 328

CECILIA PAYNE-GAPOSCHKIN
1900–1979

Die in Großbritannien geborene US-amerikanische Astronomin Cecilia Payne-Gaposchkin gilt als Entdeckerin der Zusammensetzung von Sternen. 1925 stellte sie in ihrer Doktorarbeit die These auf, dass Sterne hauptsächlich aus Wasserstoff und Helium bestehen, den beiden leichtesten Elementen, wobei Wasserstoff enorm überwiegt. Damals wurde ihre These abgelehnt, da die meisten Kollegen noch annahmen, dass Sonne und Erde eine ähnliche Zusammensetzung hätten. Weitere Beobachtungen bewiesen jedoch später ihre These. Neben der Bestimmung der Zusammensetzung von Sternen zeigte Payne-Gaposchkin auch, dass Sterne nach ihrer Temperatur klassifiziert werden können. Diese Klassifizierungsmethode ist heute ein Grundpfeiler der Astronomie.
Siehe auch: Christian Doppler 129 ▪ Edwin Hubble 244–249

ENRICO FERMI
1902–1954

Enrico Fermi war ein italienisch-amerikanischer Physiker, der in vielen Bereichen bahnbrechende Entdeckungen machte. Nachdem Wolfgang Pauli die Existenz eines schwer nachweisbaren neutralen

Teilchens vermutete, das beim Betazerfall emittiert wird, entwickelte Fermi ein vollständiges Modell, das dieses Teilchen einbezog – er nannte es »Neutrino«. Seine Theorie beschrieb eine der vier Grundkräfte der Natur, die heute schwache Wechselwirkung heißt. Am bekanntesten ist Fermi aber wohl für den ersten Kernreaktor (»Chicago Pile-1«). Zudem ist er berühmt für die Fermi-Dirac-Statistik und das »Fermi-Paradoxon«, das die Frage aufwirft, warum es noch keine Beweise für außerirdisches Leben gibt, obwohl es wahrscheinlich existiert.
Siehe auch: Wolfgang Pauli 227 ▪ Paul Dirac 254–255 ▪ J. Robert Oppenheimer 270–275

JOHN VON NEUMANN
1903–1957

John von Neumann war ein in Ungarn geborener US-amerikanischer Universalgelehrter. Bekannt ist er vor allem als einer der Begründer der Informatik: Er schlug eine Architektur für elektronische Digitalcomputer vor, die man noch heute in den meisten Computern verwendet (»von-Neumann-Architektur«). Er erforschte auch das Potenzial von Maschinen, menschliche Kognition nachzuahmen. Im Zweiten Weltkrieg war er einer der wichtigsten Mitarbeiter am Manhattan-Projekt. Er hatte großen Einfluss in der Mathematik, leistete Pionierarbeit in der Spieltheorie und schuf mathematische Rahmenwerke für so unterschiedliche Bereiche wie Quantenphysik und Wirtschaft. Von Neumann wurde mehrfach als der klügste Mensch bezeichnet, der je gelebt hat.
Siehe auch: Alan Turing 260–263 ▪ J. Robert Oppenheimer 270–275

GEORGE EMIL PALADE
1912–2008

Der rumänische Zellbiologe George Emil Palade schloss 1940 sein Medizinstudium an der Universität Bukarest ab. Zum Ende des Zweiten Weltkriegs emigrierte er in die USA und leistete seine wichtigste Arbeit am Rockefeller Institute in New York. Palade entwickelte Verfahren zur Präparation, mit denen er die Struktur von Zellen unter dem Elektronenmikroskop untersuchte. Damit erweiterte er das Wissen über die Zellorganisation. Seine wichtigste Leistung war in den 1950er-Jahren die Entdeckung der Ribosomen. Dies sind Körper innerhalb der Zellen, die zuvor als Fragmente von Mitochondrien galten, sich aber als die Orte der Proteinsynthese herausstellten, in denen Aminosäuren in bestimmten Folgen verbunden werden.
Siehe auch: James Watson und Francis Crick 288–295 ▪ Lynn Margulis 308–309

CHIEN-SHIUNG WU
1912–1997

Chien-Shiung Wu war eine in China geborene US-amerikanische Physikerin, die nachwies, dass die Parität bei der schwachen Wechselwirkung nicht erhalten bleibt. Sie studierte an der National Central University in Nanjing (China), bevor sie für ihr Graduiertenstudium in die USA ging. 1956 stellten Forscher der Columbia University und des Institute for Advanced Study die These auf, dass die Parität bei der schwachen Wechselwirkung verletzt wird, dass also diese Grundkraft nicht symmetrisch ist, anders als die starke und die elektromagnetische Wechselwirkung. Wu, eine brillante Experimentalphysikerin, stellte bei Betateilchen, die von Kobalt-60 durch die schwache Wechselwirkungen emittiert werden, tatsächlich eine »bevorzugte« Richtung fest.
Siehe auch: Marie Curie 194–199 ▪ J. Robert Oppenheimer 270–275 ▪ Sheldon Glashow 300–301

DAVID BOHM
1917–1992

Der amerikanische Physiker David Bohm entwickelte eine unorthodoxe Interpretation der Quantenmechanik. Er postulierte eine »implizite Ordnung« des Universums, eine fundamentalere Ordnung der Realität als die Phänomene, die wir als Zeit, Raum und Bewusstsein wahrnehmen. Er schrieb: »Eine ganz andere Art von grundlegender Verbindung der Elemente ist denkbar, aus der sich unsere gewöhnlichen Vorstellungen von Raum und Zeit sowie von den unabhängig davon existierenden materiellen Teilchen als Ausdruck einer tieferen Ordnung ableiten lassen.« Bohm arbeitete in Princeton mit Albert Einstein zusammen, 1951 wurde er wegen seiner marxistischen Ansichten entlassen. Er verließ die USA, ging zuerst nach Brasilien und später nach London, wo er bis zu seiner Emeritierung tätig war.
Siehe auch: Erwin Schrödinger 232–239 ▪ Hugh Everett III 296–297 ▪ Gabriele Veneziano 316

FREDERICK SANGER
1918–2013

Der britische Biochemiker Frederick Sanger ist einer von bisher nur vier Forschern, die zwei

Nobelpreise erhielten, beide in Chemie. Seinen ersten Preis bekam er 1958 für die Aufklärung der Struktur des Insulins und seine Arbeiten zur Proteinsequenzierung. Seine Arbeiten zeigten, wie die DNA den Aufbau der Proteine verschlüsselt: Jedes Protein hat eine eigene eindeutige Sequenz von Aminosäuren. Den zweiten Nobelpreis erhielt Sanger 1980 für seine Arbeiten zur DNA-Sequenzierung. Seine Gruppe sequenzierte menschliche Mitochondrien-DNA – den Satz von 37 Genen auf Mitochondrien, der nur über die Mutter vererbt wird. 1992 wurde das nach ihm benannte Sanger Institute in Cambridge (England) gegründet, das heute eines der führenden Genforschungszentren der Welt ist.
Siehe auch: James Watson und Francis Crick 288–295 ▪ Craig Venter 328

MARVIN MINSKY
1927–2016

Der amerikanische Mathematiker und Kognitionswissenschaftler Marvin Minsky war ein Pionier der künstlichen Intelligenz. 1959 begründete er das KI-Labor am MIT mit, wo er den Rest seiner Laufbahn verbrachte. Er konzentrierte sich auf die Erzeugung neuronaler Netze – künstlicher »Gehirne«, die sich entwickeln und aus Erfahrung lernen können. In den 1970er-Jahren entwickelten Minsky und sein Kollege Seymour Papert die »Society of Mind«-Theorie der Intelligenz, die untersucht, wie Intelligenz in einem System aus nicht intelligenten »Agenten« entstehen kann. Minsky definierte KI als die »Wissenschaft, Maschinen etwas tun zu lassen, das Intelligenz erfordern würde, wenn ein Mensch es täte.« Minsky war Berater für den Film *2001: Odyssee im Weltraum* und spekulierte über die Möglichkeit außerirdischer Intelligenz.
Siehe auch: Alan Turing 260–263 ▪ Donald Michie 298–299

MARTIN KARPLUS
GEB. 1930

In der modernen Forschung werden immer mehr Computermodelle eingesetzt. 1974 erstellten der theoretische Chemiker Martin Karplus und sein Kollege Arieh Warshel ein Computermodell des komplizierten Moleküls Retinal, das unter Lichteinwirkung seine Form ändert und eine entscheidende Rolle bei der Funktion des Auges spielt. Karplus und Warshel wandten sowohl klassische Physik als auch Quantenmechanik an, um das Verhalten der Elektronen im Retinal-Molekül zu modellieren. Ihr Modell verbesserte die Perfektion und Genauigkeit der Computermodelle für komplexe chemische Systeme. Für ihre Leistungen auf diesem Gebiet erhielten sie zusammen mit dem britischen Chemiker Michael Levitt 2013 den Chemie-Nobelpreis.
Siehe auch: Friedrich A. Kekulé 162–167 ▪ Linus Pauling 264–269

ROGER PENROSE
GEB. 1931

1969 zeigte der britische Mathematiker Roger Penrose zusammen mit Stephen Hawking, wie Materie in einem Schwarzen Loch in einer Singularität kollabiert. 2020 wurde ihm dafür der Physik-Nobelpreis zur Hälfte zuerkannt. Danach erarbeitete Penrose die Mathematik zur Beschreibung der Gravitationseffekte auf die Raumzeit rings um ein Schwarzes Loch. Weitere Fachgebiete sind eine Theorie des Bewusstseins auf der Grundlage quantenmechanischer Effekte, die auf subatomarem Niveau im Hirn ablaufen, sowie eine Theorie der zyklischen Kosmologie, der zufolge der Wärmetod eines Universums in einem endlosen Kreislauf zum Urknall eines anderen wird.
Siehe auch: Georges Lemaître 250–253 ▪ Subrahmanyan Chandrasekhar 256 ▪ Stephen Hawking 318

FRANÇOIS ENGLERT
GEB. 1932

Der Physik-Nobelpreis 2013 ging an den belgischen Physiker François Englert und Peter Higgs, die unabhängig voneinander etwas vorhergesagt hatten, das heute als Higgs-Feld bezeichnet wird und den Elementarteilchen ihre Masse verleiht. Zusammen mit dem Belgier Robert Brout hatte Englert 1964 behauptet, der »leere« Raum enthalte ein Feld, das Masse auf Materie übertrage. Das Higgs-Boson – das Teilchen für das Higgs-Feld – war 2012 am CERN entdeckt worden, womit die Vorhersagen von Englert, Brout und Higgs bestätigt waren. Da Brout jedoch 2011 gestorben war, konnte er den Nobelpreis, der nicht posthum verliehen wird, nicht mehr erhalten.
Siehe auch: Sheldon Glashow 300–301 ▪ Peter Higgs 306–307 ▪ Murray Gell-Mann 310–315

STEPHEN JAY GOULD
1941–2002

Der amerikanische Paläontologe Steven Jay Gould befasste sich mit der Evolution von Landschnecken auf karibischen Inseln, schrieb aber auch über verschiedene Aspekte der Evolution und der Wissenschaft. 1972 schlugen Gould und Niles Eldredge die Theorie des »unterbrochenen Gleichgewichts« vor, nach der die Evolution nicht ein konstanter, langsam ablaufender Prozess ist, wie Darwin es sich vorgestellt hatte, sondern neue Arten sich innerhalb kurzer Perioden (wenige Tausend Jahre) bilden, gefolgt von langen Perioden der Stabilität. Um ihre Behauptung zu stützen, untersuchten sie Fossilien verschiedener Organismen, deren Evolutionsmuster ihre Theorie belegten. 1982 prägte Gould den Begriff »Exaptation«, der bedeuten soll, dass ein bestimmtes Merkmal aus einem gewissen Grund weitergegeben wird, später aber eine ganz andere Funktion erhält. Seine Arbeiten weiteten den Blick für die Mechanismen, durch die die natürliche Auslese stattfindet.

Siehe auch: Charles Darwin 144–151 ▪ Lynn Margulis 308–309 ▪ Michael Syvanen 322–323

RICHARD DAWKINS
GEB. 1941

Am bekanntesten ist der britische Zoologe Richard Dawkins für seine populärwissenschaftlichen Bücher, etwa *Das egoistische Gen* (1976). Sein bedeutendster Fachbeitrag ist das Konzept des »erweiterten Phänotyps«. Der Genotyp eines Organismus ist die Summe aller Anweisungen im genetischen Code. Der Phänotyp ist der äußere Ausdruck dieses Codes. Während die einzelnen Gene nur die Synthese verschiedener Substanzen im Körper eines Organismus codieren, sollte man den Phänotyp als alles betrachten, was aus dieser Synthese entsteht. Beispielsweise könnte man einen Termitenhaufen als Teil des erweiterten Phänotyps einer Termite auffassen. Dawkins sieht den erweiterten Phänotyp als Mittel an, durch den die Gene ihre Überlebenschancen in der nächsten Generation maximieren.

Siehe auch: Charles Darwin 144–151 ▪ Lynn Margulis 308–309 ▪ Michael Syvanen 322–323

JOCELYN BELL BURNELL
GEB. 1943

1967 arbeitete die britische Radioastronomin Jocelyn Bell (verheiratete Burnell) als Forschungsassistentin an der Universität Cambridge. Sie durchmusterte Quasare (weit entfernte galaktische Zentren) und beobachtete eine merkwürdige Reihe von regelmäßigen Radiopulsen aus dem All. Ihre Arbeitsgruppe scherzte, es könnte sich um Kommunikationsversuche von Außerirdischen handeln. Später zeigte sich, dass die Quellen dieser Pulse sehr schnell rotierende Neutronensterne waren, die als Pulsare bezeichnet wurden. Zwei von Bells Vorgesetzten erhielten 1974 den Physik-Nobelpreis für die Entdeckung der Pulsare, doch Bell wurde übergangen, weil sie damals noch Studentin war. Viele führende Astronomen jener Zeit, darunter auch Fred Hoyle, kritisierten diese Unterlassung öffentlich. Später hatte Bell Burnell wichtige Positionen als Präsidentin der Royal Astronomical Society und des Institute of Physics inne und setzte sich sehr dafür ein, mehr Frauen für eine Karriere in der Wissenschaft zu begeistern.

Siehe auch: Edwin Hubble 244–249 ▪ Fred Hoyle 282

MICHAEL S. TURNER
GEB. 1949

Die Forschungen des US-amerikanischen Kosmologen Michael S. Turner konzentrieren sich auf die Geschehnisse unmittelbar nach dem Urknall. Turner glaubt, die heutigen Strukturen im Universum, etwa die Galaxien und die Asymmetrie zwischen Materie und Antimaterie, seien durch quantenmechanische Fluktuationen während der schnellen Expansion (der sogenannten kosmischen Inflation) gleich nach dem Urknall erklärbar. 1998 prägte Turner den Begriff »Dunkle Energie«, um die hypothetische Energie zu beschreiben, die den gesamten Raum durchdringt und die Beobachtung erklären soll, dass sich das Universum immer schneller in alle Richtungen ausdehnt.

Siehe auch: Edwin Hubble 244–249 ▪ Georges Lemaître 250–253 ▪ Fritz Zwicky 258–259

TIM BERNERS-LEE
GEB. 1955

Nur wenige lebende Forscher hatten so viel Einfluss auf das Alltagsleben wie der britische Informatiker Tim Berners-Lee, der das World Wide Web erfand. 1989 arbeitete Berners-Lee am europäischen Kernforschungszentrum CERN und hatte die Idee für ein Netzwerk aus Dokumenten, die per Internet weltweit austauschbar sein sollten. Ein Jahr später schrieb er ein Serverprogramm und den ersten Browser, und 1991 hatte das CERN die erste Website. Heute setzt sich Berners-Lee für den freien Zugang zum Internet ein, ohne staatliche Kontrolle.

Siehe auch: Alan Turing 260–263

GLOSSAR

Absoluter Nullpunkt Die tiefste mögliche Temperatur: 0 K oder –273,15 °C.

Aktualitätsprinzip Die Annahme, dass überall und jederzeit im Universum dieselben physikalischen Gesetze gelten.

Algorithmus In Mathematik und Computerprogrammen ein logischer Ablaufplan für Rechnungen.

Alkali Eine Base, die sich in Wasser löst und Säuren neutralisiert.

Allgemeine Relativitätstheorie Einsteins Beschreibung der Raumzeit in beschleunigten Bezugssystemen. Sie beschreibt die Gravitation als eine Krümmung der Raumzeit durch eine Masse. Viele ihrer Vorhersagen sind mit großer Genauigkeit experimentell nachgewiesen.

Alphateilchen Teilchen aus zwei Neutronen und zwei Protonen, das beim radioaktiven Alphazerfall emittiert wird. Es ist identisch mit dem Kern eines Heliumatoms.

Aminosäuren Organische Substanzen mit Molekülen, die Aminogruppen (NH_2) und Carboxylgruppen (COOH) enthalten. Aus Aminosäuren in jeweils einer spezifischen Folge sind die Proteine (Eiweiße) aufgebaut.

Antiteilchen Zu einem Elementarteilchen ein Teilchen mit denselben Eigenschaften, aber der entgegengesetzten elektrischen Ladung. Zu jedem Teilchen gibt es ein Antiteilchen.

Art Gruppe von ähnlichen Organismen, die sich miteinander fortpflanzen und fruchtbaren Nachwuchs erzeugen können.

Atmung Prozess, bei dem Organismen Sauerstoff aufnehmen, um damit Nährstoffe zu Energie und Kohlendioxid umzubauen.

Atom Kleinster Bestandteil eines Elements mit denselben chemischen Eigenschaften. Heute kennt man auch subatomare Teilchen.

ATP Adenosintriphosphat, eine Substanz, die Energie speichern und von einer Zelle zur anderen transportieren kann.

Base Eine Chemikalie, die mit Säure zu einem Salz reagiert.

Beschleunigung Die Rate, mit der sich eine Geschwindigkeit in Betrag oder Richtung ändert. Sie wird durch eine Kraft verursacht.

Betazerfall Form des radioaktiven Zerfalls, in dem der Atomkern Betateilchen (Elektronen oder Positronen) emittiert.

Beugung Die Ablenkung von Wellen an Hindernissen und die Ausbreitung von Wellen nach kleinen Öffnungen.

Brane In der Stringtheorie ein Objekt, das zwischen null und neun Dimensionen hat.

Brechung Richtungsänderung von Wellen beim Übergang von einem Medium zum anderen.

Chaotisches System Ein System, dessen Verhalten sich bei kleinsten Änderungen der Anfangsbedingungen völlig ändert.

Chromosom Eine Struktur aus DNA und Protein, die die genetische Information einer Zelle trägt.

DNA (Desoxyribonukleinsäure) Großes Molekül in Gestalt einer Doppelhelix, das genetische Informationen in einem Chromosom trägt.

Doppler-Effekt Frequenzverschiebung einer Welle, die ein relativ zur Quelle bewegter Beobachter wahrnimmt.

Drehimpuls Ein Maß für die Rotation eines Körpers, in das seine Masse, Form und Drehgeschwindigkeit eingehen.

Druck Wirkung einer Kraft auf eine Fläche. Der Druck in einem Gas wird durch die Bewegung der Gasmoleküle erzeugt.

Dunkle Energie Hypothetische Kraft, die der Gravitation entgegenwirkt und das Universum expandieren lässt. Etwa drei Viertel des Masseäquivalents im All ist Dunkle Energie.

Dunkle Materie Nicht sichtbare Materie, die nur aufgrund ihrer Gravitationswirkung auf sichtbare Materie nachweisbar ist. Sie hält Galaxien zusammen.

Elektrische Ladung Eigenschaft von Teilchen, die Anziehung oder Abstoßung hervorruft.

Elektrischer Strom Fluss von Elektronen oder Ionen.

Elektrolyse Chemische Änderung in einer Substanz, die durch einen elektrischen Strom verursacht wird.

Elektromagnetische Kraft Eine der vier Fundamentalkräfte in der Natur. Sie wird durch Photonen zwischen Teilchen vermittelt.

Elektromagnetische Strahlung Welle aus gekoppelten, senkrecht aufeinander stehenden elektrischen und magnetischen Feldern, die sich ohne Träger im Raum ausbreitet. Beispiele sind Licht oder Rundfunk.

Elektron Subatomares Teilchen mit negativer elektrischer Ladung.

Elektroschwache Theorie Eine Theorie, die die elektromagnetische Kraft und die Schwache Kernkraft einheitlich beschreibt.

Element Substanz, die mit chemischen Reaktionen nicht weiter zerlegt werden kann.

Endosymbiose Beziehung zwischen Lebewesen, bei der ein Organismus zum beiderseitigen Vorteil im Körper oder in Zellen des anderen Organismus lebt.

Energie Fähigkeit eines Systems, Arbeit zu verrichten. Sie tritt in vielen Formen auf, z. B. als kinetische Energie (Bewegung) oder potenzielle Energie (z. B. in einer Feder gespeichert). Sie kann in andere Formen überführt, aber weder geschaffen noch zerstört werden.

Entropie Maß für die Unordnung eines Systems. Sie gibt die Anzahl der Anordnungsmöglichkeiten eines speziellen Systems an.

Ereignishorizont Grenzfläche um ein Schwarzes Loch, innerhalb der die Gravitation so stark ist, dass das Licht nicht heraustritt. Keine Information über das Schwarze Loch kann den Ereignishorizont überwinden.

Ethologie Vergleichende Verhaltensforschung bei Tieren.

Evolution Der Prozess, durch den sich die Arten über sehr lange Zeiträume hinweg ändern.

Exoplanet Ein Planet, der einen anderen Stern als unsere Sonne umkreist.

Farbladung Eigenschaft von Quarks, durch die sie von der starken Kernkraft beeinflusst werden.

Feld Räumliche Verteilung einer physikalischen Größe (z. B. einer Kraft), sodass jedem Punkt eine Feldstärke zugeordnet ist.

Fermion Subatomares Teilchen (z. B. ein Elektron oder Quark), das mit Masse verbunden ist.

Fotoelektrischer Effekt Emission von Elektronen aus der Oberfläche bestimmter Stoffe unter Einwirkung von Licht.

Fotosynthese Der Prozess, mit dem Pflanzen mithilfe der Sonnenenergie Nährstoffe aus Wasser und Kohlendioxid erzeugen.

Fraktal Geometrisches Muster, in dem in verschiedenen Maßstäben dieselben Formen auftauchen.

Gammazerfall Form des radioaktiven Zerfalls, in dem ein Atomkern hochenergetische, kurzwellige Gammastrahlung emittiert.

Gen Bei Lebewesen die Basiseinheit der Vererbungsinformation. Sie enthält die Angaben für die Bildung chemischer Stoffe wie Proteinen.

Geozentrisches Weltbild Modell des Universums, bei dem die Erde im Mittelpunkt steht.

Geschwindigkeit Vektorgröße für Schnelligkeit und Richtung einer Bewegung.

Gravitation Anziehende Kraft zwischen Massen. Die Relativitätstheorie beschreibt sie als Krümmung der Raumzeit, sodass auch masselose Photonen Gravitation erfahren.

Heliozentrisches Weltbild Modell des Universums, bei dem die Sonne im Mittelpunkt steht.

Higgs-Boson Subatomares Teilchen, das mit dem Higgs-Feld verbunden ist und der Materie durch Wechselwirkung Masse verleiht.

Impuls Maß für die Kraft, die zum Stoppen eines Körpers erforderlich ist. Der Impuls ist das Produkt aus der Masse und der Geschwindigkeit des Körpers.

Ion Atom oder Atomgruppe, die durch Verlust oder Aufnahme von einem oder mehreren Elektronen elektrisch geladen ist.

Ionische Bindung Bindung zweier Atome, die auf einem Elektronenaustausch beruht. Dadurch werden die Atome zu Ionen, die sich gegenseitig anziehen.

Kern Zentraler Bestandteil eines Atoms, bestehend aus Protonen und Neutronen. Der Kern trägt fast die gesamte Atommasse.

Kladistik Ein Schema für Arten, in dem sie nach ihren engsten gemeinsamen Vorfahren klassifiziert werden.

Klassische Mechanik (auch: Newton'sche Mechanik) Ein Satz von Gesetzen, mit dem die Bewegung von Körpern unter Wirkung von Kräften beschrieben wird. Sie führt für makroskopische Körper zu genauen Ergebnissen, wenn ihre Geschwindigkeit weit unterhalb der Lichtgeschwindigkeit liegt.

Kohlenwasserstoffe Eine Stoffgruppe von chemischen Verbindungen, die nur aus Kohlenstoff- und Wasserstoffatomen bestehen.

Kontinentalverschiebung Bewegung der Kontinentalschollen im Lauf von Millionen Jahren aufgrund plattentektonischer Kräfte.

Kovalente Bindung Bindung zweier Atome durch gemeinsame Elektronen in der Atomhülle.

Kraft Äußere Einwirkung, die einen Körper bewegt oder seine Form ändert.

Leptonen Spezielle Fermionen, die auf alle Fundamentalkräfte außer der Starken Kernkraft reagieren.

Magnetismus Anziehende oder abstoßende Kraft zwischen Magneten. Sie entsteht durch äußere Magnetfelder oder durch das magnetische Moment von Teilchen.

Masse Eigenschaft eines Körpers und ein Maß für den Widerstand gegen eine Beschleunigung.

Mitochondrien Strukturen innerhalb einer Zelle, die die Zelle mit Energie versorgen.

Molekül Kleinster Teil einer Verbindung mit denselben chemischen Eigenschaften, bestehend aus zwei oder mehr Atomen.

Multiversum Gesamtmenge der hypothetischen Paralleluniversen, in denen jedes mögliche Ereignis eintritt.

Natürliche Auswahl Prozess, durch den Merkmale, die die Fortpflanzungsfähigkeit von Organismen stärken, vererbt werden.

Neutrino Elektrisch neutrales subatomares Teilchen mit sehr geringer Masse. Neutrinos können Materie fast ungehindert durchdringen.

Neutron Elektrisch neutrales subatomares Teilchen, Bestandteil des Atomkerns. Neutronen bestehen aus einem Up-Quark und zwei Down-Quarks.

Ökologie Untersuchung der Zusammenhänge zwischen Lebewesen und ihrer Umgebung.

Optik Die Untersuchung des Sehens und des Verhaltens von Licht.

Ordnungszahl Anzahl der Protonen in einem Atomkern. Sie ist für jedes Element verschieden.

Organische Chemie Die Chemie der Kohlenstoffverbindungen.

Parallaxe Scheinbare Relativbewegung von Körpern in verschiedenen Abständen von einem bewegten Beobachter.

Pauli-Prinzip Quantenmechanisches Prinzip, nach dem zwei Fermionen (Teilchen mit Masse) im selben Punkt der Raumzeit nicht denselben Quantenzustand haben können.

Periodensystem Tabelle, in der alle Elemente entsprechend ihrer Ordnungszahl platziert sind.

Photon Das »Lichtteilchen«, das die elektromagnetische Kraft von einem Ort zum anderen überträgt.

pi (π) Das Verhältnis von Umfang und Durchmesser eines Kreises. π beträgt etwa $^{22}/_{7}$ oder 3,14159.

Pi-Bindung Kovalente Bindung, in der sich die Orbitalkeulen von zwei oder mehr Elektronen der beteiligten Atome eher seitlich überlappen (–> Sigma-Bindung).

Plattentektonik Die Untersuchung der Kontinentalverschiebung und der Veränderung des Meeresbodens.

Polarisiertes Licht Licht, in dem die Wellen nur in einer Ebene schwingen.

Polymer Substanz, deren Moleküle aus langen Ketten von Untereinheiten, den Monomeren, bestehen.

Positron Antiteilchen zum Elektron mit derselben Masse, aber mit positiver elektrischer Ladung.

Proton Subatomares Teilchen mit positiver Ladung, das Bestandteil des Atomkerns ist. Ein Proton besteht aus zwei Up-Quarks und einem Down-Quark.

Quantenelektrodynamik (QED) Theorie, die die Wechselwirkung von subatomaren Teilchen durch den Austausch von Photonen erklärt.

Quantenmechanik Zweig der Physik, der die Wechselwirkung subatomarer Teilchen durch feste

Energieportionen (sogenannte Quanten) beschreibt.

Quark Subatomares Teilchen, aus dem Protonen und Neutronen aufgebaut sind.

Radioaktiver Zerfall Prozess, durch den instabile Atomkerne Teilchen oder elektromagnetische Strahlung aussenden.

Raumzeit Kombination der drei Raumdimensionen und einer Zeitdimension zu einer Einheit.

Rotverschiebung Dehnung der Lichtwellen aus Galaxien, die sich von der Erde wegbewegen, durch den Doppler-Effekt. Dadurch verschiebt sich die Frequenz zum roten Ende des Spektrums.

Salz Verbindung, die bei Reaktion einer Säure mit einer Base entsteht.

Säure Eine Substanz, die beim Lösen in Wasser Wasserstoffionen freisetzt und Lackmus rot färbt.

Schwache Kraft Eine der vier Fundamentalkräfte, die im Inneren eines Atomkerns wirkt und den Betazerfall verursacht.

Schwarzer Körper Ein theoretisches Objekt, das alle einfallende Strahlung absorbiert. Da er entsprechend seiner Temperatur Strahlung emittiert, muss er nicht schwarz erscheinen.

Schwarzes Loch Ein Objekt im All mit so hoher Dichte, dass das Licht seiner Gravitation nicht entkommt.

Sigma-Bindung Kovalente, relativ starke Bindung, bei der sich die Elektronenorbitale der beteiligten Atome direkt überlappen.

Singularität Punkt in der Raumzeit mit der Länge null.

Spezielle Relativitätstheorie Theorie, die aus der Konstanz der Lichtgeschwindigkeit die Gleichheit der physikalischen Gesetze für alle Beobachter herleitet. Sie beweist, dass es weder absolute Zeit noch absoluten Raum gibt.

Spin Eigenschaft subatomarer Teilchen, die Ähnlichkeiten mit dem Drehimpuls hat.

Standardmodell Theoretischer Rahmen der Teilchenphysik. Demnach gibt es zwölf Fermionen (sechs Quarks und sechs Leptonen) als Materiebausteine, vier Eichbosonen zum Austausch von Fundamentalkräften und das Higgs-Boson.

Starke Kernkraft Eine der vier Fundamentalkräfte, die bei der Bindung von Quarks zu Neutronen und Protonen wirkt.

Strahlung Elektromagnetische Welle oder Teilchenstrom, der von einer radioaktiven Quelle ausgeht.

Stringtheorie Mehrere theoretische Modelle, die statt punktförmigen Elementarteilchen eindimensionale Strings betrachten.

Superposition Das quantenmechanische Prinzip, dass Teilchen bis zur Messung alle möglichen Zustände gleichzeitig einnehmen.

Teilchen Winziger Körper mit bestimmter Geschwindigkeit, Ort, Masse und Ladung.

Thermodynamik Zweig der Physik, der sich mit den Zusammenhängen zwischen Wärme, Energie und Arbeit befasst.

Treibhausgase Gase wie Kohlendioxid oder Methan, die die von der Erdoberfläche reflektierte Energie absorbieren, sodass die Atmosphäre sich aufheizt.

Unschärferelation Prinzip der Quantenmechanik, nach dem sich bestimmte Eigenschaften eines Teilchens (z. B. Impuls) nur immer ungenauer messen lassen, je genauer eine andere Größe (z. B. Ort) bekannt ist.

Urknall Die Theorie, dass das Universum aus der Explosion einer Singularität entstand.

Valenz Anzahl der chemischen Bindungen, die ein Atom mit anderen Atomen eingehen kann.

Verschränkung Quantenphysikalische Verbindung zwischen zwei Teilchen A und B, sodass eine Änderung von A ungeachtet der Entfernung auch eine Änderung von B hervorruft.

Vitalismus Theorie, dass lebende und nicht lebende Materie sich grundlegend unterscheiden. Der Theorie zufolge hängt das Leben an einer besonderen »Lebenskraft«. Sie wird heute mehrheitlich verworfen.

Wärmetod Möglicher Endzustand des Universums, in dem es keine Temperaturunterschiede mehr gibt und keine Arbeit mehr verrichtet werden kann.

Welle Eine sich im Raum ausbreitende Schwingung, die Energie von einem Ort zum anderen überträgt.

Zelle Kleinste Einheit eines Organismus, die einzeln lebensfähig ist. Organismen wie Bakterien und Protisten sind Einzeller.

REGISTER

Fett gesetzte Seitenzahlen weisen auf Haupteinträge hin.

A

B

C

D

E

F

G

H

I

J

K

L

M

N

O

P

Q

R

S

T

DANK UND ZITATNACHWEIS

Für diese Ausgabe dankt der Verlag Mohd Zishan für die Unterstützung bei den Illustrationen, Neeraj Bhatia für die Unterstützung beim DTP und Samrajkumar S. Vagisha Pushp und Priya Singh für die Unterstützung bei der Bildrecherche. Für die Arbeit an der ersten Ausgabe dankt der Verlag Peter Frances, Marty Jopson, Janet Mohun, Stuart Neilson und Rupa Rao für die Lektoratsassistenz, Helen Peters für das Register sowie Priyanka Singh und Tanvi Sahu für die Unterstützung bei den Illustrationen. Den Anhang verfasste Rob Colson. Zusätzliche Illustrationen stammen von Ben Ruocco.

BILDNACHWEIS

Der Verlag dankt folgenden Personen und Institutionen für die freundliche Genehmigung zum Abdruck ihrer Bilder:

(Abkürzungen: go=ganz oben, o=oben, u=unten, M=Mitte, a=außen, l=links, r=rechts)

25 Wikipedia: Courant Institute of Mathematical Sciences, New York University (ul). **27 J D Maddy:** (ul). **Science Photo Library:** (gor). **38 Getty Images:** Time & Life Pictures (go). **39 Dreamstime.com:** Nicku (gor). **41 Dreamstime.com:** Nicku (gor). **43 Dreamstime.com:** Nicku (ul).**47 Dreamstime.com:** Georgios Kollidas (uM). **48 Alamy Stock Photo:** Universal Images Group North America LLC / PHAS (gor). **Chemical Heritage Foundation:** (ul). **51 Dreamstime.com:** Nicku (ul); Theo Gottwald (goM). **54 Wikipedia:** (Mru). **55 Dreamstime.com:** Matauw (Mr). **56 Science Photo Library:** R W Horne / Biophoto Associates (uM). **57 US National Library of Medicine, History of Medicine Division:** Images from the History of Medicine (gor). **61 Dreamstime.com:** Georgios Kollidas (ul); Igor3451 (gor). **65 NASA:** (ur). **68 Wikipedia:** Myrabella (gol). **69 Dreamstime.com:** Georgios Kollidas (gor). **NASA:** Johns Hopkins University Applied Physics Laboratory / Carnegie Institution of Washington (ul). **74 Dreamstime.com:** Isselee (Mru). **75 Dreamstime.com:** Georgios Kollidas (ul). **77 Dreamstime.com:** Georgios Kollidas (gor). **Getty Images:** (ul). **79 Getty Images**: (ul). **Library of Congress, Washington, DC:** (Mr). **81 NOAA:** NOAA Photo Library (Mr). **83 Dreamstime.com:** Georgios Kollidas (gor). **Wikipedia:** (ul). **85 Getty Images:** Colin Milkins / Oxford Scientific (Mr). **87 Alamy Stock Photo:** Science History Images / Photo Researchers (ul). **Wikipedia:** (gol). **89 Science Photo Library:** European Space Agency (gol). **92 Getty Images:** UIG via Getty Images (ul). **94 Getty Images:** UIG via Getty Images. **95 Dreamstime.com:** Nicku (gor). **99 Dreamstime.com:** Adischordantrhyme (u). **100 Dreamstime.com:** Nicku (ul). **101 Getty Images:** National Galleries Of Scotland (gor). **102 Adam Hart-Davis:** (u). **103 Dreamstime.com:** Deborah Hewitt (gol). **The Royal Astronomical Society of Canada:** Image courtesy of Specula Astronomica Minima (ul). **104 Dreamstime.com:** Es75 (Mru). **111 Wikipedia:** (gor). **113 Dreamstime.com:** Georgios Kollidas (ul). **Getty Images:** SSPL via Getty Images (Mr). **114 Getty Images:** SSPL via Getty Images (Mr). **117 Getty Images:** After Henry Thomas De La Beche / The Bridgeman Art Library (ul); English School / The Bridgeman Art Library (gor). **121 Getty Images:** Universal Images Group (Mr). **123 Wikipedia:** (ul). **124 iStockphoto.com:** BrianBrownImages (Mu). **125 Dreamstime.com:** Georgios Kollidas (gor). **127 Getty Images:** Science & Society Picture Library (gol). **131 Dreamstime.com:** Whiskybottle (ul). **Library of Congress, Washington, D.C.:** James W. Black (gor). **134 Corbis:** Stapleton Collection (ul). **137 Science Photo Library:** US Fish And Wildlife Service (gor). **Wikipedia:** (ul). **139 Wikipedia:** (ul). **140 Getty Images:** SSPL via Getty Images (Mru). **143 Corbis:** Bettmann (gor). **Dreamstime.com:** Paul Koomen (Mu). **147 Dreamstime.com:** Georgios Kollidas (uM). **148 Dreamstime.com:** Gary Hartz (ul). **149 Image courtesy of Biodiversity Heritage Library. http://www.biodiversitylibrary.org:** MBLWHOI Library, Woods Hole (goM). **150 Getty Images:** De Agostini (ul). **Wikipedia:** (gor). **151 Getty Images:** UIG via Getty Images. **154 Getty Images:** (ul). **155 NASA:** Jacques Descloitres, MODIS Rapid Response Team, NASA / GSFC (gol). **156 Getty Images:** SSPL via Getty Images (gol). **157 Dreamstime.com:** Proxorov (ur). **159 Science Photo Library:** King's College London (Mr). **161 Dreamstime.com:** Georgios Kollidas (gor). **166 Science Photo Library:** IBM Research (gor). **167 Dreamstime.com:** Nicku (ul). **Wikipedia:** (gor). **170 Getty Images:** (ul). **iStockphoto.com:** RichardUpshur (gor). **173 Getty Images:** Roger Viollet (gol). **174 Dreamstime.com:** Skripko Ievgen (Mr). **178 Alamy Images:** Interfoto (Mr). **180 iStockphoto.com:** Cerae (gor). **181 iStockphoto.com:** Popovaphoto (gor). **185 123RF.com:** Sastyphotos (ur). **187 Dreamstime.com:** Nicku (gor). **189 Getty Images:** SSPL via Getty Images (Mlu); Time & Life Pictures (gor). **193 Alamy Stock Photo:** Pictorial Press Ltd (gor). **196 Getty Images:** (ul). **197 Wikipedia:** (ur). **199 Dreamstime.com:** Sophie Mcaulay (u). **201 US Department of Agriculture: Electron and Confocal Microscope Unit, BARC:** (Mr). **Wikipedia:** Delft University of Technology (ul). **208 NASA:** NASA / SDO (gor). **209 Getty Images:** (ul). **213 Getty Images**. **214 Getty Images:** SSPL via Getty Images (ul). **222 Bernisches Historisches Museum:** (ul). **225 Wikipedia:** (gor). **229 Wikipedia:** Bildarchiv Foto Marburg (ul). **231 US National Library of Medicine, History of Medicine Division:** Images from the History of Medicine (gor). **234 Wikipedia:** Princeton Plasma Physics Laboratory (u). **237 Getty Images:** SSPL via Getty Images (gor). **238 Getty Images:** Gamma-Keystone via Getty Images (gor). **240 Alamy Stock Photo:** CBW (Mru). **243 Getty Images:** (gor). **246 Getty Images:** (ul). **247 Alamy Images:** WorldPhotos (gol). **248 NASA:** JPL-Caltech (ur). **251 Corbis:** Bettmann (gor). **252 NASA:** WMAP Science Team (ur). **253 NASA:** (gor). **255 Getty Images:** Roger Viollet (ul). **257 Wikipedia:** © Superbass/CC-BY-SA-3.0 - https://creativecommons.org/licenses/by-sa/3.0/deed (via Wikimedia Commons) - http://commons.wikimedia.org/wiki/File:Christian_Moullec_5.jpg (Mr). **259 Corbis:** Bettmann (gor). **261 Alamy Images:** Pictorial Press Ltd (gor). **262 Getty Images:** AFP / Justin Tallis (go). **263 Alamy Stock Photo:** Nick Higham (Mu). **269 National Library of Medicine:** (gor). **274 Wikipedia:** U.S. Department of Energy (ul). **275 USAAF. 283 123RF.com:** Kheng Ho Toh (Mr). **285 Corbis:** Bettmann (gor). **290 Wikipedia:** © 2005 Lederberg and Gotschlich / Photo: Marjorie McCarty (ul). **292 Science Photo Library. 293 Alamy Images:** Pictorial Press Ltd (goM). **294 Wikipedia:** National Human Genome Research Institute. **297 Getty Images:** The Washington Post (gol). **299 University of Edinburgh:** Image from Donald Michie Web Site, used with permission of AIAI, University of Edinburgh, http://www.aiai.ed.ac.uk/~dm/donald-michie-2003.jpg (ul). **Corbis:** Najlah Feanny / CORBIS SABA. **300 SOHO (ESA & NASA):** (ur). **301 Getty Images:** (gor). **303 National Science Foundation, USA:** (ul). **305 NASA:** NASA Langley Research Center (Mu). **Science Photo Library:** Emilio Segre Visual Archives / American Institute Of Physics (gor). **307 © CERN:** (goM). **Wikipedia:** Bengt Nyman. File licensed under the Creative Commons Attribution 2.0 Generic licence: http://creativecommons.org/licenses/by/2.0/deed.en (ul). **308 Science Photo Library:** Don W. Fawcett (Mu). **309 Javier Pedreira:** (gor). **313 Getty Images:** Peter Ginter / Science Faction. **315 Getty Images:** Time & Life Pictures (gor). **320 Dreamstime.com:** Cflorinc (Mr). **323 Science Photo Library:** Torunn Berge (Mr). **324 Wikipedia:** Trevor J Simmons (gor). **325 Getty Images:** AFP / Sumy Sadurni (Mr). **328 Getty Images:** (ul); UIG via Getty Images (Mr). **331 Alamy Stock Photo:** DPA Picture Alliance (gor). **333 Alamy Stock Photo:** DPA Picture Alliance (gor).

Alle anderen Bilder © Dorling Kindersley.

Nachweis der im Buch verwendeten Zitate:
Der Verlag hat sich bemüht, alle Rechteinhaber ausfindig zu machen. Eventuelle Auslassungen werden wir bei entsprechendem Hinweis gern in einer späteren Auflage korrigieren.

14: Ève Curie, *Madame Curie. Leben und Wirken.* Übers. v. Mimi Zuckerkandl. Wien 1937 **20:** *Die Geschichten des Herodotos,* Buch 1. Übers. v. Friedrich Lange, Erster Teil. *Klio. Euterpe. Thalia. Melpomene.* Breslau 1824 **25:** Archimedes, *Über schwimmende Körper.* Übers. v. Arthur Czwalina. Leipzig 1925 **38, 39:** Nikolaus Kopernikus, *Über die Kreisbewegungen der Weltkörper.* Übers. und mit Anm. v. Dr. C. L. Menzzer. Thorn 1879 **69:** Alexander Pope zit. n.: David Brewster: *Sir Isaak Newton's Leben nebst einer Darstellung seiner Entdeckungen: mit Newton's Portrait.* Übers. v. B. M. Goldberg, Heinrich Wilhelm Brandes. Leipzig 1833 **136:** Rachel Carson, *Der stumme Frühling.* Übers. v. Margaret Auer. München 2007 **199:** Wilhelm Ostwald zit. n.: Elmar Schenkel, *Die elektrische Himmelsleiter. Visionäre und Exzentriker in den Wissenschaften.* München 2005 **314:** James Joyce, *Finnegans Wehg.* Übers. v. Dieter H. Stündel, Darmstadt 1993

Noch mehr Wissen und Lesefreude

ISBN 978-3-8310-4859-5

ISBN 978-3-8310-5052-9

ISBN 978-3-8310-4519-8

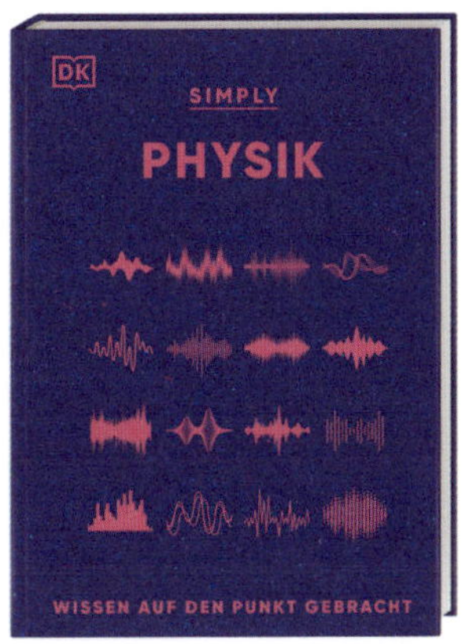

ISBN 978-3-8310-5130-4

DK
www.dk-verlag.de

Neugierig auf mehr?